One Point テキストシリーズ⑧

微分形式と有限要素法

Differential Forms & FEM

慶應義塾大学名誉教授
棚橋 隆彦 著

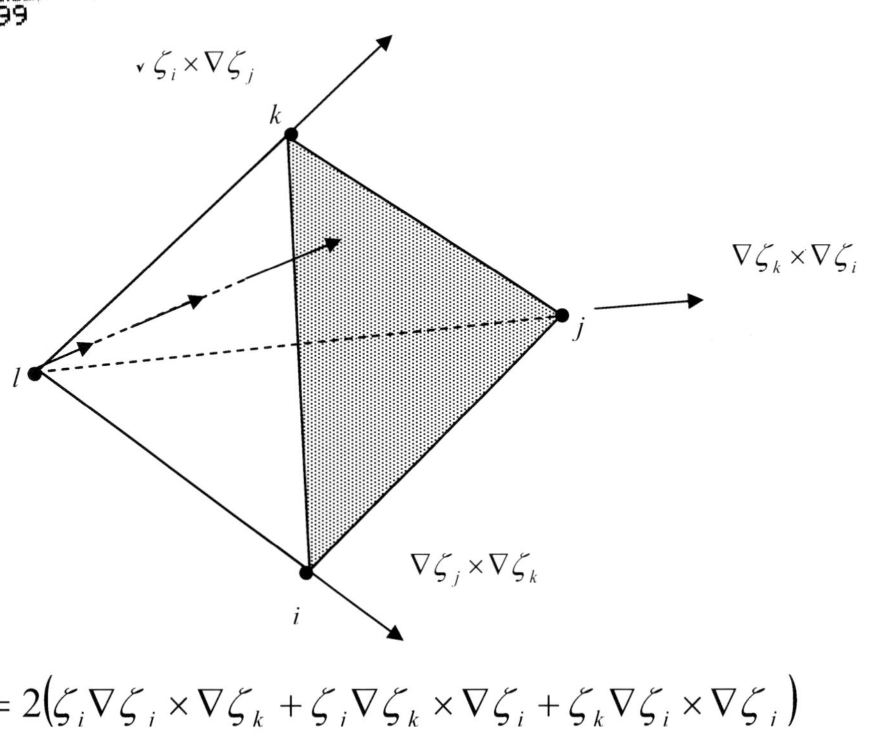

$$\mathbf{F}_{iik} = 2\left(\zeta_i \nabla\zeta_i \times \nabla\zeta_k + \zeta_i \nabla\zeta_k \times \nabla\zeta_i + \zeta_k \nabla\zeta_i \times \nabla\zeta_i\right)$$

三恵社

序 文

微分形式は座標に依存しない方法で物理法則を精密に物語る数学的言語である。有限要素法は座標系に依存しない方法で離散化する技術である。この両者を結びつけるのがグラフの理論である。すなわち，微分形式とグラフの理論と有限要素法は密接な結びつきを持っている。この関係を明らかにするのが本テキストの目的である。

Maxwell の方程式は微分形式で記述できるため，特に上記の離散化手法は電磁場の数値解析の分野で発達した。しかし，ベクトル場の Helmholtz 分解は連続体の場に共通の概念であり，今後流体の流れ場や固体の応力場に離散 Helmholtz 分解や離散 Lie 微分の応用が期待できる。

最後に，この本はいろいろな意味で未完成である。説明が不十分なところ，また筆者の微力のために本書には思い違いも過多あるかもしれない。これは偏に筆者の浅学のゆえであって，これらについては読者諸賢のご叱責を乞い，改良していきたいと思っている。また，本書を編集するにあたって内外の多くの本や論文を参考にさせていただいた。さらに，本書の出版に種々ご配慮を賜った株式会社三恵社，ならびに原稿のタイプと整理をして下さった秘書山下真美嬢に心から感謝いたします。改訂版には Appendix を追加しました。

2007 年 8 月　　　　慶應義塾大学理工学部にて

棚橋 隆彦

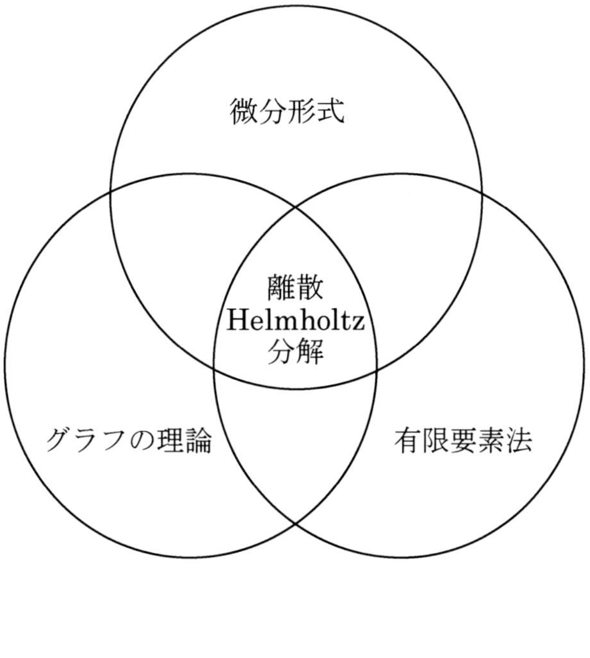

形式と点積分・線積分・面積分・体積分

0 形式	1 形式	2 形式	3 形式
節点形状関数 w_n 節点　n node	辺ベクトル形状関数 $\mathbf{w}_e$ 辺　e edge	面ベクトル形状関数 $\mathbf{w}_f$ 面　f facet	体形状関数 w_v 体　v volume
スカラー ポテンシャル　ϕ $\phi = w_n \phi_n$ $\phi_n = \int_n \phi \delta_n dV$	ベクトル 極性ベクトル　$\mathbf{E}$ $\mathbf{E} = \mathbf{w}_e E_e$ $E_e = \int_e \mathbf{E} \cdot \mathbf{t}_e ds$	ベクトル 軸性ベクトル　$\mathbf{B}$ $\mathbf{B} = \mathbf{w}_f B_f$ $B_f = \int_f \mathbf{B} \cdot \mathbf{n}_f dS$	スカラー 密度　ρ $\rho = w_v \rho_v$ $\rho_v = \int_v \rho dV$
$w_n \delta_{n'} = \delta_{nn'}$ 点積分 	$\mathbf{w}_e \cdot \mathbf{l}_{e'} = \delta_{ee'}$ 線積分 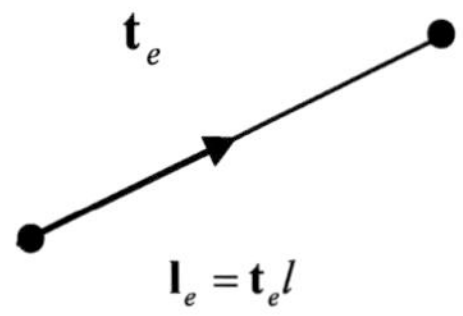 $\mathbf{l}_e = \mathbf{t}_e l$	$\mathbf{w}_f \cdot \mathbf{S}_{f'} = \delta_{ff'}$ 面積分 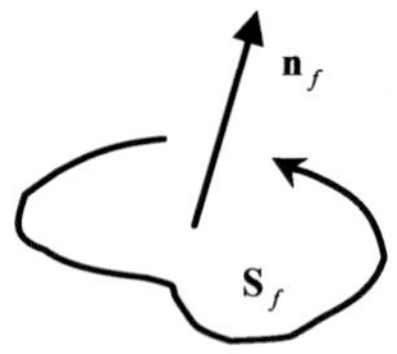 $\mathbf{S}_f = \mathbf{n}_f S$	$w_v V_{v'} = \delta_{vv'}$ 体積分 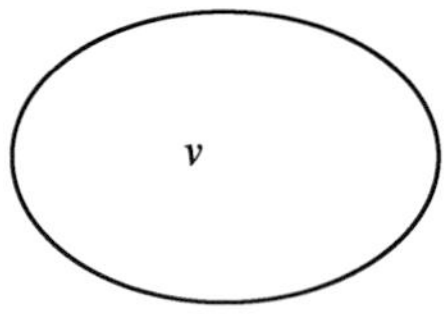 $w_v = \frac{1}{V_v}$

目　　次

第Ⅰ部　微分形式とグラフの理論

第Ⅱ部　Whitney 形式

One Point テキストシリーズ

① ベクトル形状関数 (2003), 三恵社
② 輸送定理と電磁場の法則 (2003), 三恵社
③ 変形と流れの基礎 (2004), 三恵社
④ 移動界面の理論 (2004), 三恵社
⑤ エンジニアのための超関数 (2004), 三恵社
⑥ 輸送定理と電磁場の法則[改訂版-2] (2004), 三恵社
⑦ ベクトル形状関数[改訂版] (2005), 三恵社
⑧ 微分形式と有限要素法 (2005), 三恵社
⑨ 階層構造の基礎 (2005), 三恵社
⑩ 変換群による運動の表現 (2008), 三恵社
⑪ 微分幾何学と接続 (2008), 三恵社

第Ⅰ部　微分形式とグラフの理論

微分形式は自然法則を表現する言語である。そしてこの言語は座標系に依存しない。特に電磁場の法則は4次元空間の微分形式で美しく表現できる。また，電磁場の構造を理解するにも微分形式は欠くことができない。4次元の電磁場構造を立体的に表現したのが Maxwell ハウスである。微分形式で表現された物理法則を自然な形で離散化するのにグラフの理論が用いられる。グラフの理論は電磁場の構造を生かしたまま有限要素法で離散化するのに役立つ理論である。特に接続行列はグラフの理論と有限要素法とを結びつけるキーである。最終的にはベクトル場の離散 Helmholtz 分解を目的とし，電磁場のみならず流体や固体の有限要素法においても将来の活躍が期待できる。

第1章　電磁場と微分形式

電磁場の Maxwell の方程式は微分形式を用いて簡潔に表示することができる。また，微分形式はベクトル有限要素法の基礎概念となっている。このことは第Ⅲ部第9章のベクトル形状関数への序論および第12章の4面体要素に対する Whitney 表示から明らかである。この章では電磁場と微分形式についてまとめておく。この章の構成はつぎのとおりである。

1.1　3 次元の微分形式と Maxwell の方程式

Maxwell の方程式は時空 4 次元の空間で考えるのが最適である。しかし 4 次元空間で議論するには、ミンコフスキー空間に関する知識や 4 次元の微分形式の知識が必要である。3 次元の微分形式に対して次の公式が成立する。こう配・回転・発散はそれぞれ線積分・面積分・体積分と密接に関連している。すなわち ϕ を 0 形式とすれば、その外微分は 1 形式となり、

$$d\phi = \frac{\partial\varphi}{\partial x}dx + \frac{\partial\varphi}{\partial y}dy + \frac{\partial\varphi}{\partial z}dz = \nabla\phi\cdot d\mathbf{r}$$

となる。この場合外微分は全微分に等しい。つぎに 1 形式の外微分は

$$E = E_x dx + E_y dy + E_z dz = \mathbf{E}\cdot d\mathbf{r}$$

$$dE = (\nabla\times\mathbf{E})\cdot d\mathbf{S}$$

表 1.1　外微分形式

0 形式	ϕ			
↓ grad ↓	↓			
1 形式	$d\phi = \nabla\phi\cdot d\mathbf{r}$	$E = \mathbf{E}\cdot d\mathbf{r}$	$H = \mathbf{H}\cdot d\mathbf{r}$	$A = \mathbf{A}\cdot d\mathbf{r}$
↓ curl ↓	↓	↓	↓	↓
2 形式	$dd\phi = 0$	$dE = (\nabla\times\mathbf{E})\cdot d\mathbf{S}$ $D = \mathbf{D}\cdot d\mathbf{S}$	$dH = (\nabla\times\mathbf{H})\cdot d\mathbf{S}$ $B = \mathbf{B}\cdot d\mathbf{S}$	$dA = (\nabla\times\mathbf{A})\cdot d\mathbf{S}$ $j = \mathbf{j}\cdot d\mathbf{S}$
↓ div ↓		↓	↓	↓
3 形式		$dD = (\nabla\cdot\mathbf{D})dV$	$dB = (\nabla\cdot\mathbf{B})dV$	$dj = (\nabla\cdot\mathbf{j})dV$

$dd\phi = dd(0\text{形式}) = curl \quad grad\phi\cdot d\mathbf{S} = 0$

$ddE = dd(1\text{形式}) = div \quad curl\mathbf{E}\cdot dV = 0$

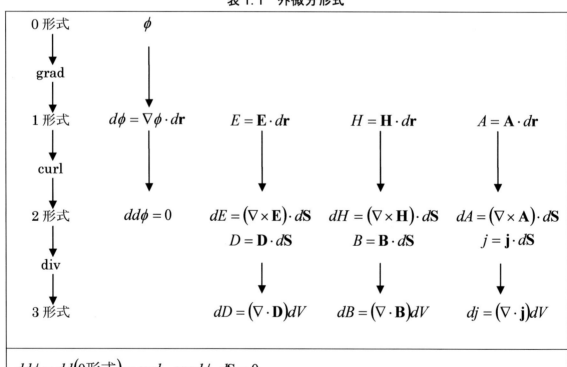

となる。すなわち、線積分 $\mathbf{E}\cdot d\mathbf{r}$ は外微分は面積分に変換される。さらに 2 形式の外微分は

$$B = B_{yz}dy \wedge dz + B_{zx}dz \wedge dx + B_{xy}dx \wedge dy$$
$$= \mathbf{B}\cdot d\mathbf{S}$$

$$dB = (\nabla \cdot \mathbf{B})dV$$

となる。ここで $B_x = B_{yz}$，$B_y = B_{xz}$，$B_z = B_{xy}$ である。すなわち、面積分の外微分は体積分に変換される。このように、こう配、回転、発散の演算はすべて外微分として統一される。電磁場の微分形式を**表 1.1** にまとめておく。

表 1.2　Maxwell の方程式と微分形式

<table>
<tr><th>ベクトル方程式</th><th>微分形式</th></tr>
<tr><td>$\nabla \cdot \mathbf{D} = \rho_e$
$\nabla \times \mathbf{E} = -\dfrac{\partial \mathbf{B}}{\partial t}$
$\nabla \times \mathbf{H} = \mathbf{j} + \dfrac{\partial \mathbf{D}}{\partial t}$
$\nabla \cdot \mathbf{B} = 0$</td><td>$dD = \rho$
$dE = -\dfrac{\partial B}{\partial t}$
$dH = j + \dfrac{\partial D}{\partial t}$
$dB = 0$</td></tr>
<tr><td>構成方程式
$\mathbf{B} = \mu\mathbf{H}$
$\mathbf{D} = \varepsilon\mathbf{E}$
$\mathbf{j} = \sigma\mathbf{E}$</td><td>構成方程式
$B = \mu * H$
$D = \varepsilon * E$
$j = \sigma * E$</td></tr>
<tr><td colspan="2">ただし，微分形式はつぎの通りである。
1 形式（線積分）
$E = \mathbf{E}\cdot d\mathbf{r} = E_x dx + E_y dy + E_z dz$
$H = \mathbf{H}\cdot d\mathbf{r} = H_x dx + H_y dy + H_z dz$
2 形式（面積分）
$D = \mathbf{D}\cdot d\mathbf{S} = D_x dy \wedge dz + D_y dz \wedge dx + D_z dx \wedge dy$
$B = \mathbf{B}\cdot d\mathbf{S} = B_x dy \wedge dz + B_y dz \wedge dx + B_z dx \wedge dy$
$j = \mathbf{j}\cdot d\mathbf{S} = j_x dy \wedge dz + j_y dz \wedge dx + j_z dx \wedge dy$
3 形式（体積分）
$\rho = \rho_e dx \wedge dy \wedge dz$</td></tr>
</table>

Maxwell の方程式を微分形式で書くと**表 1.2** のように書ける。そして、微分形式の記述は座標系に依存しない積分形の法則を意味し、ベクトル形式よりも本質的である。ただし、

$$\rho = \rho_e dV$$

である。

Hodge の星演算子：　構成方程式の中に現れる*演算子は Hodge の星演算子で次のことを意味する。
1 形式の

$$H = H_x dx + H_y dy + H_z dz = \mathbf{H} \cdot d\mathbf{r}$$

を 2 形式に繰り上げて

$$\begin{aligned} *H &= H_x dy \wedge dz + H_y dz \wedge dx + H_z dx \wedge dy \\ &= \mathbf{H} \cdot d\mathbf{S} \end{aligned}$$

となる。よって $B = \mathbf{B} \cdot d\mathbf{S}$ の 2 形式と物理的に一致する。すなわち $\mathbf{B} = \mu\mathbf{H}$ であるから、

$$B = \mathbf{B} \cdot d\mathbf{S} = \mu\mathbf{H} \cdot d\mathbf{S} = \mu * H$$

となる。

1.2　Maxwell ハウス

電磁場の構造は Maxwell ハウスによって理解するのがよい。微分形式は 2 種類に分類される。すなわち

- 通常の微分形式　A，E，B
- ねじれた微分形式　H，D，j、ρ

である（**表 1.3** 参照）。この関係を立体的に表示したものが Maxwell ハウス（**図 1.1**）である。ϕ は電気スカラー･ポテンシャル Ψ は磁気スカラー･ポテンシャル **A** は磁気ベクトル･ポテンシャルである。通常の微分形式により Maxwell の同次方程式が、ねじれた微分形式により Maxwell の非同次方程式が導かれる（**表 1.4** 参照）。そして 4 次元空間の微分形式を用いると、通常の微分形式とねじれた微分形式が統一され、一体となる。これらを結びつけるのが Hodge の星演算子である。

表 1.3　3 次元の微分形式とねじれた微分形式

	通常の微分形式	ねじれた微分形式
0 形式	φ	
1 形式	$A = \mathbf{A} \cdot d\mathbf{r}$ $E = \mathbf{E} \cdot d\mathbf{r}$	$H = \mathbf{H} \cdot d\mathbf{r}$
2 形式	$B = \mathbf{B} \cdot d\mathbf{S}$	$D = \mathbf{D} \cdot d\mathbf{S}$ $j = \mathbf{j} \cdot d\mathbf{S}$
3 形式		$\rho = \rho_e dV$

1.3　電荷保存則と電磁エネルギー

つぎに、電荷保存法則と電磁エネルギーの微分形式を求める。

電荷保存則：　電荷保存則は $ddH = 0$ より

$$dj + \frac{\partial \rho}{\partial t} = 0$$

と導かれる。

電磁エネルギー：　2 形式と 1 形式の外積は 3 形式となる。すなわち、

$$E = \mathbf{E} \cdot d\mathbf{r} \qquad D = \mathbf{D} \cdot d\mathbf{S}$$

とすれば

$$E \wedge D = \mathbf{E} \cdot \mathbf{D} dV$$

となる。同様に

$$H \wedge B = \mathbf{H} \cdot \mathbf{B} dV$$

を得る。つぎにポインティング・ベクトルの発散 $d(E \wedge H)$ の計算を行う。

$$-d(E \wedge H) = E \wedge dH - H \wedge dE$$

ここに dH と dE の微分形式

$$dH = j + \frac{\partial D}{\partial t}$$

表 1.4　同次方程式と非同次方程式

同次方程式	非同次方程式
$F = B + Edt$	$*F = D - Hdt$
$dE = -\dfrac{\partial B}{\partial t}$ $dB = 0$	$dH = j + \dfrac{\partial D}{\partial t}$ $dD = \rho$

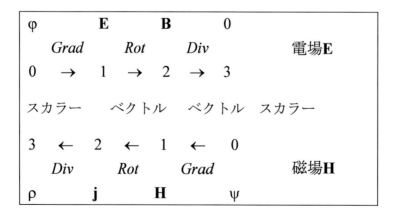

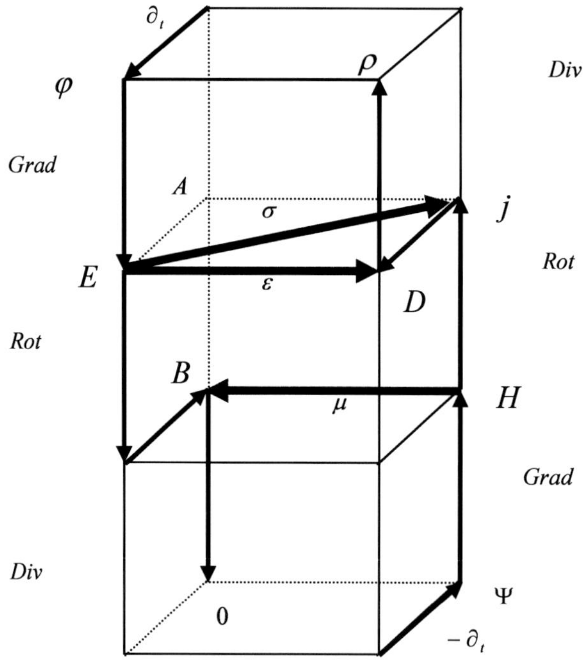

φ		**E**		**B**		0	
	Grad		*Rot*		*Div*		電場**E**
0	→	1	→	2	→	3	
スカラー		ベクトル		ベクトル		スカラー	
3	←	2	←	1	←	0	
	Div		*Rot*		*Grad*		磁場**H**
ρ		**j**		**H**		ψ	

図 1.1　Maxwell ハウス

$$dE = -\frac{\partial B}{\partial t}$$

を代入すると

$$E \wedge \frac{\partial B}{\partial t} + H \wedge \frac{\partial B}{\partial t} + d(E \wedge H) + E \wedge j = 0$$

が導ける。これをベクトルで記述すると電磁エネルギーの関係式

$$\frac{\partial}{\partial t}\left(\frac{\mathbf{E}\cdot\mathbf{D}}{2} + \frac{\mathbf{H}\cdot\mathbf{B}}{2}\right) + \nabla\cdot(\mathbf{E}\times\mathbf{H}) + \mathbf{E}\cdot\mathbf{j} = 0$$

が導ける。

1.4　4次元の微分形式と Maxwell の方程式

表 1.5 の 4 次元ベクトルの内積により 4 次元空間の 1 形式

$$A = A_\mu dx^\mu = \mathbf{A}\cdot d\mathbf{r} - \varphi dt$$

$$j = j_\mu dx^\mu = \mathbf{j}\cdot d\mathbf{r} - \rho_e dt$$

を定める。A はポテンシャルを意味し、j はソース項を意味する。この 2 つの一形式 A と j を用いると Maxwell の方程式は完全に決定できる。

同次方程式：　1 形式 A の外微分を F とすれば、

$$\begin{aligned} F = dA &= (\nabla\times\mathbf{A})\cdot d\mathbf{S} + \frac{\partial\mathbf{A}}{\partial t}dt\cdot d\mathbf{r} - \nabla\varphi\cdot d\mathbf{r}dt \\ &= \mathbf{B}\cdot d\mathbf{S} + \mathbf{E}\cdot d\mathbf{r}dt \end{aligned}$$

となる。ここで $\mathbf{B} = \nabla\times\mathbf{A},\quad \mathbf{E} = -\frac{\partial\mathbf{A}}{\partial t} - \nabla\varphi$ である。同次方程式は $dF = ddA = 0$ により定まる。具体的にこれを計算すると

$$dF = (\nabla \cdot \mathbf{B})dV + \frac{\partial \mathbf{B}}{\partial t} dt \cdot d\mathbf{S} + (\nabla \times \mathbf{E}) \cdot d\mathbf{S}dt$$
$$= 0$$

となる。ここで $dtd\mathbf{S} = d\mathbf{S}dt$ である。任意の dV と $d\mathbf{S}dt$ に対していつでも $dF = 0$ となるためにはそれぞれ係数が零でなければならない。
よって

$$\nabla \cdot \mathbf{B} = 0$$

$$\nabla \times \mathbf{E} + \frac{\partial \mathbf{B}}{\partial t} = 0$$

となる。これが Maxwell の方程式の中の同次方程式である。

非同次方程式：　非同次方程式を得るには、F の双対形式（ねじれた形式）*F を用いる。ただし、*は Hodge の星演算子である。F より*F を求めると

$$*F = \mathbf{D} \cdot d\mathbf{S} - \mathbf{H} \cdot d\mathbf{r}dt$$

となる。4 次元空間の形式に対して**表 1.6** が成立する(参考のため 3 次元空間の形式に対する Hodge の星演算子を**表 1.7** に示しておく)。同様に j の双対形式 $*j$ を求めると

$$*j = -\mathbf{j} \cdot d\mathbf{S}dt + \rho_e dV$$

となる。このとき非同次方程式は

$$d*F = *j$$

と表せる。すなわち、

$$\nabla \cdot \mathbf{D} = \rho_e$$

$$\nabla \times \mathbf{H} = \mathbf{j} + \frac{\partial \mathbf{D}}{\partial t}$$

を得る。これらが Maxwell の方程式の中の非同次方程式である。電荷密度 ρ_e と電流 $\mathbf{j}$ がソース項である。

電荷保存則：　電荷保存則は

$$d*j = dd(*F) = 0$$

より

$$\nabla \cdot \mathbf{j} + \frac{\partial \rho_e}{\partial t} = 0$$

と求まる。以上の結果を電磁場の構造として**表 1.8** にまとめておく。

表 1.5　4 次元ベクトル

$dx^{\mu} = (d\mathbf{r},\ idt)$	
$A_{\mu} = (\mathbf{A},\ i\varphi)$	
$j_{\mu} = (\mathbf{j},\ i\rho_e)$	
$\nabla_{\mu} = \left(\nabla,\ \frac{1}{i}\frac{\partial}{\partial t}\right)$	
ダランベール演算子	$\square = \nabla_{\mu}\nabla_{\mu} = \nabla^2 - \frac{\partial^2}{\partial t^2}$
Lorentz ゲージ	$\nabla_{\mu}A_{\mu} = \nabla \cdot \mathbf{A} + \frac{\partial \varphi}{\partial t} = 0$
電荷保存則	$\nabla_{\mu}j_{\mu} = \nabla \cdot \mathbf{j} + \frac{\partial \varphi}{\partial t} = 0$

表 1.6　4 次元空間の Hodge の星演算子

$$*(d\mathbf{r}dt) = d\mathbf{S}$$

$$*(d\mathbf{S}) = -d\mathbf{r}dt$$

$$*(dt) = -dV$$

$$*dV = -dt$$

$$*(d\mathbf{r}) = -d\mathbf{S}dt$$

$$*(d\mathbf{S}dt) = -d\mathbf{r}$$

表 1.7　3 次元空間の Hodge の星演算子

$$*1 = dV$$

$$*d\mathbf{r} = d\mathbf{S}$$

$$*d\mathbf{S} = d\mathbf{r}$$

$$*dV = 1$$

$$** = 1$$

表 1.8　電磁場の構造

$A = \mathbf{A} \cdot d\mathbf{r} - \varphi dt$	$j = \mathbf{j} \cdot d\mathbf{r} - \rho_e dt$
↓	
$F = dA = \mathbf{B} \cdot d\mathbf{S} + \mathbf{E} \cdot d\mathbf{r}dt$ →	$*F = -\mathbf{H} \cdot d\mathbf{r}dt + \mathbf{D} \cdot d\mathbf{S}$
↓	↓
$dF = 0$ 同次方程式	$d(*F) = *j$ 非同次方程式
	↓
	$d(*j) = 0$ 電荷保存則

コメント　線の平均と面の平均

線の平均	面の平均
辺ベクトル形状関数 (接平面成分の連続)	面ベクトル形状関数 (法線成分連続)
1 形式 $\mathbf{E}_{ij} = \lambda_i \nabla \lambda_j - \lambda_j \nabla \lambda_i$ $div\mathbf{E}_{ij} = 0$ (発散零) $curl\mathbf{E}_{ij} = 2\nabla \lambda_i \times \nabla \lambda_j$	2 形式 $\mathbf{F}_{ijk} = 2(\lambda_i \nabla \lambda_j \times \nabla \lambda_k + \lambda_j \nabla \lambda_k \times \nabla \lambda_i + \lambda_k \nabla \lambda_i \times \nabla \lambda_j)$ $curl\mathbf{F}_{ijk} = 0$ (回転零) $div\mathbf{F}_{ijk} = 6(\nabla \lambda_i \times \nabla \lambda_j) \cdot \nabla \lambda_k$
発散零の回転場 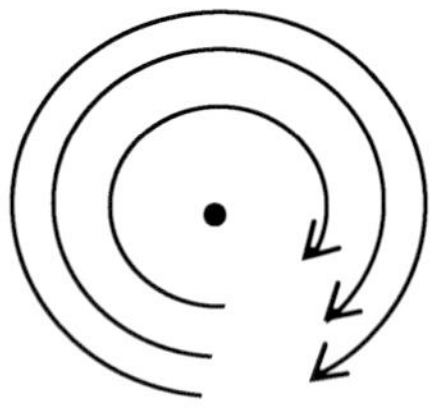 $\nabla \cdot \mathbf{v} = 0 \quad \therefore \mathbf{v} = \nabla \times \Psi$	回転零の発散場 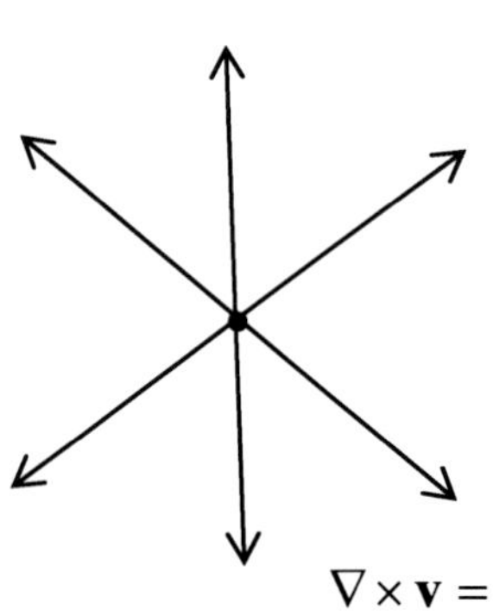 $\nabla \times \mathbf{v} = 0 \quad \therefore \mathbf{v} = \nabla \varphi$

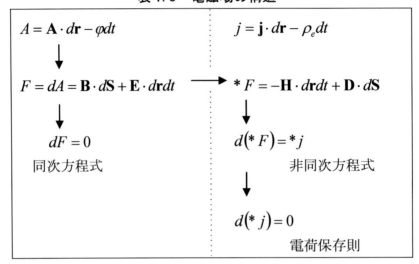

1.5 微分形式と境界条件

微分形式を用いると境界条件が統一的に記述できる。その結果，境界条件の見通しが良くなる。それには微分形式にトレースの演算を導入する。微分形式ωのトレースは

$$t\omega = \int_{\Gamma} \omega$$

で定義される。ここで$\Gamma = \partial\Omega$は領域Ωの境界である。具体例を示すと

$$tE = \int_C E = \int_C \mathbf{E}\cdot d\mathbf{r}, \qquad tB = \int_S B = \int_S \mathbf{B}\cdot\mathbf{n}dS$$

である。ここでCやSは境界面Γ上の任意の曲線や曲面である。

流束が零の条件：　流束がゼロの条件として次の**表 1.9** の 3 つがある。たとえば，境界面Γ上の任意のSに対して

$$tJ = \int_S J = \int_S \mathbf{n}\cdot\mathbf{J}dS = 0 \qquad \therefore \mathbf{n}\cdot\mathbf{J} = 0$$

が成立する。$tD = 0$，$tB = 0$も同様である。

表 1.9　流束が零の境界条件

絶縁壁（insulating boundary）：	$tJ = 0 \rightarrow \mathbf{n}\cdot\mathbf{J} = 0$	面を通過する電流なし
誘電障壁（dielectric barrier）：	$tD = 0 \rightarrow \mathbf{n}\cdot\mathbf{D} = 0$	面を通過する電気力線なし
磁気障壁（magnetic barrier）：	$tB = 0 \rightarrow \mathbf{n}\cdot\mathbf{B} = 0$	面を通過する磁力線なし

表 1.10　電気壁と磁気壁の境界条件

電気壁	$\mathbf{n}\times\mathbf{E} = 0$	$\mathbf{n}\cdot\mathbf{B} = 0$	on Γ_E
磁気壁	$\mathbf{n}\times\mathbf{H} = 0$	$\mathbf{n}\cdot\mathbf{j} = 0$	on Γ_H

(a) 電気壁と磁気壁

電磁場の境界条件として重要なのは電気壁条件と磁気壁条件である。結果を**表 1.10** に示しておく。

電気壁：まず電気壁条件から説明する。完全導体では電気伝導度が無限大であるから，導体の内部で電場$\mathbf{E} = 0$となる。よって任意の閉曲線C on Γ_Eに対して

$$tE = \oint_C E = \oint_C \mathbf{E}\cdot d\mathbf{r} = 0$$

が成立する。一方，演算子トレースtと外微分dは交換可能で，微分形式ωに対して

$$td\omega = dt\omega$$

が成立する。よって$tdE = dtE = 0$となる。Stokesの定理により$tdE = 0$の条件は

$$\int_S (\nabla \times \mathbf{E}) \cdot d\mathbf{S} = 0$$

となる。これは境界面上で$\mathbf{n} \times \mathbf{E} = 0$となることを意味している。
次に$\mathbf{n} \cdot \mathbf{B} = 0$条件を求める。それにはFaradayの電磁誘導の法則

$$\partial_t B + dE = 0$$

を用いる。これを境界面に適用すると

$$\partial_t (tB) + tdE = 0$$

となる。$tdE = 0$であるから，$\partial_t (tB) = 0$となる。よって初期条件において$tB = 0$ならば，以後$tB = 0$となる。すなわち

$$tB = \int_S B = \int_S \mathbf{B} \cdot \mathbf{n} dS = 0$$

を得る。これは$\mathbf{n} \cdot \mathbf{B} = 0$ on Γ_Eを意味している。以上より

$$\boxed{\begin{aligned} tE = 0 &\ \rightarrow\ \mathbf{n} \times \mathbf{E} = 0 \\ tB = 0 &\ \rightarrow\ \mathbf{n} \cdot \mathbf{B} = 0 \end{aligned}} \qquad \text{on 電気壁} \ \Gamma_E$$

となる。これが電気壁条件である。
磁気壁：透磁率μが無限大の物質の内部では磁場$\mathbf{H} = 0$となる。よって

$$tH = \oint_c H = \oint_c \mathbf{H} \cdot d\mathbf{r} = 0$$

が成立する。また，$tdH = d(tH) = 0$より

$$\int_S (\nabla \times \mathbf{H}) \cdot d\mathbf{S} = 0$$

となる。これは境界面上で$\mathbf{n} \times \mathbf{H} = 0$となることを意味している。いま変位電流が無視できるAmpereの法則を考えると

$$dH = J$$

であるから，$tdH = tJ = 0$ を得る。よって $\mathbf{n} \cdot \mathbf{J} = 0$ が導かれる。以上をまとめると

$$\boxed{\begin{array}{l} tH = 0 \;\;\rightarrow\;\; \mathbf{n} \times \mathbf{H} = 0 \\ tJ = 0 \;\;\rightarrow\;\; \mathbf{n} \cdot \mathbf{J} = 0 \end{array}} \qquad \text{on 磁気壁}\,\Gamma_H$$

となる。これが磁気壁条件である。

(b) ポテンシャルと境界条件

磁気ベクトル・ポテンシャル $\mathbf{A}$ と電気スカラー・ポテンシャル φ を用いて電磁場を解析する場合，電気壁と磁気壁の境界条件を $\mathbf{A}$ と φ を用いて表す必要がある。つぎに，この境界条件の変換について述べる。ただし，対称性を増すために φ を $\dfrac{\partial \varphi}{\partial t}$ とする。

電気壁：$\mathbf{E} = -\dfrac{\partial \mathbf{A}}{\partial t} - \nabla \dfrac{\partial \varphi}{\partial t} = -i\omega(\mathbf{A} + \nabla\varphi)$ とする。$\mathbf{n} \times \mathbf{E} = 0$ は $\mathbf{n} \times (\mathbf{A} + \nabla\varphi) = 0$ を意味する。一方 $\mathbf{n} \cdot \mathbf{B} = 0$ は $\mathbf{B} = \nabla \times \mathbf{A}$ であるから $\mathbf{n} \times \mathbf{A} = 0$ を意味する。よって電気壁条件は

$$\mathbf{n} \times \mathbf{A} = 0 \qquad \varphi = const.$$

と変換される。

磁気壁：$\mathbf{j} = \sigma\mathbf{E} = -i\omega\sigma(\mathbf{A} + \nabla\varphi)$ となる。よって $\mathbf{n} \cdot \mathbf{j} = 0$ は

$$\mathbf{n} \cdot (\mathbf{A} + \nabla\varphi) = 0$$

となる。他方，$\mathbf{n} \times \mathbf{H} = 0$ は $\nabla \times \mathbf{A} = \mathbf{B} = \mu\mathbf{H}$ により

$$\mathbf{n} \times (\nabla \times \mathbf{A}) = 0$$

となる。以上の結果を**表 1.11** にまとめておく。

表 1.11　電気壁と磁気壁

電気壁	$\mathbf{n} \cdot \mathbf{B} = 0 \rightarrow \mathbf{n} \times \mathbf{A} = 0$
	$\mathbf{n} \times \mathbf{E} = 0 \rightarrow \varphi = const.$
磁気壁	$\mathbf{n} \cdot \mathbf{j} = 0 \rightarrow \mathbf{n} \cdot (\mathbf{A} + \nabla\varphi) = 0$
	$\mathbf{n} \times \mathbf{H} = 0 \rightarrow \mathbf{n} \times (\nabla \times \mathbf{A}) = 0$

コメント　エネルギー

エネルギーは双対空間の 2 つの物理量の積として表せるスカラー量である。つぎにいろいろな例を挙げる。

・ エネルギーは示強変数と示量変数の積で表せる。例えば

$$\mathrm{P}d\mathrm{V}, \qquad \mathrm{T}d\mathrm{S}, \qquad \mu d\mathrm{M}$$

である。ここで P（圧力），T（温度），μ（化学ポテンシャル）は示強変数であり，V（体積），S（エントロピー），M(質量)は示量変数である。

・ エネルギーは極性ベクトルと軸性ベクトルの内積で表せる。例えば

$$\mathbf{E}\cdot d\mathbf{D} \qquad \mathbf{H}\cdot d\mathbf{B} \qquad \to \frac{\mathbf{E}\cdot\mathbf{D}}{2}, \qquad \frac{\mathbf{H}\cdot\mathbf{B}}{2}$$

である。ここで $\mathbf{E}$（電界），$\mathbf{H}$（磁界）は一形式の極性ベクトルであり，$\mathbf{D}$（電束密度），$\mathbf{B}$（磁束密度）は 2 形式の軸性ベクトルである。ここで $\mathbf{D}=\varepsilon\mathbf{E}$, $\mathbf{B}=\mu\mathbf{H}$ が成立する。

・ エネルギーは速度ベクトルと運動量の積で表せる。例えば

$$\mathbf{v}\cdot d\mathbf{P} \qquad \mathbf{w}\cdot d\mathbf{L} \qquad \to \frac{\mathbf{v}\cdot\mathbf{P}}{2}, \qquad \frac{\mathbf{w}\cdot\mathbf{L}}{2}$$

である。ここで $\mathbf{v}$ は速度ベクトル，$\mathbf{P}=\rho\mathbf{v}$ は運動量ベクトル，$\mathbf{w}$ は角速度ベクトル，$\mathbf{L}=\mathbf{I}\cdot\mathbf{w}$ は角運動量のベクトルである。ここで $\mathbf{I}$ は慣性（モーメント）テンソルである。

・ 静電場と静磁場のエネルギーは

$$\frac{1}{2}\rho_e\varphi, \qquad \frac{1}{2}\mathbf{j}\cdot\mathbf{A}$$

で与えられる。ここで ρ_e は電荷密度，φ は電気スカラー・ポテンシャル，$\mathbf{j}$ は電流密度，$\mathbf{A}$ は磁気ベクトル・ポテンシャルである。

第2章

グラフの理論

グラフの理論は点と辺の集合でネットワーク状の構造を表現するものである。そして，微分形式の離散化に適している。このとき3種類の接続行列が現れる。この接続行列については第3章で詳しく論ずる。この章では有向グラフと木と補木の関係および多様体，セル・チェイン・サイクル等について調べる。また，グラフには双対グラフが存在する。これは主メッシュと副メッシュによるまっすぐな(straight)空間とねじれた(twisted)空間の表示，および電磁場の物理的な構造を理解するのに役立つ。さらに微分形式に現れるHodgeの星印作用素とも密接に関連している。この章の構成は次のとおりである。

2.1　グラフ

グラフの理論は図形のトポロジーを取り扱う学問である。特に有向グラフの理論は有限要素法と微分形式の間の橋渡しをし，電気回路網理論と密接に結びついている。この節ではグラフ・有向グラフ・木と補木・双対グラフ・セル・チェイン・サイクル等の概念について議論する。

(a) グラフ

4面体を考える。4面体は4個の節点（node）と6個の辺（edge）と4個の面（facet)と1個の体（volume）からなる。空間を4面体で分割すると節点と辺で構成されたトラス状またはネットワーク状の構造ができあがる。次の２つの性質を持った点と辺の集合をグラフ（graph）とよぶ。

(i)　２つの辺に共通部分があればそれは辺の節点に限る。

(ii)　点の集合は辺の端点と孤立点に限る。

点，辺，面，体の集合をそれぞれ N, E, F, V とすればそれぞれの要素は

$$n \in N, e \in E, f \in F, v \in V$$

と書ける。グラフとは点の集合 N と辺の集合 E からなる。よってこのグラフを $G(N,E)$ と書く。面の集合 F と体の集合 V は辺の集合 E から構成されるから，グラフ G の集合の中に入らないことに注意したい。

点の種類：点には端点(terminal point)と孤立点(isolated point)の２種類がある（**図 2.1** 参照)。

辺の種類：辺には開辺(open edge)と閉辺(closed edge)の２種類がある（**図 2.2** 参照)。

グラフの種類：グラフには有向グラフ(oriented graph)と無向グラフ(non oriented graph)の２種類がある（**図 2.3** 参照)。

有向グラフ＝線分に方向を指定するもの　　$G(N, E, \varphi)$

無向グラフ＝線分に方向を指定しないもの　　$G(N, E)$

ここではベクトル形状関数に必要な有効グラフについて調べる。

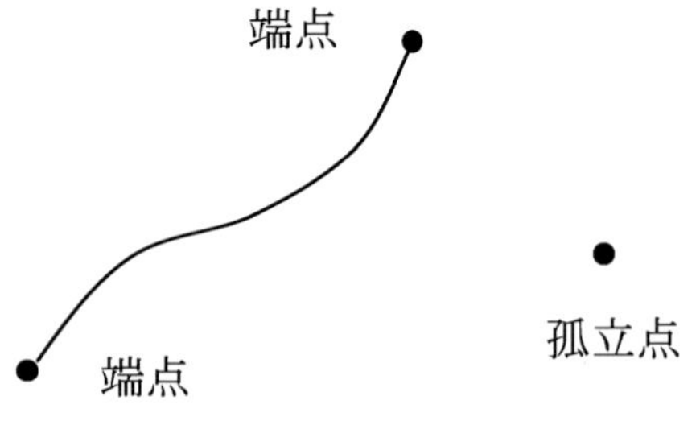

図 2.1　端点と孤立点

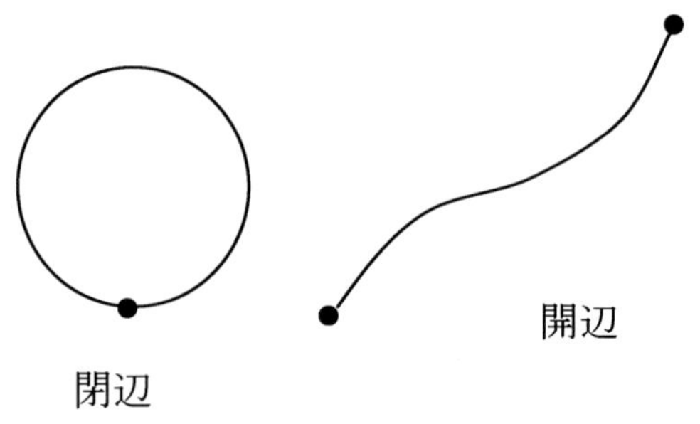

図 2.2　開辺と閉辺

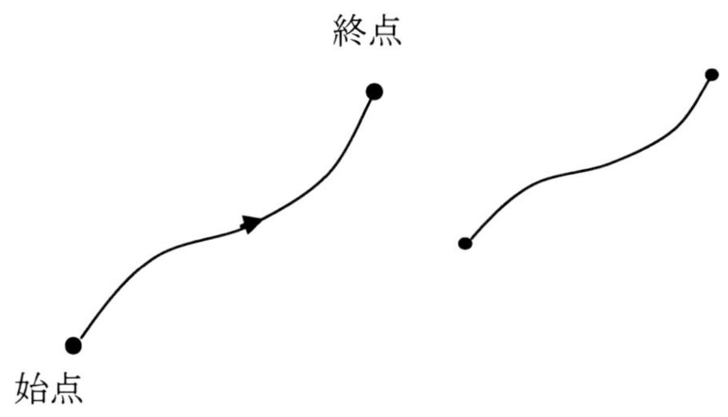

図 2.3　有向グラフ $G(N,E,\varphi)$ と無向グラフ $G(N,E)$

(b) 有向グラフ

グラフに向き（orientation）を持たせたものを有向グラフ（oriented graph）とよぶ。
図 2.4 を参照して，曲線・曲面・体積の表面に向きをつける。始点から終点に向かうの方向を曲線 C 正の方向とする。曲面の法線方向は右ネジ方向を正とする。体積の表面は外向き法線方向を正とする。横断する面や線の方向は**図 2.5** のように定義する。曲線と曲線が交差する場合，右ネジの交わりを正とする。また曲線と交わる横断面は曲線の方向を表面とする。
つぎに辺と面と有向グラフの記述方法を定義する（**図 2.6** 参照）。始点が a 終点が b の辺を $e=\{a,b\}$ と書く。向きは a から b の方向に向かう。よって逆向きの場合は $-e=\{b,a\}$ と書ける。始点を a にとるか b にとるかは任意であるから，辺に与える矢印は一意的に決まらない。つぎに面の方向を決定する。面の方向は右ネジ方向を面の表とする。3 点 a,b,c から構成される面を $f=\{a,b,c\}$ と書く。そして有向グラフを $G(N,E,\varphi)$ と書く。φ は辺や面に向きが指定されていることを表す。**図 2.7** に非連結な有向グラフの例を示す。この有向グラフ $G(N,E,\varphi)$ は 8 個の点と 8 個の辺からなる。
すなわち，

$$N \ni \dot{1},\dot{2},\cdots,\dot{8}$$

$$E \ni 1=(\dot{1},\dot{2}),\ 2=(\dot{2},\dot{3}),\cdots,8=(\dot{7},\dot{6})$$

である。このグラフは 3 個の非連結なグラフからなる。個々の単連結なグラフを成分(component)とよぶ。そして成分の個数を第 0Betti 数とよび，それを b_0 と書く。この場合 $b_0=3$ である。よく用いられる Betti 数にはつぎの 2 種類がある。

第 0Betti 数=b_0=複数連結領域における単連結なグラフの個数

第 1Betti 数=b_1=原始ループの個数

原始ループについては木と補木のところで説明する。補木を用いれば

第 1Betti 数=b_1=補木の辺の数

となる。

節点・辺・面の記述方法（図 2.7 参照）

$N \ni n_1 = \dot{1},\ n_2 = \dot{2}, \cdots$　節点番号には数字の上に・を付ける

$E \ni e_1 = 1,\ e_2 = 2, \cdots$　辺番号は数字のみで示す

$F \ni f_1 = \underset{\bullet}{1}, f_2 = \underset{\bullet}{2}, \cdots$　面番号には数字の下に・を付ける

$V \ni v_1, v_2 \cdots$　特に規約なし

コメント　　微分形式と積分　$\int_\Omega d\omega = \int_{\partial\Omega} \omega$

線積分　$\int_e \tau \cdot grad\varphi = \int_{\partial e} \varphi$　　$d\varphi = grad\varphi \cdot d\mathbf{r}$

面積分　$\int_f n \cdot rotu = \int_{\partial f} \tau \cdot u$　　$d(\mathbf{u} \cdot d\mathbf{r}) = rot\mathbf{u} \cdot d\mathbf{S}$

体積分　$\int_v divv = \int_{\partial v} n \cdot v$　　$d(\mathbf{v} \cdot d\mathbf{S}) = (div\mathbf{v}) \cdot dV$

${}^1(grad\varphi) = d^0\varphi$　　$d\varphi = grad\varphi \cdot d\mathbf{r} = {}^1(grad\varphi)$

${}^2(rotu) = d^1u$　　$d(\mathbf{u} \cdot d\mathbf{r}) = (rot\mathbf{u}) \cdot d\mathbf{S} = {}^2(rotu)$

${}^3(divv) = d^2v$　　$d(\mathbf{v} \cdot d\mathbf{S}) = (div\mathbf{v}) \cdot dV = {}^3(div\mathbf{v})$

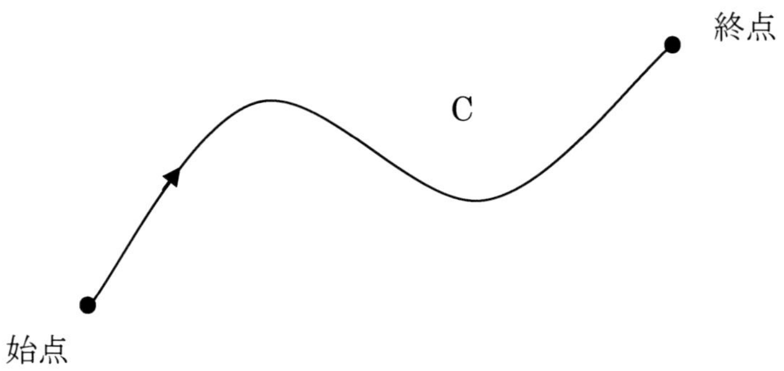

曲線 C の正方向

始点から終点へ向う方向を曲線 C の正方向とする。

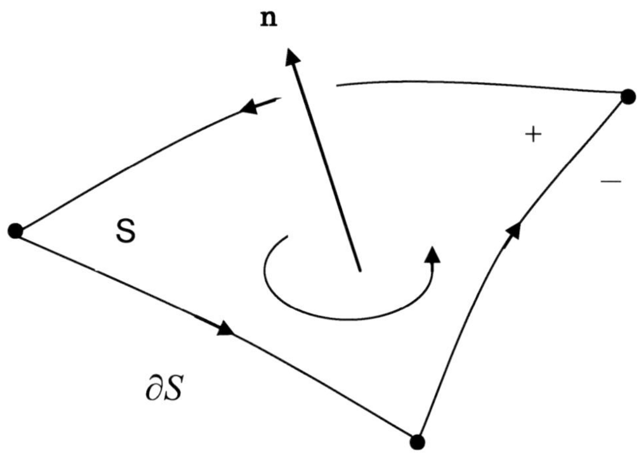

曲面 S の正方向

表面を+裏面を−とする。裏面から表面へ向う法線ベクトル **n** を軸にして右ネジ方向を ∂S の正方向とする。

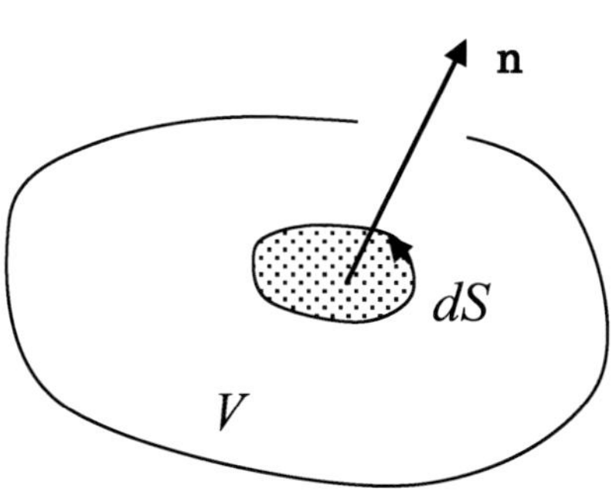

体積 V の正方向

外向き法線ベクトル **n** を ∂V の正方向とする。

図 2.4　有向線分・面・体積

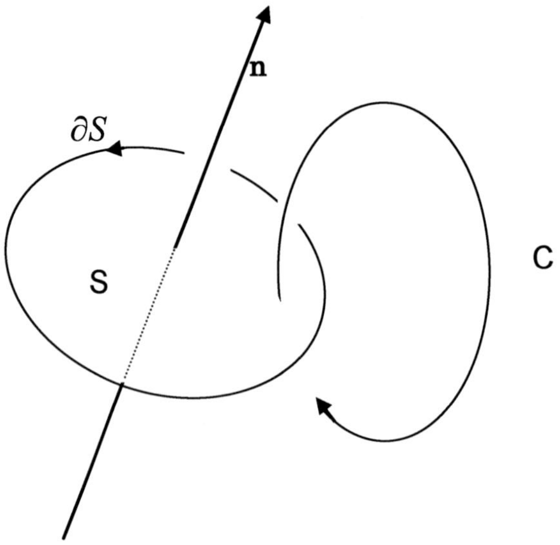

曲線 C の正の交わり

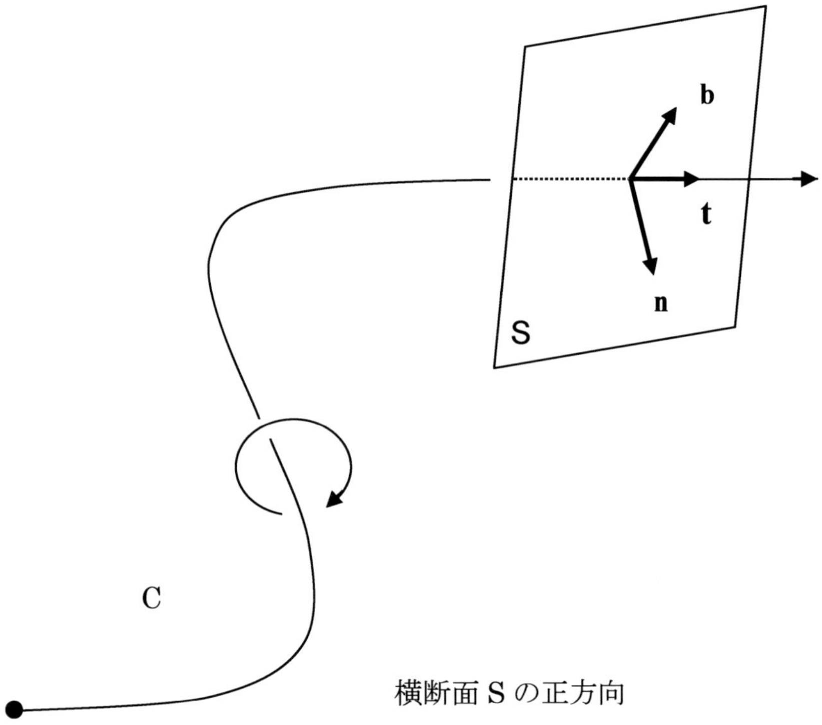

横断面Ｓの正方向

右ネジ方向の交わりが正。曲線の接線ベクトル **t** と主法線ベクトル **n** と副法線ベクトル **b** の組 $\{\mathbf{t},\mathbf{n},\mathbf{b}\}$ が右手系になる方向を正方向とする。

図 2.5　横断する面・線の方向

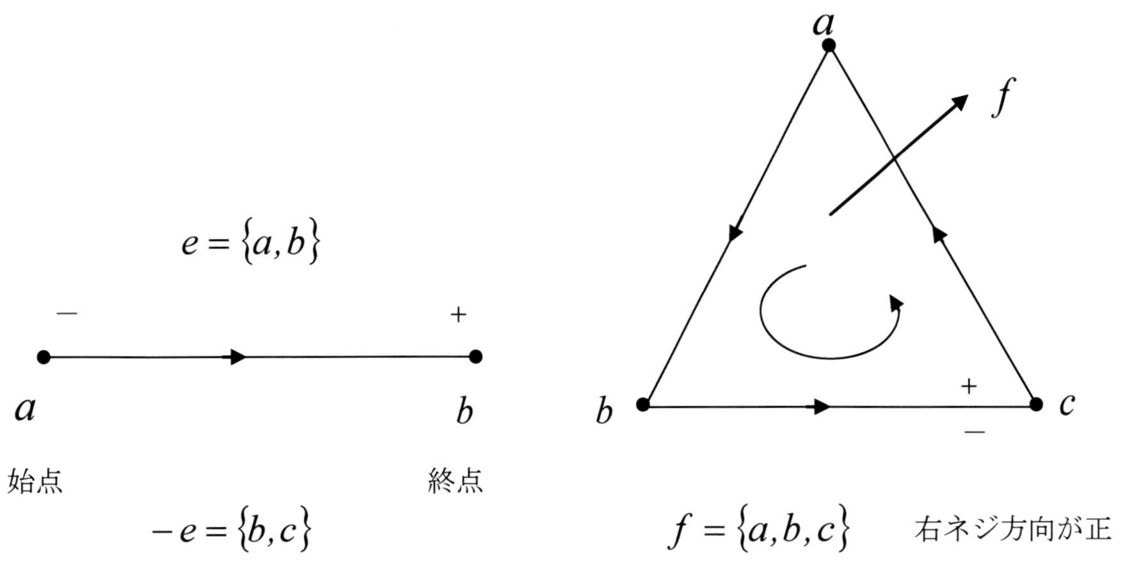

図 2.6 有向グラフ $G=\{N,E,\varphi\}$

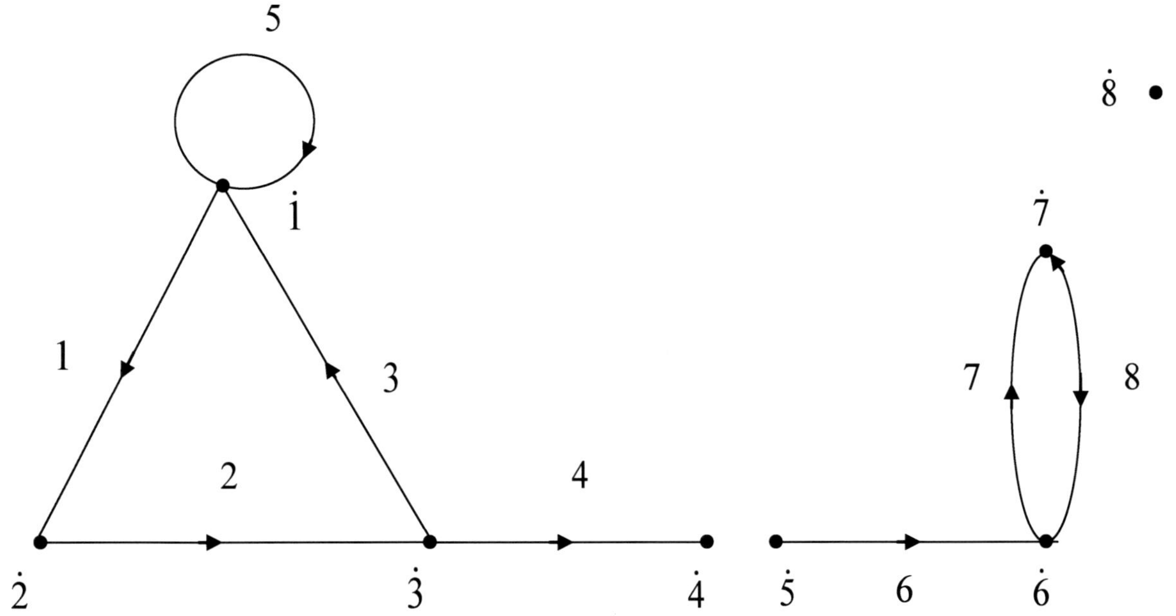

図 2.7 2個の連結グラフと1個の孤立点から成る有向グラフ $G(N,E,\varphi)$

2.2　木と補木

グラフの理論の中で木と補木および木グラフと補木グラフは中心的な役割を演ずる。

(a) 木と補木

ループを持たない連結グラフを木(tree)という。連結グラフGの部分グラフとしての任意の木をTとすれば，その補グラフを補木(cotree)といい，$\overline{T}$で表す。すなわちグラフGはTと$\overline{T}$の和集合で

$$G = T \cup \overline{T}$$

と書ける。そして，グラフGの木と補木への分解は一意的でない（**図 2.8** 参照)。
木の辺を枝とよび，補木の辺を弦とよぶ。nとeを連結グラフGの節点と辺の数とする。単連結グラフの第 0Betti 数は$b_0 = 1$である。このとき，関係式

$$\text{木の枝の数} = n - b_0 = n - 1$$

$$(\text{木の枝の数}) + (\text{補木の弦の数}) = e$$

が成立する。よって補木の弦の数は

$$\text{補木の弦の数} = e - (n - b_0) = e - n + 1$$

となる。木に補木の弦を 1 個加えるとループが形成される。このループを原始ループと呼ぶ。原始ループの個数を第 1Betti 数とよびb_1で表すと

$$b_1 = e - n + b_0 = e - n + 1$$

となる。よって例えば**図 2.9** の 4 面体において$e = 6, n = 4, b_1 = 3$となる。そしてこう配行列$\mathbf{G}$と回転行列$\mathbf{R}$(第 3 章参照)の階数はそれぞれ

$$\text{rank}(\mathbf{G}) = \text{木の枝の数} = n - b_0$$

$$\text{rank}(\mathbf{R}) = \text{補木の弦の数} = b_1 = e - n + b_0$$

となる。ここで単連結グラフの場合$b_0 = 1$である。面の数fを導入すると

$$\text{rank}(\mathbf{G}) = \text{木の枝の数} = n - 1$$

$$\text{rank}(\mathbf{R}) = \text{補木の弦の数} = f - 1$$

とも書ける。基本的にはこの 2 つの数$n-1$と$f-1$が重要である。以下の結果を**表 2.1**

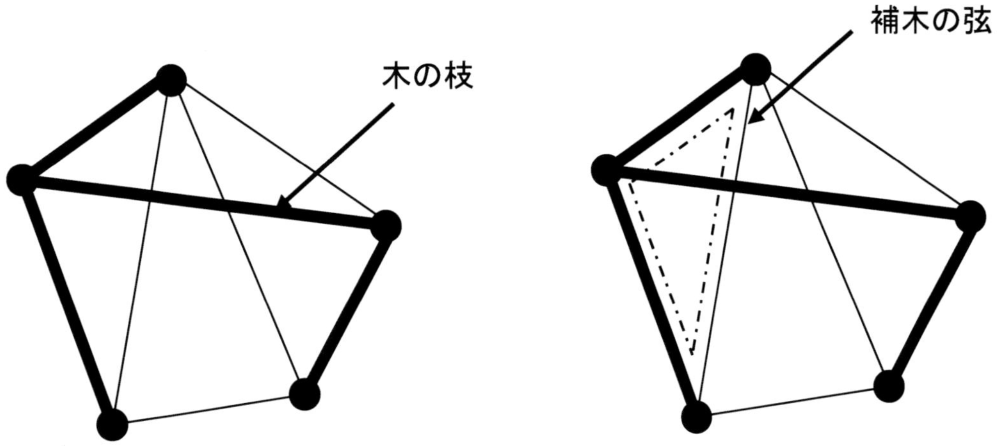

図2.8 木(太線)と補木(細線)への分解

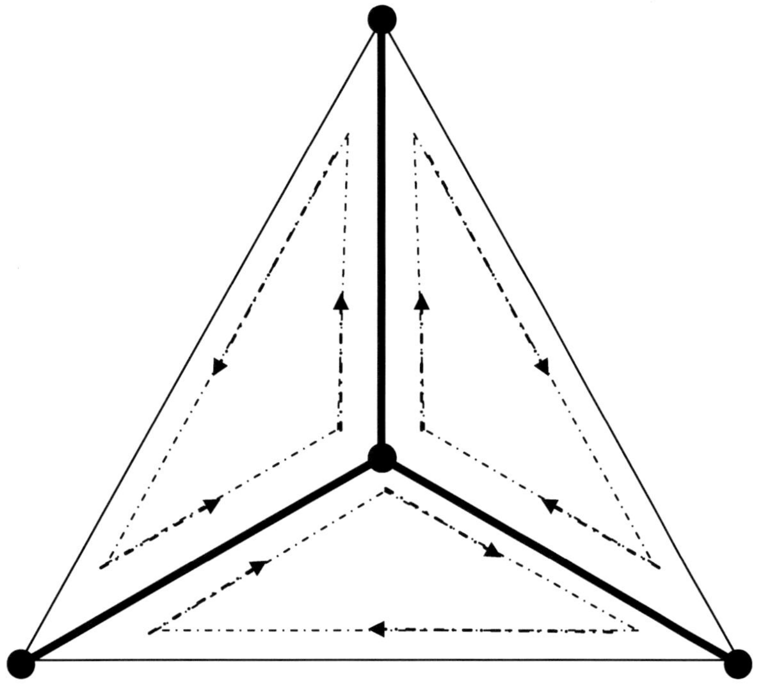

図2.9 原始ループ

にまとめておく。

[問 2. 1]　**図 2. 10** の 6 面体に対して $e = 12,\ n = 8,\ b_1 = 5$ となることを確かめなさい。

[解答]　省略　面の数を f とすると原始ループの個数は $b_1 = f - 1$ となる。節点の数を n とすると木の枝の数は $n - 1$ である。

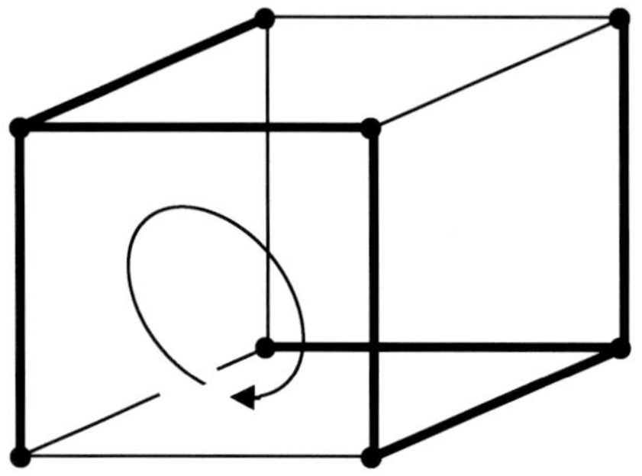

図 2. 10　6 面体の木（太線）と補木（細線）

表 2. 1　行列 G と R の階数および辺の数

$n =$ 節点の数 $e =$ 辺の数=（木の枝の数）+（補木の弦の数） $b_0 =$ 連結グラフの個数（単連結グラフの場合 $b_0 = 1$） $b_1 =$ 原始ループの個数 $f =$ 面の数
木の枝の数=$n - b_0 = \mathrm{rank}(\mathbf{G})$ 補木の弦の数=$e - n + b_0 = \mathrm{rank}(\mathbf{R})$ ＊単連結領域の場合 木の枝の数=$n - 1 = \mathrm{rank}(\mathbf{G})$ 補木の弦の数=$f - 1 = \mathrm{rank}(\mathbf{R})$
木の種類の数=$d\mathrm{et}(\mathbf{GG}^T)$ 補木の種類の数=$d\mathrm{et}(\mathbf{RR}^T)$ 木の種類の数=補木の種類の数

(b) 木グラフと補木グラフ

グラフGに対して木グラフと補木グラフを構成する。**図 2. 11** のグラフGに対して，木の種類と補木の種類を数え上げるとそれぞれ

木の種類	13, 14, 23, 24, 34	…5 組
補木の種類	24, 23, 14, 13, 12	…5 組

となる。木の種類の数と補木の種類の数は等しく，この場合それぞれ 5 組である。そして，一般に$\mathbf{G}$をこう配行列$\mathbf{R}$を回転行列とし，それぞれの転置行列を$\mathbf{G}^T$と$\mathbf{R}^T$で表示すれば

$$\det(\mathbf{GG}^T) = \text{木の種類の数}$$

$$\mathrm{rank}(\mathbf{RR}^T) = \text{補木の種類の数}$$

$$(\text{木の種類の数}) = (\text{補木の種類の数}) \quad \det(\mathbf{GG}^T) = det(\mathbf{RR}^T)$$

が成立する（証明省略)。

木の組を点に対応させて，隣接するものを枝で結んでできる無向グラフを木グラフ（tree-graph）という（**図 2. 12** 参照)。同様に補木の組を点に対応させて，隣接するものを枝で結んでできる無向グラフを補木グラフ(cotree-graph)という（**図 2. 13** 参照)。このとき，木グラフと補木グラフは同形グラフ(isomorphic graph)となる。グラフの全点を張るループを Hamilton ループという。木グラフと補木グラフは Hamilton ループを持つ。例えば木グラフと補木グラフの Hamilton ループは

木グラフに対して	12 - 23 - 34 - 42 - 41 - 12
補木グラフに対して	24 - 41 - 12 - 13 - 23 - 24

となる。

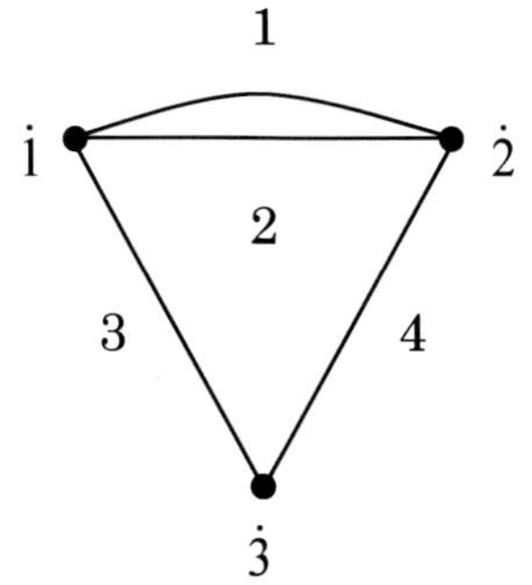

図 2. 11　グラフG

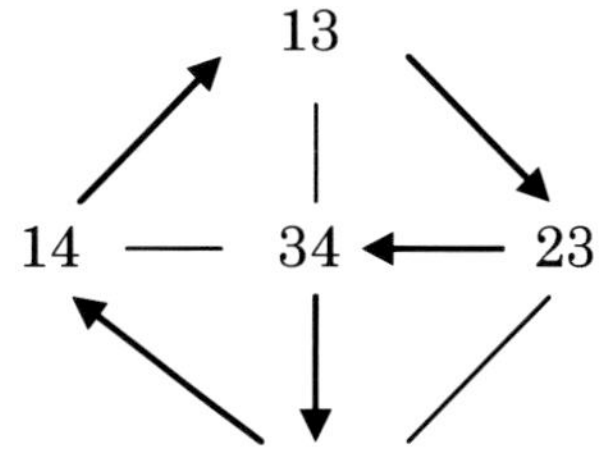

図 2. 12　木のグラフ

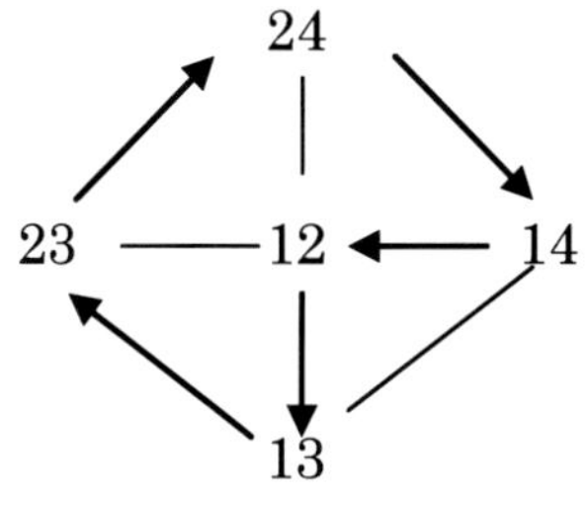

図 2. 13　補木グラフ

2.3　多様体・セル・チェイン・サイクル

(a) 多様体とセル

多様体(manifold)はセル(cell)を張り合わせた集合体である。つぎに cell の例を上げる。**図 2.14** ではセルと写像に同じ記号c_i $(i=0,1,2)$が用いられている。

c_0 ：0 セルは点(point)である。点は 0 次元サイクルである。

c_1 ：1 セルは経路(path)である。閉曲線は 1 次元サイクルである。

c_2 ：2 セルはパッチ(patch)である。閉曲面は 2 次元サイクルである。

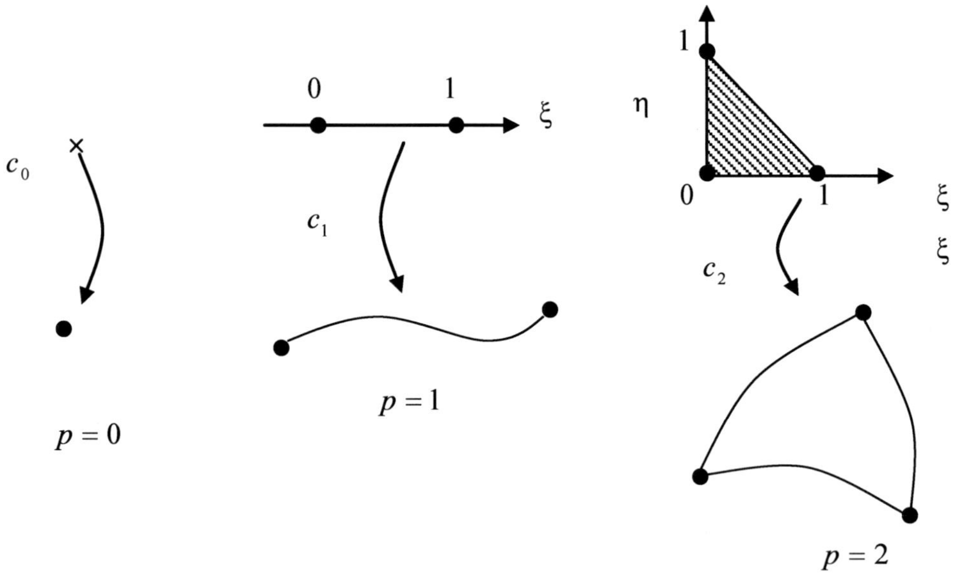

図 2.14　0, 1, 2 次のセルc_0，c_2，c_3

境界を含むセルを閉じた(closed)セル，含まないセルを開いた(open)セルとよぶ。ただし，0 セルの点は例外で開いておりかつ閉じている。そして，セルを張り合わせた集合体を多様体とよぶ。

セル分割：領域Ω のセル分割とはつぎの 2 つの条件を満足する開いた cell の集合体である。

(i) c_i を p 次元多様体のセルとすれば，交わり $c_i \cap c_j$ は$(p-1)$次元の多様体である。

(ii) 開いたセルc_i は他のどのセルとも交わらない。

図 2.15 にセル分割の例を示す。

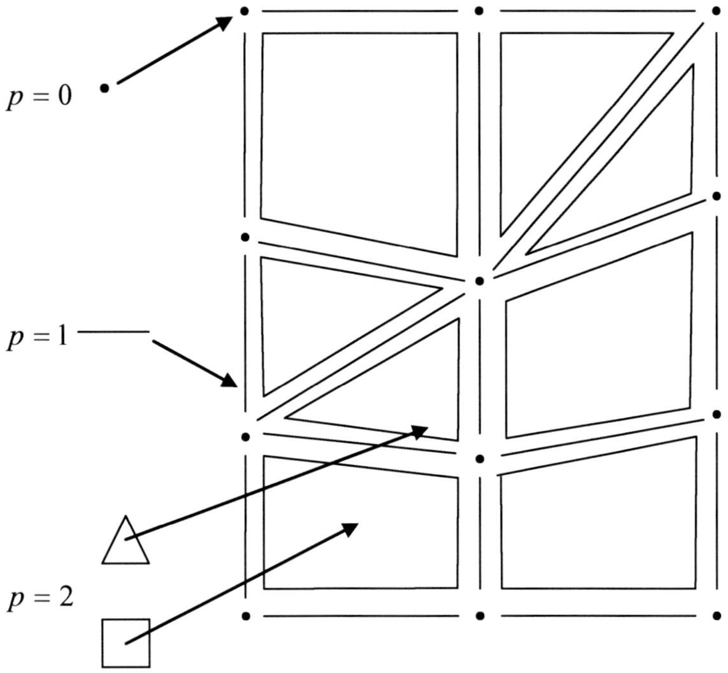

図 2.15　セル分割

(b) チェインとサイクル

チェイン(chain)：有向セルの集まりを chain とよぶ

サイクル(cycle)：境界が零の chain を cycle とよぶ

例えば，辺・面・体に対する有向セルに対して，サイクルは

$$\partial e = n_2 - n_1$$

$$\partial f = e_1 + e_2 - e_3$$

$$\partial v = f_1 + f_2 - f_3 + f_4$$

となる（**図 2.16** 参照)。∂e，∂f，∂v は境界が零の chain でサイクルである。例えば $\partial e_1 = y - x, \partial e_2 = y - z, \partial e_3 = x - z$ であるから

$$\partial\partial f = \partial e_1 - \partial e_2 + \partial e_3 = (y - x) - (y - z) + (x - z) = 0$$

$$\therefore \partial\partial f = 0$$

となる。よって ∂f の境界は零である。

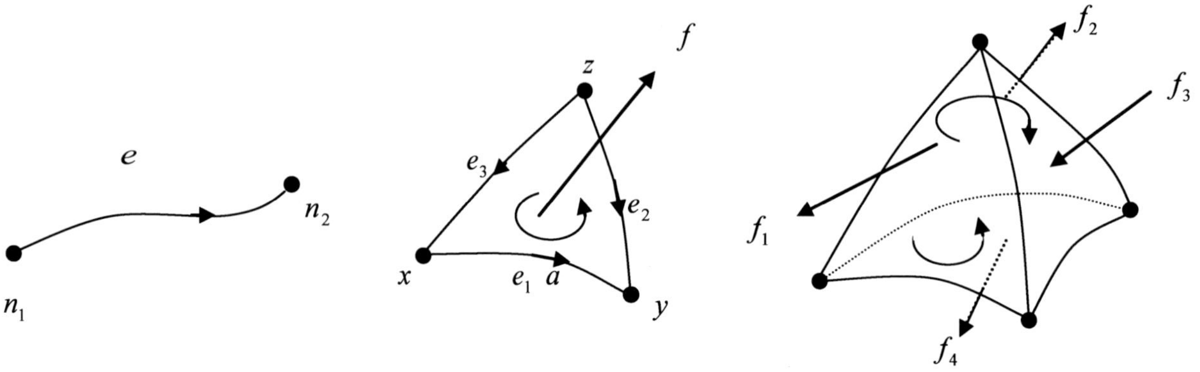

$\partial e = n_2 - n_1$　　$\partial f = e_1 - e_2 + e_3$　　$\partial v = f_1 + f_2 - f_3 + f_4$

図 2.16　サイクルの例（境界が零の chain）

2.4　双対性

(a) 双対グラフ

グラフの辺は交差しないとする。辺が交差する場合は立体交差を考えれば交差をなくすことができる。ループによってできる２つの隣接する面にそれぞれ点 p と点 q をとる。そして新しい辺を $\{p, q\}$ とする。p と q が同一点の場合は閉じた辺となる。また，ループに多くの辺がある場合，辺ごとに新しい辺を作る。このようにして作られた (p, q) の作るグラフを双対グラフ(dual graph)とよぶ。このとき，双対グラフの双対グラフは元のグラフとなる（**図 2.17** 参照）。グラフ G との双対グラフがグラフ G と位相的に同形ならば，グラフ G を自己双対グラフ(self-dual graph)とよぶ（**図 2.18** 参照）。

(b) 双対メッシュ

有限要素法の場合，主メッシュに対して作られる双対グラフを双対メッシュまたは副メッシュとよぶ。双対メッシュを作成する方法に重心構築法と直交構築法がある。双対メッシュはその存在を仮定するが，実際に作成する必要はない。まっすぐ(straight)な形式は主メッシュでねじれた(twisted)形式は副メッシュで表示される（**表 2.1 参照**）。主メッシュおよび副メッシュのそれぞれに４種類の（点・線・面・体）積分がある。

(c) 双対接続行列

双対メッシュにおけるこう配行列$\widetilde{\mathbf{G}}$回転行列$\widetilde{\mathbf{R}}$発散行列$\widetilde{\mathbf{D}}$は主メッシュのこう配行列$\mathbf{G}$回転行列$\mathbf{R}$発散行列$\mathbf{D}$によって

$$\widetilde{\mathbf{G}} = \mathbf{D}^T, \widetilde{\mathbf{R}} = \mathbf{R}^T, \widetilde{\mathbf{D}} = \mathbf{G}^T$$

と表せる。$\widetilde{\mathbf{G}} \neq \mathbf{G}^T$, $\widetilde{\mathbf{D}} \neq \mathbf{D}^T$ であることに注意すべきである。

表 2.1　8 種類の積分

	straight 形式	twisted 形式	
$p=0$	${}^0\varphi$	${}^0\tilde{\varphi}$	
$p=1$	${}^1u$	${}^1\tilde{u}$	${}^1(\mathrm{grad}\,\varphi) = d\,{}^0\varphi$
$p=2$	${}^2u$	${}^2\tilde{u}$	${}^2(\mathrm{rot}\,u) = d\,{}^1u$
$p=3$	${}^3\varphi$	${}^3\tilde{\varphi}$	${}^3(\mathrm{div}\,u) = d\,{}^2u$

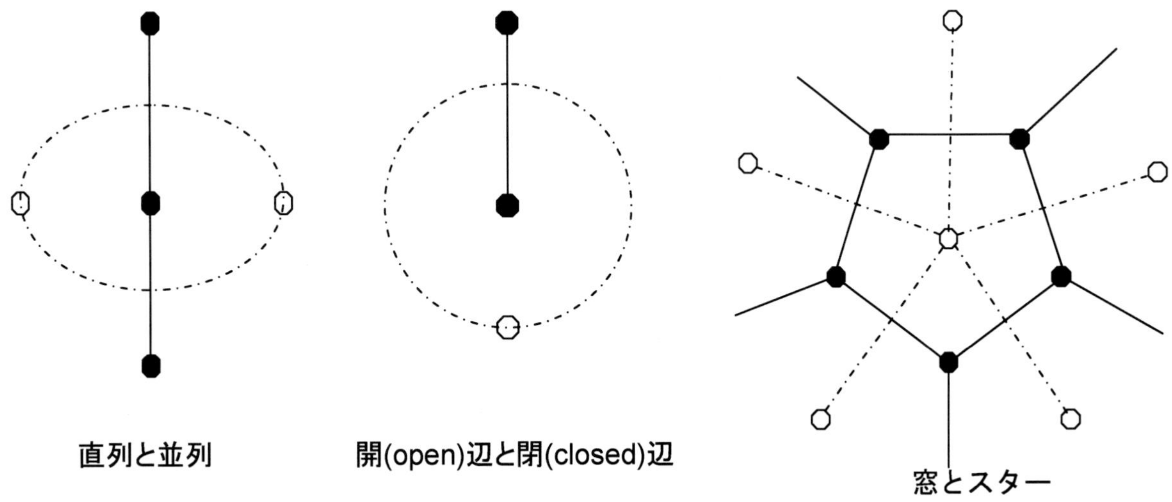

図2.17 基本的な双対グラフ

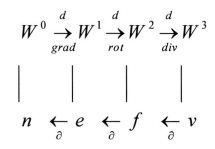

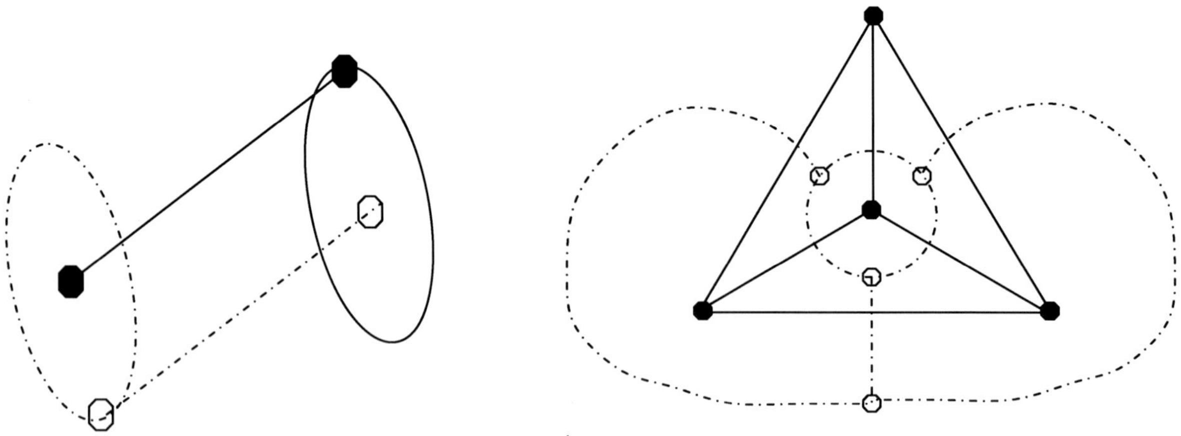

図2. 18 自己双対グラフ

(d) 外微分作用素と境界作用素

図 2. 19 に外微分 d と境界 ∂ の双対性を示しておく。

$dd = 0$　が　$\partial\partial = 0$

に対応する。図中の W^p は p 形式の関数空間をそして $dd = 0$ はベクトル解析の rot grad=0 と div rot=0 をそれぞれ意味している。

外微分作用素：“ $dw = 0$ ならば w は閉形式である。” しかし
“閉形式は必ずしも完全でない。” すなわち $w = da$ は必ずしも成立しない。
境界作用素：“ $\partial c = 0$ ならば c はサイクルである。” しかし
“サイクルは必ずしも境界でない。” すなわち $c = \partial\sigma$ は必ずしも成立しない。
以上の包含関数を**図 2. 20** に示しておく。

$$
\begin{array}{ccccccc}
W^0 & \underset{grad}{\overset{d}{\longrightarrow}} & W^1 & \underset{rot}{\overset{d}{\longrightarrow}} & W^2 & \underset{div}{\overset{d}{\longrightarrow}} & W^3 \\
| & & | & & | & & | \\
n & \underset{\partial}{\longleftarrow} & e & \underset{\partial}{\longleftarrow} & f & \underset{\partial}{\longleftarrow} & v
\end{array}
$$

図 2. 19　d と ∂ の双対性

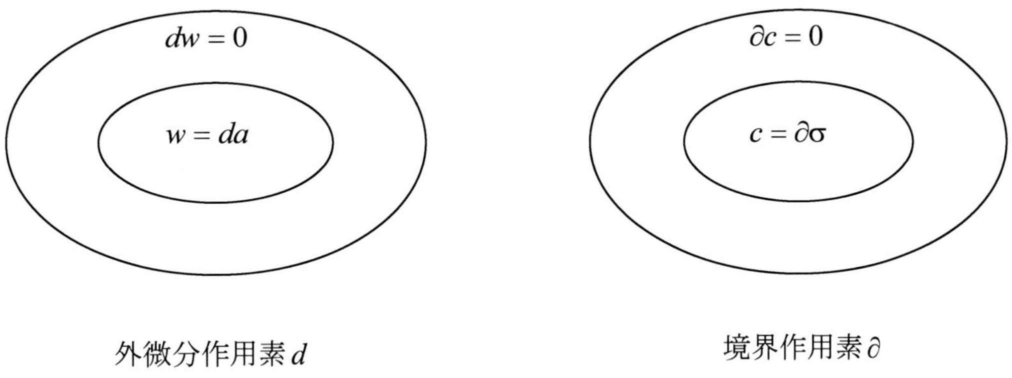

図 2.20　外微分作用素 d と境界要素作用素 ∂

(e) 反変ベクトルと共変ベクトル

共変ベクトル $\mathbf{g}_i = \dfrac{\partial \mathbf{r}}{\partial \xi^i}$ と反変ベクトル $\mathbf{g}^i = \nabla \xi^i$ は双対である。そして $\mathbf{g}_i \cdot \mathbf{g}^j = \delta_i^j$ を満足する。

コメント　エネルギー

・ 仕事は力と変位の積である。例えば

$$\mathbf{f} \cdot d\mathbf{r} \qquad \mathbf{T} : d\mathbf{E} \qquad \to \frac{\mathbf{T} : \mathbf{E}}{2}$$

である。ここで $\mathbf{f}$ は力，$d\mathbf{r}$ は変位である。また，$\mathbf{T}$ は応力テンソル，$\mathbf{E}$ はひずみテンソル，$\dfrac{\mathbf{T} : \mathbf{E}}{2}$ はひずみエネルギーである。単位時間あたりの仕事は

$$\mathbf{f} \cdot d\mathbf{v} \qquad \mathbf{T} : \mathbf{D}$$

である。ここで $\mathbf{v}$ は速度，$\mathbf{D}$ は変形速度テンソルである。$\mathbf{T} : \mathbf{D}$ は応力仕事率である。

・ 単位時間当たりの電磁エネルギーの消滅は

$$\mathbf{E} \cdot \mathbf{j} = \mathbf{f}_{em} \cdot \mathbf{v} + \mathbf{E}' \cdot \mathbf{j}'$$

で与えられる。ただし，$\mathbf{E}' = \mathbf{E} + \mathbf{v} \times \mathbf{B}, \mathbf{j}' = \mathbf{j} - \rho_e \mathbf{v}$，$\mathbf{f}_{em}$ は電磁力である。

2.5　電磁場の双対性

(a) 電磁場と双対メッシュ

場の構造を表す Maxwell の方程式に支配される電磁波の波動方程式は，$\boldsymbol{E}$ を電場，$\boldsymbol{H}$ を磁場として，

$$\nabla^2 \boldsymbol{E} = \frac{1}{c^2}\frac{\partial^2 \boldsymbol{E}}{\partial t^2} \qquad \nabla^2 \boldsymbol{H} = \frac{1}{c^2}\frac{\partial^2 \boldsymbol{H}}{\partial t^2}$$

で与えられる。ただし，c は光速，$c^2 = 1/(\varepsilon_0 \mu_0)$ である。そして ε_0 は真空の誘電率，μ_0 は真空の透磁率である。つぎにこの電磁波の伝わり方について考察する。最初電流 $\boldsymbol{j}$ によって磁場 $\boldsymbol{H}$ が発生する。次に磁場 $\boldsymbol{H}$ によって電場 $\boldsymbol{E}$ が形成される。さらに，この電場はつぎの磁場を形成する。そして電磁波は電場 $\boldsymbol{E}$ と磁場 $\boldsymbol{H}$ が交互に直交しながら横波となって進む。この様子を具体的に図示すると**図 2.21** のようになる。この電磁波の構造を主メッシュと主メッシュに双対な副メッシュを用いて表現することができる。すなわち**図 2.22** はこの局所的な場の構造の物理表示であると解釈される。

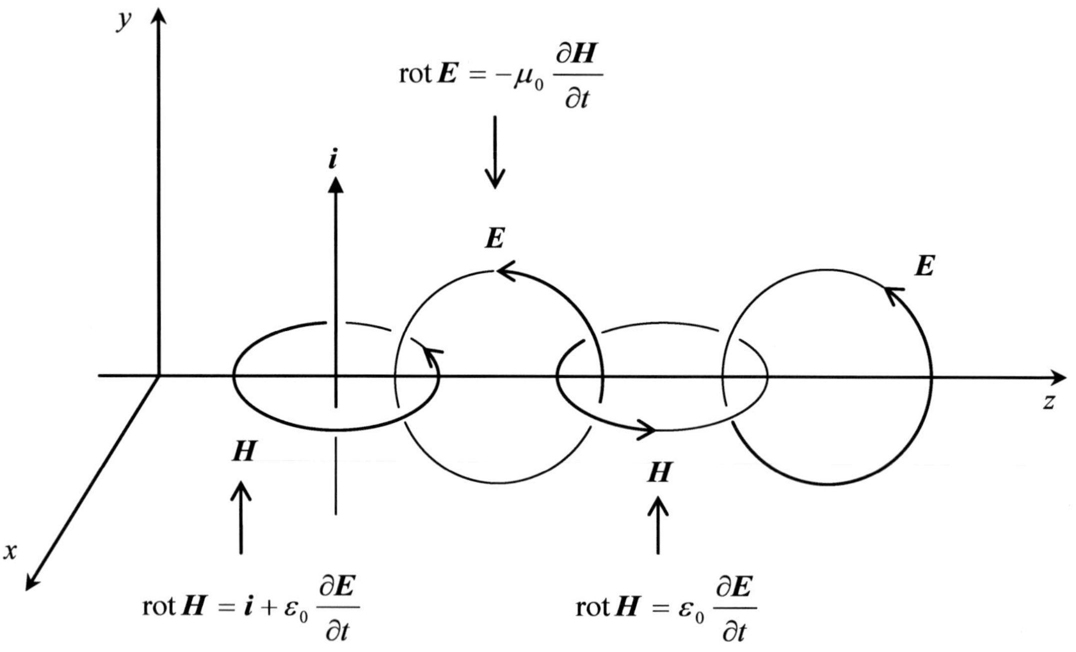

図 2.21　電磁波の伝わり方

表 2.2　双対メッシュ

主メッシュ G	副メッシュ $\widetilde{G}$
面　f 辺　e Faraday の電磁誘導の法則 $\boldsymbol{E}$, $\boldsymbol{B}$	辺　$\widetilde{f}$ 面　$\widetilde{e}$ Ampere-Maxwell の法則 $\boldsymbol{H}$, $\boldsymbol{D}$, $\boldsymbol{j}$
真っすぐな空間 straight	ねじれた空間 twisted

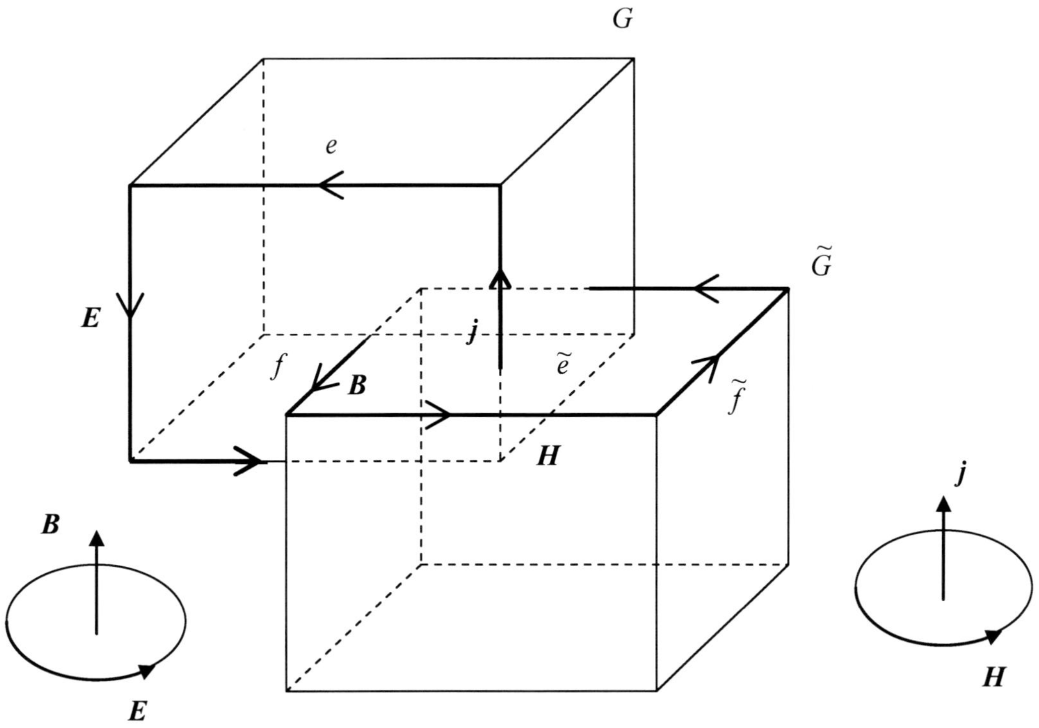

図 2.22　双対メッシュと電磁場

(b) 双対メッシュ

主メッシュをG，副メッシュを$\widetilde{G}$とする。主メッシュの空間を straight な空間(または，通常の空間)，副メッシュの空間を twisted な空間とよぶ。straight な空間では Faraday の電磁誘導の法則

$$\int_e \boldsymbol{E}\cdot d\boldsymbol{r} = -\frac{d}{dt}\int_f \boldsymbol{B}\cdot d\boldsymbol{S} \qquad \text{主メッシュ}$$

が成立する。ここでeとfは辺と面を意味する。同様に twisted な空間では Ampere-Maxwell の法則

$$\int_{\tilde{f}} \mathbf{H}\cdot d\tilde{\mathbf{r}} = \int_{\tilde{e}} \mathbf{j}\cdot d\tilde{\mathbf{S}} + \frac{d}{dt}\int_e \mathbf{D}\cdot d\tilde{\mathbf{S}} \qquad \text{副メッシュ}$$

が成立する（**表 2. 2 参照**）。ここで，$\tilde{e}$と$\tilde{f}$は副メッシュの面と辺を意味する。主メッシュの面fの方向と副メッシュの辺$\tilde{f}$の方向が一致する。双対なのはfと$\tilde{f}$，eと$\tilde{e}$である(**図 2. 23 参照**)。そして，主メッシュの面や辺の向きを内性の向き(inner orientation)，副メッシュの面や辺の向きを外性の向き（outer orientation）とよぶ。内性の向きと外性の向きは１組になって右ネジの法則に従う（**図 2. 24 参照**）。

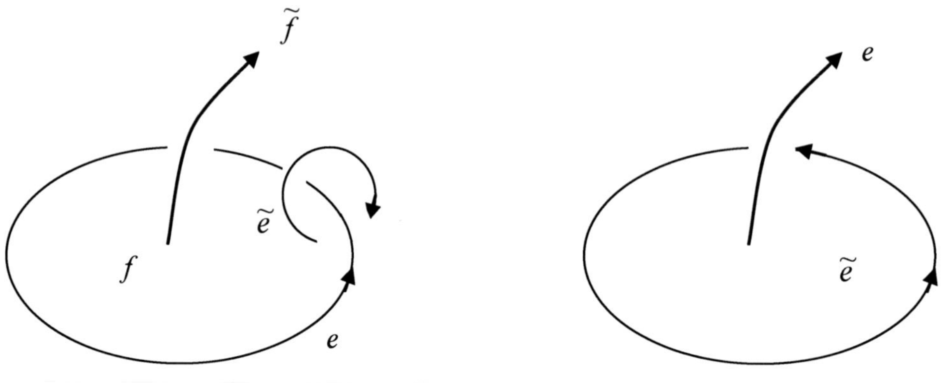

図 2. 23　双対関係（面fと辺$\tilde{f}$：面$\tilde{e}$と辺e）

p	内性の向き （straight）	外性の向き （twisted）
1	E 極性ベクトル	H 軸性ベクトル
2	B	j
3	$\nabla \cdot \boldsymbol{B} = 0$ 回転場	$\nabla \cdot \boldsymbol{D} = \rho_e$ 発散場

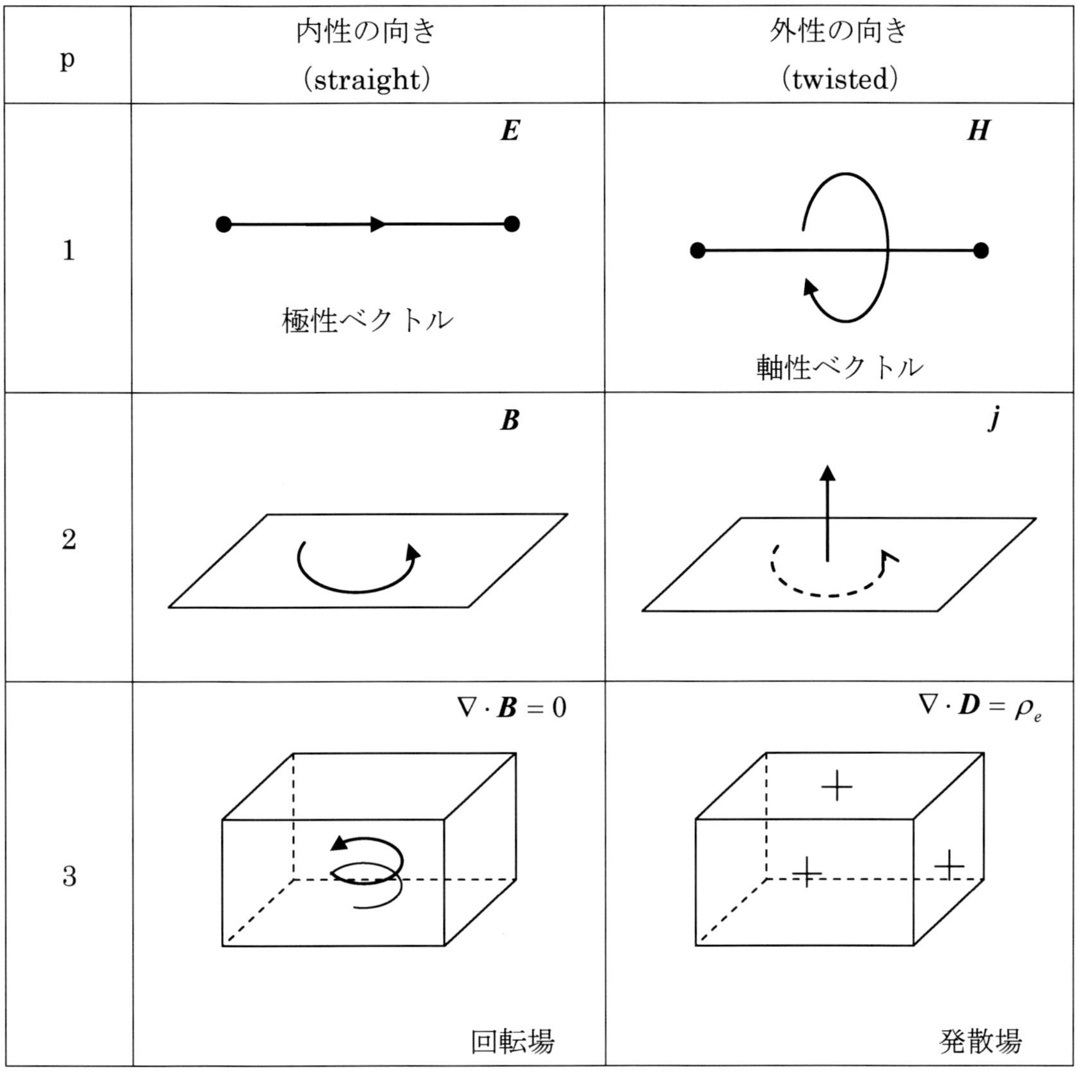

図 2.24　内性の向きと外性の向き

(c) Hodge の星印作用素

Hodge の星印作用素を用いると３次元の場合，

$$*\,d\boldsymbol{r} = d\widetilde{\boldsymbol{S}}$$

$$*\,d\boldsymbol{S} = d\widetilde{\boldsymbol{r}}$$

となる。すなわち，straight な空間の線要素と面要素はそれぞれ twisted な空間の面要素と線要素に対応する。Maxwell の方程式も同次方程式

$$\nabla\cdot\boldsymbol{B} = \rho_m \qquad (\rho_m = 0)$$

$$\nabla\times\mathbf{E} + \frac{\partial\mathbf{B}}{\partial t} = -\mathbf{k} \qquad (\mathbf{k} = 0)$$

は straight な空間で成立し，非同次方程式

$$\nabla\cdot\boldsymbol{D} = \rho_e$$

$$\dot{\nabla}\times\boldsymbol{H} = \boldsymbol{j} + \frac{\partial\boldsymbol{D}}{\partial t}$$

は twisted な空間で成立する（**表 2.3 参照**）。この構造を明らかにしたのが**図 1.1** の Maxwell ハウスである。ここで，ρ_m は磁荷，$\boldsymbol{k}$ は磁流でそれぞれ電荷 ρ_e と電流 $\boldsymbol{j}$ に対応する。このとき，磁荷保存則と電荷保存則はそれぞれ

$$\frac{\partial\rho_m}{\partial t} + \nabla\cdot\boldsymbol{k} = 0$$

$$\frac{\partial\rho_e}{\partial t} + \nabla\cdot\boldsymbol{j} = 0$$

と書ける。ρ_m と $\boldsymbol{k}$ を導入すると電場と磁場の対称性はよくなるが，真の物理現象は $\rho_m = 0$，$\boldsymbol{k} = 0$ である。

構成方程式は Hodge の星印作用素を用いて微分形式で

$$\mathbf{j} = \sigma\mathbf{E},\quad \mathbf{D} = \varepsilon\mathbf{E},\quad \mathbf{B} = \mu\mathbf{H} \text{ または } j = \sigma * E,\quad D = \varepsilon * E,\quad B = \mu * H$$

と書ける。**星印作用素**は straight な空間と twisted な空間の橋渡しをしている。

表 2.3 真直ぐな形式とねじれた形式

	形式	真直ぐな空間 (straight)	形式	ねじれた空間 (twisted)	形式	場
スカラー	0	φ 極性	3	ρ_e 軸性	0	ポテンシャル場
ベクトル	1	$\mathbf{E}, \mathbf{A}$ 極性	2	$\mathbf{j}, \mathbf{D}$ 軸性	1	力の場
ベクトル	2	$\mathbf{B}$ 軸性	1	$\mathbf{H}$ 極性	2	流れの場
スカラー	3	ρ_m 軸性	0	ψ 極性	3	密度場

同次方程式

$$\nabla \times \mathbf{E} = -\frac{\partial \mathbf{B}}{\partial t}$$

$$\nabla \cdot \mathbf{B} = 0$$

非同次方程式

$$\nabla \times \mathbf{H} = \mathbf{j} + \frac{\partial \mathbf{D}}{\partial t}$$

$$\nabla \cdot \mathbf{D} = \rho_e$$

構成方程式

$$\mathbf{j} = \sigma \mathbf{E}$$

$$\mathbf{D} = \varepsilon \mathbf{E}$$

$$\mathbf{B} = \mu \mathbf{H}$$

(d) $\mathbf{A}-\varphi$ 法と $\mathbf{T}-\psi$ 法の双対性

準定常磁場の基礎方程式は

(straight)

$$\nabla \cdot \mathbf{B} = 0$$

$$\nabla \times \mathbf{E} = -\frac{\partial \mathbf{B}}{\partial t}$$

(twisted)

$$\nabla \cdot \mathbf{j} = 0$$

$$\nabla \times \mathbf{H} = \mathbf{j}$$

構成方程式

$$\mathbf{B} = \mu \mathbf{H}$$

$$\mathbf{j} = \sigma \mathbf{E}$$

の 6 個である。これらの解法として $\mathbf{A}-\varphi$ 法と $\mathbf{T}-\psi$ 法があり，お互いに双対な解法である。ここで，構成方程式は straight な空間と twisted な空間の橋渡しをしている。

A-φ 法：$\mathbf{A}-\varphi$ 法では $\mathbf{A}$ を磁気ベクトルポテンシャル，φ を電気スカラーポテンシャルとする。$\nabla\cdot\boldsymbol{B}=0$ と $\nabla\times\mathbf{E}=-\dfrac{\partial\mathbf{B}}{\partial t}$ を満足する。$\mathbf{A}$ と φ を用いて，$\mathbf{B}$ と $\mathbf{E}$ は

$$\mathbf{B}=\nabla\times\mathbf{A}$$

$$\mathbf{E}=-\nabla\varphi-\frac{\partial\mathbf{A}}{\partial t}$$

と表せる。残りは $\nabla\cdot\mathbf{j}=0$ と $\nabla\times\mathbf{H}=\mathbf{j}$ を満足するように $\mathbf{A}$ と φ の連立方程式を作る。その結果 $\mathbf{A}-\varphi$ 法の基礎方程式

$$\nabla\times\left(\frac{1}{\mu}\nabla\times\mathbf{A}\right)=-\sigma\left(\nabla\varphi+\frac{\partial\mathbf{A}}{\partial t}\right)$$

$$\nabla\cdot\sigma\left(\nabla\varphi+\frac{\partial\mathbf{A}}{\partial t}\right)=0$$

が導かれる。

T-ψ法：$\mathbf{T}-\psi$ 法では $\mathbf{T}$ を電流ベクトルポテンシャル，ψ を磁気スカラーポテンシャルとする。$\nabla\cdot\mathbf{j}=0$ と $\nabla\times\mathbf{H}=\mathbf{j}$ を満足する $\mathbf{T}$ と ψ を用いて，$\mathbf{j}$ と $\mathbf{H}$ は

$$\mathbf{j}=\nabla\times\mathbf{T}$$

$$\mathbf{H}=\mathbf{T}-\nabla\psi$$

と表せる。残りは $\nabla\cdot\boldsymbol{B}=0$ と $\nabla\times\mathbf{E}=-\dfrac{\partial\mathbf{B}}{\partial t}$ を満足するように $\mathbf{T}$ と ψ の連立方程式を作る。

その結果 $\boldsymbol{T}-\psi$ の基礎方程式

$$\nabla\times\frac{1}{\sigma}(\nabla\times\mathbf{T})=-\mu\left(\frac{\partial\mathbf{T}}{\partial t}-\nabla\frac{\partial\psi}{\partial t}\right)$$

$$\nabla\cdot\mu(\mathbf{T}-\nabla\psi)=0$$

が導かれる。この双対な関係を**図 2.25** に示す。

定常電場　定常の場合，電場と磁場は分離できる。電場と電流を求める基礎方程式は

straight	twisted
$\nabla\times\mathbf{E}=0$	$\nabla\cdot\mathbf{j}=0$

構成方程式

$$\mathbf{j}=\sigma\mathbf{E}$$

の３個である。

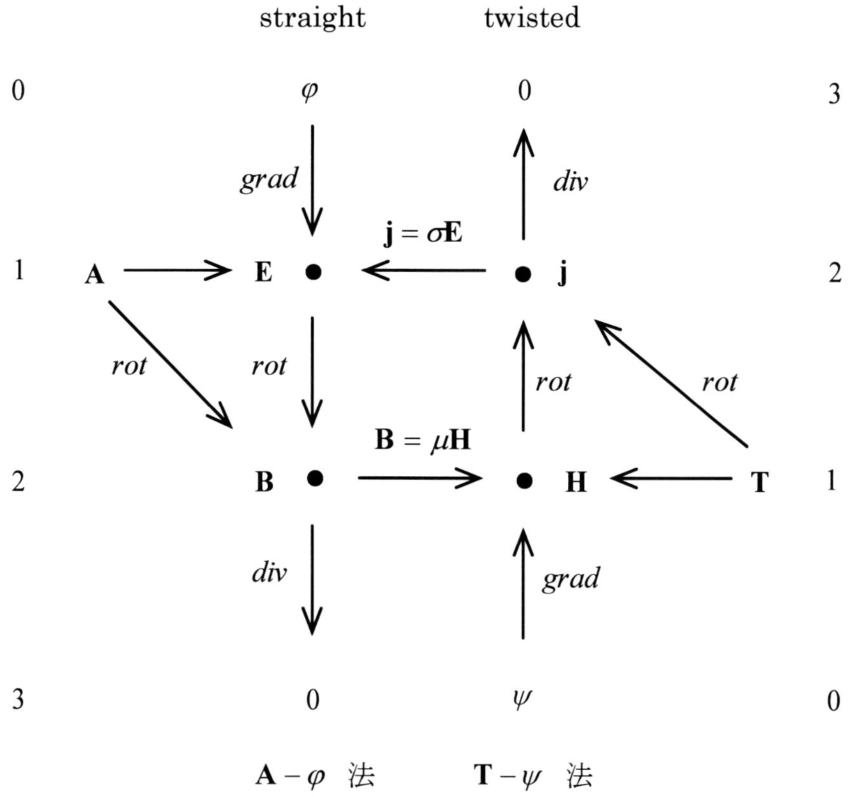

図 2.25　$\mathbf{A}-\varphi$ と $\mathbf{T}-\psi$ 法の双対性

$\mathbf{A}-\varphi$ 法：この場合，磁場を求める必要はないから $\nabla\times\mathbf{E}=0$ より $\mathbf{E}=-\nabla\varphi$ と書ける。よって $\nabla\cdot\mathbf{j}=0$ より，電気スカラーポテンシャルに対する基礎方程式

$$\nabla\cdot(\sigma\nabla\varphi)=0$$

が導かれる。φ を求めた後，電流は $\mathbf{j}=\sigma\mathbf{E}$ より求まる。

$\mathbf{T}-\psi$ 法：$\nabla\cdot\mathbf{j}=0$ より，$\mathbf{j}=\nabla\times\mathbf{T}$ と書ける。$\nabla\times\mathbf{E}=0$ より電流ベクトル・ポテンシャル $\mathbf{T}$ に対する基礎方程式

$$\nabla\times\frac{1}{\sigma}\nabla\times\mathbf{T}=0$$

が導かれる。$\mathbf{T}$ を求めた後に，電気は $\mathbf{E}=\mathbf{j}/\sigma$ より求まる。

コメント　流れ場と電磁場の対応

表 2.8　流れ場と電磁場の対応

流れ場	電磁場
$\mathbf{v}$	$\mathbf{A}$
$\nabla\cdot\mathbf{v}=0$	$\nabla\cdot\mathbf{A}=0$
$\boldsymbol{\omega}=\nabla\times\mathbf{v}$	$\mathbf{B}=\nabla\times\mathbf{A}$
H	φ
ν	ν_m
$\dfrac{d\boldsymbol{\omega}}{dt}=\nabla\times(\mathbf{v}\times\boldsymbol{\omega})+\nu\nabla^2\boldsymbol{\omega}$	$\dfrac{d\mathbf{B}}{dt}=\nabla\times(\mathbf{v}\times\mathbf{B})+\nu_m\nabla^2\mathbf{B}$
$\dfrac{\partial\mathbf{v}}{\partial t}=\mathbf{v}\times\boldsymbol{\omega}-\nabla H+\nu\nabla^2\mathbf{v}$	$\dfrac{\partial\mathbf{A}}{\partial t}=\mathbf{v}\times\mathbf{B}-\nabla\varphi+\nu_m\nabla^2\mathbf{A}$
$\Gamma=\oint_{\partial S}\mathbf{v}\cdot d\mathbf{r}=\iint_S\boldsymbol{\omega}\cdot d\mathbf{S}$	$\Gamma=\oint_{\partial S}\mathbf{A}\cdot d\mathbf{r}=\iint_S\mathbf{B}\cdot d\mathbf{S}$
$\lambda=\mathbf{v}\cdot d\mathbf{r}-Hdt$	$\lambda_m=\mathbf{A}\cdot d\mathbf{r}-\varphi dt$
$d\lambda=\boldsymbol{\omega}\cdot d\mathbf{S}+\mathbf{E}'\cdot d\mathbf{r}dt$	$d\lambda_m=\mathbf{B}\cdot d\mathbf{S}+\mathbf{E}\cdot d\mathbf{r}dt$
$\mathbf{E}'=-\dfrac{\partial\mathbf{v}}{\partial t}-\nabla H$	$\mathbf{E}=-\dfrac{\partial\mathbf{A}}{\partial t}-\nabla\varphi$
$dd\lambda=0$	$dd\lambda_m=0$
$\nabla\cdot\boldsymbol{\omega}=0$	$\nabla\cdot\mathbf{B}=0$
$\nabla\times\mathbf{E}'+\dfrac{\partial\boldsymbol{\omega}}{\partial t}=0$	$\nabla\times\mathbf{E}+\dfrac{\partial\mathbf{B}}{\partial t}=0$

第3章

接続行列

節点と辺，辺と面，面と体を結びつけるのが接続行列である。そして，微分形式とグラフの理論を結びつけるのがまさにこの接続行列である。接続行列にはベクトルのこう配・回転・発散のそれぞれに対応してこう配行列・回転行列・発散行列がある。これらの接続行列は正則ではない。すなわち特異行列である。特異行列で表される連立一次方程式の解は一意に定まらず不定性がある。この不定性は電磁場のゲージ問題と関連し，解の内部構造を複雑にしている。これに解答を与えるのが Poincare の補題と逆補題であり，Betti 数がゲージの不定性と結びつく。この章の構成は次のとおりである。

3.1　こう配行列・回転行列・発散行列の定義 41

3.2　微分演算子の離散化行列 47

3.3　変数と形状関数のこう配・回転・発散 49

3.4　特異行列とゲージ問題 52

3.5　Poincare の補題と Betti 数 57

3.6　木・補木ゲージ 52

3.1 こう配行列・回転行列・発散行列の定義

節点と辺，辺と面，面と体の位相関係を表す行列を接続行列（incident matrix）とよぶ。接続行列の成分は－1，0，+1 の 3 種類である。＋と－があるのは空間に向きを指定したからである。辺に対しては始点が－終点が＋である。面に対しては右ネジ方向が＋(表面)であり，その裏面は－である。体に対しては面の外向き法線方向が+（正）の方向である。そして境界を記号∂で表せば，体v，面f，辺eの境界はそれぞれ

$$\partial v = f \qquad \partial f = e \qquad \partial e = n$$

となる。ここで，nは辺eの両端の点である。節点と辺，辺と面，面と体を接続する接続行列にはつぎの３種類のものがある。

こう配行列	(gradient matrix)	$\mathbf{G} = G_e^n$	$\partial e = n$
回転行列	(rotation matrix)	$\mathbf{R} = R_f^e$	$\partial f = e$
発散行列	(divergence matrix)	$\mathbf{D} = D_v^f$	$\partial v = f$

図 3. 1 を参照して，有向グラフに対して

$$\partial e = n_2 - n_1$$

$$\partial f = e_1 + e_2 - e_3 - e_4$$

$$\partial v = f_1 - f_2 + f_3 - f_4$$

が成立する。これを各辺，各面，各体について実行し，ベクトル$\{\partial e\},\{\partial f\},\{\partial v\}$を作ると，こう配行列・回転行列・発散行列が得られる。

表 3. 1 に４面体要素，**表 3. 2** に６面体要素に対するこれらの接続行列の具体例を示す。**図 12. 1** と**図 13. 1** の有向グラフは１個の連結グラフであるから，第 0Betti 数は$b_0 = 1$である。

* こう配行列G_e^nはe行n列の行列で，行の中に+1 と－1 が１個ずつあり，他の成分は零である。その階数は$\mathrm{rank}(\mathbf{G}) = n - b_0 = n - 1$である。
* 回転行列R_f^eはf行e列の行列で，行の中に+1 と－1 が１個ずつあり，他の成分は零である。その階数は$\mathrm{rank}(\mathbf{R}) = e - n + b_0 = e - n + 1$である。
* 発散行列D_v^fは1行f列の行列である。その成分は流れがすべて外向き方向ならばすべて１である。

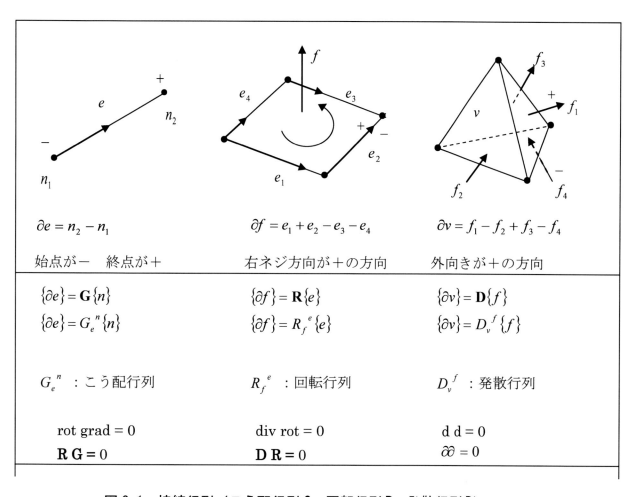

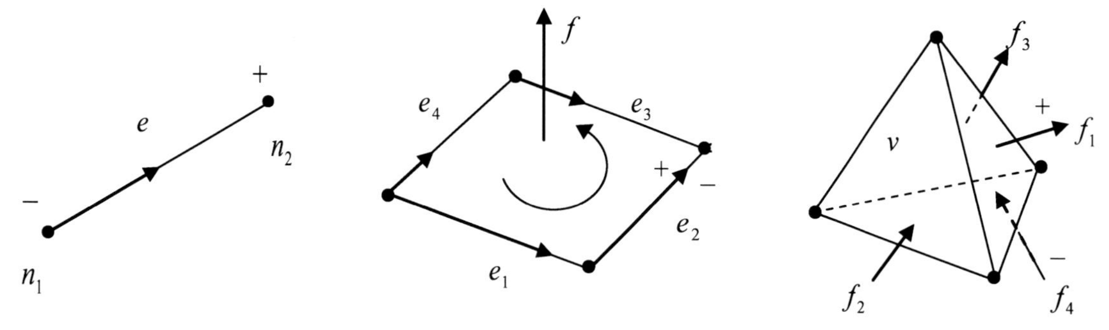

$\partial e = n_2 - n_1$	$\partial f = e_1 + e_2 - e_3 - e_4$	$\partial v = f_1 - f_2 + f_3 - f_4$
始点が－　終点が＋	右ネジ方向が＋の方向	外向きが＋の方向
$\{\partial e\} = \mathbf{G}\{n\}$	$\{\partial f\} = \mathbf{R}\{e\}$	$\{\partial v\} = \mathbf{D}\{f\}$
$\{\partial e\} = G_e^{\ n}\{n\}$	$\{\partial f\} = R_f^{\ e}\{e\}$	$\{\partial v\} = D_v^{\ f}\{f\}$
$G_e^{\ n}$ ：こう配行列	$R_f^{\ e}$ ：回転行列	$D_v^{\ f}$ ：発散行列
rot grad = 0	div rot = 0	d d = 0
$\mathbf{R}\,\mathbf{G} = 0$	$\mathbf{D}\,\mathbf{R} = 0$	$\partial\partial = 0$

図 3.1　接続行列（こう配行列 G、回転行列 R、発散行列 D）

コメント　対応用語

- 電荷と電流
- 電気スカラーポテンシャルと磁気ベクトルポテンシャル
- わき出しとうず系
- 流量と循環
- Gauss の定理と Stokes の定理
- 層状ベクトル場と管状ベクトル場
- 極性ベクトルと軸性ベクトル

表 3.1 4面体に対する接続行列（図 12.1　表 12.1 参照）

- $\{\partial e\}=\mathbf{G}\{n\}$こう配行列$G_e^n$

$$\begin{bmatrix}\partial e_1\\ \partial e_2\\ \partial e_3\\ \partial e_4\\ \partial e_5\\ \partial e_6\end{bmatrix}=\begin{bmatrix}n_2-n_1\\ n_3-n_1\\ n_4-n_2\\ n_3-n_2\\ n_4-n_2\\ n_4-n_3\end{bmatrix}=\begin{bmatrix}-1 & 1 & 0 & 0\\ -1 & 0 & 1 & 0\\ 0 & -1 & 0 & 1\\ 0 & -1 & 1 & 0\\ 0 & -1 & 0 & 1\\ 0 & 0 & -1 & 1\end{bmatrix}\begin{bmatrix}n_1\\ n_2\\ n_3\\ n_4\end{bmatrix}$$

- $\{\partial f\}=\mathbf{R}\{e\}$回転行列$R_f^e$　　　$\mathbf{RG}=0$　　　$\partial\partial=0$

$$\begin{bmatrix}\partial f_1\\ \partial f_2\\ \partial f_3\\ \partial f_4\end{bmatrix}=\begin{bmatrix}e_4+e_6-e_5\\ e_3-e_6-e_2\\ e_1+e_5-e_3\\ e_2-e_4-e_1\end{bmatrix}=\begin{bmatrix}0 & 0 & 0 & 1 & -1 & 1\\ 0 & -1 & 1 & 0 & 0 & -1\\ 1 & 0 & -1 & 0 & 1 & 0\\ -1 & 1 & 0 & -1 & 0 & 0\end{bmatrix}\begin{bmatrix}e_1\\ e_2\\ e_3\\ e_4\\ e_5\\ e_6\end{bmatrix}$$

- $\{\partial v\}=\mathbf{D}\{f\}$発散行列$D_v^f$　　　$\mathbf{DR}=0$　　　$\partial\partial=0$

$$\partial v=\begin{bmatrix}f_1+f_2+f_3+f_4\end{bmatrix}=\begin{bmatrix}1 & 1 & 1 & 1\end{bmatrix}\begin{bmatrix}f_1\\ f_2\\ f_3\\ f_4\end{bmatrix}$$

表 3.2 (a) 6 面体に対する接続行列（図 13.1　表 13.1 参照）

● $\{\partial e\} = \mathbf{G}\{n\}$　こう配行列 G_e^n

$$
\begin{bmatrix} \partial e_1 \\ \partial e_2 \\ \partial e_3 \\ \partial e_4 \\ \hline \partial e_5 \\ \partial e_6 \\ \partial e_7 \\ \partial e_8 \\ \hline \partial e_9 \\ \partial e_{10} \\ \partial e_{11} \\ \partial e_{12} \end{bmatrix}
=
\begin{bmatrix} n_2 - n_1 \\ n_3 - n_4 \\ n_7 - n_8 \\ n_6 - n_5 \\ \hline n_4 - n_1 \\ n_8 - n_5 \\ n_7 - n_6 \\ n_3 - n_2 \\ \hline n_5 - n_1 \\ n_6 - n_2 \\ n_7 - n_3 \\ n_8 - n_4 \end{bmatrix}
=
\left[\begin{array}{cccc:cccc}
-1 & 1 & 0 & 0 & 0 & 0 & 0 & 0 \\
0 & 0 & 1 & -1 & 0 & 0 & 0 & 0 \\
0 & 0 & 0 & 0 & 0 & 0 & 1 & -1 \\
0 & 0 & 0 & 0 & -1 & 1 & 0 & 0 \\
\hdashline
-1 & 0 & 0 & 1 & 0 & 0 & 0 & 0 \\
0 & 0 & 0 & 0 & -1 & 0 & 0 & 1 \\
0 & 0 & 0 & 0 & 0 & -1 & 1 & 0 \\
0 & -1 & 1 & 0 & 0 & 0 & 0 & 0 \\
\hdashline
-1 & 0 & 0 & 0 & 1 & 0 & 0 & 0 \\
0 & -1 & 0 & 0 & 0 & 1 & 0 & 0 \\
0 & 0 & -1 & 0 & 0 & 0 & 1 & 0 \\
0 & 0 & 0 & -1 & 0 & 0 & 0 & 1
\end{array}\right]
\begin{bmatrix} n_1 \\ n_2 \\ n_3 \\ n_4 \\ n_5 \\ n_6 \\ n_7 \\ n_8 \end{bmatrix}
$$

● $\{\partial f\} = \mathbf{R}\{e\}$　　回転行列 R_f^e　　　　$\mathbf{RG} = 0$　　$\partial\partial = 0$

$$
\begin{bmatrix} \partial f_1 \\ \partial f_2 \\ \hline \partial f_3 \\ \partial f_4 \\ \hline \partial f_5 \\ \partial f_6 \end{bmatrix}
=
\begin{bmatrix} e_9 + e_6 - e_{12} - e_5 \\ -e_7 - e_{10} + e_8 + e_{11} \\ \hline e_{10} - e_4 - e_9 + e_1 \\ -e_{11} + e_{12} + e_3 - e_2 \\ \hline -e_1 + e_5 + e_2 - e_8 \\ e_7 - e_3 + e_4 - e_6 \end{bmatrix}
=
\left[\begin{array}{cccc:cccc:cccc}
0 & 0 & 0 & 0 & -1 & 1 & 0 & 0 & 1 & 0 & 0 & -1 \\
0 & 0 & 0 & 0 & 0 & 0 & -1 & 1 & 0 & -1 & 1 & 0 \\
\hdashline
1 & 0 & 0 & -1 & 0 & 0 & 0 & 0 & -1 & 1 & 0 & 0 \\
0 & -1 & 1 & 0 & 0 & 0 & 0 & 0 & 0 & 0 & -1 & 1 \\
\hdashline
-1 & 1 & 0 & 0 & 1 & 0 & 0 & -1 & 0 & 0 & 0 & 0 \\
0 & 0 & -1 & 1 & 0 & -1 & 1 & 0 & 0 & 0 & 0 & 0
\end{array}\right]
\begin{bmatrix} e_1 \\ e_2 \\ e_3 \\ e_4 \\ e_5 \\ e_6 \\ e_7 \\ e_8 \\ e_9 \\ e_{10} \\ e_{11} \\ e_{12} \end{bmatrix}
$$

表 3.2（b）6 面体に対する接続行列（図 13.1　表 13.1 参照）

● $\{\partial v\} = \mathbf{D}\{f\}$　発散行列 D_v^f　$\mathbf{DR} = 0$　$\partial\partial = 0$

$$\partial v = \left[f_1 + f_2 + f_3 + f_4 + f_5 + f_6 \right] = [1\ 1\ 1\ 1\ 1\ 1] \begin{bmatrix} f_1 \\ f_2 \\ f_3 \\ f_4 \\ f_5 \\ f_6 \end{bmatrix}$$

境界演算子

外微分演算による dd=0 はベクトルで

$$\text{rot grad} = 0, \quad \text{div rot} = 0$$

を意味する。また dd=0 に双対な境界演算 $\partial\partial = 0$ は接続行列で

$$\partial\partial\{f\} = \partial\mathbf{R}\{e\} = \mathbf{RG}\{n\} = 0 \qquad \therefore \mathbf{RG} = 0$$

$$\partial\partial\{v\} = \partial\mathbf{D}\{f\} = \mathbf{DR}\{e\} = 0 \qquad \therefore \mathbf{DR} = 0$$

を意味する。読者は実際に成立することを**表 3.1** と**表 3.2** で確かめなさい。

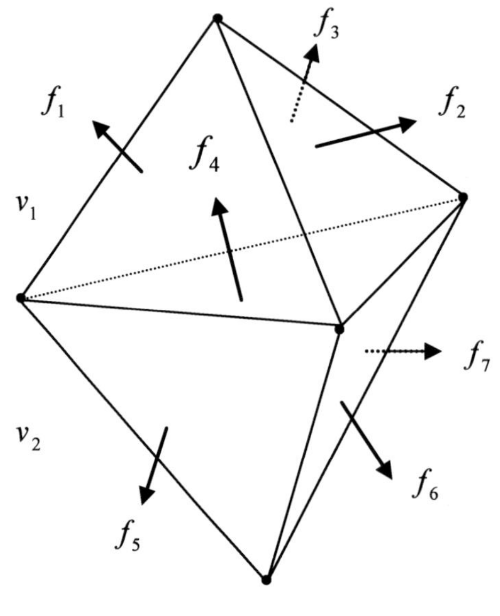

図 3.2　2 個の体積と発散行列

[問 3.1]　2つの体積 v_1 と v_2 が面 f_4 を共有する（**図 3.2** 参照）とき，発散行列を求めなさい。

[解答]　f_4 は v_1 に対して負，v_2 に対して正となる。よって発散行列はつぎのようになる。

$$D_v^f = \begin{bmatrix} 1 & 1 & 1 & -1 & 0 & 0 & 0 \\ 0 & 0 & 0 & 1 & 1 & 1 & 1 \end{bmatrix}$$

3.2　微分演算子∇の離散化行列

微分形式とグラフの理論における接続行列は密接に関連している。また微分演算子の grad, rot, div も微分形式と密接に関連している。つぎにその詳細を調べる。
いま微分演算子∇に対して

$$\mathbf{E} = grad\phi,$$

$$\mathbf{B} = rot\mathbf{A},$$

$$\rho = div\mathbf{B}$$

が成立しているとする。この式を領域Ω内で離散化する。それには各要素で離散化してそれらの和を作ればよい。離散化には Stokes の定理

$$\int_\Omega d\omega = \int_{\partial\Omega} \omega \qquad \text{双対積表示} \quad \langle \Omega, d\omega \rangle = \langle \partial\Omega, \omega \rangle$$

を用いる。d と ∂ は双対であり，双対積を用いれば Stokes の定理は $\langle \Omega, d\omega \rangle = \langle \partial\Omega, \omega \rangle$ と書ける。これを辺，面，体の各要素に適用し積分を実行する。その結果は**表 3.3** のとおりである。**表 3.3** の結果より

$$\{E_e\} = \mathbf{G}\{\phi_n\}$$

$$\{B_f\} = \mathbf{R}\{A_e\}$$

$$\{\rho_v\} = \mathbf{D}\{B_f\}$$

を得る。すなわち，微分演算子∇の離散化行列は grad, rot, div に対応するこう配行列 $\mathbf{G}$，回転行列 $\mathbf{R}$，発散行列 $\mathbf{D}$ に等しい。

表 3.3　微分演算子∇の離散化行列

$\{\partial e\} = \mathbf{G}\{n\}$ $\{\partial f\} = \mathbf{R}\{e\}$ $\{\partial v\} = \mathbf{D}\{f\}$	$\mathbf{E} = \mathrm{grad}\ \phi$ $\mathbf{B} = \mathrm{rot}\ \mathbf{A}$ $\rho = \mathrm{div}\ \mathbf{B}$	$\{E_e\} = \mathbf{G}\{\phi_n\}$ $\{B_f\} = \mathbf{R}\{A_e\}$ $\{\rho_v\} = \mathbf{D}\{B_f\}$
Stokes の定理　$\int_{\Omega} d\omega = \int_{\partial\Omega} \omega$		d と∂は双対　$\langle \Omega, d\omega \rangle = \langle \partial\Omega, \omega \rangle$
$E_e = \int_e \mathbf{E} \cdot d\mathbf{r} = \int_{\partial e} \phi = G_e^{\ n} \int_n \phi = G_e^{\ n} \phi_n$		$\therefore E_e = G_e^{\ n} \varphi_n$
$B_f = \int_f \mathbf{B} \cdot \mathbf{n} dS = \int_{\partial f} \mathbf{A} \cdot d\mathbf{r} = R_f^{\ e} \int_e \mathbf{A} \cdot d\mathbf{r} = R_f^{\ e} A_e$		$\therefore B_f = R_f^{\ e} A_e$
$\rho_v = \int_v \rho dV = \int_{\partial v} \mathbf{B} \cdot \mathbf{n} dS = D_v^{\ f} \int_f \mathbf{B} \cdot \mathbf{n} dS = D_v^{\ f} B_f$		$\therefore \rho_v = D_v^{\ f} B_f$

コメント　エネルギーと微分形式

エネルギー

$$\mathbf{E} \cdot d\mathbf{D} \qquad \mathbf{H} \cdot d\mathbf{B} \qquad \mathbf{v} \cdot d\mathbf{p} \qquad \underline{\omega} \cdot d\mathbf{s}$$

軸性ベクトル　$\mathbf{D}, \mathbf{B}, \mathbf{p}, \mathbf{s}$　(流束ベクトル)

極性ベクトル　$\mathbf{E}, \mathbf{H}, \mathbf{v}, \underline{\omega}$　(強度ベクトル)

構成方程式

$$\mathbf{D} = \varepsilon\mathbf{E},\ \mathbf{B} = \mu\mathbf{H},\ \mathbf{p} = \rho\mathbf{v},\ \mathbf{s} = \rho\underline{\omega}$$

微分形式

$$D = \varepsilon * E,\quad B = \mu * H,\quad p = \rho * v,\quad s = \rho * \omega$$

ここで

$$D = \mathbf{D} \cdot d\mathbf{S},\quad B = \mathbf{B} \cdot d\mathbf{S},\quad p = \mathbf{p} \cdot d\mathbf{S},\quad s = \mathbf{s} \cdot d\mathbf{S}$$

$$E = \mathbf{E} \cdot d\mathbf{r},\quad H = \mathbf{H} \cdot d\mathbf{r},\quad v = \mathbf{v} \cdot d\mathbf{r},\quad \omega = \underline{\omega} \cdot d\mathbf{r}$$

3.3　変数と形状関数のこう配・回転・発散

3 個のベクトル関係式

$$\mathbf{E} = grad\phi,\ \mathbf{B} = rot\,\mathbf{A},\ \rho = div\mathbf{B}$$

について考える。これを形状関数を用いて，

$$\mathbf{E} = E_e\mathbf{w_e}\ ,\ \phi = \phi_n w_n\ ,\ \mathbf{B} = B_f\mathbf{w}_f\ ,\ \mathbf{A} = A_e\mathbf{w}_e\ ,\ \rho = \rho_v w_v$$

と展開したとき，変数の変換と形状関数の変換に対して**表 3.4** の関係式が成立する。また、W^0, W^1, W^2, W^3 をそれぞれ $w_n, \boldsymbol{w}_e, \boldsymbol{w}_f, w_v$ によって表現されるすべての集合(によって張られる関数空間)とするとき、**表 3.5** の関係式が成立する。これらを以下で証明する。

つぎに，$gradw_n = \boldsymbol{G}^t\boldsymbol{w_e}$ の両辺の回転をとると

$$\mathbf{G}^t\mathbf{R}^t = 0 \qquad (\mathbf{RG} = 0 \text{ に対応})$$

を得る。また，$rot\boldsymbol{w_e} = \boldsymbol{R}^t\boldsymbol{w}_f$ の両辺の発散をとると

$$\mathbf{R}^t\mathbf{D}^t = 0 \qquad (\mathbf{DR} = 0 \text{ に対応})$$

を得る。これらは $\partial\partial = 0$ に対応する離散表現である。

表 3.4　変数の変換と形状関数の変換

変数の変換	形状関数の変換	関数空間
$\{E_e\} = \boldsymbol{G}\{\phi_{\boldsymbol{n}}\}$	$gradw_n = \mathbf{G}^t\mathbf{w_e} = G_n^e\mathbf{w_e}$	$gradW^0 \subset W^1$
$\{B_f\} = \boldsymbol{R}\{A_e\}$	$rot\mathbf{w}_e = \mathbf{R}^t\mathbf{w}_f = R_e^f\mathbf{w}_f$	$rotW^1 \subset W^2$
$\{\rho_v\} = \boldsymbol{D}\{B_f\}$	$div\mathbf{w}_f = \mathbf{D}^t w_v = D_f^v w_v$	$divW^2 \subset W^3$

表 3.5 関数空間

$$\begin{array}{ccccccc} \phi & \rightarrow & \boldsymbol{E},\boldsymbol{A} & \rightarrow & \boldsymbol{B} & \rightarrow & \rho \\ \hline W^0 & \rightarrow & W^1 & \rightarrow & W^2 & \rightarrow & W^3 \\ & grad & \cup & rot & \cup & div & \cup \\ & & gradW^0 & & rotW^1 & & divW^2 \end{array}$$

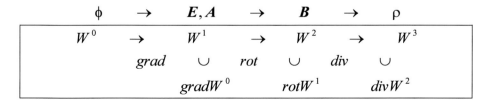

証明(a)　　$\boldsymbol{E} = grad\phi$

に$\boldsymbol{E} = E_e \boldsymbol{w}_e$，$\phi = \phi_n w_n$を代入して

$$\boldsymbol{w}_e E_e = grad(\phi_n w_n)$$

となる。ここで，$E_e = G_e^n \phi_n$であるから，両辺よりϕ_nを消去して

$$\boldsymbol{w}_e G_e^n = gradw_n$$

を得る。G_e^nの転置行列G_n^eを用いると

$$gradw_n = G_n^e \boldsymbol{w}_e \qquad \therefore \{gradw_n\} = \boldsymbol{G}^t \{\boldsymbol{w}_e\}$$

を得る。$\boldsymbol{G}^t\{\boldsymbol{w}_e\}$は$\boldsymbol{w}_e$の張る空間の部分空間であるから，関数空間の関係式

$$gradW^0 \subset W^1$$

が成立する。

証明(b)　　$\boldsymbol{B} = rot\boldsymbol{A}$

に$\boldsymbol{B} = B_f \boldsymbol{w}_f$，$\boldsymbol{A} = A_e \boldsymbol{w}_e$を代入して

$$\boldsymbol{w}_f B_f = rot(A_e \boldsymbol{w}_e)$$

となる。ここで，$B_f = R_f^e A_e$であるから，両辺よりA_eを消去して

$$\boldsymbol{w}_f R_f^e = rot\boldsymbol{w}_e$$

を得る。R_f^eの転置行列R_e^fを用いると

$$rot\boldsymbol{w}_e = R_e^f \boldsymbol{w}_f \qquad \therefore \{rot\boldsymbol{w}_e\} = \boldsymbol{R}^t \{\boldsymbol{w}_f\}$$

を得る。$\boldsymbol{R}^t\{\boldsymbol{w}_f\}$は$\boldsymbol{w}_f$の張る空間の部分空間であるから，関数空間の関係式

$$rotW^1 \subset W^2$$

が成立する。

証明(c)　　$\rho = div\boldsymbol{B}$

に$\rho = \rho_v w_v$ ，$\boldsymbol{B} = B_f \boldsymbol{w}_f$を代入して

$$w_v \rho_v = div\left(B_f \boldsymbol{w}_f\right)$$

となる。ここで，$\rho_v = D_v^f B_f$であるから，両辺よりB_fを消去して

$$w_v D_v^f = div \boldsymbol{w}_f$$

を得る。D_v^fの転置行列D_f^vを用いると

$$div \boldsymbol{w}_f = D_f^v w_v \qquad \therefore \left\{div \boldsymbol{w}_f\right\} = \boldsymbol{D}^t \left\{w_v\right\}$$

を得る。$\boldsymbol{D}^t \left\{w_v\right\}$は$w_v$の張る空間の部分空間であるから，関数空間の関係式

$$div W^2 \subset W^3$$

が成立する。

つぎに3つの具体例を示す。

(a) ∇w_1は節点1と接続している辺の辺ベクトル形状関数$\boldsymbol{w}_e$のみで表現されている。それらの符号は節点1に向う場合正，出る場合負となる(**図3.3**参照)。

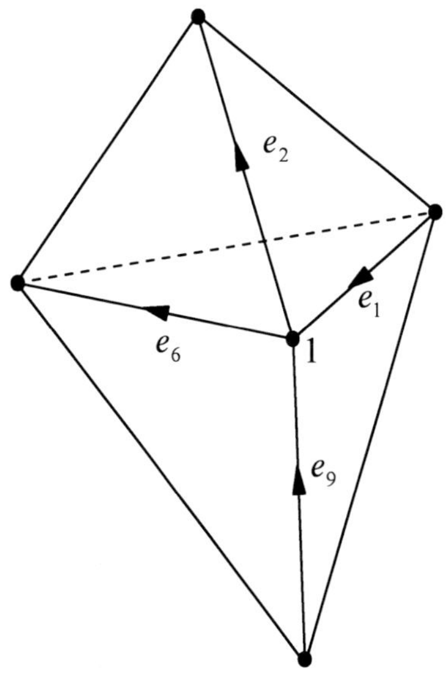

図 3.3 $\nabla w_1 = G_1^e \boldsymbol{w}_e = \sum_e sign \cdot \boldsymbol{w}_e = \boldsymbol{w}_{e_1} - \boldsymbol{w}_{e_2} - \boldsymbol{w}_{e_6} + \boldsymbol{w}_{e_9}$

(b)　$\nabla \times \boldsymbol{w}_e$ は辺 e と接続している面の面ベクトル形状関数 $\boldsymbol{w}_f$ のみで表現される。

その符号は右ネジ方向に向う場合正，左ネジ方向に向う場合負となる(**図 3.4** 参照)。

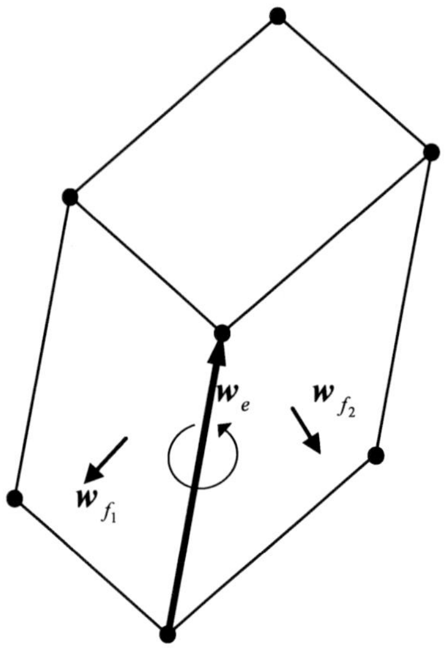

図 3.4　$\nabla \times \boldsymbol{w}_e = R_e^f \boldsymbol{w}_f = \sum_f sign \cdot \boldsymbol{w}_f = \boldsymbol{w}_{f_1} - \boldsymbol{w}_{f_2}$

(c)　　$\nabla \cdot \boldsymbol{w}_f$ は面 f と接続している体の体形状関数 w_v のみで表現される。

その符号は外向き法線方向が正，反対方向が負である(**図 3.5** 参照)。

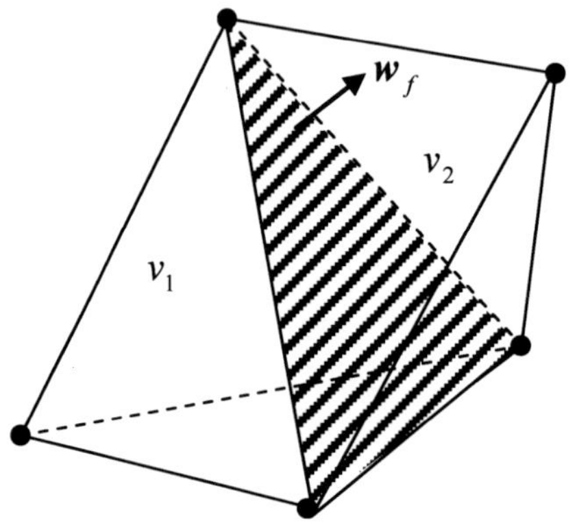

図 3.5　$\nabla \cdot \boldsymbol{w}_f = D_f^v w_v = \sum_v sign \cdot w_v = w_{v_1} - w_{v_2}$

3.4　特異行列とゲージ問題

接続行列 $\boldsymbol{G}$，$\boldsymbol{R}$，$\boldsymbol{D}$ はすべて特異行列である。特異行列の連立1次方程式は解を一意に決定することができない。解を一意に決定するにはゲージ条件を付加する必要がある。ゲージとして木・補木ゲージ，Coulom ゲージがよく用いられる。この意味を理解するために，以下で特異行列とその解が持つ性質について調べる。

(a) 写像

写像 $A : \boldsymbol{y} = A\boldsymbol{x}$ を考える。ここで

$$\boldsymbol{x} = (x_1, \cdots x_m)^t \in V \quad \dim V = m$$

$$\boldsymbol{y} = (y_1, \cdots y_n)^t \in W \quad \dim W = n$$

A: $n \times m$ 行列

である。すなわち，写像 A は空間 V のベクトル $\boldsymbol{x}$ を空間 W のベクトル $\boldsymbol{y}$ に写像する。$\mathbf{y} = A\mathbf{x}$ を成分表示すると

$$\begin{bmatrix} a_{11} & \cdots & a_{1m} \\ \vdots & \ddots & \vdots \\ a_{n1} & \cdots & a_{nm} \end{bmatrix} \begin{bmatrix} x_1 \\ \vdots \\ x_m \end{bmatrix} = \begin{bmatrix} y_1 \\ \vdots \\ y_n \end{bmatrix}$$

となる。nm 行列の n と m は一般に等しくない。

(b) 空間の直交分解

空間 V の任意の部分空間 N 、N の直交補空間を $N^\perp$ とすれば

$$V = N + N^\perp, \qquad N \cap N^\perp = \{0\}$$

となり，各空間の次元に対して

$$dim\, V = dim\, N + dim\, N^\perp$$

が成立する。これを空間の直交分解とよび $V = N \oplus N^\perp$ で表す。

(c) 行列の階数

行列 A の列ベクトル $\boldsymbol{a}_1, \cdots, \boldsymbol{a}_m$ の一次独立なものの最大個数を階数といい，$\mathrm{rank}(A) = r$ と記す。このとき

$$0 \le \mathrm{rank}(A) \le n, m$$

となる。$A=0$のとき，$\mathrm{rank}(A)=0$である。連立１次方程式$A\boldsymbol{x}=\boldsymbol{b}$の解の存在と一意性の問題は$r$，$m$，$n$の数によってかなり複雑である。

(d) 連立１次方程式

連立１次方程式$A\boldsymbol{x}=\boldsymbol{b}$は$A$の列ベクトル$\boldsymbol{a}_i$を用いて

$$x_1\boldsymbol{a}_1+x_2\boldsymbol{a}_2+\cdots+x_m\boldsymbol{a}_m=\boldsymbol{b}$$

と書くことができる。よって，$A\boldsymbol{x}=\boldsymbol{b}$が解を持つための必要十分条件は

$$\boldsymbol{b}\in\mathrm{span}\{\boldsymbol{a}_1,\cdots,\boldsymbol{a}_m\}$$

となる。すなわち，ベクトル$\boldsymbol{b}$はベクトル$\{\boldsymbol{a}_1,\cdots,\boldsymbol{a}_m\}$の張る空間の中にある必要がある。よって$\mathrm{rank}\{\boldsymbol{a}_1,\cdots,\boldsymbol{a}_m\}=\mathrm{rank}\{\boldsymbol{a}_1,\cdots,\boldsymbol{a}_m,\boldsymbol{b}\}$が成立する。

(e) 一般解

連立１次方程式$A\boldsymbol{x}=\boldsymbol{b}$の一般解は$A\boldsymbol{x}=\boldsymbol{b}$を満足する特異解$\boldsymbol{x}_p$と$A\boldsymbol{x}=0$を満足する斉次解$\boldsymbol{x}_0$の和として

$$\boldsymbol{x}=\boldsymbol{x}_p+\boldsymbol{x}_0$$

と表せる。

(f) 共役作用素

Aの共役作用素A^*を内積を用いて

$$(A\boldsymbol{x},\ \boldsymbol{y})_W=(\boldsymbol{x},\ A^*\boldsymbol{y})_V \qquad (\forall\boldsymbol{x}\in V,\quad \forall\boldsymbol{y}\in W)$$

で定義する。A^*の共役作用素はAである。すなわち$(A^*)^*=A$が成立する。Aが実行列である場合Aの共役作用素A^*はAの転置行列に等しい。

(g) 零空間と値域空間

Aの零空間$N(A)$と値域空間$R(A)$を次のように定義する。

$$N(A)=\{\boldsymbol{x}\mid\boldsymbol{x}\in V,\ A\boldsymbol{x}=\boldsymbol{0}\}$$

$$R(A)=\{\boldsymbol{y}\mid \boldsymbol{y}\in W,\ A\boldsymbol{x}\neq \boldsymbol{0}\}$$

共役作用素 A^* の零空間 $N(A^*)$ と値域空間 $R(A^*)$ も同様に定義される。

$$N(A^*)=\{\boldsymbol{y}\mid \boldsymbol{y}\in W,\ A^*\boldsymbol{y}=\boldsymbol{0}\}$$

$$R(A^*)=\{\boldsymbol{x}\mid \boldsymbol{x}\in V,\ A^*\boldsymbol{y}\neq \boldsymbol{0}\}$$

このとき，$N(A)$ と $N(A^*)$ の直交補空間は

$$N(A)^{\perp}=\overline{R}(A^*)$$

$$N(A^*)^{\perp}=\overline{R}(A)$$

と表せる。ここで $\overline{R}(A)$ は $R(A)$ の閉包で，特に値域が閉集合であれば $\overline{R}(A)=R(A)$ が成立する。このとき

$$V=N(A)\oplus R(A^*),\qquad W=N(A^*)\oplus R(A)$$

が成立する。これを**閉値域定理**という（**図 3.6** 参照）。この定理が電磁場のゲージに関して本質的な役割を演ずる。

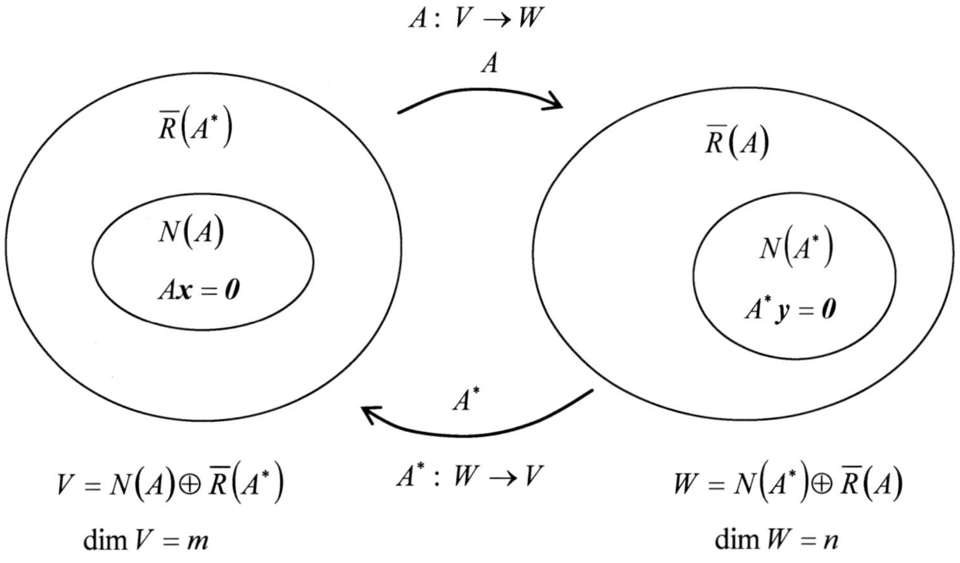

図 3.6 零空間，値域空間，閉値域定理

(h) ゲージと未知数過多方程式

未知数の個数が m，方程式の個数が n 個の連立１次方程式は

$$A\boldsymbol{x} = \boldsymbol{b}$$

で与えられる。ここで A は nm 行列である。$m > n$ の場合未知数が過剰なため，連立方程式はそのまま解くことができない。よって $m - n$ 個の未知数に前もって任意の値を与えることができる。このとき，残りの未知数について連立方程式を解くことができる。この操作はゲージ固定に対応する。

(i) 解ベクトル空間の次元

連立１次方程式 $A\boldsymbol{x} = \boldsymbol{b}$ の解ベクトルの次元は，一般に

$$(\text{解ベクトルの次元}) = m - \mathrm{rank}(A)$$

で与えられる。一方，直交補空間の性質より

$$\dim N(A) + \dim N(A)^{\perp} = m$$

が成立する。また，A と A^* の階数は等しいから

$$\dim R(A) = \mathrm{rank}(A) = \mathrm{rank}(A^*) = \dim R(A^*)$$

となる。よって閉集合に対して閉値域定理を用いると $dim V = m$ で $dim V = dim N(A) + dim R(A*)$ であるから

$$\dim N(A)^{\perp} = \dim R(A^*)$$

を得る。以上により

$$(\text{解ベクトルの次元}) = dim N(A)$$

が導かれる。すなわち，解ベクトル空間は $A\boldsymbol{x} = \boldsymbol{0}$ となるベクトル $\boldsymbol{x}_0$ の張る空間に等しい。このことは特異行列方程式 $A\boldsymbol{x} = \boldsymbol{b}$ を解くとき，$\dim N(A)$ の個数だけ前もって未知数から削除して任意の値を与えてよいことを意味している。

例えば

(k) 例題

$$\begin{bmatrix} 1 & -1 & 0 & 1 \\ 0 & 1 & -1 & 0 \\ 1 & 0 & -1 & 1 \end{bmatrix} \begin{bmatrix} x_1 \\ x_2 \\ x_3 \\ x_4 \end{bmatrix} = \begin{bmatrix} 1 \\ 2 \\ 3 \end{bmatrix}$$

なる特異行列方程式を考える。$n=3$，$m=4$ で A は nm 行列である。$\mathrm{rank}(A)=2$ であるから $\dim N(A)=m-\mathrm{rank}(A)=4-2=2$ となる。よって未知数 (x_1,x_2,x_3,x_4) のうち，2個は任意の値を与えることができる。例えば $x_3=0$，$x_4=0$ とすれば解は $x_1=3$，$x_2=2$ と求まる。また，$x_1=0$，$x_2=0$ とすれば解は $x_3=-2$，$x_4=1$ と求まる。

3.5 Poincare の補題と Betti 数

閉形式と完全形式をつぎのように定義する。

閉形式（closed form）：$d\omega=0$ ならば微分形式 ω は閉じているという

完全形式（exact form）：$\omega=da$ となるような微分形式 a が存在するとき，ω は完全であるという

このとき，閉形式と完全形式に対して，つぎの **Poincare の補題**が成立する。

“微分形式 ω が完全形式ならば（$dda=0$ であるから），それは閉形式である。一般には，この逆は真ならず，すなわち，$d\omega=0$ でも $\omega=da$ となるような a が存在するとは限らない。しかし，単連結領域に対しては $\omega=da$ となるような a が存在する。すなわち

$$div\mathbf{B}=0 \quad \text{ならば} \quad \mathbf{B}=\nabla\times\mathbf{A}$$

$$rot\mathbf{E}=0 \quad \text{ならば} \quad \boldsymbol{E}=\nabla\varphi$$

なるベクトルポテンシャル $\boldsymbol{A}$ とスカラーポテンシャル φ が存在する”

(a) Betti 数と Euler-Poincare 定数

外微分 d を W^{p-1} に作用した集合は W^p の部分集合である。よって関係式

$$dW^{p-1}\subset W^p$$

が成立する。完全形式 $\omega=da$ に対して，$d\omega=0$ となるから，完全形式は閉形式に含ま

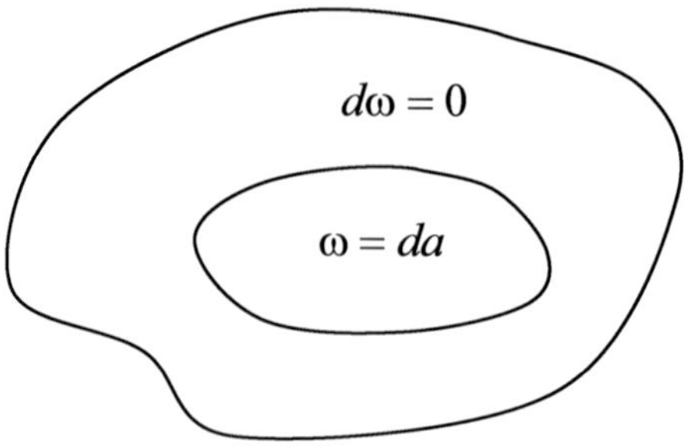

図 3.7 完全形式⊆閉形式

れる（**図 3.7** 参照）。すなわち

完全形式⊆閉形式

となる。この関係式を

$$dW^{p-1} \subseteq \overset{\circ}{W}{}^{p}$$

と表す。ここで，それぞれ

$$dW^{p-1} = \left\{ \omega \in W^{p} \mid \omega = da,\ \exists a \right\}$$ 完全形式の集合

$$\overset{\circ}{W}{}^{p} = \left\{ \omega \in W^{p} \mid d\omega = 0 \right\}$$ 閉形式の集合

と定義されている。このとき，商集合 H^{p} を

$$H^{p} = \overset{\circ}{W}{}^{p} / dW^{p-1}$$

で定義する。そして，この商集合の次元を

$$b_{p} = \dim H^{p}$$

と書いて，**第 p Betti 数**と呼ぶ。さらに，整数 χ を

$$\chi = \sum_{p=0}^{n} (-1)^{p} b_{p}$$

で定義して，この整数を **Euler-Poincare 定数**とよぶ。

3次元の場合は

$$b_0 - b_1 + b_2 - b_3 = \chi$$

となる。ここで Betti 数はそれぞれ

$$b_0 = \dim\left(\ker\ ;\ gradW^0\right) \qquad gradW^0 \text{の核の次元数}$$

$$b_1 = dim\left(rot\ ;\ \mathring{W}^1 / gradW^0\right) \qquad gradW^0 \subseteq \mathring{W}^1$$

$$b_2 = dim\left(div\ ;\ \mathring{W}^2 / rotW^1\right) \qquad rotW^1 \subseteq \mathring{W}^2$$

$$b_3 = 0$$

となる。グラフの言葉でいえば

$b_0 =$連結の個数　（単連結の場合 $b_0 = 1$）

$b_1 =$ torus 状の開いた穴すなわち loop の数　（単連結の場合 $b_1 = 0$）

$b_2 =$ hole 状の閉曲面で閉じた穴の数　（単連結の場合 $b_2 = 0$）

$b_3 = 0$

となる。すなわち，Betti 数は閉形式の集合から完全形式の集合を除いた集合の特異性（不完全性）を示す指数である。よって閉じた外微分写像 d の核（kernel）の次元数を示している。$rot\ grad = 0$，$div\ rot = 0$ に注意して**図 3.8** に完全形式と閉形式の包含関係を示しておく。また，**図 3.9** に単連結領域に対して成立する包含関係を示しておく。グラフ G の節点・辺・面・体の個数をそれぞれ n, e, f, v とすれば同様の関係式

$$n - e + f - v = \chi$$

を満足する。χ は前と同じ Euler-Poincare 定数である。

(b) 境界演算 ∂ と Betti 数

境界演算 ∂ は外微分演算 d と双対である。よって Betti 数は ∂ を用いても定義できる。∂ は $p+1$ 形式から p 形式への線形写像である。境界演算 ∂ を用いた Betti 数の定義式は次のとおりである。外微分演算 d を用いた Betti 数を対比しておく。

$$b_p = dim\left[ker\left(\partial ; W_p\right) / \partial W_{p+1}\right] \qquad \partial \text{による定義}$$

$$b_p = \dim\left[\ker\left(d ; W^p\right) / dW^{p-1}\right] \qquad d \text{による定義}$$

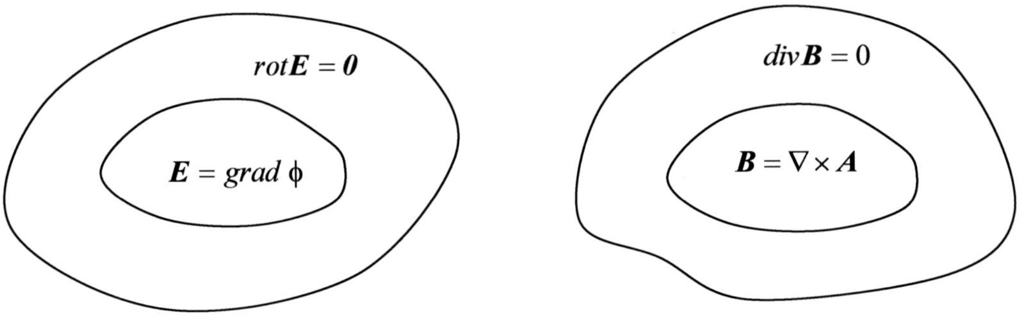

図 3.8 完全形式⊂閉形式　（φには定数，$\boldsymbol{A}$には∇ψだけの任意性がある）

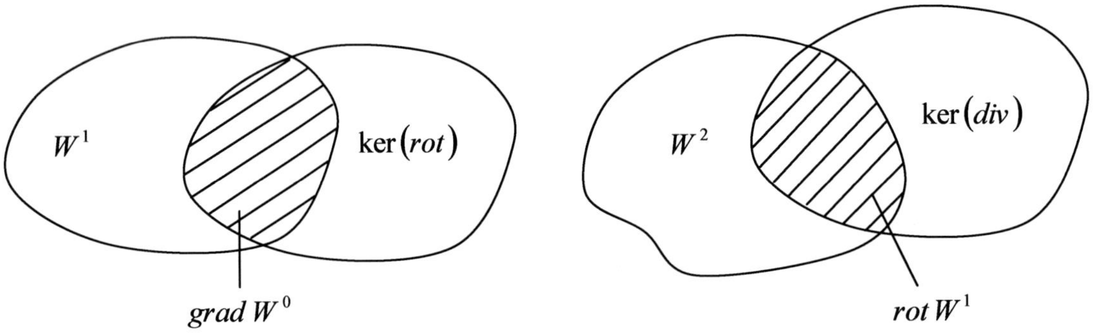

$\overset{\circ}{W}{}^1 = W^1 \cap \ker(rot) = grad\, W^0$　　$\overset{\circ}{W}{}^2 = W^2 \cap \ker(div) = rot\, W^1$

$grad\, W^0 \subset W^1$　　$rot\, W^1 \subset W^2$

図 3.9 単連結領域における包含関係

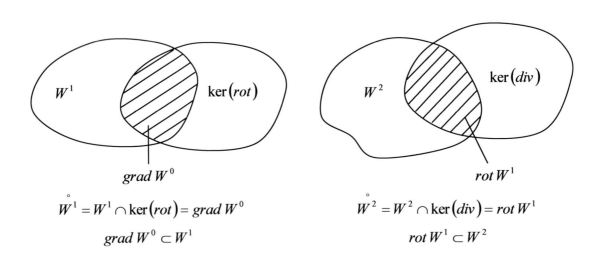

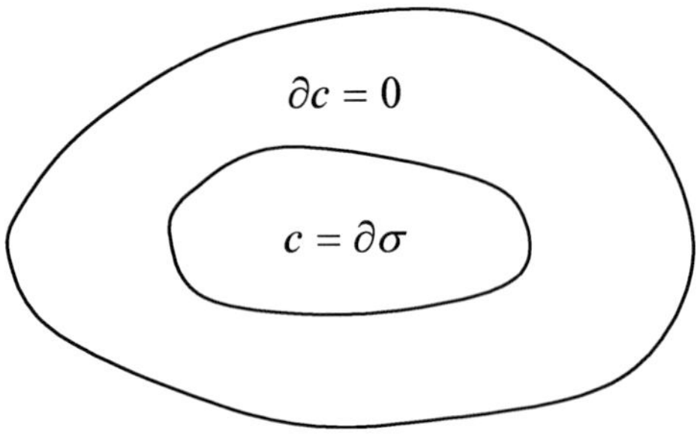

$\partial c = 0$

$\uparrow\downarrow$

$c = \partial\sigma$

境界の包含関係　　連結集合のときのみ

図 3.10　境界の包含関係と同値関係

境界演算の包含関係

$\partial c = 0$ のとき chain c は閉じている。または chain c が cycle を形成しているという。$c = \partial\sigma$ ならば $\partial\partial\sigma = 0$ であるから $\partial c = 0$ となる。よって c は σ の境界である。しかし，$\partial c = 0$ だからといって c は必ずしも境界でない。すなわち，cycle は必ずしも境界でない。ただし，連結集合ならば cycle は境界となる（**図 3.10** 参照）。

(c) $\partial\Omega$ が連結集合で Ω が単連結の場合

微分を含む関数空間の位相的構造は一般に複雑である。しかし $\partial\Omega$ が連結集合のときと，Ω が単連結の場合には**表 3.6** の結果が得られている。

表 3.6　空間の直交分解（値域 R と核 N）

$\partial\Omega$ が連結集合	Ω が単連結
$N(rot) = grad\ H_0^1(\Omega)$ $R_0(rot) = N(div)$	$N_0(rot) = grad\ H^1(\Omega)$ $R(rot) = N_0(div)$

ただし，

$L_2(\Omega)$ ：2 乗可積分な集合

$H^1(\Omega)$ ：1 階の導関数がすべて $L_2(\Omega)$ の元となる集合

$H(rot,\Omega)$ ：rot 演算がすべて $L_2(\Omega)$ の元となる集合

$H(div,\Omega)$ ：div 演算がすべて $L_2(\Omega)$ の元となる集合

$N(div) = \{v \in H(div,\Omega); div\ v = 0\}$

$N(div) = \{v \in H(rot,\Omega); rot\ v = 0\}$

下付き添字の 0 は境界 $\Gamma = \partial\Omega$ 上で関数値が零の Diriclet 条件を満足していることを意味している。

(d) 接続行列と Betti 数

接続行列 $\mathbf{G}$，$\mathbf{R}$，$\mathbf{D}$ は正則行列ではない。すなわち，

$$\mathbf{G} = G_e^n \qquad e \times n \text{ 行列}$$

$$\mathbf{R} = R_f^e \qquad f \times e \text{ 行列}$$

$$\mathbf{D} = D_v^f \qquad v \times f \text{ 行列}$$

となり，特異性を持っている。Betti 数はこの特異性を示す指数である。ここで n，e，f，v は節点・辺・面・体の数を意味する。そして関係式

$$n - e + f - v = \chi$$

$$b_0 - b_1 + b_2 - b_3 = \chi$$

を満足する。ただし，b_0, b_1, b_2, b_3 がそれぞれ n，e，f，v に対応するのではない。

3.6　木・補木ゲージ

こう配行列 $\mathbf{G}$ や回転行列 $\mathbf{R}$ は正方行列ではない。よってこれらを用いて作られる行列方程式は正則ではない。一般に未知数過剰の方程式となる。この場合，解は一意的に定めるには何らかの条件が必要である。

Coulomb ゲージ: $\nabla \cdot \mathbf{B} = 0$ ならば $\mathbf{B} = \nabla \times \mathbf{A}$ となる。この $\mathbf{A}$ に任意のスカラー関数 φ のこう配を付加しても curl grad $= 0$ であるから

$$\mathbf{B} = \nabla \times (\mathbf{A} + \nabla\varphi) = \nabla \times \mathbf{A}$$

となる。すなわち，ベクトル・ポテンシャル $\mathbf{A}$ には $\nabla\varphi$ だけの不定性がある。この不定性を取り除くために，通常 Coulomb ゲージ $\nabla \cdot \mathbf{A} = 0$ が付加される。

(a)　補木の辺の数

3 次元の単連結グラフについて考える。そして辺の数 e を木の辺の数 $n-1$ と補木の辺の数 $f-1$ の和に分解する。すなわち，

$$e = (n-1) + (f-1)$$

となる。ここで木の辺の数は節点の数 n よりも 1 少ない。また，補木の辺の数は原始ループの数に等しく，面の数 f よりも 1 少ない。これは，3 次元の単連結領域の表面は閉

局面であることによる。よって

$$補木の辺の数＝原始ループの数＝ f-1$$

となる。そして補木の辺の数はグラフの基本変数 n と e を用いて

$$f-1=e-n+1$$

と書くこともできる。むしろ一般的には補木の辺の数として $e-n+1$ を用いる。

(b) 電気回路網との類似

電気回路網は節点と辺からなるグラフである。電気回路網にはつぎの 2 つの法則が適用される。

Kirchhoff の第 1 法則：“各節点に流れ込む電流の総和は零である。” そして，補木辺に対して独立な電流変数を割り振る。このとき，木辺の電流は補木辺の電流の関数として決定できる。独立な節点の数は木辺の数に等しく $n-1$ となる。節点数より 1 少ないのは回路網全体に外部から流れ込む電流がないからである。

Kirchhoff の第 2 法則：“ループを一周したときの電圧の総和は零である。” この結果基本ループの数は補木辺の数に等しく $f-1$ 個の方程式を得る。以上より，独立な方程式の個数は

(木の辺の数)	＋	(補木の辺の数)
節点に Kirchhoff の第 1 法則を適用		ループに Kirchhoff の第 2 法則を適用

となる。そして，電流を与えれば電圧が求まり，逆に電流を与えれば電圧が求まる。電磁場の有限要素解析にもこの電気回路網に類似した考えを局所的に適用する。

(c) 木ゲージ

木ゲージを用いる場合，グラフを内部グラフと表面グラフに分解する。このとき，内部グラフと表面グラフの節点・辺・面・体の数が問題となる。そこで，それぞれの数を

$$n = n^i + n^0$$

$$e = e^i + e^0$$

$$f = f^i + f^0$$

$$v = v^i + v^0 \qquad (v = v^i,\ v^0 = 0)$$

$$\chi = \chi^i + \chi^0 \qquad (\chi = 1,\ \chi^i = -1,\ \chi^0 = 2)$$

と分解する。ここで上添字iは領域の内部，0は表面（境界）を表している。そして，全体と内部と表面に対してそれぞれ

$$n - e + f - v = \chi$$

$$n^i - e^i + f^i - v^i = \chi^i$$

$$n^0 - e^0 + f^0 - v^0 = \chi^0$$

が成立する。単連結領域の場合$\chi = 1$である。

表面グラフ：　3次元の単連結領域を4面体で分割する。表面上の節点，辺，面の数それぞれn^0，e^0，f^0とする。表面グラフは内部に1個のholeを持った状態になるから$\chi^0 = 2$となる。表面グラフに体はないから$v^0 = 0$である。よって表面グラフに対して

$$n^0 - e^0 + f^0 = 2 \qquad \text{表面グラフ} \qquad \bullet$$

が成立する。そして，木の辺の数は$n^0 - 1$，補木の辺の数は$e^0 - n^0 + 1 = f^0 - 1$となる。この木辺の数$n^0 - 1$はスカラー関数のこう配の自由度に一致する。また木の辺の数と補木の辺の数の和はすべて辺の数に等しく

$$e^0 = (n^0 - 1) + (f^0 - 1)$$

が成立する(**表 3.7** 参照)。

木ゲージ(表面上で)：　つぎに，$\nabla \cdot \mathbf{A} = 0$に対応する離散化表現としての木ゲージを求める。

$$\int_e \nabla\varphi \cdot d\mathbf{r} = \int_e d\varphi = \int_{\partial e} \varphi$$

であるから，離散化した$\nabla\varphi$の表面自由度は表面グラフの木辺の数（自由度）$n^0 - 1$に等しい。よって$n^0 - 1$個の木の辺量に任意の数を割り当てることができる。この任意の

辺量を零とする。$\nabla \cdot \mathbf{A} = 0$であるから，表面からの$\mathbf{A}$の流出入は零となることを意味している。木の辺量を零と定めたから，補木の辺量も零となる。すなわち，表面上のすべての辺量は零となる。これが表面上での木ゲージである（**図 3.11** 参照)。

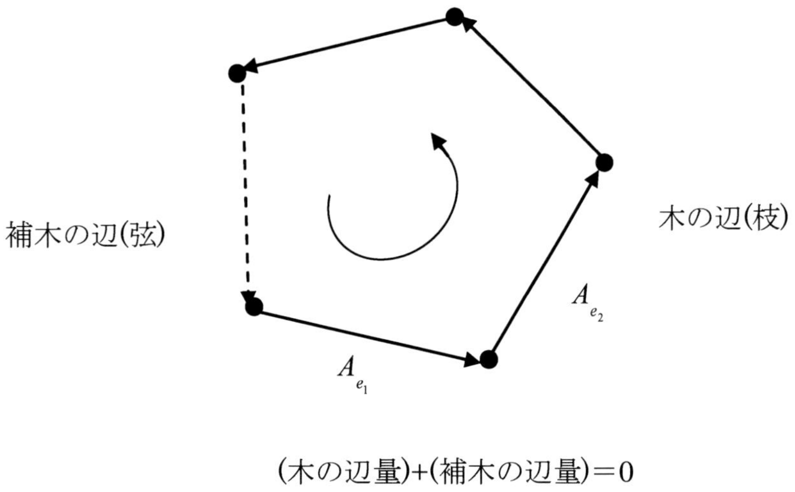

図 3.11 木と補木の辺量（表面上の木ケージは$A_{e_i} = 0$）

内部グラフ：　内部グラフに対して$\chi^i = \chi - \chi^0 = 1 - 2 = -1$となる。よって内部グラフに対して

$$n^i - e^i + f^i - v^i = -1 \qquad \text{内部グラフ}$$

●

が成立する。内部グラフの木辺の数はn^i，補木辺の数は

$$e^i - n^i = f^i - v^i + 1$$

となる。

木ゲージ (内部で)：　表面上を除く内部の節点, 辺, 面, 体の数をそれぞれn^i, e^i, f^i, v^iとすると，

木の辺の数はn^i

補木の辺の数は$e^i - n^i = f^i - v^i + 1$

となる。木の辺の数と補木の辺の数の和すべての辺の数に等しく

$$e^i = n^i + \left(f^i - v^i + 1\right)$$

が成立する。そして，内部木の辺量も零と置くことができる。結局，独立な自由度は内部補木の辺量の数$e^i - n^i$に等しい(図 3. 12 参照)。これは双対メッシュの補木の辺の数$f^i - v^i + 1$に等しい。

表 3. 7　節点，辺，面，体の数（単連結領域）

	表面上	表面を除く内部
節点	n^0	n^i
辺	e^0	e^i
面	f^0	f^i
体	v^0	v^i
木辺の数	$n^0 - 1$	n^i
補木辺の数	$f^0 - 1$	$e^i - n^i$
	$= e^0 - n^0 + 1$	$= f^i - v^i + 1$
	$e^0 = (n^0 - 1) + (f^0 - 1)$	$n^i - e^i + f^i - v^i = -1$

$$\mathbf{A} = \sum_{\text{内部}} A_e \mathbf{w}_e + \sum_{\text{表面上}} A_e \mathbf{w}_e$$

・表面上のA_eをすべて零とする。

$$= \sum_{\text{内部}} A_e \mathbf{w}_e$$

・内部の木の辺量も零とする。

・内部の補木の辺の数＝独立な自由度の数

図 3. 12　木ゲージの条件設定

(d) HoleやLoop(Torus)がある場合

HoleやLoopがある場合，Euler-Poincare定数χを

$$\chi = b_0(\text{連結の個数}) - b_1(\text{loopの数}) + b_2(\text{holeの数})$$

によって計算する必要がある。例えば

$\chi = 1$　2次元の開曲面（単連結の場合）

$\chi = 2$　3次元の閉曲面（holeが1個の場合）

$\chi = 0$　穴のある3次元の閉曲面（loopが1個の場合）

となる。そして，全グラフを内部グラフと表面グラフに分割し，それぞれのグラフの木辺の数と補木辺の数を求める必要がある。その時

$$n - e + f - v = \chi$$

を用いて計算する。計算結果を**表3.8**と**表3.9**に示しておく。

表3.8 内部グラフの木辺の数と補木辺の数（多重連結領域）

(内部の総辺数)=(内部木辺の数)+(内部補木辺の数)

$$n^i - e^i + f^i - v^i = -1 + b_1 - b_2$$

$$e^i = n^i + (f^i - v^i + 1)\quad \text{単連結の場合}\quad (b_1 = b_2 = 0)$$

$$e^i = (n^i + b_2(\text{hole})) + (f^i - v^i + 1)\quad \text{空洞の場合}\quad (b_1 = 0)$$

$$e^i = n^i + (f^i - v^i + 1 - b_1(\text{loop}))\quad \text{トーラスの場合}\quad (b_2 = 0)$$

表 3.9 表面グラフの木辺の数と補木辺の数（多重連結領域）

(表面の辺の総数)＝(表面の木辺の数)+(表面の補木辺の数)

$e^0=(n^0-1)+(f^0-1)$　単連結の場合（表面は1枚）

$e^0=(n^0-1)+(e^0-n^0+1)$　空洞の場合（表面は2枚）

$e^0=(n^0-1)+(e^0-n^0+1)$　トーラスの場合（表面は1枚）

コメント　スカラー有限要素法とベクトル有限要素法の比較

	ベクトル有限要素法	**スカラー有限要素法**
形状関数	ベクトル(辺)形状関数	スカラー(節点)形状関数
着眼点	cell centered 法	vertex centered 法
離散化	接続行列（グラフの理論） $\mathbf{G}$ $\mathbf{R}$ $\mathbf{D}$	離散ナブラ演算子 $\nabla_a f_a$ $\nabla_a\times\mathbf{v}_a$ $\nabla_a\cdot\mathbf{v}_a$
2階微分 不定性	弱形式 ゲージ問題(木･補木ゲージ)	弱形式 hourglass モード(一点求積法)
双対空間	Hodge 演算 $\nabla\times(\nu\nabla\times\mathbf{A})$ ↓ $\mathbf{R}^t\nu\mathbf{R}\{A_e\}$	圧力と速度の変数配置 $\nabla\cdot(\nu\nabla\mathbf{v})$ ↓ $\nabla_a\cdot\nu_e\nabla_b\mathbf{v}_b$

第4章

離散 Helmholtz 分解

ベクトル場の Helmholtz 分解は場の理論解析において発展し完成している。ベクトル場は一般に縦成分と横成分に直交分解できる。すなわち，発散零の場と回転零の場に直交分解し，縦波と横波の性質を調べることをその基本としている。しかし，この性質を有限要素法の中に取り入れて離散化を実行することはまだ電磁場解析で始まったばかりで，流体や固体の他の分野への応用は今後の課題とされている。離散 Helmholtz 分解は微分形式の理論とグラフの理論と有限要素法の理論が渾然一体となって実行される（**図 4.0** 参照）。その結果，大きなブレイクスルーが期待でき，非常に興味が持てる手法である。

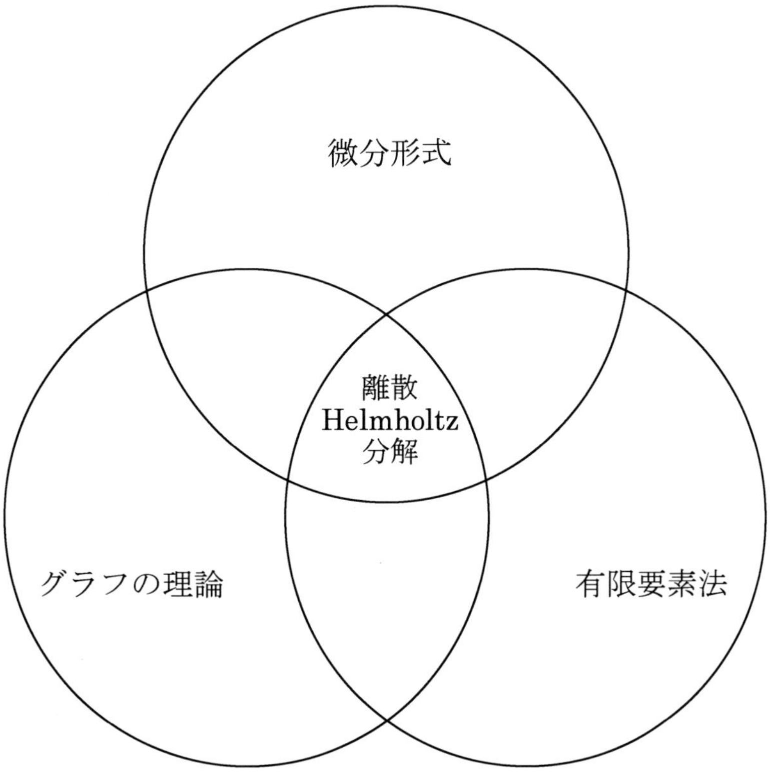

図 4.0　離散 Helmholtz 分解

この章の構成は次のとおりである。

4.1　ベクトル場の直交分解 69
4.2　ベクトル場の Helmholtz 分解 71
4.3　辺ベクトル形状関数と面ベクトル形状関数の性質 73
4.4　離散 Helmholtz 分解 77

4.1　ベクトル場の直交分解

(a) ベクトル場の直交分解

面 $d\boldsymbol{S}$ の単位法線ベクトルを $\boldsymbol{n}$，$\boldsymbol{n}$ に直交する単位接ベクトルを $\boldsymbol{t}$ とする．任意のベクトルを $\boldsymbol{v}$ を $\boldsymbol{n}$ 方向と $\boldsymbol{t}$ 方向に直交分解する。すなわち，

$$\mathbf{v} = \mathbf{v}_n + \mathbf{v}_t = v_n \mathbf{n} + \mathbf{v}_t \qquad \text{直交分解}$$

とすれば各々の成分は

$$\boldsymbol{v}_n = v_n \boldsymbol{n} = (\boldsymbol{v}\cdot\boldsymbol{n})\boldsymbol{n} = (\boldsymbol{t}\times\boldsymbol{v})\times\boldsymbol{t} \qquad \text{法線成分}$$

$$\boldsymbol{v}_t = v_t \boldsymbol{t} = (\boldsymbol{v}\cdot\boldsymbol{t})\boldsymbol{t} = (\boldsymbol{n}\times\boldsymbol{v})\times\boldsymbol{n} \qquad \text{接線成分}$$

と表せる（**図 4.1 参照**）。これはベクトル $\boldsymbol{v}$ の法線成分 $\boldsymbol{v}_n$ と接線成分 $\boldsymbol{v}_t$ への直交分解を表している。

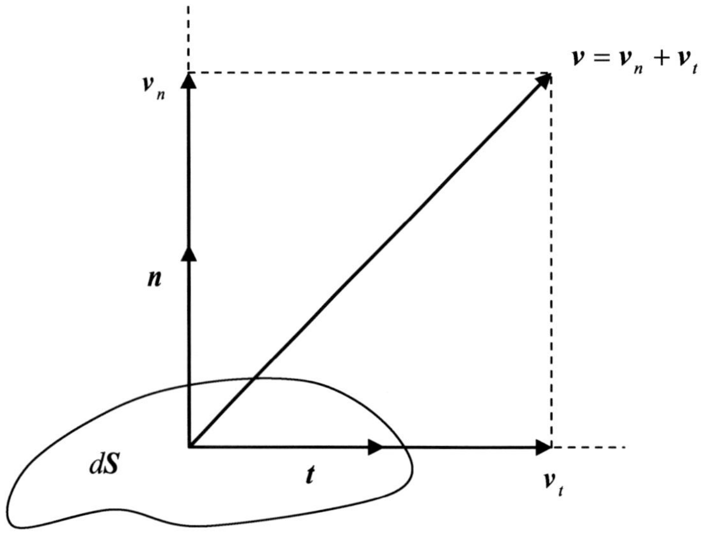

図 4.1　ベクトル $\boldsymbol{v}$ の直交分解

(b) 接線成分と法線成分の連続性

ベクトル$\boldsymbol{E}$と$\boldsymbol{B}$を面の法線成分と接平面内成分に分解する。すなわち，

$$\boldsymbol{E} = E_t \boldsymbol{t} + \boldsymbol{E}_n$$

$$\boldsymbol{B} = \boldsymbol{B}_t + B_n \boldsymbol{n}$$

と表す。ここで$\boldsymbol{n}$を単位法線ベクトル，$\boldsymbol{t}$を単位接線ベクトルとする。このとき，$\boldsymbol{E}$の線積分と$\boldsymbol{B}$の面積分に関して

$$E_e = \int_e \boldsymbol{E} \cdot d\boldsymbol{r} = \int_e E_t \cdot ds$$

$$B_f = \int_f \boldsymbol{B} \cdot d\boldsymbol{S} = \int_f B_n dS$$

が成立する。ただし，$d\boldsymbol{r} = \boldsymbol{t}ds$である。線積分に関して$\boldsymbol{E}_n$は任意であり，面積分に関して$\boldsymbol{B}_t$は任意である。このことは辺ベクトル形状関数を用いて$\boldsymbol{E} = \boldsymbol{w}_{\mathrm{e}} E_e$と展開した場合，$\boldsymbol{E}$は法線成分が不連続になることを意味する。同様に面ベクトル形状関数を用いて$\mathbf{B} = \mathbf{w}_{\mathrm{f}} B_f$と展開した場合，$\boldsymbol{B}$は接線成分が不連続となることを意味している。すなわち，$\boldsymbol{E}$は接線成分が連続で法線成分が不連続となる。一方$\boldsymbol{B}$は法線成分が連続で接線成分が不連続である（**表 4.1 参照**）。

表 4.1　接線成分と法線成分の連続性

	$\boldsymbol{E}$	$\boldsymbol{B}$
接線成分	E_tが連続	$\boldsymbol{B}_t$が不連続
法線成分	$\boldsymbol{E}_n$が不連続	B_nが連続

4.2　ベクトル場の Helmholtz 分解

(a) ベクトル場の Helmholtz 分解

任意のベクトル場$\boldsymbol{v}$は発散零のベクトル場$\boldsymbol{v}_s$と回転零のベクトル場$\boldsymbol{v}_i$の和に分解できる。すなわち，

$$\mathbf{v} = \mathbf{v}_s + \mathbf{v}_i = \nabla \times \mathbf{A} + \nabla \phi$$

と書ける。ここで

$$\nabla\cdot\boldsymbol{v}_s=0 \qquad \therefore \boldsymbol{v}_s=\nabla\times\boldsymbol{A}$$

$$\nabla\times\boldsymbol{v}_i=0 \qquad \therefore \boldsymbol{v}_i=\nabla\phi$$

である。$\boldsymbol{A}$ をベクトル・ポテンシャル，ϕ をスカラー・ポテンシャルとよぶ。$\mathbf{v}$ は 3 成分，$\boldsymbol{A}$ は 3 成分，ϕ は 1 成分であるから，$\boldsymbol{v}$ を $\boldsymbol{A}$ と ϕ を用いて表した場合，解は一意的に定まらない。解を一意的に定めるための条件をゲージ条件とよぶ。ゲージ条件にはいろいろあるが，普通 Coulomb ゲージ

$$\nabla\cdot\boldsymbol{A}=0$$

を用いることが多い。また，$\boldsymbol{A}$ を $\mathbf{A}+\nabla\psi$ に置き換えても $\nabla\times\nabla\psi=0$ であるから同じ結果を得る。この不定性を除くために $\mathbf{v}=\nabla\times\mathbf{A}+\nabla\phi+\nabla h$ と書く。このとき，$\nabla\cdot\boldsymbol{A}=0$ のゲージ条件は $\nabla^2 h=0$ に置き換えられる。すなわち，h は Laplace の方程式を満足する調和関数である。この調和関数 h は境界条件を満足するように決定される。

Poisson 方程式：　ベクトル場 $\mathbf{v}$ の発散と回転をとる。$\nabla\cdot\boldsymbol{v}_s=0$，$\nabla\times\boldsymbol{v}_i=0$ であるから，

$$\nabla\cdot\mathbf{v}=\nabla\cdot\mathbf{v}_s+\nabla\cdot\mathbf{v}_i=\nabla\cdot\mathbf{v}_i=\theta$$

$$\nabla\times\mathbf{v}=\nabla\times\mathbf{v}_s+\nabla\times\mathbf{v}_i=\nabla\times\mathbf{v}_s=\boldsymbol{\omega}$$

となる。ここで θ は単位体積あたりの発散量，$\boldsymbol{\omega}$ はうず度である。上式に $\mathbf{v}_i=\nabla\phi$，$\mathbf{v}_s=\nabla\times\mathbf{A}$ を代入すると Poisson 方程式

$$\nabla^2\phi=\theta$$

$$\nabla^2\mathbf{A}=-\boldsymbol{\omega}$$

が導かれる。ただし，Coulum ゲージ $div\mathbf{A}=0$ を採用した。このとき，Poisson 方程式の解は

$$\phi(x)=-\frac{1}{4\pi}\int\frac{\theta(\mathbf{y})}{|\mathbf{y}-\mathbf{x}|}d\mathbf{y}$$

$$\mathbf{A}(x)=\frac{1}{4\pi}\int\frac{\boldsymbol{\omega}(\mathbf{y})}{|\mathbf{y}-\mathbf{x}|}d\mathbf{y}$$

と表すことができる。

(b) 境界条件の分解

ベクトル $\boldsymbol{v}$ に与えられた境界条件を法線成分と接線成分に分けて

$$\boldsymbol{v}\cdot\boldsymbol{n}=\hat{v}_n$$

$$\mathbf{v}\cdot\mathbf{t}=\hat{v}_t$$

と書く。ここで $\boldsymbol{n}$ は単位法線ベクトル，$\boldsymbol{t}$ は単位接線ベクトルであり $\hat{v}_n$ と $\hat{v}_t$ は境界上の値を意味する。この境界条件をベクトル $\boldsymbol{v}_s$ と $\boldsymbol{v}_i$ に分解して与える。すなわち，ベクトル $\boldsymbol{v}$ の Helmholtz 分解は

$$\mathbf{v}=\mathbf{v}_s+\mathbf{v}_i,\quad \mathbf{v}_s=\nabla\times\mathbf{A},\quad \mathbf{v}_i=\nabla\phi$$

であるから，境界条件を分解して

$$\mathbf{v}\cdot\mathbf{n}=\mathbf{v}_i\cdot\mathbf{n}=\hat{v}_n,\quad \mathbf{v}_s\cdot\mathbf{n}=0$$

$$\mathbf{v}\cdot\mathbf{t}=\mathbf{v}_s\cdot\mathbf{t}=\hat{v}_t,\quad \mathbf{v}_i\cdot\mathbf{t}=0$$

を与えても同等である。これは $\mathbf{A}$ と ϕ を用いて

$$\frac{\partial\phi}{\partial n}=\hat{v}_n,\ \mathbf{A}\times\mathbf{n}=0$$

$$\frac{\partial\phi}{\partial s}=0,\ (\nabla\times\mathbf{A})\cdot\mathbf{t}=\hat{v}_t$$

と書ける。ここで n は法線方向の座標，s は接線方向の座標である。特に，粘性流体の速度ベクトルに対する no-slip 条件は $\hat{v}_n=\hat{v}_t=0$ となる。一方，理想流体の速度ベクトルは壁面上で slip であるから，$\hat{v}_n=0$ であるが，$\hat{v}_t$ を与えることができない。すなわち，速度ベクトルの接線成分は不連続である（**表 4.2 参照**）。

表 4.2　境界条件の分解

$\boldsymbol{v}$	$\boldsymbol{v}_s$	$\boldsymbol{v}_i$
$\boldsymbol{v}\cdot\boldsymbol{n}=\hat{v}_n$ $\boldsymbol{v}\cdot\boldsymbol{t}=\hat{v}_t$	$\boldsymbol{v}_s\cdot\boldsymbol{n}=0$ $\boldsymbol{v}_s\cdot\boldsymbol{t}=\hat{v}_t$	$\boldsymbol{v}_i\cdot\boldsymbol{n}=\hat{v}_n$ $\boldsymbol{v}_i\cdot\boldsymbol{t}=0$
$\boldsymbol{v}$	$\nabla\times\boldsymbol{A}$	$\nabla\phi$
$\boldsymbol{v}\cdot\boldsymbol{n}=\hat{v}_n$ $\boldsymbol{v}\cdot\boldsymbol{t}=\hat{v}_t$	$(\nabla\times\boldsymbol{A})\cdot\boldsymbol{n}=0$ $(\nabla\times\boldsymbol{A})\cdot\boldsymbol{t}=\hat{v}_t$	$(\nabla\phi)\cdot\boldsymbol{n}=\hat{v}_n$ $(\nabla\phi)\cdot\boldsymbol{t}=0$

4.3　辺ベクトル形状関数と面ベクトル形状関数の性質

ベクトル形状関数には辺ベクトル形状関数 $\boldsymbol{w}_e$ と面ベクトル形状関数 $\boldsymbol{w}_f$ がある。ここではこれらのベクトル形状関数の線形一次結合で表される場を考える。

(a) 辺ベクトル形状関数

辺ベクトル形状関数で表されるベクトル場は発散なしの回転場である。すなわち，$\nabla\cdot\mathbf{w}_e=0$ を満足する。いま，ベクトル $\mathbf{E}$ を

$$\mathbf{E}=\sum_e \mathbf{w}_e E_e$$

と展開する。2 次元の三角形要素で考えれば

$$\nabla\times\mathbf{E}=\sum_e(\nabla\times\mathbf{w}_e)E_e=\frac{\mathbf{n}}{S}(E_1+E_2+E_3)$$

となる。なぜならば 3 角形の場合，どの辺に対しても $\nabla\times\mathbf{w}_e=\dfrac{\mathbf{n}}{S}$ となるからである。ここで $\boldsymbol{n}$ は面の単位法線ベクトル，S は 3 角形の面積である。Stokes の回転定理により

$$\int_S(\nabla\times\mathbf{E})\cdot\mathbf{n}dS=\oint_{\partial S}\mathbf{E}\cdot d\mathbf{r}$$

となる。上の $\nabla\times\mathbf{E}$ を代入すれば，両辺は $E_1+E_2+E_3$ に等しい。

(b) 面ベクトル形状関数

面ベクトル形状関数で表されるベクトル場は回転なしの発散場である。すなわち，$\nabla\times\boldsymbol{w}_f=0$ を満足する。いまベクトル $\boldsymbol{B}$ を

$$\mathbf{B}=\sum_f \mathbf{w}_f B_f$$

と展開する。両辺の発散をとれば，4 面体の場合

$$\nabla\cdot\mathbf{B}=\sum_f(\nabla\cdot\mathbf{w}_f)B_f=\frac{1}{V}(B_1+B_2+B_3+B_4)$$

となる。なぜならば 4 面体の場合，どの面に対しても $\nabla\cdot\boldsymbol{w}_f=\dfrac{1}{V}$ となるからである。ここで V は四面体の体積である。Gauss の発散定理より

$$\int_V \nabla\cdot\mathbf{B}dV = \int_{\partial V}\mathbf{B}\cdot\mathbf{n}dS$$

となる。上の$\nabla\cdot\mathbf{B}$を代入すれば，両辺は$B_1+B_2+B_3+B_4$に等しい。このように，面ベクトル形状関数，辺ベクトル形状関数を用いると，離散式の意味で Stokes の回転定理や Gauss の発散定理を厳密に満足することが分かる。**表 4.3** に辺ベクトル形状関数と面ベクトル形状関数の性質をまとめておく。また，**図 4.2** に辺ベクトル形状関数の回転を**図 4.3** に面ベクトル形状関数の発散場を図示しておく。

表 4.3　ベクトル形状関数の性質

<table>
<tr><th>辺ベクトル形状関数 $\boldsymbol{w}_e$</th><th>面ベクトル形状関数 $\boldsymbol{w}_f$</th></tr>
<tr><td>$\boldsymbol{w}_e=\boldsymbol{w}^{kl}=\lambda^k\nabla\lambda^l-\lambda^l\nabla\lambda^k$
$\boldsymbol{w}_e=\boldsymbol{w}^{kl}=\dfrac{1}{6V}(\boldsymbol{x}_m-\boldsymbol{x})\times(\boldsymbol{x}_n-\boldsymbol{x})$
$\nabla\cdot\boldsymbol{w}_e=0$
$\nabla\times\boldsymbol{w}_e=\dfrac{1}{3V}(\boldsymbol{x}_n-\boldsymbol{x}_m)$
$[\nabla\times\boldsymbol{w}_e=\dfrac{\boldsymbol{n}}{S}$　（2 次元）］</td><td>$\mathbf{w}_f=\mathbf{w}^{ijk}=2(\lambda^i\cdot\nabla\lambda^j\times\nabla\lambda^k+\lambda^j\cdot\nabla\lambda^k\times\nabla\lambda^i+\lambda^k\cdot\nabla\lambda^i\times\nabla\lambda^j)$
$\boldsymbol{w}_f=\dfrac{(\boldsymbol{x}-\boldsymbol{x}_f)}{3V}$
$\nabla\times\boldsymbol{w}_f=0$
$\nabla\cdot\boldsymbol{w}_f=\dfrac{1}{V}$</td></tr>
<tr><td>発散なしの回転場</td><td>回転なしの発散場</td></tr>
<tr><td>辺 e を軸とした回転場
• $\boldsymbol{w}_e$ は辺 e 以外では接線成分を持たない
• $\boldsymbol{w}_e$ で表現された場は要素間で接線成分が連続で，法線成分は一般に不連続である。
（例えば $\boldsymbol{A}$，$\boldsymbol{E}$，$\boldsymbol{H}$ の場）</td><td>頂点 f を中心とした発散場
• $\mathbf{w}_f$ は面 f 以外で法線成分を持たない
• $\mathbf{w}_f$ で表現された場は要素間で，接線成分は一般に不連続である
（例えば $\boldsymbol{B}$，$\boldsymbol{D}$，$\boldsymbol{J}$ の場）</td></tr>
</table>

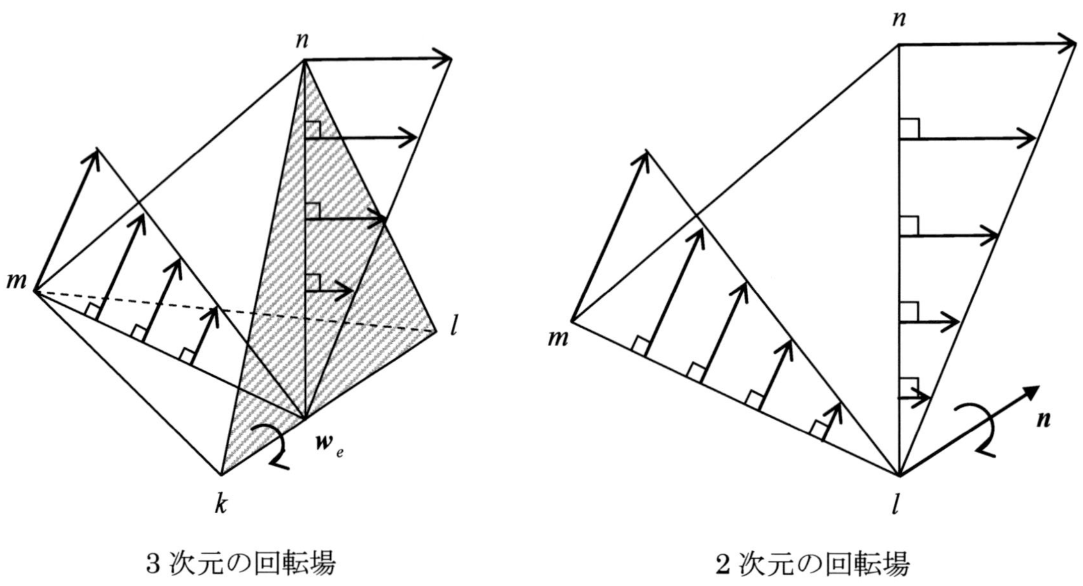

図 4.2　辺ベクトル形状関数と回転場

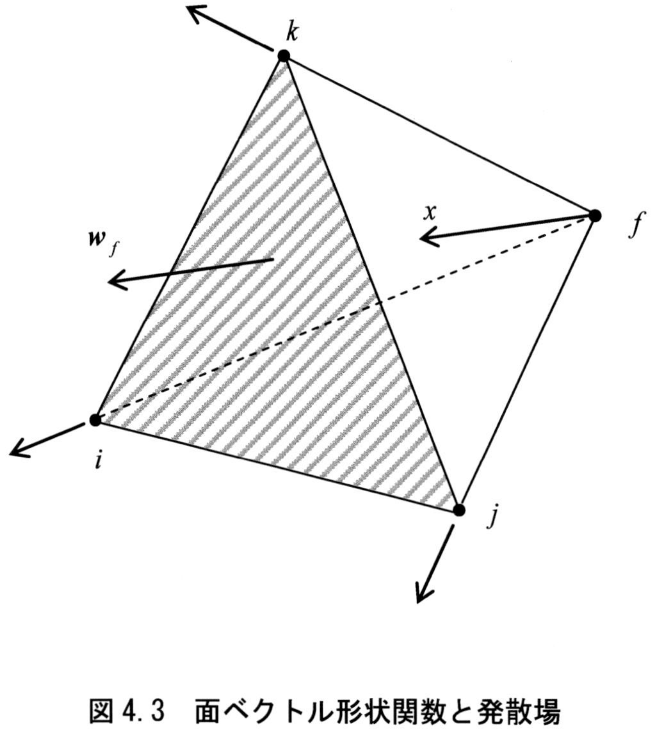

図 4.3　面ベクトル形状関数と発散場

(c) 管状ベクトル場と層状ベクトル場

管状ベクトル場：管状ベクトル場では$\nabla \cdot \mathbf{v} = 0$であるから$\mathbf{v} = \nabla \times \mathbf{A}$と書ける。$\mathbf{A} = \mathbf{w}_e A_e$と展開すると，$\nabla \times \mathbf{w}_e = R_e^f \mathbf{w}_f$であるから

$$\boldsymbol{v} = \nabla \times \boldsymbol{A} = (\nabla \times \boldsymbol{w}_e) A_e = R_e^f \boldsymbol{w}_f A_e$$

となる。ここで$\mathbf{w}_e$は辺ベクトル形状関数，$\mathbf{w}_f$は面ベクトル形状関数，R_e^fは回転行列R_f^eの転置行列である。

層状ベクトル場：層状ベクトル場では$\nabla \times \boldsymbol{v} = 0$であるから$\boldsymbol{v} = \nabla \phi$と書ける。$\phi = w_n \phi_n$と展開すると，$\nabla w_n = G_n^e \boldsymbol{w}_e$であるから

$$\boldsymbol{v} = \nabla \phi = (\nabla w_n) \phi_n = G_n^e \boldsymbol{w}_e \phi_n$$

となる。ここでw_nは節点形状関数，G_n^eはこう配行列G_e^nの転置行列である。

4.4 離散 Helmholtz 分解

Helmholtz の定理によれば，任意のベクトル場は発散零の管状ベクトル場と回転零の層状ベクトル場の直和に分解できる。例えば，ベクトル$\boldsymbol{v}$を

$$\mathbf{v} = \mathbf{v}_s + \mathbf{v}_i = \nabla \times \mathbf{A} + \nabla \phi$$

と Helmholtz 表示すると，$\mathbf{v}_s = \nabla \times \mathbf{A}$は$\mathrm{div}\, \boldsymbol{v}_s = 0$を満足する管状ベクトル場であり，$\boldsymbol{v}_i = \nabla \phi$は$\mathrm{rot}\, \boldsymbol{v}_i = 0$を満足する層状ベクトル場である。そして，$\boldsymbol{A}$をベクトル・ポテンシャル，$\phi$をスカラー・ポテンシャルとよぶ。

一方，辺ベクトル形状関数$\boldsymbol{w}_e$は発散零（$\mathrm{div}\, \boldsymbol{w}_e = 0$）の回転場（$\mathrm{rot}\, \boldsymbol{w}_e = \mathrm{const.}$）を与え，面ベクトル形状関数$\boldsymbol{w}_f$は回転零（$\mathrm{rot}\, \boldsymbol{w}_f = 0$）の発散場（$\mathrm{div}\, \boldsymbol{w}_f = \mathrm{const.}$）を与える。よって，$\boldsymbol{v}_s$を辺ベクトル形状関数$\boldsymbol{w}_e$を用いて，$\boldsymbol{v}_i$を面ベクトル形状関数$\boldsymbol{w}_f$を用いて

$$\mathbf{v}_s = \mathbf{w}_e v_{se}$$

$$\mathbf{v}_i = \mathbf{w}_f v_{if}$$

と展開すれば$\nabla \cdot \mathbf{v}_s = 0$と$\nabla \times \mathbf{v}_i = 0$は自動的に満たされる。かつ，$\boldsymbol{v}_s$は接線連続であ

り，$\boldsymbol{v}_i$ は法線連続となる。この分解を離散 Helmholtz 分解とよぶことにする。離散 Helmholtz 分解では $\boldsymbol{A}$ と ϕ を用いないのが特長である。なぜならば，“$\boldsymbol{A}$ を辺ベクトル形状関数，ϕ を節点形状関数を用いて展開した場には，$\boldsymbol{A}$ も ϕ も Laplace の方程式を満足する”からである。つぎにこれを証明する。

[証明]　スカラー・ポテンシャル ϕ を節点形状関数 w_n で展開すれば

$$\phi = w_n \phi_n$$

となる。∇w_n は $\boldsymbol{w}_e$ の線形結合として

$$\nabla w_n = \sum \mathrm{sign} \cdot \mathbf{w}_e$$

と表せるから，

$$\nabla \phi = (\nabla w_n)\phi_n = \left(\sum \mathrm{sign} \cdot \mathbf{w}_e\right)\phi_n$$

となる。$\mathrm{div}\,\boldsymbol{w}_e = 0$ であるから，上式の発散をとれば

$$\nabla^2 \phi = 0$$

となり，ϕ は Laplace の方程式を満足する。同様にして，ベクトルポテンシャル $\boldsymbol{A}$ を辺ベクトル形状関数 $\boldsymbol{w}_e$ で展開すれば

$$\mathbf{A} = \mathbf{w}_e A_e$$

となる。$\mathrm{div}\,\boldsymbol{w}_e = 0$ であるから，$\nabla \cdot \mathbf{A} = 0$ は自動的に満たされる。さらに $\nabla \times \boldsymbol{w}_e$ は $\boldsymbol{w}_f$ の線形結合として

$$\nabla \times \mathbf{w}_e = \sum \mathrm{sign} \cdot \mathbf{w}_f$$

と表せるから，$\boldsymbol{A}$ の回転は

$$\nabla \times \mathbf{A} = (\nabla \times \mathbf{w}_e)A_e = \left(\sum \mathrm{sign} \cdot \mathbf{w}_f\right)A_e$$

となる。両辺の回転をとれば $\mathrm{rot}\,\boldsymbol{w}_f = 0$ であるから

$$\nabla \times \nabla \times \mathbf{A} = 0$$

となる。ところが$\nabla \cdot \boldsymbol{A} = 0$であるから，上式よりベクトル解析の公式

$$\nabla \times \nabla \times \boldsymbol{A} = \nabla(\nabla \cdot \boldsymbol{A}) - \nabla^2 \boldsymbol{A}$$

を利用すると

$$\nabla^2 \boldsymbol{A} = 0$$

を得る。すなわち，ベクトル・ポテンシャル$\boldsymbol{A}$も Laplace の方程式を満足する。以上の結果を**表 4.4** にまとめておく。

表 4.4　離散 Helmholtz 分解

$\boldsymbol{v} = \boldsymbol{v}_s + \boldsymbol{v}_i$	
$\boldsymbol{v}_s = \nabla \times \boldsymbol{A}$ $\nabla \cdot \boldsymbol{v}_s = 0$	$\boldsymbol{v}_i = \nabla \phi$ $\nabla \times \boldsymbol{v}_i = 0$
$\boldsymbol{A} = \boldsymbol{w}_e A_e$ $\nabla \cdot \boldsymbol{w}_e = 0$ $\nabla \cdot \boldsymbol{A} = 0$	$\phi = w_n \phi_n$
$\boldsymbol{v}_s = \nabla \times \boldsymbol{A} = (\nabla \times \boldsymbol{w}_e) A_e$ $\nabla \times \boldsymbol{w}_e = \sum \mathrm{sign} \cdot \boldsymbol{w}_f$ $\nabla \times \boldsymbol{w}_f = 0$	$\boldsymbol{v}_i = \nabla \phi = (\nabla w_n) \phi_n$ $\nabla w_n = \sum \mathrm{sign} \cdot \boldsymbol{w}_e$ $\nabla \cdot \boldsymbol{w}_e = 0$
$\nabla \times \nabla \times \boldsymbol{A} = 0$ $\nabla^2 \boldsymbol{A} = 0$	$\nabla^2 \phi = 0$

コメント　2 階微分と双対空間

$$\nabla \times \nabla \times \mathbf{A} = \nabla(\nabla \cdot \mathbf{A}) - \nabla^2 \mathbf{A}$$

$$\tilde{\mathbf{R}}\mathbf{R}\{A\} = \tilde{\mathbf{G}}\mathbf{D}\{A\} - \tilde{\mathbf{D}}\mathbf{G}\{A\}$$

$$\mathbf{R}'\mathbf{R}\{A\} = \mathbf{D}'\mathbf{D}\{A\} - \mathbf{G}'\mathbf{G}\{A\}$$

コメント　電流とゲージ

・ $\varphi = 0$ **のゲージ**：電流 $\mathbf{j} = \sigma\left(-\nabla\varphi - \dfrac{\partial \mathbf{A}}{\partial t}\right)$ の中には 2 つの成分

$$\mathbf{j}_T = -\sigma\frac{\partial \mathbf{A}}{\partial t} \qquad \nabla\cdot\mathbf{j}_T = 0$$

$$\mathbf{j}_L = -\sigma\nabla\varphi \qquad \nabla\times\mathbf{j}_L = 0$$

が存在する。一方，導体中の電流 $\mathbf{j}$ は $\nabla\cdot\mathbf{j} = 0$ を満足する。これは $\mathbf{A}$ と φ が関係式

$$\nabla\cdot\sigma\left(\nabla\varphi + \frac{\partial \mathbf{A}}{\partial t}\right) = 0$$

を満足することを意味する。もし，$\varphi = 0$ のゲージを選ぶならば，$\mathbf{j}$ は成分 $\mathbf{j}_T$ のみを持つことになり，問題は単純化される。しかしこの場合 $\nabla\cdot\mathbf{A} = 0$ を満足しなければならない。よって問題は stiff となる。

・**電流ベクトルポテンシャル**：$\nabla\cdot\mathbf{B} = 0$ より $\mathbf{B} = \nabla\times\mathbf{A}$ とかける。しかし，この $\mathbf{A}$ にはスカラー関数のこう配だけの任意性がある。$\nabla\times\mathbf{H} = \mathbf{j}$ と組み合わせると $\mathbf{B} = \mu\mathbf{H}$ であるから

$$\nabla\times\frac{1}{\mu}(\nabla\times\mathbf{A}) = \mathbf{j}$$

を得る。この右辺の $\mathbf{j}$ は $\nabla\cdot\mathbf{j} = 0$ を満足する電流でなければならない。したがって $j_f = \displaystyle\int_f \mathbf{j}\cdot d\mathbf{S}$ で定義された成分 j_f の要素和は零でなければならない。**電流ベクトルポテンシャル** $\mathbf{T}$ を用いて $\mathbf{j} = \nabla\times\mathbf{T}$ と表せば，$\nabla\cdot\mathbf{j} = 0$ は自動的に満足する。その結果，ベクトル・ポテンシャル $\mathbf{A}$ の決定方程式は

$$\nabla\times\mathbf{A} = \mu\mathbf{T}$$

と簡単化される。

コメント　非圧縮 Navier-Stokes 方程式の主な時間進行法

＊高 Reynolds 数流れは，移流項が卓越しているから，上流化が必要。その結果 BTD (balancing tessor diffusibility)項を付加する。

$$\frac{\mathbf{v}^{n+1}-\mathbf{v}}{\Delta t}+\mathbf{v}\cdot\nabla\mathbf{v}=-\nabla p^{n+1}+\nu\nabla^2\mathbf{v}+BTD\text{項}$$

＊低 Reynolds 数流れは，拡散項が卓越しているから，拡散項を陰的に処理する。

$$\frac{\mathbf{v}^{n+1}-\mathbf{v}}{\Delta t}+\mathbf{v}\cdot\nabla\mathbf{v}=-\nabla p^{n+1}+\nu\nabla^2\mathbf{v}^{n+1}$$

＊PISO (pressure implicit with splitting of operators) 法は，陰解法で無条件安定である。

$$\frac{\mathbf{v}^{n+1}-\mathbf{v}}{\Delta t}+\mathbf{v}^{n+1}\cdot\nabla\mathbf{v}^{n+1}=-\nabla p^{n+1}+\nu\nabla^2\mathbf{v}^{n+1}$$

＊移流項に AB (Adams-Bashforth)法，拡散項に CN (Crank-Nicolson)法がよく用いられる。ただし，$\mathbf{N}=\mathbf{v}\cdot\nabla\mathbf{v}$, $\mathbf{D}=\nabla^2\mathbf{v}$ とする

$$\frac{\mathbf{v}^{n+1}-\mathbf{v}}{\Delta t}+\underbrace{\frac{1}{2}\left(3\mathbf{N}-\mathbf{N}^{n-1}\right)}_{\text{AB法}}=-\nabla p^{n+1}+\underbrace{\frac{\nu}{2}\left(\mathbf{D}+\mathbf{D}^{n+1}\right)}_{\text{CN法}}$$

＊非圧縮流体の場合，音速が無限大であるから，圧力項を陰的に処理する。

＊圧力項は Projection 法または Fractional Step 法で分離する。

＊陰的 GSMAC 法では速度予測子 $\tilde{\mathbf{v}}$ を陰的に求める。圧力差 $\delta p=p^{n+1}-p^n$ に関する Poisson 方程式を $\nabla\cdot\mathbf{v}^{n+1}=0$ を満足するように求める。

$$\frac{\tilde{\mathbf{v}}-\mathbf{v}^n}{\Delta t}+\tilde{\mathbf{v}}\cdot\nabla\tilde{\mathbf{v}}=-\nabla p^n+\nu\nabla^2\tilde{\mathbf{v}}$$

$$\frac{\mathbf{v}^{n+1}-\tilde{\mathbf{v}}}{\Delta t}=-\nabla\delta p,\qquad \nabla\cdot\mathbf{v}^{n+1}=0$$

コメント　スキームの安定性

陽解法で解く場合，移流拡散方程式の安定性は基本的に3つの条件により制限されている(**図4.4**参照)。第1は移流方程式の安定条件であるクーラン数条件で(C)で与えられる。この条件は移流の支配的な流れにおいて厳しい条件となる。第2は拡散方程式の安定条件である拡散数条件で（B）で与えられる。この条件は境界層内で細かい格子を用いる場合に時間刻み幅Δtを空間刻み幅Δxの2乗に比例して小さくせねばならないことを示し，粘性の支配的な流れにおいて厳しい条件となる。第3は定常移流拡散方程式の安定条件であるセルレイノルズ(cell-Reynolds)数条件で（A）で与えられる。

移流拡散方程式

$$\frac{\partial T}{\partial t} + u\frac{\partial T}{\partial x} = \alpha\frac{\partial^2 T}{\partial x^2}$$

$t \to \infty$ ↓

(A) $$u\frac{\partial T}{\partial x} = \alpha\frac{\partial^2 T}{\partial x^2}$$

$$R_c = \frac{u\Delta x}{\alpha} < 2$$

$u \to 0$ ↓

(B) $$\frac{\partial T}{\partial t} = \alpha\frac{\partial^2 T}{\partial x^2}$$

$$d = \frac{\alpha\Delta t}{\Delta x^2} < \frac{1}{2}$$

$\alpha \to 0$ ↓

(C) $$\frac{\partial T}{\partial t} + u\frac{\partial T}{\partial x} = 0$$

$$c = \frac{u\Delta t}{\Delta x} < 1$$

$$\Delta x < \frac{2\alpha}{u}$$

and

$$\Delta t = \min\left(\frac{\Delta x}{u}, \frac{\Delta x^2}{2\alpha}\right)$$

図4.4　移流拡散方程式の安定性

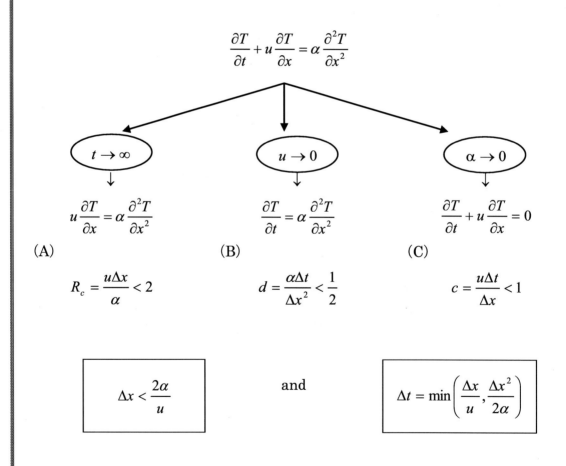

コメント　2階微分と部分積分

ベクトル解析の公式

$$\nabla\times\left(\nabla\times\boldsymbol{v}\right)=\nabla\left(\nabla\cdot\boldsymbol{v}\right)-\nabla^{2}\boldsymbol{v}$$

には3種類の2階微分が現れる。両辺に重み関数 $\boldsymbol{w}$ を内積する。このとき，各項の内積に対してつぎの3種類の部分積分の公式が成立する。

$$\nabla\cdot\left[\left(\nabla\mathbf{v}\right)^{T}\cdot\mathbf{w}\right]=\left[\nabla\left(\nabla\cdot\mathbf{v}\right)\right]\cdot\mathbf{w}+\left(\nabla\mathbf{v}\right)^{T}:\nabla\mathbf{w} \qquad \text{(a)}$$

$$\nabla\cdot\left[\left(\nabla\boldsymbol{v}\right)\cdot\boldsymbol{w}\right]=\left[\nabla^{2}\boldsymbol{v}\right]\cdot\boldsymbol{w}+\nabla\boldsymbol{v}:\nabla\boldsymbol{w} \qquad \text{(b)}$$

$$\nabla\cdot\left[\left(\nabla\times\boldsymbol{v}\right)\times\boldsymbol{w}\right]=\left[\nabla\times\left(\nabla\times\boldsymbol{v}\right)\right]\cdot\boldsymbol{w}-\left(\nabla\times\boldsymbol{v}\right)\cdot\left(\nabla\times\boldsymbol{w}\right) \qquad \text{(c)}$$

ここで，公式

$$\left(\nabla\times\boldsymbol{v}\right)\cdot\left(\nabla\times\boldsymbol{w}\right)=\nabla\boldsymbol{v}:\nabla\boldsymbol{w}-\left(\nabla\boldsymbol{v}\right)^{T}:\nabla\boldsymbol{w}$$

を用いると，関係式

公式(c) ＝ 公式(a) － 公式(b)

が成立している。**表 4.5** に2階微分に関する部分積分の公式をまとめておく。

表 4.5　2階微分と部分積分公式

$\nabla\cdot\left[\left(\nabla\mathbf{v}\right)\cdot\mathbf{w}\right]=\left(\nabla^{2}\mathbf{v}\right)\mathbf{w}+\nabla\mathbf{v}:\nabla\mathbf{w}$
$\nabla\cdot\left[\left(\nabla\cdot\mathbf{v}\right)\mathbf{w}\right]=\left[\nabla\left(\nabla\cdot\mathbf{v}\right)\right]\cdot\mathbf{w}+\left(\nabla\cdot\mathbf{v}\right)\left(\nabla\cdot\mathbf{w}\right)$
$\nabla\cdot\left[\left(\nabla\mathbf{v}+\mathbf{v}\nabla\right)\cdot\mathbf{w}\right]=\left[\nabla\cdot\left(\nabla\mathbf{v}+\mathbf{v}\nabla\right)\right]\cdot\mathbf{w}+\left(\nabla\mathbf{v}+\mathbf{v}\nabla\right):\nabla\mathbf{w}$
$\nabla\cdot\left[\left(\nabla\mathbf{v}-\mathbf{v}\nabla\right)\cdot\mathbf{w}\right]=\left[\nabla\cdot\left(\nabla\mathbf{v}-\mathbf{v}\nabla\right)\right]\cdot\mathbf{w}+\left(\nabla\mathbf{v}-\nabla\mathbf{v}\right):\nabla\mathbf{w}$
$\nabla\cdot\left(\mathbf{v}\nabla-\nabla\mathbf{v}\right)=\nabla\times\left(\nabla\times\mathbf{v}\right)=\nabla\left(\nabla\cdot\mathbf{v}\right)-\nabla^{2}\mathbf{v}$
$\nabla\cdot\left[\mathbf{w}\times\left(\nabla\times\mathbf{v}\right)\right]=\left(\nabla\times\mathbf{w}\right)\cdot\left(\nabla\times\mathbf{v}\right)-\nabla\times\left(\nabla\times\mathbf{v}\right)\cdot\mathbf{w}$
$\nabla\cdot\left[\mathbf{w}\left(\nabla\cdot\mathbf{v}\right)\right]=\left(\nabla\cdot\mathbf{w}\right)\left(\nabla\cdot\mathbf{v}\right)+\left(\mathbf{w}\cdot\nabla\right)\left(\nabla\cdot\mathbf{v}\right)$
$\nabla\cdot\left[\mathbf{w}\cdot\nabla\mathbf{v}\right]=\left(\nabla\mathbf{w}\right):\left(\nabla\mathbf{v}\right)^{T}+\left(\mathbf{w}\cdot\nabla\right)\left(\nabla\cdot\mathbf{v}\right)$
$\nabla\cdot\left[\mathbf{w}\cdot\left(\nabla\mathbf{v}\right)^{T}\right]=\left(\nabla\mathbf{w}\right):\left(\nabla\mathbf{v}\right)+\mathbf{w}\cdot\nabla^{2}\mathbf{v}$

コメント　係数行列の離散ナブラ演算子表示

表 4.6　係数行列と離散ナブラ演算子（その 1，2 階微分）

Open 行列	$\boldsymbol{O}_{ab}=\int \nabla N_a \nabla N_b d\Omega(x)$ $=\Omega_e(x)\nabla_a\nabla_b$ $=\Omega_e(x)\,\boldsymbol{g}_e^i\boldsymbol{g}_e^j\left\langle \frac{\partial N_a}{\partial \xi^i}\frac{\partial N_b}{\partial \xi^j}\right\rangle$	対称行列
Cross 行列	$\boldsymbol{R}_{ab}=\int \nabla N_a \times \nabla N_b d\Omega(x)$ $=\Omega_e(x)\nabla_a\times\nabla_b$ $=\Omega_e(x)\,\boldsymbol{g}_e^i\times\boldsymbol{g}_e^j\left\langle \frac{\partial N_a}{\partial \xi^i}\frac{\partial N_b}{\partial \xi^j}\right\rangle$	反対称行列
Dot 行列	$D_{ab}=\int \nabla N_a \cdot \nabla N_b d\Omega(x)$ $=\Omega_e(x)\nabla_a\cdot\nabla_b$ $=\Omega_e(x)\,\boldsymbol{g}_e^i\cdot\boldsymbol{g}_e^j\left\langle \frac{\partial N_a}{\partial \xi^i}\frac{\partial N_b}{\partial \xi^j}\right\rangle$	対称行列

表 4.7　係数行列と離散ナブラ演算子（その 2）

質量行列 集中質量行列	$M_{ab}=\int N_a N_b d\Omega(x)$ $\overline{M}_{ab}=J_e\delta_{ab}\qquad J_e=\frac{\Omega_e(x)}{\Omega_e(\xi)}$	対称行列
移流行列	$A_{ab}=\int N_a \boldsymbol{v}\cdot\nabla N_b d\Omega(x)$ $=\Omega_e(x)\boldsymbol{v}_e\cdot\boldsymbol{g}_e^j\left\langle N_a\frac{\partial N_b}{\partial \xi^j}\right\rangle$	非対称行列
拡散行列 (Dot行列)	$D_{ab}=\int \nabla N_a\cdot\nabla N_b d\Omega(x)$ $=\Omega_e(x)\nabla_a\cdot\nabla_b$ $=\Omega_e(x)\,\boldsymbol{g}_e^i\cdot\boldsymbol{g}_e^j\left\langle \frac{\partial N_a}{\partial \xi^i}\frac{\partial N_b}{\partial \xi^j}\right\rangle$	対称行列
BTD行列	$B_{ab}=\int \boldsymbol{v}\cdot\nabla N_a\boldsymbol{v}\cdot\nabla N_b d\Omega(x)$ $=\Omega_e(x)\boldsymbol{v}_e\cdot\nabla_a\boldsymbol{v}_e\cdot\nabla_b$ $=\Omega_e(x)\boldsymbol{v}_e\cdot\boldsymbol{g}_e^i\boldsymbol{v}_e\cdot\boldsymbol{g}_e^j\left\langle \frac{\partial N_a}{\partial \xi^i}\frac{\partial N_b}{\partial \xi^j}\right\rangle$	
計算に必要なものは $\left\langle\frac{\partial \boldsymbol{r}}{\partial \xi^i}\right\rangle\quad i=1,2,3$ および $\left\langle N_a\frac{\partial N_b}{\partial \xi^j}\right\rangle,\ \left\langle\frac{\partial N_a}{\partial \xi^i}\frac{\partial N_b}{\partial \xi^j}\right\rangle$ だけである		

第5章

Lie 微分, Hodge 演算子, 集中化質量

微分形式における Lie 微分に対して美しい Cartan の恒等式が成立する。この恒等式は輸送定理を一般化したもので，0 形式，1 形式，2 形式，3 形式に対して Homotopy 恒等式として知られている。微分形式で定義された Hodge 演算子は差分法で離散 Hodge 演算子，有限要素法で Galerkin Hodge 演算子, 質量の集中化を行うと対角 Hodge 演算子となる。この章ではこれらの関係を調べる。また，対角 Hodge 演算子を作るには質量の集中化を行う必要がある。集中化質量行列は一般に節点形状関数に対して用いられるものであるが，これを辺ベクトル形状関数や面ベクトル形状関数にも拡張する。その結果，辺集中化質量行列，面集中化質量行列が定義できる。
この章の構成は次のとおりである。

5.1 Lie 微分と輸送定理 85
5.2 Hodge 演算子 90
5.3 質量の集中化 96
5.4 ベクトル形状関数の積分公式 121
5.5 一般化差分法･有限体積法･有限要素法 128

5.1 Lie 微分と輸送定理

Lie 微分に関して **Cartan の恒等式**(identity)

$$L_X = i_X d + di_X$$

が成立する。これは p 形式の $\omega \in F^p$ に対して

$$L_X \omega = i_X d\omega + di_X \omega$$

と書ける。これを Homotopy identity ともよぶ。縮約の定義を用いれば

$$L_X(\omega) = X \rfloor d\omega + d(X \rfloor \omega)$$

となる。つぎにこの恒等式の具体例を示す。輸送定理はすべて Lie 微分を用いて表示することができる。

(a) **0 形式**：関数 φ の Lie 微分は Cartan の恒等式を用いると

$$L_v\varphi = i_v d\varphi + d(i_v\varphi)$$

と書ける。ただし接ベクトル場を $v = v^i \dfrac{\partial}{\partial x^i}$ とした。ここで，$d\varphi = grad\,\varphi \cdot d\mathbf{r}$，$i_v\varphi = 0$ であるから

$$L_v\varphi = i_v d\varphi = v(\varphi) = \mathbf{v} \cdot \nabla\varphi \qquad \bullet$$

となる。この場合 Lie 微分は $\mathbf{v}$ 方向微分を表している。よって実質時間微分は Lie 微分を用いて

$$\frac{D\varphi}{Dt} = \frac{\partial\varphi}{\partial t} + \mathbf{v} \cdot \nabla\varphi = \frac{\partial\varphi}{\partial t} + L_v(\varphi) \qquad \bullet$$

と書ける。

(b) **1 形式**：微分形式 $E = \mathbf{E} \cdot d\mathbf{r}$ の Lie 微分は Cartan の恒等式を用いると

$$L_v E = i_v dE + d(i_v E)$$

と書ける。ここで

$$dE = (rot\mathbf{E}) \cdot d\mathbf{S}$$

$$i_v E = \mathbf{v} \cdot \mathbf{E}$$

$$d\mathbf{S} = \mathbf{v} \times d\mathbf{r} \quad (\text{ただし } dt = 1)$$

であるから，dE の v による縮約は

$$i_v dE = (rot\mathbf{E}) \times \mathbf{v} \cdot d\mathbf{r}$$

となる。また，

$$d(i_v E) = grad(\mathbf{v}\cdot\mathbf{E})\cdot d\mathbf{r}$$

となる。よって$d\mathbf{r}$を省略して極性ベクトル場$\mathbf{E}$の Lie 微分は

$$L_v\mathbf{E} = (rot\mathbf{E})\times\mathbf{v} + grad(\mathbf{v}\cdot\mathbf{E})$$ ●

と書ける。これは線積分に関する輸送定理の公式

$$\frac{d}{dt}\int_{C_m(t)}\mathbf{E}\cdot d\mathbf{r} = \int_{C_m(t)}\left[\frac{\partial\mathbf{E}}{\partial t} + (\nabla\times\mathbf{E})\times\mathbf{v} + \nabla(\mathbf{v}\cdot\mathbf{E})\right]\cdot d\mathbf{r}$$

が，Lie 微分を用いることにより

$$\frac{d}{dt}\int_{C_m(t)}\mathbf{E}\cdot d\mathbf{r} = \int_{C_m(t)}\left[\frac{\partial\mathbf{E}}{\partial t} + L_v\mathbf{E}\right]\cdot d\mathbf{r}$$

と書けることを意味している。積分の中味を$\frac{D\mathbf{E}}{Dt}$で定義すると

$$\frac{D\mathbf{E}}{Dt} = \frac{\partial\mathbf{E}}{\partial t} + L_v\mathbf{E}$$ ●

となる。これは線積分に対する輸送定理を意味する。

(c) **2 形式**：微分形式$B = \mathbf{B}\cdot d\mathbf{S}$の Lie 微分は Cartan の恒等式を用いると

$$L_v B = i_v dB + d(i_v B)$$

と書ける。ここで

$$dB = (div\mathbf{B})dV$$

$$i_v B = i_v(\mathbf{B}\cdot d\mathbf{S}) = (\mathbf{B}\times\mathbf{v})\cdot d\mathbf{r}$$

$$dV = \mathbf{v}\cdot d\mathbf{S}$$

であるから

$$i_v dB = (div\mathbf{B})\mathbf{v}\cdot d\mathbf{S}$$

$$d(i_v B) = \nabla\times(\mathbf{B}\times\mathbf{v})\cdot d\mathbf{S}$$

となる。よって$d\mathbf{S}$を省略して軸性ベクトル場$\mathbf{B}$の Lie 微分は

$$L_v\mathbf{B} = (\nabla\cdot\mathbf{B})\mathbf{v} + \nabla\times(\mathbf{B}\times\mathbf{v})$$ ●

と書ける。これは面積分に関する輸送定理の公式

$$\frac{d}{dt}\int_{S_m(t)}\mathbf{B}\cdot d\mathbf{S}=\int_{S_m(t)}\left[\frac{\partial \mathbf{B}}{\partial t}+\nabla\times(\mathbf{B}\times\mathbf{v})+(\nabla\cdot\mathbf{B})\mathbf{v}\right]\cdot d\mathbf{S}$$

が Lie 微分を用いることにより

$$\frac{d}{dt}\int_{S_m(t)}\mathbf{B}\cdot d\mathbf{S}=\int_{S_m(t)}\left[\frac{\partial \mathbf{B}}{\partial t}+L_v\mathbf{B}\right]\cdot d\mathbf{S}$$

と書けることを意味している。積分の中味を $\frac{D\mathbf{B}}{Dt}$ で定義すると

$$\frac{D\mathbf{B}}{Dt}=\frac{\partial \mathbf{B}}{\partial t}+L_v\mathbf{B}$$ ●

となる。

(d) 3 形式：微分形式 $\rho=\rho_e dV$ の Lie 微分は Cartan の恒等式を用いると

$$L_v\rho=i_v d\rho+d(i_v\rho)$$

と書ける。ここで

$$d\rho=0$$

$$i_v\rho=i_v\rho_e dV=(\rho_e\mathbf{v})\cdot d\mathbf{S}$$

$$\therefore d(i_v\rho)=div(\rho_e\mathbf{v})dV$$

が成立する。よって dV を省略して密度関数 ρ_e の Lie 微分は

$$L_v\rho_e=div(\rho_e\mathbf{v})$$ ●

となる。よって体積分に関する輸送定理の公式

$$\frac{d}{dt}\int_{V_m(t)}\rho_e dV=\int_{V_m(t)}\left[\frac{\partial\rho_e}{\partial t}+div(\rho_e\mathbf{v})\right]dV$$

が Lie 微分を用いることにより

$$\frac{d}{dt}\int_{V_m(t)}\rho_e dV=\int_{V_m(t)}\left[\frac{\partial\rho_e}{\partial t}+L_v\rho_e\right]dV$$

と書けることを意味している。積分の中味を$\dfrac{D\rho_e}{Dt}$で定義すると

$$\frac{D\rho_e}{Dt}=\frac{\partial\rho_e}{\partial t}+L_v\rho_e$$

となる。$\dfrac{D\rho_e}{Dt}=0$ は電荷密度の保存則を表している。以上の結果を**表 5.1** にまとめておく。

また**表 5.2** に Lie 微分に関する公式をまとめておく。

表 5.1　Lie 微分と Cartan 恒等式

<table>
<tr><td colspan="6">$L_v = i_v d + d i_v$</td></tr>
<tr><td colspan="1">0 形式</td><td colspan="3">$\dfrac{D\varphi}{Dt}=\dfrac{\partial\varphi}{\partial t}+L_v\varphi$</td><td colspan="2">$L_v\varphi = i_v d\varphi = \mathbf{v}\cdot\nabla\varphi$</td></tr>
<tr><td colspan="1">1 形式</td><td colspan="3">$\dfrac{D\mathbf{E}}{Dt}=\dfrac{\partial\mathbf{E}}{\partial t}+L_v\mathbf{E}$</td><td colspan="2">$L_v\mathbf{E}=(\nabla\times\mathbf{E})\times\mathbf{v}+\nabla(\mathbf{E}\cdot\mathbf{v})$</td></tr>
<tr><td colspan="1">2 形式</td><td colspan="3">$\dfrac{D\mathbf{B}}{Dt}=\dfrac{\partial\mathbf{B}}{\partial t}+L_v\mathbf{B}$</td><td colspan="2">$L_v\mathbf{B}=\nabla\times(\mathbf{B}\times\mathbf{v})+(\nabla\cdot\mathbf{B})\mathbf{v}$</td></tr>
<tr><td colspan="1">3 形式</td><td colspan="3">$\dfrac{D\rho_e}{Dt}=\dfrac{\partial\rho_e}{\partial t}+L_v\rho_e$</td><td colspan="2">$L_v\rho_e = div(\rho_e\mathbf{v})$</td></tr>
<tr><td colspan="2">Lie drag
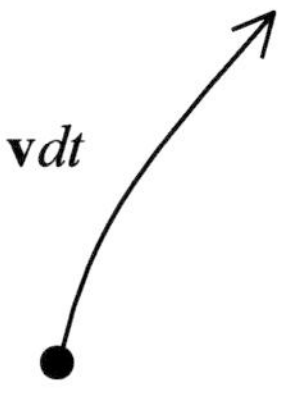

$d\mathbf{r}=\mathbf{v}$
$dt=1$
点の速度ベクトル $\mathbf{v}$ による Lie drag</td><td colspan="2">Lie drag
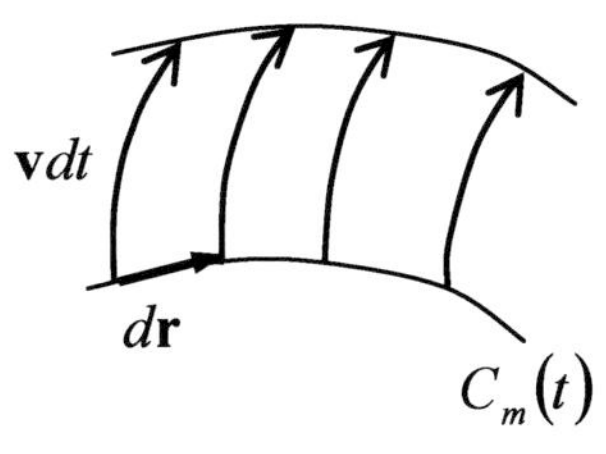

$d\mathbf{S}=\mathbf{v}\times d\mathbf{r}$
$dt=1$
曲線の速度ベクトル $\mathbf{v}$ による Lie drag</td><td colspan="2">Lie drag
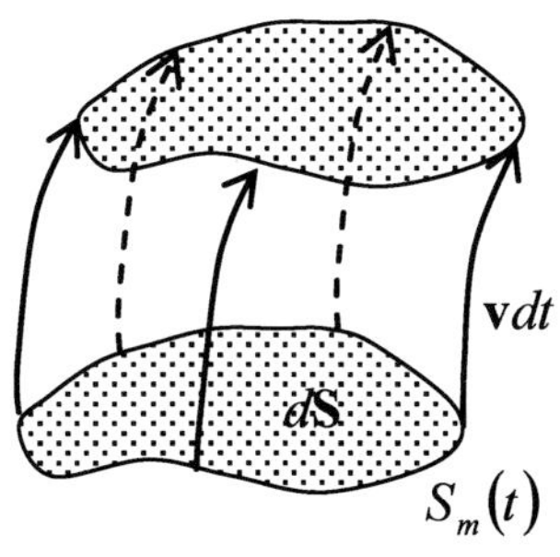

$dV=\mathbf{v}\cdot d\mathbf{S}$
$dt=1$
曲面の速度ベクトル $\mathbf{v}$ による Lie drag</td></tr>
</table>

表 5.2 Lie 微分に関する公式

・ 関数 f の Lie 微分

$$L_X f = X(f)$$

・ 全微分 df の Lie 微分

$$L_X df = d(Xf)$$

・ 微分形式の Lie 微分

$$L_X(\omega \wedge \theta) = (L_X \omega) \wedge \theta + \omega \wedge (L_X \theta)$$

・ テンソル T の Lie 微分

$$L_X(T_1 \otimes T_2) = (L_X T_1) \otimes T_2 + T_1 \otimes (L_X T_2)$$

$$L_X(fT) = X(f)T + fL_X T$$

$$L_{X_1+X_2} T = L_{X_1} T + L_{X_2} T$$

・ テンソル T の Lie 微分の定義式

$$L_X T(x) := \lim_{t \to 0} \frac{1}{t}\left[(\varphi_t^* T)(\varphi_t(x)) - T(x)\right]$$

$\varphi_t(x)$:　push forward

$\varphi_t^*(x)$:　pull back　(Lie drag)

5.2　Hodge 演算子

Hodge 演算子は straight な空間から twisted な空間への線形作用素である。または，その逆の演算子である。ここでは

(a) Hodge の星作用素（微分形式）

(b) 離散 Hodge 演算子（一般化差分法）

(c) Galerkin Hodge 演算子（有限要素法）

の関係を調べる。ここで作用素と演算子は同じ意味で用いている。

(a) Hodge の星作用素

Hodge の星作用素の定義式には 2 種類のものが存在するから注意を要する。それは時間軸の取り方にある。体積要素はそれぞれの定義で

定義 1： $\sigma = dx \wedge dt\,,\qquad \sigma = dx \wedge dy \wedge dz \wedge dt$

定義 2： $\sigma = dt \wedge dx\,,\qquad \sigma = dt \wedge dx \wedge dy \wedge dz$

である。定義 1 と定義 2 の結果は同等である。次にこれらの定義について説明する。いま

$$H = \{1, \cdots, p\}, \qquad K = \{p+1, \cdots, n\}$$

$$\sigma^H = \sigma^1 \wedge \cdots \wedge \sigma^p \qquad \sigma^K = \sigma^{p+1} \wedge \cdots \wedge \sigma^n$$

とする。体積要素 σ を 2 つに分解する。

$$\sigma = \sigma^H \wedge \sigma^K = \left(\sigma^1 \wedge \cdots \wedge \sigma^p\right) \wedge \left(\sigma^{p+1} \wedge \cdots \wedge \sigma^n\right)$$

定義 1 の場合

Hodge の星作用素は

$$*\sigma^H = \left(\sigma^K, \sigma^K\right)\sigma^K$$

$$*\sigma^K = (-1)^{p(n-p)}\left(\sigma^H, \sigma^H\right)\sigma^H$$

で定義される。ただし，$\left(\sigma^K, \sigma^K\right) = \left(\sigma^{p+1}, \sigma^{p+1}\right) \cdots \left(\sigma^n, \sigma^n\right) = (-1)^s$ で s は内積空間の負の符号数である。また，体積要素 σ は

$$*1 = \sigma$$

で，例えば $\sigma = dx \wedge dt$，$\sigma = dx \wedge dy$，$\sigma = dx \wedge dy \wedge dz$，$\sigma = dx \wedge dy \wedge dz \wedge dt$ である。

定義 2 の場合

Hodge の星作用素は

$$*\sigma^H = \left(\sigma^H, \sigma^H\right)\sigma^K$$

$$*\sigma^H = *\left(\sigma^1 \cdots \sigma^p\right) = \#\sigma^p \lrcorner \cdots \#\sigma^1 \lrcorner *1$$

で定義される。ただし，体積要素 σ は $*1 = \sigma$ で $\sigma = dt \wedge dx$，$\sigma = dx \wedge dy$，$\sigma = dx \wedge dy \wedge dz$，$\sigma = dt \wedge dx \wedge dy \wedge dz$ である。また，演算子 # は $\# dx = \dfrac{\partial}{\partial x}$，$\# dy = \dfrac{\partial}{\partial y}$，$\# dz = \dfrac{\partial}{\partial z}$，$\# dt = -\dfrac{\partial}{\partial t}$ である。

定義 1 と定義 2 に従って具体的に Hodge の星作用素を 2 次元，3 次元，4 次元の場合について計算すると，**表 5.3** のごとくなる。

表 5.3　Hodge の星演算子

2次元 $(\sigma = dx \wedge dy)$
$*1 = \sigma$
$*dx = dy$
$*dy = -dx$
$*\sigma = 1$

2次元 $(\sigma = dx \wedge dt)$
$*1 = -\sigma$
$*dx = -dt$
$*dt = -dx$
$*\sigma = 1$

3次元 $(\sigma = dx \wedge dy \wedge dz)$
$*1 = \sigma = dV$
$*d\mathbf{r} = d\mathbf{S}$
$*d\mathbf{S} = d\mathbf{r}$
$*dV = 1$
$** = 1$

4次元 $(\sigma = dx \wedge dy \wedge dz \wedge dt)$
$*(d\mathbf{r}dt) = d\mathbf{S}$
$*(d\mathbf{S}) = -d\mathbf{r}dt$
$*(dt) = -dV$
$*dV = -dt$
$*(d\mathbf{r}) = -d\mathbf{S}dt$
$*(d\mathbf{S}dt) = -d\mathbf{r}$

(b)　離散 Hodge 作用素

(1)　μが一定の場合

面積 $\boldsymbol{dS} = \boldsymbol{n}dS$ と線要素 $\boldsymbol{dr} = \boldsymbol{n}dr$ を考える。この線要素 $\boldsymbol{dr}$ は面積要素 $\boldsymbol{dS}$ に双対で面に垂直である。ただし，$\boldsymbol{n}$ は面の単位法線ベクトルである(**図 5.1 参照**)。この面積要素 $\boldsymbol{dS}$ と線要素 $\boldsymbol{dr}$ の内積として体積要素 dV を定義する。すなわち

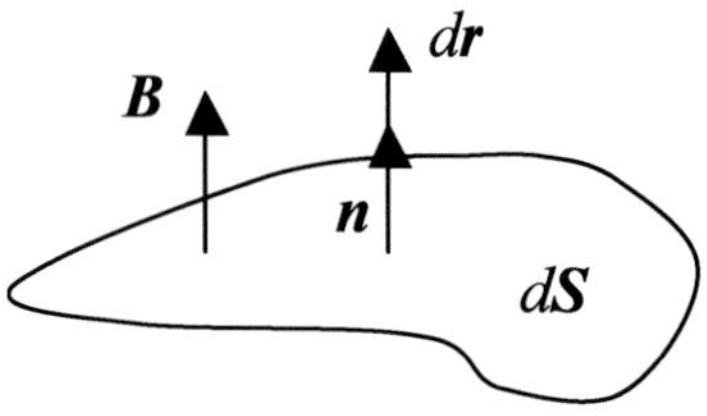

$$
\begin{aligned}
dV &= \boldsymbol{dS} \cdot \boldsymbol{dr} \\
&= dSdr
\end{aligned}
$$

図 5.1　双対関係

$$dV = d\boldsymbol{S} \cdot d\boldsymbol{r} = dSdr(\boldsymbol{n} \cdot \boldsymbol{n}) = dSdr$$

となる。磁束密度 $\boldsymbol{B}$ と磁界 $\boldsymbol{H}$ の微分形式を

$$B = \boldsymbol{B} \cdot d\boldsymbol{S} \quad と \quad H = \boldsymbol{H} \cdot d\boldsymbol{r}$$

で定義する。構成方程式

$$\boldsymbol{B} = \mu \boldsymbol{H}$$

の両辺に dV をかけ $\boldsymbol{B}$ の方向が $\boldsymbol{n}$ と一致しているとすれば

$$\boldsymbol{B}dV = \boldsymbol{B} \cdot d\boldsymbol{S}dr = Bd\boldsymbol{r} = Bdr\boldsymbol{n}$$

$$\boldsymbol{H}dV = \boldsymbol{H} \cdot d\boldsymbol{r}d\boldsymbol{S} = Hd\boldsymbol{S} = HdS\boldsymbol{n}$$

が成立する。よって構成方程式

$$\boldsymbol{B}dV = \mu \boldsymbol{H}dV$$

は微分形式を用いて

$$B = \mu * H$$

と書ける。ただし，$\mu * = \mu \dfrac{dS}{dr}$ である。$\mu *$ は1形式の H を2形式の B へ変換する線形作用素である。この $\mu *$ を**離散 Hodge 作用素**または**離散 Hodge 演算子**とよぶ。

(2) μ が変化する場合

領域1と領域2の断面S上で μ が μ_1 から μ_2 に変化する場合を考える（**図5.2参照**）。

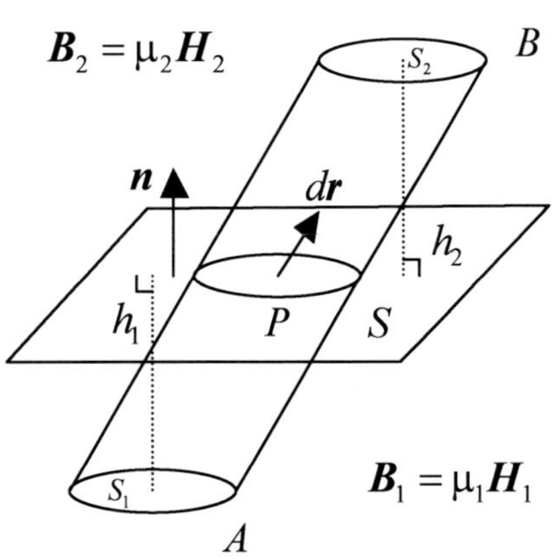

図5.2　離散 Hodge 作用素の計算方法

基本的な考え方はつぎのとおりである。

✧ 磁束は各断面内で一定である。すなわち

$$\int \boldsymbol{B}_1 \cdot d\boldsymbol{S}_1 = \int \boldsymbol{B}_2 \cdot d\boldsymbol{S}_2 = \int \boldsymbol{B} \cdot d\boldsymbol{S}$$

となる。ゆえに$S_1 = S_2 = S$のとき$B_1 = B_2 = B$が成立する。

✧ ポテンシャルは各要素での和として

$$\int_A^B \boldsymbol{H} \cdot d\boldsymbol{r} = \int_A^P \boldsymbol{H}_1 \cdot d\boldsymbol{r}_1 + \int_P^B \boldsymbol{H}_2 \cdot d\boldsymbol{r}_2$$

と表わせる。そして面からの垂直距離

$$h_1 = \int_A^P \boldsymbol{n} \cdot d\boldsymbol{r} \qquad h_2 = \int_P^B \boldsymbol{n} \cdot d\boldsymbol{r}$$

が重要となる。

つぎに離散 Hodge 作用素を求める。平均化された構成方程式を

$$\boldsymbol{B} = \mu \boldsymbol{H}$$

とする。これを微分形式で書けば

$$\boldsymbol{B} \cdot d\boldsymbol{S} = \mu * \boldsymbol{H} \cdot d\boldsymbol{r}$$

となる。両辺を積分して

$$BS = \mu * (H_1 h_1 + H_2 h_2)$$

となる。ここでh_1とh_2は，点 A と B より面に至る垂直距離である。各要素での構成方程式を代入して

$$BS = \mu * \left(\frac{B_1}{\mu_1} h_1 + \frac{B_2}{\mu_2} h_2 \right)$$

となる。$B = B_1 = B_2$であるから，断面でμが変化する場合の**離散 Hodge 作用素**は

$$\mu * = \frac{\mu_1 \mu_2 S}{\mu_2 h_1 + \mu_1 h_2}$$

と求まる。これを

$$\mu^{ff} = \frac{\mu_1 \mu_2 S(f)}{\mu_2 h_1(\widetilde{f}_1) + \mu_1 h_2(\widetilde{f}_2)}$$

と書くことにする。ここで $\tilde{f}_1$ と $\tilde{f}_2$ は f に隣接する 2 つの体積に含まれる $\tilde{f}$ の部分である。

(3) Galerkin Hodge 演算子

電流 $\boldsymbol{j}$ を与えて，磁場 $\boldsymbol{B}$ を求める問題を与える。支配方程式は

$$\nabla \times \boldsymbol{H} = \boldsymbol{j}$$

$$\boldsymbol{B} = \mu \boldsymbol{H}$$

$$\boldsymbol{B} = \nabla \times \boldsymbol{A}$$

であるから，磁気ベクトルポテンシャル $\boldsymbol{A}$ は微分方程式

$$\nabla \times \left(\frac{1}{\mu} \nabla \times \boldsymbol{A} \right) = \boldsymbol{j}$$

を満足する。この両辺に重み関数 $\boldsymbol{w}$ を内積して積分する。ここで部分積分の公式

$$\int_\Gamma \boldsymbol{n} \cdot (\boldsymbol{w} \times \boldsymbol{H}) d\Gamma = \int_\Omega (\nabla \times \boldsymbol{w}) \cdot \boldsymbol{H}\, d\Omega - \int_\Omega \boldsymbol{w} \cdot \nabla \times \boldsymbol{H}\, d\Omega$$

を用いる。重み $\boldsymbol{w}$ を $\boldsymbol{A}$ に選べば，境界条件が

$$\boldsymbol{n} \times \boldsymbol{A} = 0 \qquad \text{on } \Gamma$$

のとき境界項は零となる。よって，Galerkin 法による定式化は重み $\boldsymbol{w}$ を $\mathbf{w}_e$ として

$$\int_\Omega (\nabla \times \boldsymbol{w}_e) \cdot \frac{1}{\mu} (\nabla \times \boldsymbol{A}) d\Omega = \int_\Omega \boldsymbol{w}_e \cdot \boldsymbol{j}\, d\Omega$$

となる。ここで，$\boldsymbol{A} = A_{e'} \boldsymbol{w}_{e'}$ に選び，辺ベクトル形状関数 $\boldsymbol{w}_e$ と面ベクトル形状関数 $\boldsymbol{w}_f$ の間の関係式

$$\nabla \times \boldsymbol{w}_e = R_e^f \boldsymbol{w}_f$$

を用いる。$\boldsymbol{R} = R_f^e$ は回転行列である。よって有限要素法により離散化式は

$$R_e^f \nu^{ff'} R_{f'}^{e'} \{A_{e'}\} = \{J_e\}$$

となる。ここで $\nu = \dfrac{1}{\mu}$ であり，

$$\nu^{ff'} = \int_\Omega \frac{1}{\mu} \boldsymbol{w}_f \cdot \boldsymbol{w}_{f'} d\Omega = \int_\Omega \nu \boldsymbol{w}_f \cdot \boldsymbol{w}_{f'} d\Omega$$

$$J_e = \int_\Omega \mathbf{w}_e \cdot \mathbf{j} d\Omega = \int \mathbf{w}_e \cdot \mathbf{w}_{e'} \cdot d\Omega j_{e'}$$

である。ベクトル形で書けば

$$\boldsymbol{R}^t \boldsymbol{\nu} \boldsymbol{R} \{A\} = \{J\}$$

となる。ここで$\boldsymbol{R}^t$は$\boldsymbol{R}$の転置行列である。このとき

$$\{B\} = \boldsymbol{\mu} \{H\}$$

の関係があり，$\boldsymbol{\mu} = \boldsymbol{\nu}^{-1}$を Galerkin Hodge **演算子**と呼ぶ。$\boldsymbol{\mu}$は対称行列であるから対角化可能である。質量集中化を行えば$\boldsymbol{\mu}$は対角化される。よって$\boldsymbol{\mu}$を離散 Hodge 演算子μ^{ff}または質量が集中化された**対角** Hodge で近似することができる。質量の集中化については次節で詳しく調べる（注意：対称行列の対角化と質量集中化の対角化は意味が異なる）。

5.3　質量の集中化

(a) 質量行列

節点形状関数w_n，辺ベクトル形状関数$\mathbf{w}_e$，面ベクトル形状関数$\mathbf{w}_f$体形状関数w_vに対して，質量行列がつぎのように定義される。

・質量行列　：　$M_{nn'} = \int w_n w_{n'} d\Omega$

・辺質量行列　：　$M_{ee'} = \int \mathbf{w}_e \cdot \mathbf{w}_{e'} d\Omega$

・面質量行列　：　$M_{ff'} = \int \mathbf{w}_f \cdot \mathbf{w}_{f'} d\Omega$

・体質量行列　：　$M_{vv'} = \int w_v w_{v'} d\Omega$

これらの質量行列はすべて対称行列であるから対角化可能である。各行列の行の成分の和を対角行に並べた行列を集中化された質量行列とよび,

$$\overline{M}_{nn'} = \lambda_n \delta_{nn'},\ \overline{M}_{ee'} = \lambda_e \delta_{ee'},\ \overline{M}_{ff'} = \lambda_f \delta_{ff'},\ \overline{M}_{vv'} = \lambda_v \delta_{vv'}$$

で表す。ここで$\lambda_n, \lambda_e, \lambda_f, \lambda_v$は主対角を意味する。つぎに 1 または恒等テンソル**I**の単位分解を利用して主対角成分を求める。

(1) 質量行列

節点形状関数w_nは

$$w_n \delta_{n'} = \delta_{nn'}$$

$$\sum_{n'} w_{n'} = 1$$

を満足する。両辺にw_nをかけて積分すると，4 面体の場合nに関係なく

$$\int w_n \left(\sum_{n'} w_{n'} \right) d\Omega = \int w_n d\Omega = \frac{V_e}{4}$$

となる。よって質量行列の定義式を用いて，集中化質量行列を表せば

$$\overline{M}_{nn'} = \sum_{n'} M_{nn'} = \frac{V_e}{4} \delta_{nn'}$$

となる。よって，すべてのnに対して主対角成分は

$$\lambda_n = \frac{V_e}{4}$$

である。その他の成分は零である。

(2) 辺質量行列

辺ベクトル形状関数$\mathbf{w}_e$は

$$\mathbf{w}_e \cdot \mathbf{l}_{e'} = \delta_{ee'}$$

を満足する。よって恒等テンソル**I**の単位分解は

$$\sum_{e'} \mathbf{w}_{e'} \mathbf{l}_{e'} = \mathbf{I}$$

と書ける。両辺に $\mathbf{w}_e$ を内積して積分すると

$$\int \mathbf{w}_e \cdot \left(\sum_{e'} \mathbf{w}_{e'} \mathbf{l}_{e'} \right) d\Omega = \int \mathbf{w}_e d\Omega = \tilde{\mathbf{e}}$$

となる。これを辺質量行列の定義を用いて表せば

$$\sum_{e'} M_{ee'} \mathbf{l}_{e'} = \tilde{\mathbf{e}}$$

となる。ここで，辺ベクトル形状関数の集中化質量行列を

$$\overline{M}_{ee'} = \sum_{e'} M_{ee'} = \lambda_e \delta_{ee'}$$

とすれば，その主対角成分は4面体に対して

$$\lambda_{e_1} = 6V_e \left\langle \left(\mathbf{g}^1 + \mathbf{g}^2 + \mathbf{g}^3 \right) \cdot \left(\frac{1}{12} \mathbf{g}^1 + \frac{1}{20} \mathbf{g}^2 + \frac{1}{30} \mathbf{g}^3 \right) \right\rangle$$

$$\lambda_{e_2} = 6V_e \left\langle \left(\mathbf{g}^1 + \mathbf{g}^2 + \mathbf{g}^3 \right) \cdot \left(\frac{1}{30} \mathbf{g}^1 + \frac{1}{12} \mathbf{g}^2 + \frac{1}{20} \mathbf{g}^3 \right) \right\rangle$$

$$\lambda_{e_3} = 6V_e \left\langle \left(\mathbf{g}^1 + \mathbf{g}^2 + \mathbf{g}^3 \right) \cdot \left(\frac{1}{20} \mathbf{g}^1 + \frac{1}{30} \mathbf{g}^2 + \frac{1}{12} \mathbf{g}^3 \right) \right\rangle$$

$$\lambda_{e_4} = 6V_e \left\langle \mathbf{g}^2 \cdot \left(\frac{1}{24} \mathbf{g}^1 + \frac{1}{20} \mathbf{g}^2 + \frac{1}{30} \mathbf{g}^3 \right) - \mathbf{g}^1 \cdot \left(\frac{1}{30} \mathbf{g}^1 + \frac{1}{24} \mathbf{g}^2 + \frac{1}{20} \mathbf{g}^3 \right) \right\rangle$$

$$\lambda_{e_5} = 6V_e \left\langle \mathbf{g}^3 \cdot \left(\frac{1}{30} \mathbf{g}^1 + \frac{1}{24} \mathbf{g}^2 + \frac{1}{20} \mathbf{g}^3 \right) - \mathbf{g}^2 \cdot \left(\frac{1}{20} \mathbf{g}^1 + \frac{1}{30} \mathbf{g}^2 + \frac{1}{24} \mathbf{g}^3 \right) \right\rangle$$

$$\lambda_{e_6} = 6V_e \left\langle \mathbf{g}^1 \cdot \left(\frac{1}{20} \mathbf{g}^1 + \frac{1}{30} \mathbf{g}^2 + \frac{1}{24} \mathbf{g}^3 \right) - \mathbf{g}^3 \cdot \left(\frac{1}{24} \mathbf{g}^1 + \frac{1}{20} \mathbf{g}^2 + \frac{1}{30} \mathbf{g}^3 \right) \right\rangle$$

となる。その他の成分は零である。この証明は次節で行う。

ただし，計量テンソルの反変成分は$\mathbf{g}^{ij}=\mathbf{g}^{i}\cdot\mathbf{g}^{j}=\nabla\xi^{i}\cdot\nabla\xi^{j}$である。そして反変ベクトルの内積は余因子行列$A_{ki}$を用いて

$$\mathbf{g}^{ij}=\mathbf{g}^{i}\cdot\mathbf{g}^{j}=\frac{1}{J^{2}}A_{ki}A_{kj}$$

と計算される。また$f_e=\langle f\rangle$は要素平均を表している。

(3) 面質量行列

面ベクトル形状関数$\mathbf{w}_f$は

$$\mathbf{w}_f\cdot\mathbf{S}_{f'}=\delta_{ff'}$$

を満足する。よって恒等テンソル$\mathbf{I}$の単位分解は

$$\sum_{f'}\mathbf{w}_{f'}\mathbf{S}_f=\mathbf{I}$$

と書ける。両辺に$\mathbf{w}_f$を内積して積分すると

$$\int\mathbf{w}_f\cdot\left(\sum_{f'}\mathbf{w}_{f'}\mathbf{S}_{f'}\right)d\Omega=\int\mathbf{w}_f d\Omega=\tilde{\mathbf{f}}$$

となる。これを面質量行列の定義を用いて表せば

$$\sum_{f'}M_{ff'}\mathbf{S}_{f'}=\tilde{\mathbf{f}}$$

となる。ここで，面ベクトル形状関数の集中化質量行列を

$$\overline{M}_{ff'}=\sum_{f'}M_{ff'}=\lambda_f\delta_{ff'}$$

とすれば，その主対角成分は4面体に対して

$$\lambda_{f_1}=\frac{1}{6V_e}\left\{\frac{1}{10}(g_{11}+g_{22}+g_{33})+\frac{2}{30}(g_{12}+g_{23}+g_{21})\right\}$$

$$\lambda_{f_2}=\frac{1}{6V_e}\left\{\frac{1}{10}(g_{22}+g_{33}-g_{12}-g_{31})-\frac{1}{30}(-3g_{11}-g_{12}+2g_{23}-g_{31})\right\}$$
$$\lambda_{f_3}=\frac{1}{6V_e}\left\{\frac{1}{10}(g_{11}+g_{33}-g_{12}-g_{23})-\frac{1}{30}(-3g_{22}-g_{12}-g_{23}+2g_{31})\right\}$$
$$\lambda_{f_4}=\frac{1}{6V_e}\left\{\frac{1}{10}(g_{11}+g_{22}-g_{23}-g_{31})-\frac{1}{30}(-3g_{33}+2g_{12}-g_{23}-g_{31})\right\}$$

となる。その他の成分は零である。この証明は次節で行う。ただし，計量テンソルの共変成分は $g_{ij}=\mathbf{g}_i\cdot\mathbf{g}_j=\frac{\partial\mathbf{x}}{\partial\xi^i}\cdot\frac{\partial\mathbf{x}}{\partial\xi^j}$ である。この要素平均値 $\langle g_{ij}\rangle$ は直接計算によって求められる。

(4) 体質量行列

体形状関数 w_v は

$$w_v V_{v'}=\delta_{vv'}$$

を満足する。よって１の単位分解は

$$w_{v'}V_{v'}=1$$

と書ける。両辺に w_v をかけて積分すると

$$\int w_v\left(w_{v'}V_{v'}\right)d\Omega=\int w_v\,d\Omega=1$$

となる。これを体質量行列の定義を用いて表せば

$$M_{vv'}V_{v'}=1$$

となる。この場合，行列要素は１個である。よって

$$\overline{M}_{vv'}=\lambda_v\delta_{vv'}$$

とすれば

$$\lambda_v=\frac{1}{V_v}$$

となる

(b) 集中化質量行列

ここでは 6 面体要素と 4 面体要素に対する集中化質量行列を具体的に求める。求める順序はつぎのとおりである。

(1) 6 面体要素の集中化質量行列

(i) 節点形状関数

(ii) 辺ベクトル形状関数

(iii) 面ベクトル形状関数

(2) 4 面体の集中化質量行列

(i) 節点形状関数

(ii) 辺ベクトル形状関数

(iii) 面ベクトル形状関数

コメント　集中化質量行列の公式（6 面体）

$$\overline{M}_{nn'} = \lambda_n \delta_{nn'} \qquad \overline{M}_{vv'} = \lambda_v \delta_{vv'}$$

$$\lambda_n = \frac{V_e}{8} = J_e \qquad \lambda_v = \frac{1}{V_e}$$

$$\overline{M}_{ee'} = \lambda_e \delta_{ee'} \qquad J^2 g^{ij} = A_{ki} A_{kj}$$

$$\lambda_{e_1 - e_4} = \frac{4}{V_e}\left(A_{k1}\right)_0 \left\{\left(A_{k1}\right)_0 + \left(A_{k2}\right)_0 + \left(A_{k3}\right)_0\right\}$$

$$\lambda_{e_5 - e_8} = \frac{4}{V_e}\left(A_{k2}\right)_0 \left\{\left(A_{k1}\right)_0 + \left(A_{k2}\right)_0 + \left(A_{k3}\right)_0\right\}$$

$$\lambda_{e_9 - e_{12}} = \frac{4}{V_e}\left(A_{k3}\right)_0 \left\{\left(A_{k1}\right)_0 + \left(A_{k2}\right)_0 + \left(A_{k3}\right)_0\right\}$$

$$\overline{M}_{ff'} = \lambda_f \delta_{ff'} \qquad g_{ij} = B_{ij}$$

$$\lambda_{f_1, f_2} = \frac{1}{6V_e}\left(B_{11}\right)_0 \qquad \lambda_{f_3, f_4} = \frac{1}{6V_e}\left(B_{22}\right)_0 \qquad \lambda_{f_5, f_6} = \frac{1}{6V_e}\left(B_{33}\right)_0$$

(1) 6 面体要素の集中化質量行列

図 5.3 に 6 面体要素の節点番号と局所座標軸を，**表 5.4** に節点形状関数を示す。また**図 5.4** に変番号と向きを，**表 5.5** に辺ベクトル形状関数を示しておく。さらに，**図 5.5** に面番号と向きを，**表 5.6** に面ベクトル形状関数を示す。

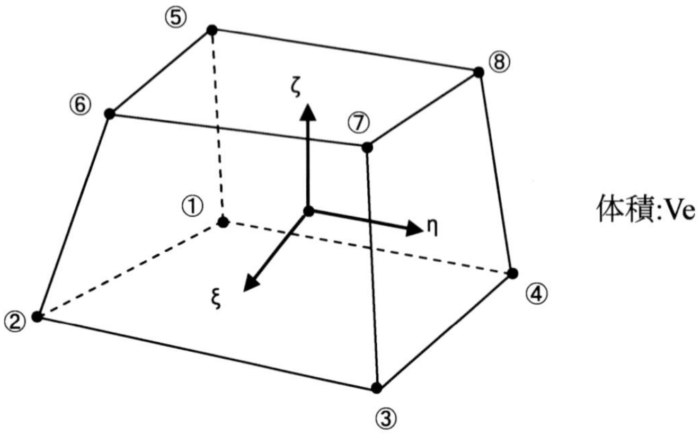

図5.3　6面体要素の節点番号

表5.4　節点形状関数

α	ξ_α	η_α	ζ_α	$N_\alpha = \frac{1}{8}(1+\xi_\alpha\xi)(1+\eta_\alpha\eta)(1+\zeta_\alpha\zeta)$
1	−1	−1	−1	$N_1 = \frac{1}{8}(1-\xi)(1-\eta)(1-\zeta)$
2	1	−1	−1	$N_2 = \frac{1}{8}(1+\xi)(1-\eta)(1-\zeta)$
3	1	1	−1	$N_3 = \frac{1}{8}(1+\xi)(1+\eta)(1-\zeta)$
4	−1	1	−1	$N_4 = \frac{1}{8}(1-\xi)(1+\eta)(1-\zeta)$
5	−1	−1	1	$N_5 = \frac{1}{8}(1-\xi)(1-\eta)(1+\zeta)$
6	1	−1	1	$N_6 = \frac{1}{8}(1+\xi)(1-\eta)(1+\zeta)$
7	1	1	1	$N_7 = \frac{1}{8}(1+\xi)(1+\eta)(1+\zeta)$
8	−1	1	1	$N_8 = \frac{1}{8}(1-\xi)(1+\eta)(1+\zeta)$

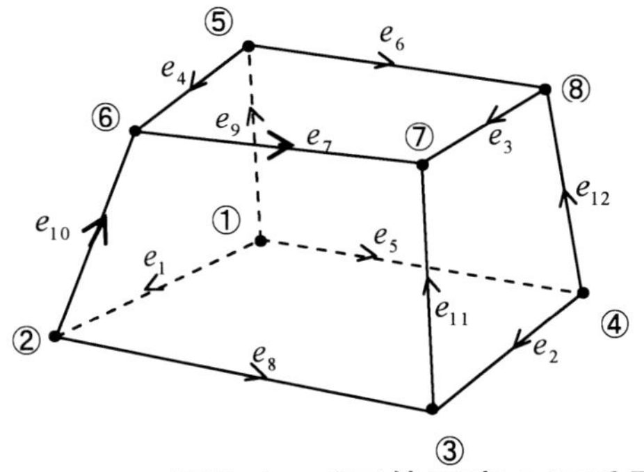

図5.4　6面体要素の辺番号

表5.5　辺ベクトル形状関数

(a) $\mathbf{E}_{e_\alpha}\ (e_\alpha = e_1 \sim e_4)$

e_α	辺	η_{e_α}	ζ_{e_α}	$\mathbf{E}_{e_\alpha} = \frac{1}{8}(1+\eta_{e_\alpha}\eta)(1+\zeta_{e_\alpha}\zeta)\nabla\xi$
e_1	{1,2}	−1	−1	$\mathbf{E}_{e_1} = \frac{1}{8}(1-\eta)(1-\zeta)\nabla\xi$
e_2	{3,2}	1	−1	$\mathbf{E}_{e_2} = \frac{1}{8}(1+\eta)(1-\zeta)\nabla\xi$
e_3	{8,7}	1	1	$\mathbf{E}_{e_2} = \frac{1}{8}(1+\eta)(1+\zeta)\nabla\xi$
e_4	{5,6}	−1	1	$\mathbf{E}_{e_4} = \frac{1}{8}(1-\eta)(1+\zeta)\nabla\xi$

(b) $\mathbf{E}_{e_\alpha}\ (e_\alpha = e_5 \sim e_8)$

e_α	辺	ζ_{e_α}	ξ_{e_α}	$\mathbf{E}_{e_\alpha} = \frac{1}{8}(1+\zeta_{e_\alpha}\zeta)(1+\xi_{e_\alpha})\nabla\eta$
e_5	{1,4}	−1	−1	$\mathbf{E}_{e_5} = \frac{1}{8}(1-\zeta)(1-\xi)\nabla\eta$
e_6	{5,8}	1	−1	$\mathbf{E}_{e_6} = \frac{1}{8}(1+\zeta)(1-\xi)\nabla\eta$
e_7	{6, 7}	1	1	$\mathbf{E}_{e_7} = \frac{1}{8}(1+\zeta)(1+\xi)\nabla\eta$
e_8	{2,3}	−1	1	$\mathbf{E}_{e_8} = \frac{1}{8}(1-\zeta)(1+\xi)\nabla\eta$

(c) $\mathbf{E}_{e_\alpha}\ (e_\alpha = e_9 \sim e_{12})$

e_α	辺	ξ_{e_α}	η_{e_α}	$\mathbf{E}_{e_\alpha} = \frac{1}{8}(1+\xi_{e_\alpha}\xi)(1+\eta_{e_\alpha}\eta)\nabla\zeta$
e_9	{1,5}	−1	−1	$\mathbf{E}_{e_9} = \frac{1}{8}(1-\xi)(1-\eta)\nabla\zeta$
e_{10}	{2, 6}	1	−1	$\mathbf{E}_{e_{10}} = \frac{1}{8}(1+\xi)(1-\eta)\nabla\zeta$
e_{11}	{3,7}	1	1	$\mathbf{E}_{e_{11}} = \frac{1}{8}(1+\xi)(1+\eta)\nabla\zeta$
e_{12}	{4,8}	−1	1	$\mathbf{E}_{e_{12}} = \frac{1}{8}(1-\xi)(1+\eta)\nabla\zeta$

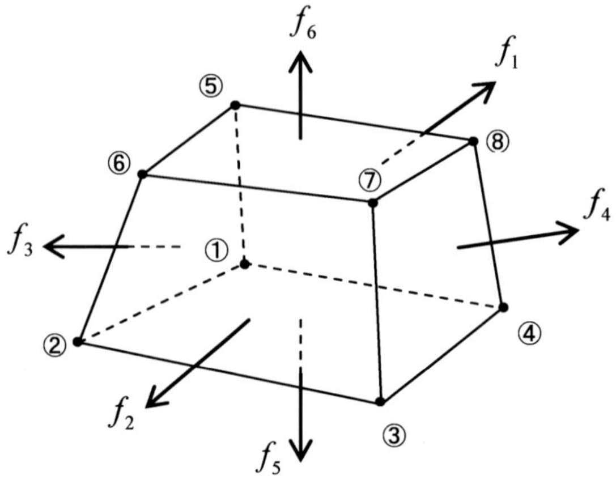

図5.5　6面体要素の面番号

表5.6　面ベクトル形状関数

(a) $\mathbf{F}_{f_\alpha}\ (f_\alpha = f_1, f_2)$

f_α	面	ξ_{f_α}	$\mathbf{F}_{f_\alpha} = \frac{1}{8}\xi_{f_\alpha}(1+\xi_{f_\alpha}\xi)\nabla\eta\times\nabla\zeta$
1	$\{1,5,8,4\}$	-1	$\mathbf{F}_{f_1} = -\frac{1}{8}(1-\xi)\nabla\eta\times\nabla\zeta$
2	$\{2,3,7,6\}$	1	$\mathbf{F}_{f_2} = \frac{1}{8}(1+\xi)\nabla\eta\times\nabla\zeta$

(b) $\mathbf{F}_{f_\alpha}\ (f_\alpha = f_3, f_4)$

f_α	面	η_{f_α}	$\mathbf{F}_{f_\alpha} = \frac{1}{8}\eta_{f_\alpha}(1+\eta_{f_\alpha}\eta)\nabla\zeta\times\nabla\xi$
3	$\{1,2,6,5\}$	-1	$\mathbf{F}_{f_3} = -\frac{1}{8}(1-\eta)\nabla\zeta\times\nabla\xi$
4	$\{3,4,8,7\}$	1	$\mathbf{F}_{f_4} = \frac{1}{8}(1+\eta)\nabla\zeta\times\nabla\xi$

(c) $\mathbf{F}_{f_\alpha}\ (f_\alpha = f_5, f_6)$

f_α	面	ζ_{f_α}	$\mathbf{F}_{f_\alpha} = \frac{1}{8}\zeta_{f_\alpha}(1+\zeta_{f_\alpha}\zeta)\nabla\xi\times\nabla\eta$
5	$\{1,4,3,2\}$	-1	$\mathbf{F}_{f_5} = -\frac{1}{8}(1-\zeta)\nabla\xi\times\nabla\eta$
6	$\{5,6,7,8\}$	1	$\mathbf{F}_{f_6} = \frac{1}{8}(1+\zeta)\nabla\xi\times\nabla\eta$

(i) **節点形状関数**

図 5.3 と**表** 5.4 より、集中化質量行列の対角成分は

$$\overline{M}_{\alpha\alpha} = \sum_{\beta=1}^{8} M_{\alpha\beta} \qquad (\alpha : \text{no sum})$$
$$= \sum_{\beta=1}^{8} \int_{V_e} N_\alpha N_\beta dV$$
$$= \int_{V_e} N_\alpha dV$$
$$= \int_{-1}^{1}\int_{-1}^{1}\int_{-1}^{1} \frac{1}{8}(1+\xi_\alpha\xi)(1+\eta_\alpha\eta)(1+\zeta_\alpha\zeta) J d\xi d\eta d\zeta$$
$$\fallingdotseq J_e\left(\int_{-1}^{1}\frac{1}{2}(1+\xi_\alpha\xi)d\xi\right)\left(\int_{-1}^{1}\frac{1}{2}(1+\eta_\alpha\eta)d\eta\right)\left(\int_{-1}^{1}\frac{1}{2}(1+\zeta_\alpha\zeta)d\zeta\right)$$
$$= \frac{V_e}{8} = J_e$$

となる。また、その非対角成分は

$$\overline{M}_{\alpha\beta} = 0 \qquad (\alpha \neq \beta)$$

となる。ただし、Jacobian の要素平均値は $J_e = \frac{1}{8}\int_{-1}^{1}\int_{-1}^{1}\int_{-1}^{1} J d\xi d\eta d\zeta = \frac{V_e}{8}$ である。

(ii) **辺ベクトル形状関数**

図 5.4 と**表** 5.5 より、集中化質量行列の対角成分は

$$\overline{M}_{e_\alpha e_\alpha} = \sum_{\beta=1}^{12} M_{e_\alpha e_\beta} \qquad (\alpha : \text{no sum})$$
$$= \sum_{\beta=1}^{12} \int_{V_e} \mathbf{E}_{e_\alpha} \cdot \mathbf{E}_{e_\beta} dV$$
$$= \int_{V_e} \mathbf{E}_{e_\alpha} \cdot \left\{\frac{1}{2}(\nabla\xi + \nabla\eta + \nabla\zeta)\right\} dV$$

となる。ここで、物理空間から計算空間への座標変換

$$\begin{pmatrix} \dfrac{\partial}{\partial\xi} \\ \dfrac{\partial}{\partial\eta} \\ \dfrac{\partial}{\partial\zeta} \end{pmatrix} = \begin{pmatrix} \dfrac{\partial x}{\partial\xi} & \dfrac{\partial y}{\partial\xi} & \dfrac{\partial z}{\partial\xi} \\ \dfrac{\partial x}{\partial\eta} & \dfrac{\partial y}{\partial\eta} & \dfrac{\partial z}{\partial\eta} \\ \dfrac{\partial x}{\partial\zeta} & \dfrac{\partial y}{\partial\zeta} & \dfrac{\partial z}{\partial\zeta} \end{pmatrix} \begin{pmatrix} \dfrac{\partial}{\partial x} \\ \dfrac{\partial}{\partial y} \\ \dfrac{\partial}{\partial z} \end{pmatrix}$$

を用いて、その逆変換は

$$\begin{pmatrix} \dfrac{\partial}{\partial x} \\ \dfrac{\partial}{\partial y} \\ \dfrac{\partial}{\partial z} \end{pmatrix} = \begin{pmatrix} \dfrac{\partial \xi}{\partial x} & \dfrac{\partial \eta}{\partial x} & \dfrac{\partial \zeta}{\partial x} \\ \dfrac{\partial \xi}{\partial y} & \dfrac{\partial \eta}{\partial y} & \dfrac{\partial \zeta}{\partial y} \\ \dfrac{\partial \xi}{\partial z} & \dfrac{\partial \eta}{\partial z} & \dfrac{\partial \zeta}{\partial z} \end{pmatrix} \begin{pmatrix} \dfrac{\partial}{\partial \xi} \\ \dfrac{\partial}{\partial \eta} \\ \dfrac{\partial}{\partial \zeta} \end{pmatrix}$$

$$= \frac{1}{J} \begin{pmatrix} A_{11} & A_{12} & A_{13} \\ A_{21} & A_{22} & A_{23} \\ A_{31} & A_{32} & A_{33} \end{pmatrix} \begin{pmatrix} \dfrac{\partial}{\partial \xi} \\ \dfrac{\partial}{\partial \eta} \\ \dfrac{\partial}{\partial \zeta} \end{pmatrix}$$

のように表すことができる。ただし、余因子行列 A_{ij} は

$$A_{11} = \begin{vmatrix} y_{,\eta} & z_{,\eta} \\ y_{,\zeta} & z_{,\zeta} \end{vmatrix} \quad A_{12} = \begin{vmatrix} y_{,\zeta} & z_{,\zeta} \\ y_{,\xi} & z_{,\xi} \end{vmatrix} \quad A_{13} = \begin{vmatrix} y_{,\xi} & z_{,\xi} \\ y_{,\eta} & z_{,\eta} \end{vmatrix}$$

$$A_{21} = \begin{vmatrix} z_{,\eta} & x_{,\eta} \\ z_{,\zeta} & x_{,\zeta} \end{vmatrix} \quad A_{22} = \begin{vmatrix} z_{,\zeta} & x_{,\zeta} \\ z_{,\xi} & x_{,\xi} \end{vmatrix} \quad A_{23} = \begin{vmatrix} z_{,\xi} & x_{,\xi} \\ z_{,\eta} & x_{,\eta} \end{vmatrix}$$

$$A_{31} = \begin{vmatrix} x_{,\eta} & y_{,\eta} \\ x_{,\zeta} & y_{,\zeta} \end{vmatrix} \quad A_{32} = \begin{vmatrix} x_{,\zeta} & y_{,\zeta} \\ x_{,\xi} & y_{,\xi} \end{vmatrix} \quad A_{33} = \begin{vmatrix} x_{,\xi} & y_{,\xi} \\ x_{,\eta} & y_{,\eta} \end{vmatrix}$$

であり、Jacobian　J は

$$J = \begin{vmatrix} \dfrac{\partial x}{\partial \xi} & \dfrac{\partial y}{\partial \xi} & \dfrac{\partial z}{\partial \xi} \\ \dfrac{\partial x}{\partial \eta} & \dfrac{\partial y}{\partial \eta} & \dfrac{\partial z}{\partial \eta} \\ \dfrac{\partial x}{\partial \zeta} & \dfrac{\partial y}{\partial \zeta} & \dfrac{\partial z}{\partial \zeta} \end{vmatrix}$$

である。よって、逆基底ベクトルは

$$\nabla \xi^i \cdot \nabla \xi^j = \frac{1}{J}\left(A_{ki}\mathbf{e}_k\right) \cdot \frac{1}{J}\left(A_{lj}\mathbf{e}_l\right)$$

$$= \frac{1}{J^2} A_{ki} A_{lj} \delta_{kl}$$

$$= \frac{1}{J^2} A_{ki} A_{kj}$$

のように表すことができる。

この関係式を用いると、$\overline{M}_{e_\alpha e_\alpha}$ $(e_\alpha = e_1 \sim e_4)$は

$$\overline{M}_{e_\alpha e_\alpha} = \int_{V_e} \frac{1}{8}(1+\eta_{e_\alpha}\eta)(1+\zeta_{e_\alpha}\zeta)\nabla\xi \cdot \frac{1}{2}(\nabla\xi + \nabla\eta + \nabla\zeta)dV \qquad (\alpha : \text{no sum})$$

$$= \int_{-1}^{1}\int_{-1}^{1}\int_{-1}^{1} \frac{1}{8}(1+\eta_{e_\alpha}\eta)(1+\zeta_{e_\alpha}\zeta)\frac{1}{2J^2} A_{k1}(A_{k1} + A_{k2} + A_{k3})Jd\xi d\eta d\zeta$$

$$\fallingdotseq \frac{1}{2J_e}(A_{k1})_0\{(A_{k1})_0 + (A_{k2})_0 + (A_{k3})_0\}\left\{\int_{-1}^{1}\int_{-1}^{1}\int_{-1}^{1} \frac{1}{8}(1+\eta_{e_\alpha}\eta)(1+\zeta_{e_\alpha}\zeta)d\xi d\eta d\zeta\right\}$$

$$= \frac{4}{V_e}(A_{k1})_0\{(A_{k1})_0 + (A_{k2})_0 + (A_{k3})_0\} \qquad \bullet e_1 \sim e_4$$

となる。ただし，$J_e = \frac{V_e}{8}$ を用いた。また添え字 0 は原点での評価値を意味する。同様にして$\overline{M}_{e_\alpha e_\alpha}$ $(e_\alpha = e_5 \sim e_8)$は

$$\overline{M}_{e_\alpha e_\alpha} = \int_{V_e} \frac{1}{8}(1+\zeta_{e_\alpha}\zeta)(1+\xi_{e_\alpha}\xi)\nabla\eta \cdot \frac{1}{2}(\nabla\xi + \nabla\eta + \nabla\zeta)dV \qquad (\alpha : \text{no sum})$$

$$= \int_{-1}^{1}\int_{-1}^{1}\int_{-1}^{1} \frac{1}{8}(1+\zeta_{e_\alpha}\zeta)(1+\xi_{e_\alpha}\xi)\frac{1}{2J^2} A_{k2}(A_{k1} + A_{k2} + A_{k3})Jd\xi d\eta d\zeta$$

$$\fallingdotseq \frac{1}{2J_e}(A_{k2})_0\{(A_{k1})_0 + (A_{k2})_0 + (A_{k3})_0\}\left\{\int_{-1}^{1}\int_{-1}^{1}\int_{-1}^{1} \frac{1}{8}(1+\zeta_{e_\alpha}\zeta)(1+\xi_{e_\alpha}\xi)d\xi d\eta d\zeta\right\}$$

$$= \frac{4}{V_e}(A_{k2})_0\{(A_{k1})_0 + (A_{k2})_0 + (A_{k3})_0\} \qquad \bullet e_5 \sim e_8$$

となり、$\overline{M}_{e_\alpha e_\alpha}$ $(e_\alpha = e_9 \sim e_{12})$は

$$\overline{M}_{e_\alpha e_\alpha} = \int_{V_e} \frac{1}{8}(1+\xi_{e_\alpha}\xi)(1+\eta_{e_\alpha}\eta)\nabla\zeta \cdot \frac{1}{2}(\nabla\xi + \nabla\eta + \nabla\zeta)dV \qquad (\alpha : \text{no sum})$$

$$= \int_{-1}^{1}\int_{-1}^{1}\int_{-1}^{1} \frac{1}{8}(1+\xi_{e_\alpha}\xi)(1+\eta_{e_\alpha}\eta)\frac{1}{2J^2} A_{k3}(A_{k1} + A_{k2} + A_{k3})Jd\xi d\eta d\zeta$$

$$\fallingdotseq \frac{1}{2J_e}(A_{k3})_0\{(A_{k1})_0 + (A_{k2})_0 + (A_{k3})_0\}\left\{\int_{-1}^{1}\int_{-1}^{1}\int_{-1}^{1} \frac{1}{8}(1+\xi_{e_\alpha}\xi)(1+\eta_{e_\alpha}\eta)d\xi d\eta d\zeta\right\}$$

$$= \frac{4}{V_e}(A_{k3})_0\{(A_{k1})_0 + (A_{k2})_0 + (A_{k3})_0\} \qquad \bullet e_6 \sim e_{12}$$

となる。また、その非対角成分は

$$\overline{M}_{e_\alpha e_\beta} = 0 \qquad (\alpha \neq \beta)$$

となる。

(iii) **面ベクトル形状関数**

図 5.6 に 4 面体の節点番号と局座標軸を，**表 5.7** と**表 5.8** に節点形状関数（体積座標）を**図 5.7** に辺番号と向きを**表 5.9** に辺ベクトル形状関数を示しておく。さらに，**図 5.8** に面番号と向きを**表 5.10** に面ベクトル形状関数を示す。

図 5.5 と**表 5.6** より、集中化質量行列の対角成分は

$$\overline{M}_{f_\alpha f_\alpha} = \sum_{\beta=1}^{6} M_{f_\alpha f_\beta} \qquad (\alpha\text{：no sum})$$

$$= \sum_{\beta=1}^{6} \int_{V_e} \mathbf{F}_{f_\alpha} \cdot \mathbf{F}_{f_\beta} dV$$

$$= \int_{V_e} \mathbf{F}_{f_\alpha} \cdot \left\{ \frac{1}{4} (\xi \nabla \eta \times \nabla \zeta + \eta \nabla \zeta \times \nabla \xi + \zeta \nabla \xi \times \nabla \eta) \right\} dV$$

となる。ここで、自然基底ベクトルと逆基底ベクトルの関係式

$$\frac{\partial \mathbf{x}}{\partial \xi^i} = J(\nabla \xi^j \times \nabla \xi^k) \qquad (i, j, k : cyclic\ 1,2,3)$$

を用いると、

$$(\nabla \xi^i \times \nabla \xi^j) \cdot (\nabla \xi^l \times \nabla \xi^m) = \left(\frac{1}{J} \frac{\partial \mathbf{x}}{\partial \xi^k} \right) \cdot \left(\frac{1}{J} \frac{\partial \mathbf{x}}{\partial \xi^n} \right) \qquad \begin{pmatrix} i, j, k : cyclic\ 1,2,3 \\ l, m, n : cyclic\ 1,2,3 \end{pmatrix}$$

$$= \frac{1}{J^2} \frac{\partial \mathbf{x}}{\partial \xi^k} \cdot \frac{\partial \mathbf{x}}{\partial \xi^n}$$

$$= \frac{1}{J^2} B_{kn}$$

のように表すことができる。

この関係式を用いると、$\overline{M}_{f_\alpha f_\alpha}\ (f_\alpha = f_1, f_2)$は

$$\overline{M}_{f_\alpha f_\alpha} = \int_{V_e} \left\{ \frac{1}{8} \xi_{f_\alpha} (1 + \xi_{f_\alpha} \xi) \nabla \eta \times \nabla \zeta \right\} \cdot \left\{ \frac{1}{4} (\xi \nabla \eta \times \nabla \zeta + \eta \nabla \zeta \times \nabla \xi + \zeta \nabla \xi \times \nabla \eta) \right\} dV \quad (\alpha\text{：no sum})$$

$$= \int_{-1}^{1} \int_{-1}^{1} \int_{-1}^{1} \frac{1}{8} \xi_{f_\alpha} (1 + \xi_{f_\alpha} \xi) \frac{1}{4J^2} (\xi B_{11} + \eta B_{12} + \zeta B_{13}) J d\xi d\eta d\zeta$$

$$\fallingdotseq \frac{1}{4J_e} \left\{ (B_{11})_0 \int_{-1}^{1} \int_{-1}^{1} \int_{-1}^{1} \frac{1}{8} \xi_{f_\alpha} (1 + \xi_{f_\alpha} \xi) \xi d\xi d\eta d\zeta \right\}$$

$$= \frac{2}{V_e}(B_{11})_0 \frac{\xi_{f_\alpha}}{8}\frac{2}{3}\xi_{f_\alpha}$$

$$= \frac{1}{6V_e}(B_{11})_0 \qquad \bullet f_1, f_2$$

となり、$\overline{M}_{f_\alpha f_\alpha}$ ($f_\alpha = f_3, f_4$)は

$$\overline{M}_{f_\alpha f_\alpha} = \int_{V_e}\left\{\frac{1}{8}\eta_{f_\alpha}(1+\eta_{f_\alpha}\eta)\nabla\zeta\times\nabla\xi\right\}\cdot\left\{\frac{1}{4}(\xi\nabla\eta\times\nabla\zeta+\eta\nabla\zeta\times\nabla\xi+\zeta\nabla\xi\times\nabla\eta)\right\}dV \quad (\alpha : \text{no sum})$$

$$= \int_{-1}^{1}\int_{-1}^{1}\int_{-1}^{1}\frac{1}{8}\eta_{f_\alpha}(1+\eta_{f_\alpha}\eta)\frac{1}{4J^2}(\xi B_{21}+\eta B_{22}+\zeta B_{23})Jd\xi d\eta d\zeta$$

$$\fallingdotseq \frac{1}{4J_e}\left\{(B_{22})_0\int_{-1}^{1}\int_{-1}^{1}\int_{-1}^{1}\frac{1}{8}\eta_{f_\alpha}(1+\eta_{f_\alpha}\eta)\eta d\xi d\eta d\zeta\right\}$$

$$= \frac{2}{V_e}(B_{22})_0 \frac{\eta_{f_\alpha}}{8}\frac{2}{3}\eta_{f_\alpha}$$

$$= \frac{1}{6V_e}(B_{22})_0 \qquad \bullet f_3, f_4$$

となり、$\overline{M}_{f_\alpha f_\alpha}$ ($f_\alpha = f_5, f_6$)は

$$\overline{M}_{f_\alpha f_\alpha} = \int_{V_e}\left\{\frac{1}{8}\zeta_{f_\alpha}(1+\zeta_{f_\alpha}\zeta)\nabla\xi\times\nabla\eta\right\}\cdot\left\{\frac{1}{4}(\xi\nabla\eta\times\nabla\zeta+\eta\nabla\zeta\times\nabla\xi+\zeta\nabla\xi\times\nabla\eta)\right\}dV \quad (\alpha : \text{no sum})$$

$$= \int_{-1}^{1}\int_{-1}^{1}\int_{-1}^{1}\frac{1}{8}\zeta_{f_\alpha}(1+\zeta_{f_\alpha}\zeta)\frac{1}{4J^2}(\xi B_{31}+\eta B_{32}+\zeta B_{33})Jd\xi d\eta d\zeta$$

$$\fallingdotseq \frac{1}{4J_e}\left\{(B_{33})_0\int_{-1}^{1}\int_{-1}^{1}\int_{-1}^{1}\frac{1}{8}\zeta_{f_\alpha}(1+\zeta_{f_\alpha}\zeta)\zeta d\xi d\eta d\zeta\right\}$$

$$= \frac{2}{V_e}(B_{33})_0 \frac{\zeta_{f_\alpha}}{8}\frac{2}{3}\zeta_{f_\alpha}$$

$$= \frac{1}{6V_e}(B_{33})_0 \qquad \bullet f_5, f_6$$

となる。

(2) 4 面体要素の集中化質量行列

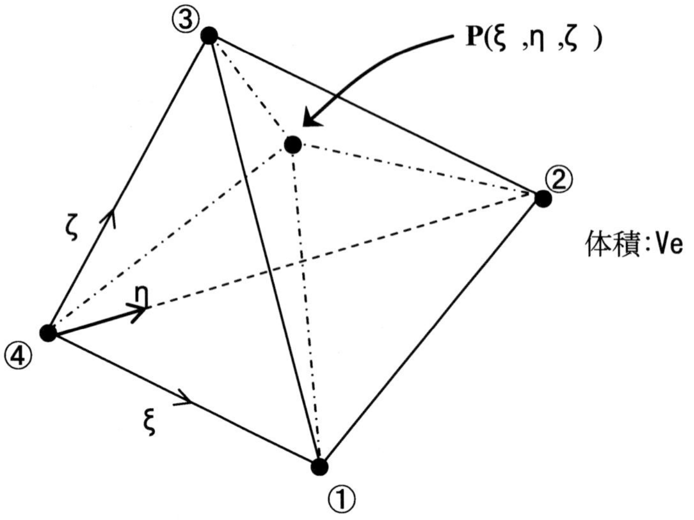

図5.6　4面体要素と節点番号

表5.7　節点形状関数

α	$N_\alpha = \zeta^\alpha$
1	$N_1 = \zeta^1$
2	$N_2 = \zeta^2$
3	$N_3 = \zeta^3$
4	$N_4 = \zeta^4$

表5.8　体積座標と局所座標の関係

α	ζ^α
1	$\zeta^1 = \frac{V_1}{V_e} = \xi$
2	$\zeta^2 = \frac{V_2}{V_e} = \eta$
3	$\zeta^3 = \frac{V_3}{V_e} = \zeta$
4	$\zeta^4 = \frac{V_4}{V_e} = 1 - \xi - \eta - \zeta$

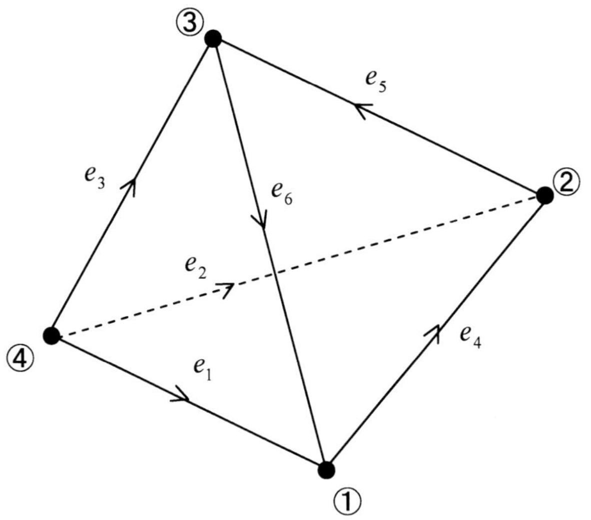

図5.7　4面体要素の辺番号と向き

表5.9　辺ベクトル形状関数

e_α	辺	$\mathbf{E}_{e_\alpha} = \zeta^\beta \nabla \zeta^\gamma - \zeta^\gamma \nabla \zeta^\beta$
e_1	$\{4,1\}$	$\mathbf{E}_{e_1} = \zeta^4 \nabla \zeta^1 - \zeta^1 \nabla \zeta^4$
e_2	$\{4,2\}$	$\mathbf{E}_{e_2} = \zeta^4 \nabla \zeta^2 - \zeta^2 \nabla \zeta^4$
e_4	$\{4,3\}$	$\mathbf{E}_{e_3} = \zeta^4 \nabla \zeta^3 - \zeta^3 \nabla \zeta^4$
e_5	$\{1,2\}$	$\mathbf{E}_{e_4} = \zeta^1 \nabla \zeta^2 - \zeta^2 \nabla \zeta^1$
e_6	$\{2,3\}$	$\mathbf{E}_{e_5} = \zeta^2 \nabla \zeta^3 - \zeta^3 \nabla \zeta^2$
e_7	$\{3,1\}$	$\mathbf{E}_{e_6} = \zeta^3 \nabla \zeta^1 - \zeta^1 \nabla \zeta^3$

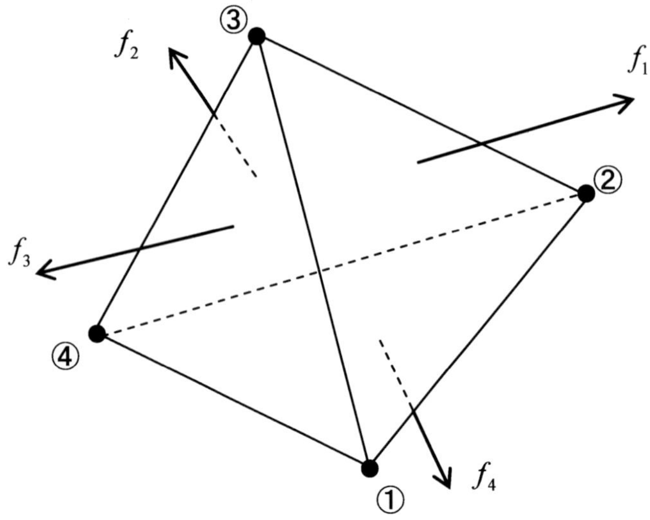

図5.8　4面体要素の面番号と向き

表5.10　面ベクトル形状関数

f_α	面	$\mathbf{F}_{f_\alpha}=2\left(\zeta^\beta\nabla\zeta^\gamma\times\zeta^\delta+\zeta^\gamma\nabla\zeta^\delta\times\zeta^\beta+\zeta^\delta\nabla\zeta^\beta\times\zeta^\gamma\right)$
f_1	$\{1,2,3\}$	$\mathbf{F}_{f_1}=2\left(\zeta^1\nabla\zeta^2\times\zeta^3+\zeta^2\nabla\zeta^3\times\zeta^1+\zeta^3\nabla\zeta^1\times\zeta^2\right)$
f_2	$\{2,4,3\}$	$\mathbf{F}_{f_2}=2\left(\zeta^2\nabla\zeta^4\times\zeta^3+\zeta^4\nabla\zeta^3\times\zeta^2+\zeta^3\nabla\zeta^2\times\zeta^4\right)$
f_3	$\{1,3,4\}$	$\mathbf{F}_{f_3}=2\left(\zeta^1\nabla\zeta^3\times\zeta^4+\zeta^3\nabla\zeta^4\times\zeta^1+\zeta^4\nabla\zeta^1\times\zeta^3\right)$
f_4	$\{1,4,2\}$	$\mathbf{F}_{f_4}=2\left(\zeta^1\nabla\zeta^4\times\zeta^2+\zeta^4\nabla\zeta^2\times\zeta^1+\zeta^2\nabla\zeta^1\times\zeta^4\right)$

(i) 節点形状関数

図 5.6、**表 5.7**、**表 5.8** より、集中化質量行列の対角成分は

$$\overline{M}_{\alpha\alpha}=\sum_{\beta=1}^{4}M_{\alpha\beta}\qquad(\alpha：\text{no sum})$$

$$=\sum_{\beta=1}^{4}\int_{V_e}N_\alpha N_\beta dV=\int_{V_e}N_\alpha dV$$

$$=\int_{V_e}\zeta^\alpha dV=6V_e\frac{1!}{4!}=\frac{V_e}{4}$$

となる。また、その非対角成分は

$$\overline{M}_{\alpha\beta}=0\qquad(\alpha\neq\beta)$$

となる。ただし、積分公式 $\int_{V_e}(\zeta^1)^a(\zeta^2)^b(\zeta^3)^c(\zeta^4)^d dV = 6V_e \dfrac{a!b!c!d!}{(a+b+c+d+3)!}$

を用いた。

(ii) **辺ベクトル形状関数**

図 5.7 と**表 5.9** より、集中化質量行列の対角成分は

$$\overline{M}_{e_\alpha e_\alpha} = \sum_{\beta=1}^{6} M_{e_\alpha e_\beta} \qquad (\alpha : \text{no sum})$$

$$= \sum_{\beta=1}^{6} \int_{V_e} \mathbf{E}_{e_\alpha} \cdot \mathbf{E}_{e_\beta} dV$$

$$= \int_{V_e} \mathbf{E}_{e_\alpha} \cdot \left\{ (1-\zeta^2+\zeta^3)\nabla\zeta^1 + (1-\zeta^3+\zeta^1)\nabla\zeta^2 + (1-\zeta^1+\zeta^2)\nabla\zeta^3 \right\} dV$$

となる。ここで、6 面体要素の場合と同様に、逆基底ベクトルは

$$\nabla\zeta^i \cdot \nabla\zeta^j = \nabla\xi^i \cdot \nabla\xi^j \qquad \begin{pmatrix} i = 1,2,3 \\ j = 1,2,3 \end{pmatrix}$$

$$= \frac{1}{J^2} A_{ki} A_{kj}$$

$$\nabla\zeta^4 \cdot \nabla\zeta^i = -\nabla(\zeta^1+\zeta^2+\zeta^3) \cdot \nabla\zeta^i \qquad (i = 1,2,3)$$

$$= -\nabla(\xi+\eta+\zeta) \cdot \nabla\zeta^i$$

$$= -\frac{1}{J^2}(A_{k1}+A_{k2}+A_{k3})A_{ki}$$

のように表すことができる。4 面体の Jacobian の要素平均値は $J_e = bV_e$ である。さらに,

4 面体の場合は $J = J_e$ となる。

上の関係式を用いると、$\overline{M}_{e_\alpha e_\alpha}$ (α : no sum)は

$$\overline{M}_{e_1 e_1} = \int_{V_e} (\zeta^4\nabla\zeta^1 - \zeta^1\nabla\zeta^4) \cdot \left\{ (1-\zeta^2+\zeta^3)\nabla\zeta^1 + (1-\zeta^3+\zeta^1)\nabla\zeta^2 + (1-\zeta^1+\zeta^2)\nabla\zeta^3 \right\} dV$$

$$= (\nabla\zeta^1 \cdot \nabla\zeta^1) \int_{V_e} \zeta^4 (1-\zeta^2+\zeta^3) dV$$

$$+\left(\nabla\zeta^1\cdot\nabla\zeta^2\right)\int_{V_e}\zeta^4\left(1-\zeta^3+\zeta^1\right)dV$$

$$+\left(\nabla\zeta^1\cdot\nabla\zeta^3\right)\int_{V_e}\zeta^4\left(1-\zeta^1+\zeta^2\right)dV$$

$$-\left(\nabla\zeta^4\cdot\nabla\zeta^1\right)\int_{V_e}\zeta^1\left(1-\zeta^2+\zeta^3\right)dV$$

$$-\left(\nabla\zeta^4\cdot\nabla\zeta^2\right)\int_{V_e}\zeta^1\left(1-\zeta^3+\zeta^1\right)dV$$

$$-\left(\nabla\zeta^4\cdot\nabla\zeta^3\right)\int_{V_e}\zeta^1\left(1-\zeta^1+\zeta^2\right)dV$$

$$=\frac{1}{J^2}A_{k1}\left(A_{k1}+A_{k2}+A_{k3}\right)6V_e\frac{1!}{4!}$$

$$+\frac{1}{J^2}\left(A_{k1}+A_{k2}+A_{k3}\right)A_{k1}6V_e\frac{1!}{4!}$$

$$+\frac{1}{J^2}\left(A_{k1}+A_{k2}+A_{k3}\right)A_{k2}6V_e\left(\frac{1!}{4!}-\frac{1!1!}{5!}+\frac{2!}{5!}\right)$$

$$+\frac{1}{J^2}\left(A_{k1}+A_{k2}+A_{k3}\right)A_{k3}6V_e\left(\frac{1!}{4!}-\frac{2!}{5!}+\frac{1!1!}{5!}\right)$$

$$=\frac{1}{J^2}A_{k1}\left(A_{k1}+A_{k2}+A_{k3}\right)\left(\frac{1}{12}A_{k1}+\frac{1}{20}A_{k2}+\frac{1}{30}A_{k3}\right)6V_e$$

$$=\frac{1}{6V_e}\left(A_{k1}+A_{k2}+A_{k3}\right)\left(\frac{1}{12}A_{k1}+\frac{1}{20}A_{k2}+\frac{1}{30}A_{k3}\right)\qquad\bullet\, e_1$$

$$\overline{M}_{e_2e_2}=\int_{V_e}\left(\zeta^4\nabla\zeta^2-\zeta^2\nabla\zeta^4\right)\cdot\left\{\left(1-\zeta^2+\zeta^3\right)\nabla\zeta^1+\left(1-\zeta^3+\zeta^1\right)\nabla\zeta^2+\left(1-\zeta^1+\zeta^2\right)\nabla\zeta^3\right\}dV$$

$$=\left(\nabla\zeta^2\cdot\nabla\zeta^1\right)\int_{V_e}\zeta^4\left(1-\zeta^2+\zeta^3\right)dV$$

$$+\left(\nabla\zeta^2\cdot\nabla\zeta^2\right)\int_{V_e}\zeta^4\left(1-\zeta^3+\zeta^1\right)dV$$

$$+\left(\nabla\zeta^2\cdot\nabla\zeta^3\right)\int_{V_e}\zeta^4\left(1-\zeta^1+\zeta^2\right)dV$$

$$-\left(\nabla\zeta^4\cdot\nabla\zeta^1\right)\int_{V_e}\zeta^2\left(1-\zeta^2+\zeta^3\right)dV$$

$$-\left(\nabla\zeta^4\cdot\nabla\zeta^2\right)\int_{V_e}\zeta^2\left(1-\zeta^3+\zeta^1\right)dV$$

$$-\left(\nabla\zeta^4\cdot\nabla\zeta^3\right)\int_{V_e}\zeta^2\left(1-\zeta^1+\zeta^2\right)dV$$

$$= \frac{1}{J^2} A_{k2}(A_{k1} + A_{k2} + A_{k3}) 6V_e \frac{1!}{4!}$$

$$+ \frac{1}{J^2}(A_{k1} + A_{k2} + A_{k3}) A_{k1} 6V_e \left(\frac{1!}{4!} - \frac{2!}{5!} + \frac{1!1!}{5!} \right)$$

$$+ \frac{1}{J^2}(A_{k1} + A_{k2} + A_{k3}) A_{k2} 6V_e \frac{1!}{4!}$$

$$+ \frac{1}{J^2}(A_{k1} + A_{k2} + A_{k3}) A_{k3} 6V_e \left(\frac{1!}{4!} - \frac{1!1!}{5!} + \frac{2!}{5!} \right)$$

$$= \frac{1}{J^2}(A_{k1} + A_{k2} + A_{k3}) \left(\frac{1}{30} A_{k1} + \frac{1}{12} A_{k2} + \frac{1}{20} A_{k3} \right) 6V_e$$

$$= \frac{1}{6V_e}(A_{k1} + A_{k2} + A_{k3}) \left(\frac{1}{30} A_{k1} + \frac{1}{12} A_{k2} + \frac{1}{20} A_{k3} \right)$$

● e_2

$$\overline{M}_{e_3 e_3} = \int_{V_e} (\zeta^4 \nabla \zeta^3 - \zeta^3 \nabla \zeta^4) \cdot \{(1 - \zeta^2 + \zeta^3) \nabla \zeta^1 + (1 - \zeta^3 + \zeta^1) \nabla \zeta^2 + (1 - \zeta^1 + \zeta^2) \nabla \zeta^3 \} dV$$

$$= (\nabla \zeta^3 \cdot \nabla \zeta^1) \int_{V_e} \zeta^4 (1 - \zeta^2 + \zeta^3) dV$$

$$+ (\nabla \zeta^3 \cdot \nabla \zeta^2) \int_{V_e} \zeta^4 (1 - \zeta^3 + \zeta^1) dV$$

$$+ (\nabla \zeta^3 \cdot \nabla \zeta^3) \int_{V_e} \zeta^4 (1 - \zeta^1 + \zeta^2) dV$$

$$- (\nabla \zeta^4 \cdot \nabla \zeta^1) \int_{V_e} \zeta^3 (1 - \zeta^2 + \zeta^3) dV$$

$$- (\nabla \zeta^4 \cdot \nabla \zeta^2) \int_{V_e} \zeta^3 (1 - \zeta^3 + \zeta^1) dV$$

$$- (\nabla \zeta^4 \cdot \nabla \zeta^3) \int_{V_e} \zeta^3 (1 - \zeta^1 + \zeta^2) dV$$

$$= \frac{1}{J^2} A_{k3}(A_{k1} + A_{k2} + A_{k3}) 6V_e \frac{1!}{4!}$$

$$+ \frac{1}{J^2}(A_{k1} + A_{k2} + A_{k3}) A_{k1} 6V_e \left(\frac{1!}{4!} - \frac{1!1!}{5!} + \frac{2!}{5!} \right)$$

$$+ \frac{1}{J^2}(A_{k1} + A_{k2} + A_{k3}) A_{k2} 6V_e \left(\frac{1!}{4!} - \frac{2!}{5!} + \frac{1!1!}{5!} \right)$$

$$+ \frac{1}{J^2}(A_{k1} + A_{k2} + A_{k3}) A_{k3} 6V_e \frac{1!}{4!}$$

$$= \frac{1}{J^2}(A_{k1} + A_{k2} + A_{k3}) \left(\frac{1}{20} A_{k1} + \frac{1}{30} A_{k2} + \frac{1}{12} A_{k3} \right) 6V_e$$

$$=\frac{1}{6V_e}\left(A_{k1}+A_{k2}+A_{k3}\right)\left(\frac{1}{20}A_{k1}+\frac{1}{30}A_{k2}+\frac{1}{12}A_{k3}\right) \qquad \bullet e_3$$

$$\overline{M}_{e_4e_4}=\int_{V_e}\left(\zeta^1\nabla\zeta^2-\zeta^2\nabla\zeta^1\right)\cdot\left\{\left(1-\zeta^2+\zeta^3\right)\nabla\zeta^1+\left(1-\zeta^3+\zeta^1\right)\nabla\zeta^2+\left(1-\zeta^1+\zeta^2\right)\nabla\zeta^3\right\}dV$$

$$=\left(\nabla\zeta^2\cdot\nabla\zeta^1\right)\int_{V_e}\zeta^1\left(1-\zeta^2+\zeta^3\right)dV$$

$$+\left(\nabla\zeta^2\cdot\nabla\zeta^2\right)\int_{V_e}\zeta^1\left(1-\zeta^3+\zeta^1\right)dV$$

$$+\left(\nabla\zeta^2\cdot\nabla\zeta^3\right)\int_{V_e}\zeta^1\left(1-\zeta^1+\zeta^2\right)dV$$

$$-\left(\nabla\zeta^1\cdot\nabla\zeta^1\right)\int_{V_e}\zeta^2\left(1-\zeta^2+\zeta^3\right)dV$$

$$-\left(\nabla\zeta^1\cdot\nabla\zeta^2\right)\int_{V_e}\zeta^2\left(1-\zeta^3+\zeta^1\right)dV$$

$$-\left(\nabla\zeta^1\cdot\nabla\zeta^3\right)\int_{V_e}\zeta^2\left(1-\zeta^1+\zeta^2\right)dV$$

$$=\frac{1}{J^2}A_{k2}\left\{A_{k1}\frac{1!}{4!}+A_{k2}\left(\frac{1!}{4!}-\frac{1!1!}{5!}+\frac{2!}{5!}\right)+A_{k3}\left(\frac{1!}{4!}-\frac{2!}{5!}+\frac{1!1!}{5!}\right)\right\}6V_e$$

$$-\frac{1}{J^2}A_{k1}\left\{A_{k1}\left(\frac{1!}{4!}-\frac{2!}{5!}+\frac{1!1!}{5!}\right)+A_{k2}\frac{1!}{4!}+A_{k3}\left(\frac{1!}{4!}-\frac{1!1!}{5!}+\frac{2!}{5!}\right)\right\}6V_e$$

$$=\frac{1}{J^2}A_{k2}\left(\frac{1}{24}A_{k1}+\frac{1}{20}A_{k2}+\frac{1}{30}A_{k3}\right)6V_e$$

$$-\frac{1}{J^2}A_{k1}\left(\frac{1}{30}A_{k1}+\frac{1}{24}A_{k2}+\frac{1}{20}A_{k3}\right)6V_e$$

$$=\frac{1}{6V_e}\left\{A_{k2}\left(\frac{1}{24}A_{k1}+\frac{1}{20}A_{k2}+\frac{1}{30}A_{k3}\right)-A_{k1}\left(\frac{1}{30}A_{k1}+\frac{1}{24}A_{k2}+\frac{1}{20}A_{k3}\right)\right\} \qquad \bullet e_4$$

$$\overline{M}_{e_5e_5}=\int_{V_e}\left(\zeta^2\nabla\zeta^3-\zeta^3\nabla\zeta^2\right)\cdot\left\{\left(1-\zeta^2+\zeta^3\right)\nabla\zeta^1+\left(1-\zeta^3+\zeta^1\right)\nabla\zeta^2+\left(1-\zeta^1+\zeta^2\right)\nabla\zeta^3\right\}dV$$

$$=\left(\nabla\zeta^3\cdot\nabla\zeta^1\right)\int_{V_e}\zeta^2\left(1-\zeta^2+\zeta^3\right)dV$$

$$+\left(\nabla\zeta^3\cdot\nabla\zeta^2\right)\int_{V_e}\zeta^2\left(1-\zeta^3+\zeta^1\right)dV$$

$$+\left(\nabla\zeta^3\cdot\nabla\zeta^3\right)\int_{V_e}\zeta^2\left(1-\zeta^1+\zeta^2\right)dV$$

$$-\left(\nabla\zeta^2\cdot\nabla\zeta^1\right)\int_{V_e}\zeta^3\left(1-\zeta^2+\zeta^3\right)dV$$

$$-\left(\nabla\zeta^2\cdot\nabla\zeta^2\right)\int_{V_e}\zeta^3\left(1-\zeta^3+\zeta^1\right)dV$$

$$-\left(\nabla\zeta^2\cdot\nabla\zeta^3\right)\int_{V_e}\zeta^3\left(1-\zeta^1+\zeta^2\right)dV$$

$$=\frac{1}{J^2}A_{k3}\left\{A_{k1}\left(\frac{1!}{4!}-\frac{2!}{5!}+\frac{1!1!}{5!}\right)+A_{k2}\frac{1!}{4!}+A_{k3}\left(\frac{1!}{4!}-\frac{1!1!}{5!}+\frac{2!}{5!}\right)\right\}6V_e$$

$$-\frac{1}{J^2}A_{k2}\left\{A_{k1}\left(\frac{1!}{4!}-\frac{1!1!}{5!}+\frac{2!}{5!}\right)+A_{k2}\left(\frac{1!}{4!}-\frac{2!}{5!}+\frac{1!1!}{5!}\right)+A_{k3}\frac{1!}{4!}\right\}6V_e$$

$$=\frac{1}{J^2}A_{k3}\left(\frac{1}{30}A_{k1}+\frac{1}{24}A_{k2}+\frac{1}{20}A_{k3}\right)6V_e$$

$$-\frac{1}{J^2}A_{k2}\left(\frac{1}{20}A_{k1}+\frac{1}{30}A_{k2}+\frac{1}{24}A_{k3}\right)6V_e$$

$$=\frac{1}{6V_e}\left\{A_{k3}\left(\frac{1}{30}A_{k1}+\frac{1}{24}A_{k2}+\frac{1}{20}A_{k3}\right)-A_{k2}\left(\frac{1}{20}A_{k1}+\frac{1}{30}A_{k2}+\frac{1}{24}A_{k3}\right)\right\}$$ ● e_5

$$\overline{M}_{e_6e_6}=\int_{V_e}\left(\zeta^3\nabla\zeta^1-\zeta^1\nabla\zeta^3\right)\cdot\left\{\left(1-\zeta^2+\zeta^3\right)\nabla\zeta^1+\left(1-\zeta^3+\zeta^1\right)\nabla\zeta^2+\left(1-\zeta^1+\zeta^2\right)\nabla\zeta^3\right\}dV$$

$$=\left(\nabla\zeta^1\cdot\nabla\zeta^1\right)\int_{V_e}\zeta^3\left(1-\zeta^2+\zeta^3\right)dV$$

$$+\left(\nabla\zeta^1\cdot\nabla\zeta^2\right)\int_{V_e}\zeta^3\left(1-\zeta^3+\zeta^1\right)dV$$

$$+\left(\nabla\zeta^1\cdot\nabla\zeta^3\right)\int_{V_e}\zeta^3\left(1-\zeta^1+\zeta^2\right)dV$$

$$-\left(\nabla\zeta^3\cdot\nabla\zeta^1\right)\int_{V_e}\zeta^1\left(1-\zeta^2+\zeta^3\right)dV$$

$$-\left(\nabla\zeta^3\cdot\nabla\zeta^2\right)\int_{V_e}\zeta^1\left(1-\zeta^3+\zeta^1\right)dV$$

$$-\left(\nabla\zeta^3\cdot\nabla\zeta^3\right)\int_{V_e}\zeta^1\left(1-\zeta^1+\zeta^2\right)dV$$

$$=\frac{1}{J^2}A_{k1}\left\{A_{k1}\left(\frac{1!}{4!}-\frac{1!1!}{5!}+\frac{2!}{5!}\right)+A_{k2}\left(\frac{1!}{4!}-\frac{2!}{5!}+\frac{1!1!}{5!}\right)+A_{k3}\frac{1!}{4!}\right\}6V_e$$

$$-\frac{1}{J^2}A_{k3}\left\{A_{k1}\frac{1!}{4!}+A_{k2}\left(\frac{1!}{4!}-\frac{1!1!}{5!}+\frac{2!}{5!}\right)+A_{k3}\left(\frac{1!}{4!}-\frac{2!}{5!}+\frac{1!1!}{5!}\right)\right\}6V_e$$

$$=\frac{1}{J^2}A_{k1}\left(\frac{1}{20}A_{k1}+\frac{1}{30}A_{k2}+\frac{1}{24}A_{k3}\right)6V_e$$

$$-\frac{1}{J^2}A_{k3}\left(\frac{1}{24}A_{k1}+\frac{1}{20}A_{k2}+\frac{1}{30}A_{k3}\right)6V_e$$

$$=\frac{1}{6V_e}\left\{A_{k1}\left(\frac{1}{20}A_{k1}+\frac{1}{30}A_{k2}+\frac{1}{24}A_{k3}\right)-A_{k3}\left(\frac{1}{24}A_{k1}+\frac{1}{20}A_{k2}+\frac{1}{30}A_{k3}\right)\right\} \qquad \bullet e_6$$

となる。また、その非対角成分は

$$\overline{M}_{e_\alpha e_\beta}=0 \qquad (\alpha : \text{no sum})$$

となる。

(iii) 面ベクトル形状関数

図 5.8 と**表 5.10** より、集中化質量行列の対角成分は

$$\overline{M}_{f_\alpha f_\alpha}=\sum_{\beta=1}^{4}M_{f_\alpha f_\beta} \qquad (\alpha : \text{no sum})$$

$$=\sum_{\beta=1}^{4}\int_{V_e}\mathbf{F}_{f_\alpha}\cdot\mathbf{F}_{f_\beta}dV$$

$$=\int_{V_e}\mathbf{F}_{f_\alpha}\cdot 2\left\{\left(4\zeta^1-1\right)\nabla\zeta^2\times\nabla\zeta^3+\left(4\zeta^2-1\right)\nabla\zeta^3\times\nabla\zeta^1+\left(4\zeta^3-1\right)\nabla\zeta^1\times\nabla\zeta^2\right\}dV$$

となる。ここで、6 面体要素の場合と同様に、

$$\left(\nabla\zeta^i\times\nabla\zeta^j\right)\cdot\left(\nabla\zeta^l\times\nabla\zeta^m\right)=\left(\nabla\xi^i\times\nabla\xi^j\right)\cdot\left(\nabla\xi^l\times\nabla\xi^m\right) \qquad \begin{pmatrix} i,j,k : cyclic\ 1,2,3 \\ l,m,n : cyclic\ 1,2,3 \end{pmatrix}$$

$$=\left(\frac{1}{J}\frac{\partial\mathbf{x}}{\partial\xi^k}\right)\cdot\left(\frac{1}{J}\frac{\partial\mathbf{x}}{\partial\xi^n}\right)$$

$$=\frac{1}{J^2}B_{kn}$$

のように表すことができる。

この関係式を用いると、$\overline{M}_{f_1f_1}$ は

$$\overline{M}_{f_1f_1}=\int_{V_e}2\left(\zeta^1\nabla\zeta^2\times\nabla\zeta^3+\zeta^2\nabla\zeta^3\times\nabla\zeta^1+\zeta^3\nabla\zeta^1\times\nabla\zeta^2\right)$$

$$\cdot 2\left\{\left(4\zeta^1-1\right)\nabla\zeta^2\times\nabla\zeta^3+\left(4\zeta^2-1\right)\nabla\zeta^3\times\nabla\zeta^1+\left(4\zeta^3-1\right)\nabla\zeta^1\times\nabla\zeta^2\right\}dV$$

$$=\frac{4}{J^2}\left\{B_{11}\int_{V_e}\zeta^1\left(4\zeta^1-1\right)dV+B_{12}\int_{V_e}\zeta^1\left(4\zeta^2-1\right)dV+B_{13}\int_{V_e}\zeta^1\left(4\zeta^3-1\right)dV\right.$$

$$+B_{21}\int_{V_e}\zeta^2(4\zeta^1-1)dV+B_{22}\int_{V_e}\zeta^2(4\zeta^2-1)dV+B_{23}\int_{V_e}\zeta^2(4\zeta^3-1)dV$$

$$\left.+B_{31}\int_{V_e}\zeta^3(4\zeta^1-1)dV+B_{32}\int_{V_e}\zeta^3(4\zeta^2-1)dV+B_{33}\int_{V_e}\zeta^3(4\zeta^3-1)dV\right\}$$

$$=\frac{4}{J^2}\left\{(B_{11}+B_{22}+B_{33})\left(4\frac{2!}{5!}-\frac{1!}{4!}\right)+2(B_{12}+B_{23}+B_{31})\left(4\frac{1!1!}{5!}-\frac{1!}{4!}\right)\right\}6V_e$$

$$=\frac{4}{J^2}\left\{(B_{11}+B_{22}+B_{33})\frac{1}{40}-(B_{12}+B_{23}+B_{31})\frac{1}{60}\right\}6V_e$$

$$=\frac{1}{6V_e}\left\{\frac{1}{10}(B_{11}+B_{22}+B_{33})+\frac{2}{30}(B_{12}+B_{23}+B_{31})\right\} \qquad \bullet f_1$$

$$\overline{M}_{f_2f_2}=\int_{V_e}2\left(\zeta^2\nabla\zeta^4\times\nabla\zeta^3+\zeta^4\nabla\zeta^3\times\nabla\zeta^2+\zeta^3\nabla\zeta^2\times\nabla\zeta^4\right)$$

$$\cdot 2\{(4\zeta^1-1)\nabla\zeta^2\times\nabla\zeta^3+(4\zeta^2-1)\nabla\zeta^3\times\nabla\zeta^1+(4\zeta^3-1)\nabla\zeta^1\times\nabla\zeta^2\}dV$$

$$=\int_{V_e}2\{-\zeta^2\nabla(\zeta^1+\zeta^2)\times\nabla\zeta^3+\zeta^4\nabla\zeta^3\times\nabla\zeta^2-\zeta^3\nabla\zeta^2\times\nabla(\zeta^1+\zeta^3)\}$$

$$\cdot 2\{(4\zeta^1-1)\nabla\zeta^2\times\nabla\zeta^3+(4\zeta^2-1)\nabla\zeta^3\times\nabla\zeta^1+(4\zeta^3-1)\nabla\zeta^1\times\nabla\zeta^2\}dV$$

$$=\frac{4}{J^2}\left\{(B_{21}-B_{11})\int_{V_e}\zeta^2(4\zeta^1-1)dV+(B_{22}-B_{12})\int_{V_e}\zeta^2(4\zeta^2-1)dV\right.$$

$$+(B_{23}-B_{13})\int_{V_e}\zeta^2(4\zeta^3-1)dV$$

$$-B_{11}\int_{V_e}\zeta^4(4\zeta^1-1)dV+B_{12}\int_{V_e}\zeta^4(4\zeta^2-1)dV-B_{13}\int_{V_e}\zeta^4(4\zeta^3-1)dV$$

$$+(B_{31}-B_{11})\int_{V_e}\zeta^3(4\zeta^1-1)dV+(B_{32}-B_{12})\int_{V_e}\zeta^3(4\zeta^2-1)dV$$

$$\left.+(B_{33}-B_{13})\int_{V_e}\zeta^3(4\zeta^3-1)dV\right\}$$

$$=\frac{4}{J^2}\left\{(B_{22}-B_{21}+B_{33}-B_{13})\left(4\frac{2!}{5!}-\frac{1!}{4!}\right)\right.$$

$$\left.+(B_{21}-B_{11}+B_{23}-B_{13}-B_{11}-B_{12}-B_{13}+B_{31}-B_{11}+B_{32}-B_{12})\left(4\frac{1!1!}{5!}-\frac{1!}{4!}\right)\right\}6V_e$$

$$=\frac{4}{J^2}\left\{(B_{22}+B_{33}-B_{12}-B_{31})\frac{1}{40}-(-3B_{11}-B_{12}+2B_{23}-B_{31})\frac{1}{120}\right\}6V_e$$

$$=\frac{1}{6V_e}\left\{\frac{1}{10}(B_{22}+B_{33}-B_{12}-B_{31})-\frac{1}{30}(-3B_{11}-B_{12}+2B_{23}-B_{31})\right\} \qquad \bullet f_2$$

$$\overline{M}_{f_3f_3}=\int_{V_e}2\left(\zeta^1\nabla\zeta^3\times\nabla\zeta^4+\zeta^3\nabla\zeta^4\times\nabla\zeta^1+\zeta^4\nabla\zeta^1\times\nabla\zeta^3\right)$$

$$\cdot 2\{(4\zeta^1-1)\nabla\zeta^2\times\nabla\zeta^3+(4\zeta^2-1)\nabla\zeta^3\times\nabla\zeta^1+(4\zeta^3-1)\nabla\zeta^1\times\nabla\zeta^2\}dV$$

$$= \int_{V_e} 2\left\{-\zeta^1\nabla\zeta^3\times\nabla\left(\zeta^1+\zeta^2\right)-\zeta^3\nabla\left(\zeta^2+\zeta^3\right)\times\nabla\zeta^1+\zeta^4\nabla\zeta^1\times\nabla\zeta^3\right\}$$

$$\cdot 2\left\{\left(4\zeta^1-1\right)\nabla\zeta^2\times\nabla\zeta^3+\left(4\zeta^2-1\right)\nabla\zeta^3\times\nabla\zeta^1+\left(4\zeta^3-1\right)\nabla\zeta^1\times\nabla\zeta^2\right\}dV$$

$$= \frac{4}{J^2}\left\{\left(B_{11}-B_{21}\right)\int_{V_e}\zeta^1\left(4\zeta^1-1\right)dV+\left(B_{12}-B_{22}\right)\int_{V_e}\zeta^1\left(4\zeta^2-1\right)dV\right.$$

$$+\left(B_{13}-B_{23}\right)\int_{V_e}\zeta^1\left(4\zeta^1-1\right)dV$$

$$+\left(B_{31}-B_{21}\right)\int_{V_e}\zeta^3\left(4\zeta^1-1\right)dV+\left(B_{32}-B_{22}\right)\int_{V_e}\zeta^3\left(4\zeta^2-1\right)dV$$

$$+\left(B_{33}-B_{23}\right)\int_{V_e}\zeta^3\left(4\zeta^3-1\right)dV$$

$$\left.+B_{21}\int_{V_e}\zeta^4\left(4\zeta^1-1\right)dV-B_{22}\int_{V_e}\zeta^4\left(4\zeta^2-1\right)dV-B_{23}\int_{V_e}\zeta^4\left(4\zeta^3-1\right)dV\right\}$$

$$= \frac{4}{J^2}\left\{\left(B_{11}-B_{21}+B_{33}-B_{23}\right)\left(4\frac{2!}{5!}-\frac{1!}{4!}\right)\right.$$

$$\left.+\left(B_{12}-B_{22}+B_{13}-B_{23}+B_{31}-B_{21}+B_{32}-B_{22}-B_{21}-B_{22}-B_{23}\right)\left(4\frac{1!1!}{5!}-\frac{1!}{4!}\right)\right\}6V_e$$

$$= \frac{4}{J^2}\left\{\left(B_{11}+B_{33}-B_{12}-B_{23}\right)\frac{1}{40}-\left(-3B_{22}-B_{12}-B_{23}+2B_{31}\right)\frac{1}{120}\right\}6V_e$$

$$= \frac{1}{6V_e}\left\{\frac{1}{10}\left(B_{11}+B_{33}-B_{12}-B_{23}\right)-\frac{1}{30}\left(-3B_{22}-B_{12}-B_{23}+2B_{31}\right)\right\}$$

● f_3

$$\overline{M}_{f_4f_4} = \int_{V_e} 2\left(\zeta^1\nabla\zeta^4\times\nabla\zeta^2+\zeta^4\nabla\zeta^2\times\nabla\zeta^1+\zeta^2\nabla\zeta^1\times\nabla\zeta^4\right)$$

$$\cdot 2\left\{\left(4\zeta^1-1\right)\nabla\zeta^2\times\nabla\zeta^3+\left(4\zeta^2-1\right)\nabla\zeta^3\times\nabla\zeta^1+\left(4\zeta^3-1\right)\nabla\zeta^1\times\nabla\zeta^2\right\}dV$$

$$= \int_{V_e} 2\left\{-\zeta^1\nabla\left(\zeta^1+\zeta^3\right)\times\nabla\zeta^2+\zeta^4\nabla\zeta^2\times\nabla\zeta^1-\zeta^2\nabla\zeta^1\times\nabla\left(\zeta^2+\zeta^3\right)\right\}$$

$$\cdot 2\left\{\left(4\zeta^1-1\right)\nabla\zeta^2\times\nabla\zeta^3+\left(4\zeta^2-1\right)\nabla\zeta^3\times\nabla\zeta^1+\left(4\zeta^3-1\right)\nabla\zeta^1\times\nabla\zeta^2\right\}dV$$

$$= \frac{4}{J^2}\left\{\left(B_{11}-B_{31}\right)\int_{V_e}\zeta^1\left(4\zeta^1-1\right)dV+\left(B_{12}-B_{32}\right)\int_{V_e}\zeta^1\left(2\zeta^2-1\right)dV\right.$$

$$+\left(B_{13}-B_{33}\right)\int_{V_e}\zeta^1\left(4\zeta^3-1\right)dV$$

$$-B_{31}\int_{V_e}\zeta^4\left(4\zeta^1-1\right)dV-B_{32}\int_{V_e}\zeta^4\left(4\zeta^2-1\right)dV-B_{33}\int_{V_e}\zeta^4\left(4\zeta^3-1\right)dV$$

$$+\left(B_{21}-B_{31}\right)\int_{V_e}\zeta^2\left(4\zeta^1-1\right)dV+\left(B_{22}-B_{32}\right)\int_{V_e}\zeta^2\left(4\zeta^2-1\right)dV$$

$$+\left(B_{23}-B_{33}\right)\int_{V_e}\zeta^2\left(4\zeta^3-1\right)dV\Bigg\}$$

$$=\frac{4}{J^2}\left\{\left(B_{11}-B_{31}+B_{22}-B_{32}\right)\left(4\frac{2!}{5!}-\frac{1!}{4!}\right)\right.$$

$$\left.+\left(B_{12}-B_{32}+B_{13}-B_{33}-B_{31}-B_{32}-B_{33}+B_{21}-B_{31}+B_{23}-B_{33}\right)\left(4\frac{1!1!}{5!}-\frac{1!}{4!}\right)\right\}6V_e$$

$$=\frac{4}{J^2}\left\{\left(B_{11}+B_{22}-B_{23}-B_{31}\right)\frac{1}{40}-\left(-3B_{33}+2B_{12}-B_{23}-B_{31}\right)\frac{1}{120}\right\}6V_e$$

$$=\frac{1}{6V_e}\left\{\frac{1}{10}\left(B_{11}+B_{22}-B_{23}-B_{31}\right)-\frac{1}{30}\left(-3B_{33}+2B_{12}-B_{23}-B_{31}\right)\right\} \qquad \bullet\ f_4$$

となる。また、その非対角成分は

$$\overline{M}_{e_\alpha e_\beta}=0 \qquad (\alpha\neq\beta)$$

となる。

5.4　ベクトル形状関数の積分公式

辺ベクトル形状関数と面ベクトル形状関数の体積分に関する公式を誘導する。

(a) ベクトル形状関数の体積分

(公式 1) $\int \mathbf{w}_e dV=\tilde{\mathbf{e}}$

ここで $\mathbf{w}_e$ は辺 $\mathbf{e}$ の辺ベクトル形状関数であり，$\tilde{\mathbf{e}}$ は辺 $\mathbf{e}$ に双対な面積ベクトルである(**図 5.9** 参照)。また V_e を 4 面体の体積 $\{i, j, k, l\}$ とする。

[公式 1 の証明] Step 1: 3 角形 $\{k, l, i\}$ と 3 角形 $\{k, j, i\}$ の面積ベクトルをそれぞれ $\mathbf{S}_j$ と $\mathbf{S}_i$ する。このとき，3 角形 $\{k, j, l\}$ の回転方向を逆にした 3 角形 $\{k, l, j\}$ の面積ベクトルは $-\mathbf{S}_i$ となる。さらに辺 $e\{i, j\}$ の任意の点 m と節点 k, l を読んでできる 3 角形 $\{k, l, m\}$ の面積ベクトルを $\mathbf{S}_m$ とすれば

$$\mathbf{S}_m=\lambda_i\mathbf{S}_j-\lambda_j\mathbf{S}_i$$

となる。特に m が辺 $e\{i, j\}$ の中点のとき，$\lambda_i=\lambda_j=\dfrac{1}{2}$ である。以後 m は中点とする。

Step 2: 点 p を 3 角形 $\{i, k, j\}$ の重心とすれば $mp:pk=1:2$ となる。同様に点 q を三角形

$\{i, l, j\}$の重心とすれば$mq : ql = 1:2$である。辺$\{p, l\}$と辺$\{q, k\}$の交点をgとすればgは４面体の重心となる。すなわち，

$$\mathbf{r}_g = \frac{1}{4}\left(\mathbf{r}_i + \mathbf{r}_j + \mathbf{r}_k + \mathbf{r}_l\right)$$

を満足する。この関係式は**図 5. 10** を用いてつぎのように導かれる。点nは辺$\{k, l\}$の中点である。すなわち，

$$\mathbf{r}_m = \frac{1}{2}\left(\mathbf{r}_i + \mathbf{r}_j\right) \qquad \text{点}\, m\, \text{は辺}\, \{i, j\}\, \text{の中点}$$

$$\mathbf{r}_p = \frac{1}{3}\left(2\mathbf{r}_m + \mathbf{r}_k\right) \qquad \text{点}\, p\, \text{は辺}\, \{i, k, j\}\, \text{の重心}$$

$$\mathbf{r}_g = \frac{1}{4}\left(3\mathbf{r}_p + \mathbf{r}_l\right) \qquad g\, \text{は４面体の重心}$$

が成立している。よって$\{m, p, g, q\}$の面積ベクトルを$\tilde{\mathbf{e}}$とすれば

$$\tilde{\mathbf{e}} = \frac{1}{6}\mathbf{S}_m$$

が成立する。よって Step1 の結果を代入して

$$\tilde{\mathbf{e}} = \frac{1}{12}\left(\mathbf{S}_j - \mathbf{S}_i\right)$$

となる。

Step 3: 辺ベクトル形状関数は

$$\mathbf{w}_e = \lambda^i \nabla \lambda^j - \lambda^j \nabla \lambda^i$$

と表せる。ここで

$$\nabla \lambda^j = \frac{\mathbf{S}_j}{3V_e}, \quad \nabla \lambda^i = \frac{\mathbf{S}_i}{3V_e}$$

となる。よって

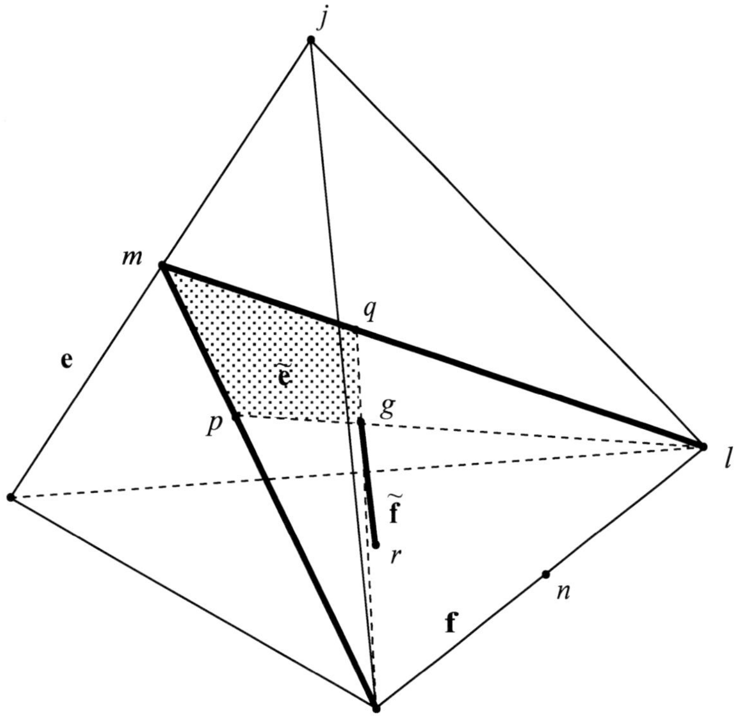

図 5.9 面と体の重心

（p, q, r は各面の重心で g は4面体の重心である。$\tilde{\mathbf{e}}$ は $\mathbf{e}$，$\tilde{\mathbf{f}}$ は $\mathbf{f}$ にそれぞれ双対である。）

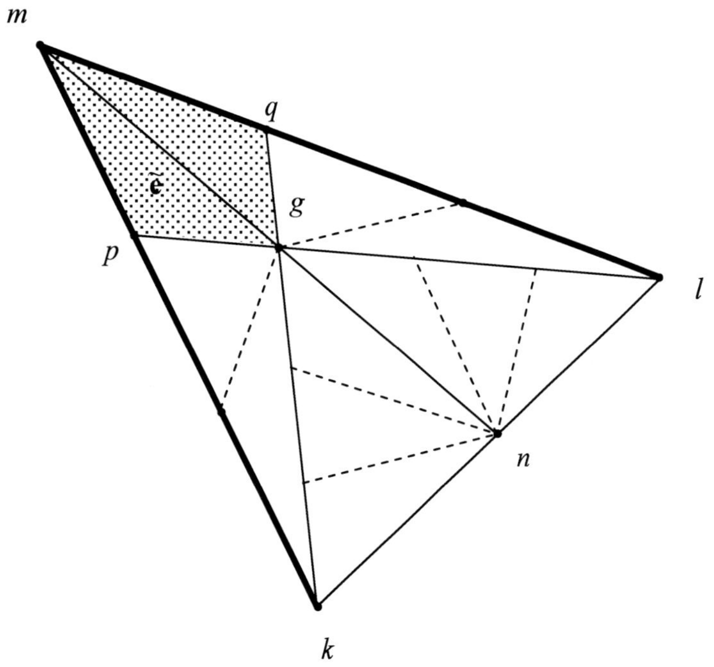

図 5.10 面と体の重心の関係

$$pg : gl = 1:3 \qquad qg : gk = 1:3 \qquad mg : gn = 1:1$$

頂点と対面の重心を結ぶ線分は，すべて 4 面体の重心 g を通る。その線分は重心によって 1:3 に分割される。各々の 3 角形の面積はすべて等しく $\frac{1}{12}$ である。

$$\mathbf{w}_e = \frac{1}{3V}\left(\lambda^i \mathbf{S}_j - \lambda^j \mathbf{S}_i\right)$$

となる。また

$$\int \lambda^i dV = \int \lambda^j dV = \frac{V_e}{4}$$

であるから，Step 2 の結果を用いると

$$\int \mathbf{w}_e dV = \frac{1}{12}\left(\mathbf{S}_j - \mathbf{S}_i\right) = \tilde{\mathbf{e}}$$

が導ける。（証明終わり）

2 次元の場合　図 5.11 において節点 l を k に漸近すると，節点 g と q は節点 p に漸近する(図 5.12 参照)。よって $\tilde{\mathbf{e}}$ の大きさは辺 $\{m, p\}$ の長さに等しく，その方向は辺 $\{m, p\}$ に垂直である。横行き方向に深さ l の面積を考えればよい。この場合節点 p は 3 角形 $\{i, j, k\}$ の重心である。

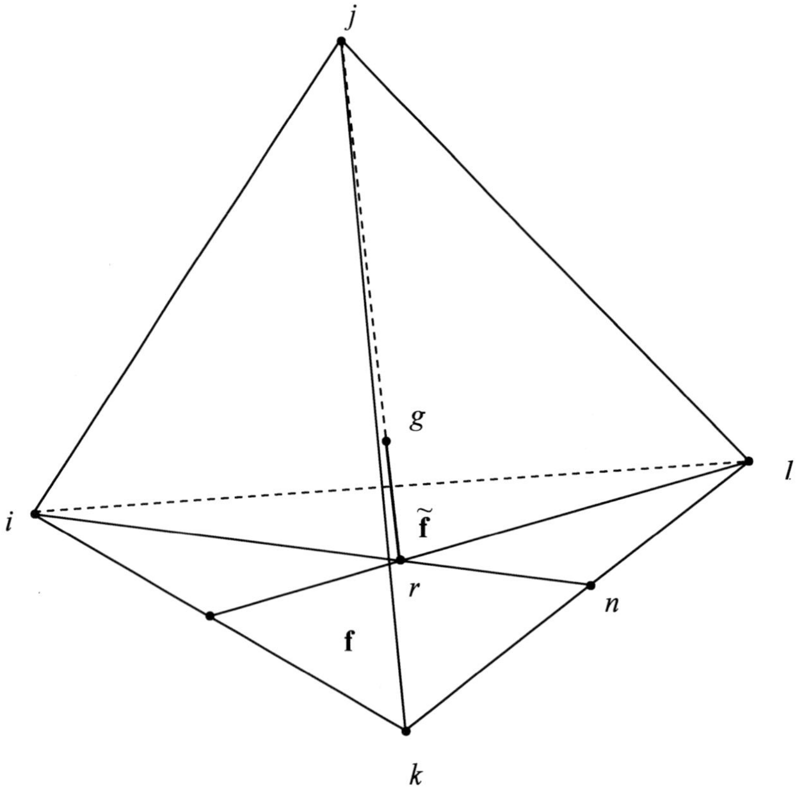

図 5.11　$\tilde{\mathbf{f}}$ は面と体の重心を結ぶ線分である。g は線分 jr を 1:3 に分割する。

$\tilde{\mathbf{f}}$ は $\mathbf{f}$ に双対である。

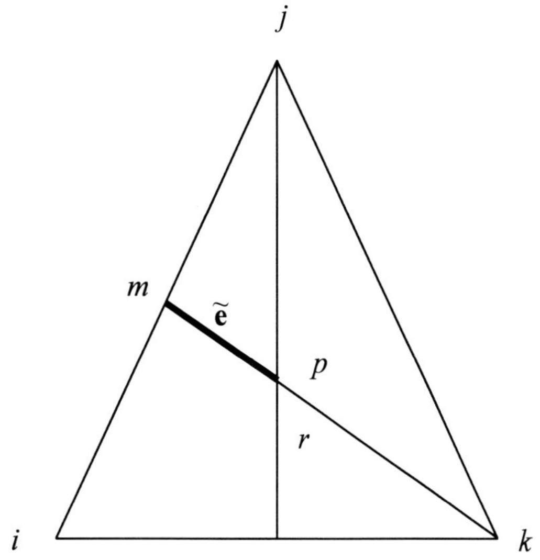

図 5.12　2 次元 3 角形の $\tilde{\mathbf{e}}$

（公式 2） $\int \mathbf{w}_f dV = \tilde{\mathbf{f}}$

ここで $\mathbf{w}_f$ は面 $\{i, k, l\}$ の辺ベクトル形状関数であり，$\tilde{\mathbf{f}}$ は 4 面体の重心 g と面 f の重心 r を結ぶ線分の長さを大きさに持つ，面 f に双対な辺ベクトルである。

［公式 2 の証明］　面ベクトル形状関数は

$$\mathbf{w}_f = 2\left(\lambda^i \nabla\lambda^k \times \nabla\lambda^l + \lambda^k \nabla\lambda^l \times \nabla\lambda^i + \lambda^l \nabla\lambda^i \times \nabla\lambda^k\right)$$

と表せる。ここで

$$\nabla\lambda^k \times \nabla\lambda^l = \frac{\mathbf{l}_{ij}}{6V_e}, \qquad \nabla\lambda^l \times \nabla\lambda^i = \frac{\mathbf{l}_{kj}}{6V_e}, \qquad \nabla\lambda^i \times \nabla\lambda^k = \frac{\mathbf{l}_{lj}}{6V_e}$$

である。よって

$$\mathbf{w}_f = \frac{1}{3V_e}\left(\lambda^i \mathbf{l}_{ij} + \lambda^k \mathbf{l}_{kj} + \lambda^l \mathbf{l}_{lj}\right)$$

を得る。これを積分して

$$\int \mathbf{w}_f dV = \frac{1}{12}\left(\mathbf{l}_{ij} + \mathbf{l}_{kj} + \mathbf{l}_{lj}\right) = \frac{1}{4}\mathbf{l}_{rj} = \tilde{\mathbf{f}}$$

となる。

(b) ベクトル形状関数の積分公式

$\mathbf{w}_e$ を辺ベクトル形状関数，$\mathbf{w}_f$ を面ベクトル形状関数とする。$\mathbf{e}$ と $\tilde{\mathbf{e}}$，$\mathbf{f}$ と $\tilde{\mathbf{f}}$ は双対な関係にある。このとき，つぎの公式が成立する。

$$\int_{\tilde{\mathbf{f}}} \mathbf{w}_e \cdot d\mathbf{r} = \int_V \mathbf{w}_e \cdot \mathbf{w}_f dV = \int_{\tilde{\mathbf{e}}} \mathbf{w}_f \cdot d\mathbf{S} \qquad \text{（公式）}$$

これを３つの部分に分解して証明する。4 面体の場合，これらの積分値は 1/12 に等しい。すなわち，

$$\int_{\tilde{\mathbf{f}}} \mathbf{w}_e \cdot d\mathbf{r} = \frac{1}{12} \qquad \text{（公式１）}$$

$$\int_{\tilde{\mathbf{e}}} \mathbf{w}_f \cdot d\mathbf{S} = \frac{1}{12} \qquad \text{（公式２）}$$

$$\int_V \mathbf{w}_e \cdot \mathbf{w}_f dV = \frac{1}{12} \qquad \text{（公式３）}$$

となる。以下に**図 5.9〜11** を参照して証明する。p, q, r は面の重心で，g は 4 面体の重心である。また，m, n は線分の中点である。

$$\int_{\tilde{\mathbf{f}}} \mathbf{w}_e \cdot d\mathbf{r} = \int_{\{r,g\}} \mathbf{w}_e \cdot d\mathbf{r} = \frac{V\{r,\ g,\ l,\ k\}}{V\{i,\ j,\ l,\ k\}} = \frac{1}{12} \qquad \textbf{（公式１）}$$

[公式１の証明]

＊ r が３角形 $\{k, l, r\}$ の重心であるから，その面積は３角形 $\{k, l, i\}$ の面積 S_j の 1/3 である。

＊ g は 4 面体の重心であるから，4 面体 $\{k, l, r, g\}$ の高さは $\frac{1}{4}h_j$ である。h_j は頂点 j より対面へ降ろした垂線の長さである。よって，

$$V\{r,\ g,\ l,\ k\} = \frac{1}{3}\left(\frac{S_j}{3} \cdot \frac{h_j}{4}\right) = \frac{1}{12} V\{i,\ j,\ l,\ k\}$$

を得る(証明終わり)。

$$\int_{\tilde{e}} \mathbf{w}_f \cdot dS = \frac{V\{m,\ j,\ p,\ g\} + V\{m,\ j,\ q,\ g\}}{V\{i,\ j,\ l,\ k\}} = \frac{1}{12} \qquad \text{（公式２）}$$

［公式２の証明］

＊ p が 3 角形 $\{\ l,\ k,\ j\}$ の重心であるから，3 角形 $\{m,\ p,\ j\}$ は面積 S_l の $\dfrac{1}{6}$ である。

＊ q は 4 面体の重心であるから，4 面積体 $\{m,\ j,\ p,\ g\}$ の高さは $\dfrac{1}{4}\ h_l$ である。h_l は頂点 l より対面に降ろした垂線の長さである。

＊よって，

$$V\{m,\ j,\ p,\ g\} = \frac{1}{3}\left(\frac{S_l}{6} \cdot \frac{h_l}{4}\right) = \frac{1}{24} V\{i,\ j,\ k,\ l\}$$

を得る。

＊同様にして

$$V\{m,\ j,\ q,\ g\} = \frac{1}{3}\left(\frac{S_k}{6} \cdot \frac{h_k}{4}\right) = \frac{1}{24} V\{i,\ j,\ k,\ l\}$$

を得る。

＊よって，これらの和を作れば

$$V\{m,\ j,\ p,\ g\} + V\{m,\ j,\ q,\ g\} = \frac{1}{12} V\{i,\ j,\ k,\ l\}$$

となる。（証明終わり）

$$\int \mathbf{w}_e \cdot \mathbf{w}_f\, dV = \frac{1}{12} \qquad \text{（公式３）}$$

［公式３の証明］

辺ベクトル形状関数と面ベクトル形状関数をそれぞれ

$$\mathbf{w}_e = \lambda^i \nabla \lambda^j - \lambda^j \nabla \lambda^i$$

$$\mathbf{w}_f = 2\left(\lambda^l \nabla \lambda^i \times \lambda^k + \lambda^i \nabla \lambda^k \times \nabla \lambda^l + \lambda^k \nabla \lambda^l \times \nabla \lambda^i\right)$$

とする。ここで

$$\nabla\lambda^j\cdot\left(\nabla\lambda^i\times\nabla\lambda^k\right)=\nabla\lambda^j\cdot\left(\nabla\lambda^k\times\nabla\lambda^l\right)=\nabla\lambda^j\left(\nabla\lambda^l\times\nabla\lambda^i\right)=\frac{1}{6V}$$

であるから，内積を計算すると

$$\mathbf{w}_e\cdot\mathbf{w}_f=2\left(\lambda^l\lambda^i+\lambda^i\lambda^i+\lambda^k\lambda^i-\lambda^j\lambda^i\right)\cdot\frac{1}{6V}$$

となる。ここで，両辺を体積すると

$$\int\lambda^l\lambda^i dV=\int\lambda^k\lambda^i dV=\int\lambda^j\lambda^i=\frac{6V}{5!}$$

$$\int\lambda^i\lambda^j dV=\frac{12V}{5!}$$

であるから，

$$\int\mathbf{w}_e\cdot\mathbf{w}_f dV=\frac{1}{12}$$

となる。ただし，4 面体に対して成立する公式

$$\int\left(\lambda^i\right)^a\left(\lambda^j\right)^b\left(\lambda^k\right)^c\left(\lambda^l\right)^d dV=\frac{a!b!c!d!}{(a+b+c+d+3)!}6V$$

を用いた。ここで，$\lambda^i,\lambda^j,\lambda^k,\lambda^l$ は体積座標であり，V は 4 面体の体積である。

5.5　一般化差分法・有限体積法・有限要素法

Faraday の電磁誘導の法則は

$$\nabla\times\mathbf{E}=-\frac{\partial\mathbf{B}}{\partial t}$$

と書ける。これを一般化差分法と有限体積法と有限要素法で離散化し，その結果が皆同じになることを示す。

(a) 一般化差分法

微分形式とグラフの理論を用いた離散化を一般化差分法とよぶことにする。つぎに一般化差分法の離散化手順を示す（**表 5.11** 参照）。

① 微分方程式（点で成立する）

$$\nabla \times \mathbf{E} = -\frac{\partial \mathbf{B}}{\partial t}$$

② 微分形式に書き直す（無限小領域で成立)。そのため上式の両辺に $d\mathbf{S}$ を内積する。

$$E = \mathbf{E} \cdot d\mathbf{r} \qquad B = \mathbf{B} \cdot d\mathbf{S}$$

であるから微分形式ではつぎのように書ける。

$$dE = -\frac{\partial B}{\partial t}$$

③ Stokes の定理を適用する

$$\int_{\Omega} dE = \int_{\partial\Omega} E$$

④ グラフの理論を用いて両辺を書き直す。

$$右辺 = \int_{\partial\Omega} E = \int_{\partial\Omega} \mathbf{E} \cdot d\mathbf{r} = R_f^e E_e$$

$$左辺 = \int_{\Omega} dE = -\frac{\partial}{\partial t}\int_{\Omega} B = -\frac{\partial}{\partial t}\int_{\Omega} \mathbf{B} \cdot d\mathbf{S} = -\frac{\partial B_f}{\partial t}$$

⑤ よって一般化差分法による離散式

$$R_f^e E_e = -\dot{B}_f$$

を得る。ただし，$\dot{B}_f = \dfrac{\partial B_f}{\partial t}$ である。

表 5.11　離散化手順

①　微分方程式
↓
②　微分形式
↓
③　Stokes の定理
↓
④　グラフの理論
↓
⑤　離散式

(b) 有限体積法

Faraday の電磁誘導の法則の両辺を体積分する。その結果

$$\int_V \nabla \times \mathbf{E} dV = -\frac{\partial}{\partial t}\int \mathbf{B} dV$$

を得る。この式に $\mathbf{E} = E_e \mathbf{w}_e$, $\mathbf{B} = B_f \mathbf{w}_f$, $\nabla \times \mathbf{w}_e = R_e^f \mathbf{w}_f$ を代入すると

$$R_f^e E_e \int_V \mathbf{w}_f dV = -\dot{B}_f \int_V \mathbf{w}_f dV$$

が導ける。ただし，$\nabla\times\mathbf{E} = E_e \nabla\times\mathbf{w}_e = E_e R_e^f \mathbf{w}_f = \mathbf{w}_f R_f^e E_e$ である。両辺より面ベクトル形状関数 $\mathbf{w}_f$ の体積分項を省略すると離散式

$$R_f^e E_e = -\dot{B}_f$$

が導ける。

(c) 有限要素法

Faraday の電磁誘導の法則の両辺に重み $\mathbf{w}$ を内積して領域積分すると

$$\int_\Omega \mathbf{w}\cdot(\nabla\times\mathbf{E})d\Omega = -\int_\Omega \mathbf{w}\cdot\frac{\partial\mathbf{B}}{\partial t}d\Omega$$

を得る。ここで部分積分の公式

$$\nabla\cdot(\mathbf{w}\times\mathbf{E}) = (\nabla\times\mathbf{w})\cdot\mathbf{E} - (\nabla\times\mathbf{E})\cdot\mathbf{w}$$

$$\therefore \int_\Gamma \mathbf{n}\cdot(\mathbf{w}\times\mathbf{E})d\Gamma = -\int_\Omega (\nabla\times\mathbf{w})\cdot\mathbf{E}d\Omega - \int_\Omega \mathbf{w}\cdot(\nabla\times\mathbf{E})d\Omega$$

を用いる。境界 Γ 上で電気壁条件 $\mathbf{n}\times\mathbf{E}=0$ を満足する場合，境界積分項は零となる。よって Faraday の電磁誘導の領域積分式は

$$\int_\Omega (\nabla\times\mathbf{w})\cdot\mathbf{E}d\Omega = -\int_\Omega \mathbf{w}\cdot\frac{\partial\mathbf{B}}{\partial t}d\Omega$$

と変形できる。重み関数 $\mathbf{w}$ を $\mathbf{w}_e$ に選び $\mathbf{E}=E_e\mathbf{w}_e, \mathbf{B}=B_f\mathbf{w}_f$ と近似する。$\nabla\times\mathbf{w}_e = R_e^f\mathbf{w}_f$ を代入し，両辺より領域積分項

$$\int_\Omega \mathbf{w}_e\cdot\mathbf{w}_f d\Omega$$

を省略すると有限要素法に離散式

$$R_f^e E_e = -\dot{B}_f$$

が導かれる。このように，一般化差分法，有限体積法，有限要素法による離散化は皆一致する。

コメント　離散 Lie 微分

Hodge 演算子に対して離散 Hodge 演算子が開発された。Lie 微分に対する離散 Lie 微分の開発は夢である。輸送定理はすべて Lie 微分で統一される。例えば

点：点関数の実質時間微分　$$\frac{Df}{Dt}=\frac{\partial f}{\partial t}+\mathbf{v}\cdot\nabla f$$

辺：線積分の輸送定理　$$\frac{D\mathbf{E}}{Dt}=\frac{\partial \mathbf{E}}{\partial t}+(\nabla\times\mathbf{E})\times\mathbf{v}+\nabla(\mathbf{v}\cdot\mathbf{E})$$

面：面積分の輸送定理　$$\frac{D\mathbf{B}}{Dt}=\frac{\partial \mathbf{B}}{\partial t}+\nabla\times(\mathbf{B}\times\mathbf{v})+(\nabla\cdot\mathbf{B})\mathbf{v}$$

体：体積分の輸送定理　$$\frac{D\rho}{Dt}=\frac{\partial \rho}{\partial t}+div(\rho\mathbf{v})$$

である。数値解析で一番苦労するのは Lie 微分の離散化である。すなわち,

$$\frac{Df}{Dt}=\frac{\partial f}{\partial t}+L_v f \qquad : L_v f=\mathbf{v}\cdot\nabla f$$

$$\frac{D\mathbf{E}}{Dt}=\frac{\partial \mathbf{E}}{\partial t}+L_v\mathbf{E} \qquad : L_v\mathbf{E}=(\nabla\times\mathbf{E})\times\mathbf{v}+\nabla(\mathbf{v}\cdot\mathbf{E})$$

$$\frac{D\mathbf{B}}{Dt}=\frac{\partial \mathbf{B}}{\partial t}+L_v\mathbf{B} \qquad : L_v\mathbf{B}=\nabla\times(\mathbf{B}\times\mathbf{v})+(\nabla\cdot\mathbf{B})\mathbf{v}$$

$$\frac{D\rho}{Dt}=\frac{\partial \rho}{\partial t}+L_v\rho \qquad : L_v\rho=div(\rho\mathbf{v})$$

である。Lie 微分の部分を統一的に高精度に離散化するための離散 Lie 微分の開発は，連続体の数値解析技術に大きなインパクトを与えるであろう。Lagrange 的に観察した保存則は，変形する点，辺，面，体と共に運動する系からみればすべて,

$$\frac{Df}{Dt}=0,\ \frac{D\mathbf{E}}{Dt}=0,\ \frac{D\mathbf{B}}{Dt}=0,\ \frac{D\rho}{Dt}=0$$

で表現できる。これを Euler 的に観察すると Lie 微分の項が現れる。特に有限の辺，面，体の流動に伴う変形は処理が難しい。結局は辺，面，体も粒子群として取り扱わざるを得ないのであろうか？その場合スカラー関数 f と ρ の Lie 微分は可能でもベクトル関数 $\mathbf{E}$ と $\mathbf{B}$ の Lie 微分は不可能である。すなわち, $E=\mathbf{E}\cdot d\mathbf{r},\ B=\mathbf{B}\cdot d\mathbf{S}$ の微分形式の Lie 微分の離散化が必要である。

コメント　集中化質量行列の公式（4 面体）

$$\overline{M}_{nn'} = \lambda_n \delta_{nn'} \qquad \overline{M}_{vv'} = \lambda_v \delta_{vv'}$$

$$\lambda_n = \frac{V_e}{4} = J_e \qquad \lambda_v = \frac{1}{V_e}$$

$$\overline{M}_{ee'} = \lambda_e \delta_{ee'}$$

$$\lambda_{e_1} = 6V_e \left\langle \left(\mathbf{g}^1 + \mathbf{g}^2 + \mathbf{g}^3\right) \cdot \left(\frac{1}{12}\mathbf{g}^1 + \frac{1}{20}\mathbf{g}^2 + \frac{1}{30}\mathbf{g}^3\right)\right\rangle$$

$$\lambda_{e_2} = 6V_e \left\langle \left(\mathbf{g}^1 + \mathbf{g}^2 + \mathbf{g}^3\right) \cdot \left(\frac{1}{30}\mathbf{g}^1 + \frac{1}{12}\mathbf{g}^2 + \frac{1}{20}\mathbf{g}^3\right)\right\rangle$$

$$\lambda_{e_3} = 6V_e \left\langle \left(\mathbf{g}^1 + \mathbf{g}^2 + \mathbf{g}^3\right) \cdot \left(\frac{1}{20}\mathbf{g}^1 + \frac{1}{30}\mathbf{g}^2 + \frac{1}{12}\mathbf{g}^3\right)\right\rangle$$

$$\lambda_{e_4} = 6V_e \left\langle \mathbf{g}^2 \cdot \left(\frac{1}{24}\mathbf{g}^1 + \frac{1}{20}\mathbf{g}^2 + \frac{1}{30}\mathbf{g}^3\right) - \mathbf{g}^1 \cdot \left(\frac{1}{30}\mathbf{g}^1 + \frac{1}{24}\mathbf{g}^2 + \frac{1}{20}\mathbf{g}^3\right)\right\rangle$$

$$\lambda_{e_5} = 6V_e \left\langle \mathbf{g}^3 \cdot \left(\frac{1}{30}\mathbf{g}^1 + \frac{1}{24}\mathbf{g}^2 + \frac{1}{20}\mathbf{g}^3\right) - \mathbf{g}^2 \cdot \left(\frac{1}{20}\mathbf{g}^1 + \frac{1}{30}\mathbf{g}^2 + \frac{1}{24}\mathbf{g}^3\right)\right\rangle$$

$$\lambda_{e_6} = 6V_e \left\langle \mathbf{g}^1 \cdot \left(\frac{1}{20}\mathbf{g}^1 + \frac{1}{30}\mathbf{g}^2 + \frac{1}{24}\mathbf{g}^3\right) - \mathbf{g}^3 \cdot \left(\frac{1}{24}\mathbf{g}^1 + \frac{1}{20}\mathbf{g}^2 + \frac{1}{30}\mathbf{g}^3\right)\right\rangle$$

$$\overline{M}_{ff'} = \lambda_f \delta_{ff'}$$

$$\lambda_{f_1} = \frac{1}{6V_e}\left\{\frac{1}{10}\left(g_{11} + g_{22} + g_{33}\right) + \frac{2}{30}\left(g_{12} + g_{23} + g_{21}\right)\right\}$$

$$\lambda_{f_2} = \frac{1}{6V_e}\left\{\frac{1}{10}\left(g_{22} + g_{33} - g_{12} - g_{31}\right) - \frac{1}{30}\left(-3g_{11} - g_{12} + 2g_{23} - g_{31}\right)\right\}$$

$$\lambda_{f_3} = \frac{1}{6V_e}\left\{\frac{1}{10}\left(g_{11} + g_{33} - g_{12} - g_{23}\right) - \frac{1}{30}\left(-3g_{22} - g_{12} - g_{23} + 2g_{31}\right)\right\}$$

$$\lambda_{f_4} = \frac{1}{6V_e}\left\{\frac{1}{10}\left(g_{11} + g_{22} - g_{23} - g_{31}\right) - \frac{1}{30}\left(-3g_{33} + 2g_{12} - g_{23} - g_{31}\right)\right\}$$

コメント　公式集

● ベクトル形状関数の積分公式

体積分　$\int_V \mathbf{w}_e dV = \tilde{\mathbf{e}}$

体積分　$\int_V \mathbf{w}_f dV = \tilde{\mathbf{f}}$

線積分・面積分・体積分

$$\int_{\tilde{\mathbf{f}}} \mathbf{w}_e \cdot d\mathbf{r} = \int_V \mathbf{w}_e \cdot \mathbf{w}_f dV = \int_{\tilde{\mathbf{e}}} \mathbf{w}_f \cdot d\mathbf{S}$$

● 質量行列の性質

辺：$\mathbf{w}_e \cdot \mathbf{l}_{e'} = \delta_{ee'}$

$$\sum_{e'} M_{ee'} \mathbf{l}_{e'} = \tilde{\mathbf{e}}$$

面：$\mathbf{w}_f \cdot \mathbf{S}_{f'} = \delta_{ff'}$

$$\sum_{f'} M_{ff'} \mathbf{S}_{f'} = \tilde{\mathbf{f}}$$

● 回転の内積

$$N_{ee'} = \int_V (\nabla \times \mathbf{w}_e) \cdot (\nabla \times \mathbf{w}_{e'}) dV, \quad M_{ff'} = \int_V \mathbf{w}_f \cdot \mathbf{w}_{f'} dV$$

のとき

$$N_{ee'} = R_e^f M_{ff'} R_{f'}^{e'} = \frac{1}{9V} (\mathbf{l}_e \cdot \mathbf{l}_{e'})$$

ただし，辺e, e'の**対辺**をそれぞれ$\mathbf{l}_e, \mathbf{l}_{e'}$とする。なぜならば

$$\nabla \times \mathbf{w}^{kl} = \frac{\mathbf{l}_{mn}}{3V} \quad \text{のとき} \quad \nabla \times \mathbf{w}_e = \frac{\mathbf{l}_e}{3V}, \nabla \times \mathbf{w}_{e'} = \frac{\mathbf{l}_{e'}}{3V}$$

であるから。

コメント　離散 Hodge 作用素

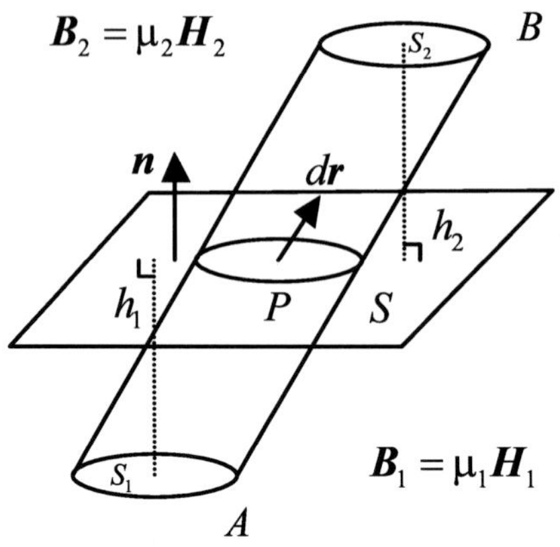

離散 Hodge 作用素の計算方法

✧　磁束は各断面内で一定である。すなわち

$$\int \boldsymbol{B}_1 \cdot d\boldsymbol{S}_1 = \int \boldsymbol{B}_2 \cdot d\boldsymbol{S}_2 = \int \boldsymbol{B} \cdot d\boldsymbol{S}$$

となる。ゆえに $S_1 = S_2 = S$ のとき $B_1 = B_2 = B$ が成立する。

✧　ポテンシャルは各要素での和として

$$\int_A^B \boldsymbol{H} \cdot d\boldsymbol{r} = \int_A^P \boldsymbol{H}_1 \cdot d\boldsymbol{r}_1 + \int_P^B \boldsymbol{H}_2 \cdot d\boldsymbol{r}_2$$

と表わせる。そして面からの垂直距離

$$h_1 = \int_A^P \boldsymbol{n} \cdot d\boldsymbol{r} \qquad h_2 = \int_P^B \boldsymbol{n} \cdot d\boldsymbol{r}$$

が重要となる。

$$\mu^* = \frac{\mu_1 \mu_2 S}{\mu_2 h_1 + \mu_1 h_2}$$

$$\mu^{ff} = \frac{\mu_1 \mu_2 S(f)}{\mu_2 h_1(\widetilde{f_1}) + \mu_1 h_2(\widetilde{f_2})}$$

第Ⅱ部　Whitney 形式

第Ⅱ部では Whitney 形式を考察する。そして，Whitney 形式は離散 Helmholtz 分解へと発展する。連続空間におけるベクトル場の Helmholtz 分解は連続体の力学においてよく調べられている。流体力学・固体力学・電磁力学の場の理論は Helmholtz 分解することによって整然と体系がまとまる。しかし，Helmholtz 分解を離散空間で行うにはどうしたらよいかは今後の課題であり，その橋渡しをするのが Whitney 形式である。そして，辺ベクトル形状関数と面ベクトル形状関数がその中心的役割を演ずる。第 12 章で Whitney 表示と外微分形式の関係について再び補足する。

第6章

Whitney 形式

Whitney 形式では面積座標や体積座標にλ^iを用いることが多い。従って第Ⅲ部で用いるζ^iはλ^iに読みかえられる$(\lambda^i = \zeta^i)$。また，Whitney の頭文字 W を用いて形状関数を表すことが多い。すなわち，記号

$w_i = N_i = \lambda^i$　　節点形状関数

$\mathbf{w}_e = \mathbf{w}^{ij} = \mathbf{E}_{ij}$　　辺ベクトル形状関数

$\mathbf{w}_f = \mathbf{w}^{ijk} = \mathbf{F}_{ijk}$　　面ベクトル形状関数

$w_v = \dfrac{1}{V_v}$　　体形状関数

が導入される。これらの 4 種類の形状関数が基本的に重要で，それぞれ点積分，線積分，面積分，体積分に対応している。この章ではこれらの形状関数の定義と性質について調べる。この章の構成はつぎのとおりである。

6.1 単体 Whitney 形式と形状関数 136
6.2 微分形式と 4 種類の積分 141
6.3 形状関数と 4 種類の積分 145
6.4 単位分解 148

6.1 単体 Whitney 形式と形状関数

(a) 単体要素とその座標系

線分・3 角形・4 面体要素を単体要素という。それぞれの単体要素の節点 i で 1、節点 i の対点，または対辺，または対面，で 0 となる座標系を導入する(**図 6.1** 参照)。その結果，線分に対して線分座標，3 角形に対して面積座標，4 面体に対して体積座標が定義できる。座標の個数は頂点の個数に等しい。そして，座標の個数は次元数 n に 1 加えたものである。すなわち辺に対して 2 個，3 角形に対して 3 個，4 面体に対して 4 個である。そして，これらの座標の総和は 1 である。よって条件式

$$\sum_{i=1}^{n+1} \lambda^i = 1$$

が成立する。ここで n は次元数で，独立な座標の数は空間の次元数 n に等しい。例えば 3 次元の体積座標は $\lambda^1, \lambda^2, \lambda^3, \lambda^4$ の 4 個で条件式が $\lambda^1 + \lambda^2 + \lambda^3 + \lambda^4 = 1$ である。これらの座標系を用いることにより関数 f は

$$f = \sum_{i=1}^{n+1} \lambda^i f_i = \lambda^i f_i$$

と線形補間される。ここで，f_i は節点 i での関数 f の値である。そして，λ^i を節点形状関数ともよぶ。1 次元の曲線は折れ線で，2 次元の曲面は 3 角形パッチで補間される。(**図 6.2** 参照)。

1 次元	線分座標	$\lambda^i = L_i / L$	$\lambda^1 + \lambda^2 = 1$	$L_1 + L_2 = L$
2 次元	面積座標	$\lambda^i = S_i / S$	$\lambda^1 + \lambda^2 + \lambda^3 = 1$	$S_1 + S_2 + S_3 = S$
3 次元	体積座標	$\lambda^i = V_i / V$	$\lambda^1 + \lambda^2 + \lambda^3 + \lambda^4 = 1$	$V_1 + V_2 + V_3 + V_4 = V$

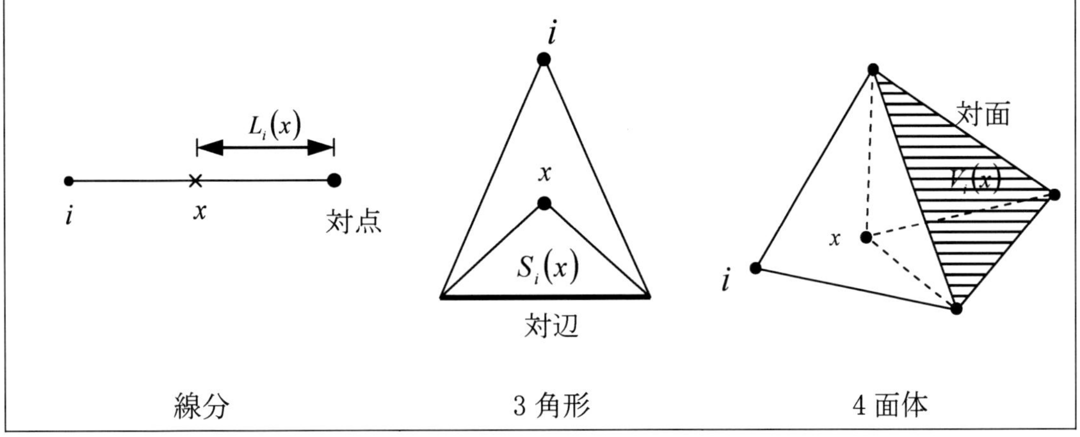

図 6.1 単位要素と座標系

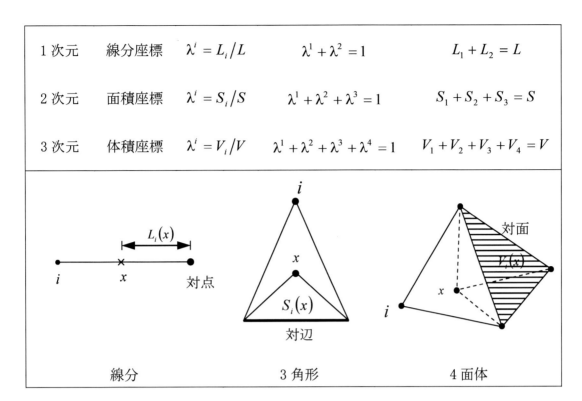

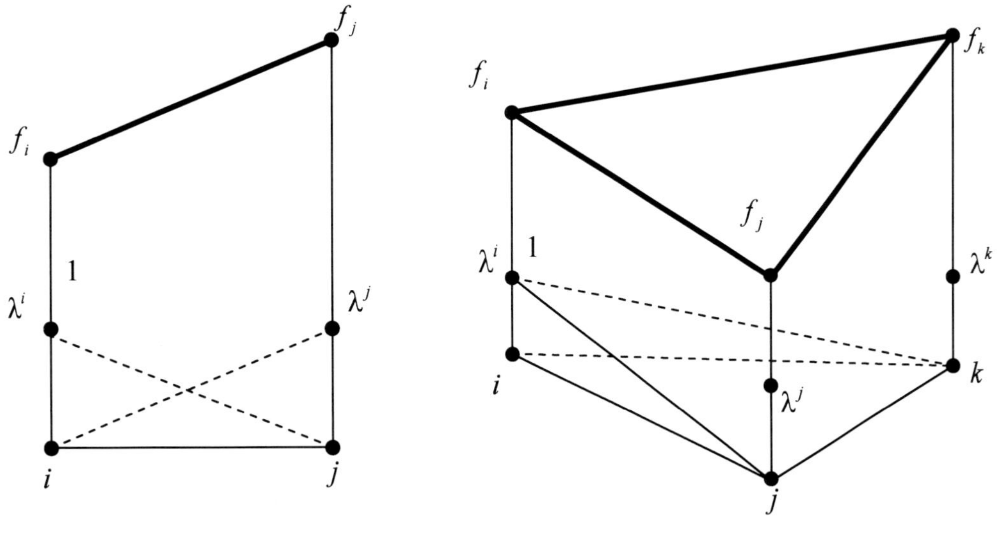

図 6.2 線形補間

(b) 単体Whitney形式と形状関数

節点n，辺e，面f，体vに対して$\boldsymbol{\lambda}^n$，$\boldsymbol{\lambda}^e$，$\boldsymbol{\lambda}^f$，$\boldsymbol{\lambda}^v$を

$$\begin{array}{ll} n\{n\} & \lambda^n = \lambda^n \\ e\{m,n\} & \lambda^e = \lambda^m + \lambda^n \\ f\{l,m,n\} & \lambda^f = \lambda^l + \lambda^m + \lambda^n \\ v\{k,l,m,n\} & \lambda^v = \lambda^k + \lambda^l + \lambda^m + \lambda^n \end{array}$$

と定義する。さらにこれらの差として

$$\begin{aligned} \lambda^{v-f} &= \lambda^v - \lambda^f = \lambda^k \\ \lambda^{f-e} &= \lambda^f - \lambda^e = \lambda^l \\ \lambda^{e-n} &= \lambda^e - \lambda^n = \lambda^m \end{aligned}$$

を定義する。このとき，単体Whitney形式は$w_n = \lambda^n$として

$$p=0 \qquad w_n = \lambda^n$$

$$p=1 \qquad w_e = \sum_n G_e^n \lambda^{e-n} dw_n$$

$$p=2 \qquad w_f = \sum_e R_f^e \lambda^{f-e} dw_e$$

$$p=3 \qquad w_v = \sum_f D_v^f \lambda^{v-f} dw_f$$

と定義される。ただし，接続行列G_e^n，R_f^e，D_v^fの定義については第3章を参照。このとき，Whitney形式w_e，w_f，w_vの展開式は**表 6.1** のように求まる。単体Whitney形式より形状関数を求めるには$d \to \nabla, \wedge \to \times$の対応でよい。その結果形状関数$w_n$，辺ベクトル形状関数$\mathbf{w}_e$，面ベクトル形状関数$\mathbf{w}_f$，体ベクトル形状関数$w_v$が求まる(**表 6.1** 参照)。

表 6.1　Whitney 形式と形状関数の対応

		微分形式	形状関数
0	節点 n	$w_n = \lambda^n$	$w_n = \lambda^n$
1	辺 $e\{m,n\}$	$w_e = \lambda^m d\lambda^n - \lambda^n d\lambda^m$	$\mathbf{w}_e = \lambda^m \nabla\lambda^n - \lambda^n \nabla\lambda^m$
2	面 $f\{l,m,n\}$	$w_f = 2\left(\lambda^l d\lambda^m \wedge d\lambda^n + \lambda^m d\lambda^n \wedge d\lambda^l + \lambda^n d\lambda^l \wedge d\lambda^m \right)$	$\mathbf{w}_f = 2\left(\lambda^l \nabla\lambda^m \times \nabla\lambda^n + \lambda^m \nabla\lambda^n \times \nabla\lambda^l + \lambda^n \nabla\lambda^l \times \nabla\lambda^m \right)$
3	体 $v\{k,l,m,n\}$	$w_v = 6\left(\lambda^k d\lambda^l \wedge d\lambda^m \wedge d\lambda^n + \lambda^l d\lambda^m \wedge d\lambda^n \wedge d\lambda^k + \lambda^m d\lambda^n \wedge d\lambda^k \wedge d\lambda^l + \lambda^n d\lambda^k \wedge d\lambda^l \wedge d\lambda^m \right)$	$w_v = \dfrac{1}{V_v}$
注： $\left(d\lambda^l \wedge d\lambda^m\right) \wedge d\lambda^m = \left(\nabla\lambda^l \times \nabla\lambda^m\right) \cdot d\mathbf{S} \wedge \left(\nabla\lambda^n \cdot d\mathbf{r}\right) = \dfrac{1}{6V_v} dV$			

(c) 形状関数のこう配・回転・発散

形状関数について，つぎの等式が成立する。

$$w_n = \lambda^n$$

$$\mathbf{w}_e = \mathbf{w}^{mn} = \lambda^m \nabla\lambda^n - \lambda^n \nabla\lambda^m \qquad \text{(こう配)}$$

$$\mathbf{w}_f = \mathbf{w}^{lmn} = \lambda^l \nabla\times\mathbf{w}^{mn} + \lambda^m \nabla\times\mathbf{w}^{nl} + \lambda^n \nabla\times\mathbf{w}^{lm} \qquad \text{(回転)}$$

$$w_v = \nabla\cdot\mathbf{w}_f \qquad \text{(発散)}$$

すなわち，各々の形状関数は**図 6.3** を参照してつぎのように求まる。

(1)　w^n は節点 n に重み λ^n を付けたもの

(2)　$\mathbf{w}_e$ は節点形状関数のこう配に，辺の両端の符号つき重みをかけて加えたもの

(3)　$\mathbf{w}_f$ は辺ベクトル形状関数の回転に重みをかけて加えたもので，証明には $\nabla\times\mathbf{w}^{mn}=2\nabla\lambda^m\times\nabla\lambda^n$ を用いる。

(4)　w_v は面ベクトル形状関数の発散である。証明には

$$\nabla\lambda^l\cdot\left(\nabla\lambda^m\times\nabla\lambda^n\right)=\frac{1}{6V_v}$$

を用いる。

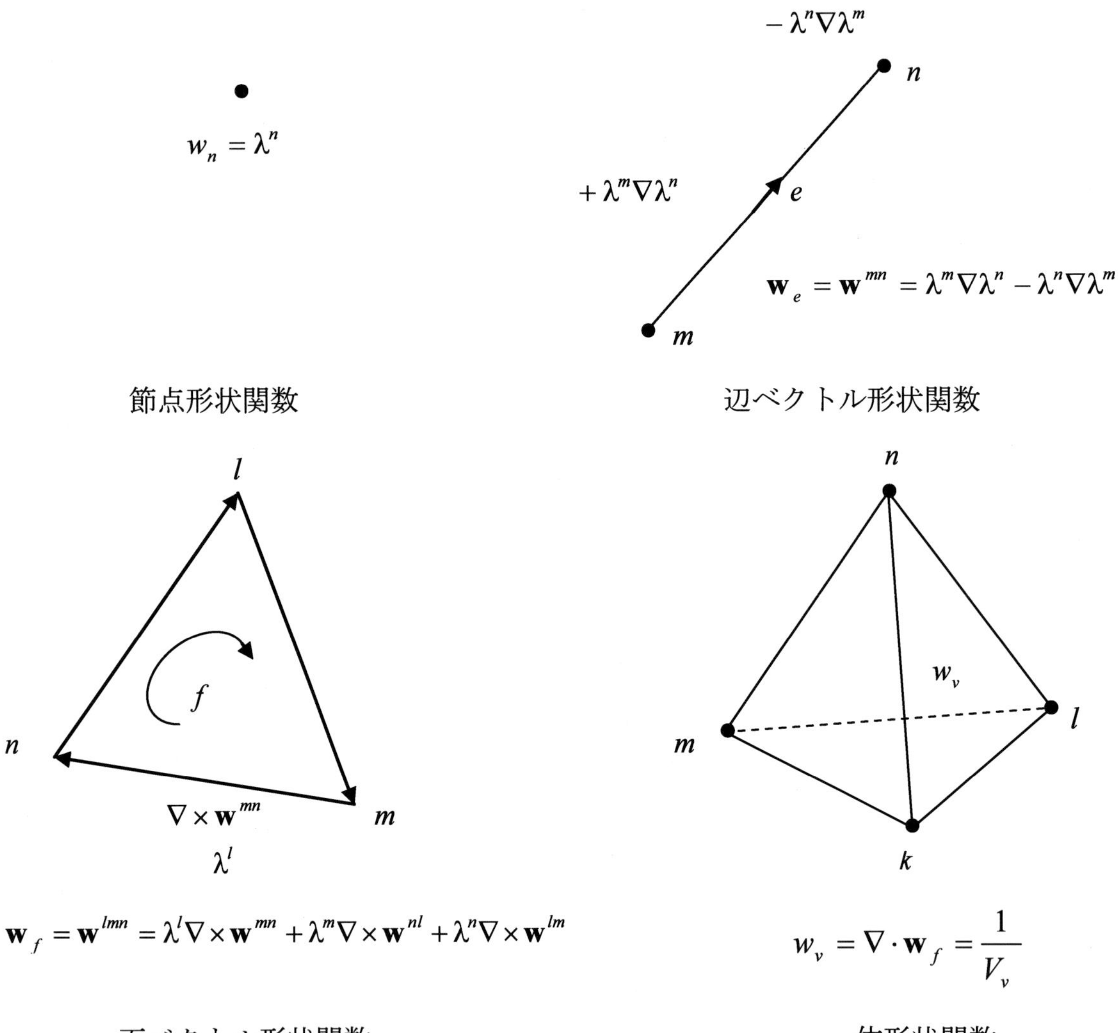

図 6.3 形状関数のこう配・回転・発散

6.2 微分形式と 4 種類の積分

微分形式を用いる場合、形状関数の構成に 4 種類の積分の概念が必要である。すなわち、0 形式に対して点積分、1 形式に対して線積分、2 形式に対して面積分、3 形式に対して体積分である。形状関数の種類は 4 種類で

0	w_n	ポテンシャルに対する節点形状関数
1	$\mathbf{w}_e$	極性ベクトルに対する辺ベクトル形状関数
2	$\mathbf{w}_f$	軸性ベクトルに対する面ベクトル形状関数
3	w_v	密度に対する体形状関数

と書かれる。ここで、添字は n (node) 、e (edge) 、f (facet) 、v (volume) を意味し、w_n と w_v はスカラー形状関数、$\mathbf{w}_e$ と $\mathbf{w}_f$ はベクトル形状関数である。これらの形状関数を用いると、それぞれの形状関数に対応する関数は有限要素法で

スカラーポテンシャル　$\phi\ :\ \phi = \sum_n w_n\phi_n = w_n\phi_n$

極性ベクトル　$\mathbf{E}\ :\ \mathbf{E} = \sum_e \mathbf{w}_e E_e = \mathbf{w}_e\mathbf{E}_e$

軸性ベクトル　$\mathbf{B}\ :\ \mathbf{B} = \sum_f \mathbf{w}_f B_f = \mathbf{w}_f B_f$

密度　$\rho\ :\ \rho = \sum_v w_v\rho_v = w_v\rho_v$

と近似される。ここで

$n \in N$ 、$e \in E$ 、$f \in F$ 、$v \in V$

であり、N 、E 、F 、V は節点、辺、面、体の集合である。全集和Σをとる場合、すなわち

$\sum_n = \sum_{n\in N}$ 、$\sum_e = \sum_{e\in E}$ 、$\sum_f = \sum_{f\in F}$ 、$\sum_v = \sum_{v\in V}$

を意味し、間違いの恐れが無い場合簡潔な表示を得るためΣの記号を省略する。
これらの表示を形状関数による展開表示または補間関数とよぶ。
次に各々の形状関数の性質を調べる。

(a) 0 形式と点積分

任意の関数にデルタ関数δをかけて領域積分する。この積分を点積分と呼ぶことにする。

スカラーポテンシャルϕについて、この積分を実行すると

$$\int_v \phi\delta(x - x_j)dV = \phi(x_j) = \phi_j$$

となる。ここで$\phi_j = \phi(x_j)$は点x_jの値である。すなわち、デルタ関数$\delta(x - x_j)$をかけて積分することは関数ϕの点x_jの値を取り出すことを表わしている。ϕとして補間関数$\phi = w_i\phi_i$を代入すれば

$$\phi_j = \int_v w_i\phi_i\delta(x - x_j)dV = w_i(x_j)\phi_i$$

となる。よって節点形状関数は

$$w_i(x_j) = \delta_{ij} \qquad \text{基本性質}$$

なる基本性質を持っている。ここでδ_{ij}は Kronecker のデルタである。すなわち、$i = j$ならば$\delta_{ij} = 1$、$i \neq j$ならば$\delta_{ij} = 0$である。これを

$$\int_{n'} w_n\delta(x - x_{n'})dV = \delta_{nn'}$$

と書く。この意味は節点n'が積分領域に含まれるならば$\delta_{nn'} = 1$を意味する。あるいは、この積分の意味をさらに簡単に

$$w_n\delta_{n'} = \delta_{nn'}$$

と表示する。

(b) 1形式と線積分

極性ベクトル$\mathbf{E} = \mathbf{w}_e E_e$の辺$e'$上での線積分値を考えると

$$E_{e'} = \int_{e'} \mathbf{E}\cdot d\mathbf{r} = \int_{e'} \mathbf{w}_e E_e \cdot d\mathbf{r} = \int_{e'} \mathbf{w}_e \cdot d\mathbf{r} E_e = \delta_{ee'}E_e$$

となる。ここでE_eは$\mathbf{E}$の辺e上での線積分値である。よって

$$\int_{e'} \mathbf{w}_e \cdot d\mathbf{r} = \mathbf{w}_e \cdot \mathbf{l}_{e'} = \delta_{ee'} \qquad \text{基本性質}$$

が成立する。$\mathbf{l}_{e'} = \mathbf{t}_{e'}l$は辺$e'$の辺ベクトルでその大きさは辺の長さ$l$に等しく、方向は単位接線ベクトル方向$\mathbf{t}_{e'}$である。これが辺ベクトル形状関数の基本性質で、この性質を持つように辺ベクトル形状関数は構成される。

(c) 2 形式と面積分

軸性ベクトル$\mathbf{B} = \mathbf{w}_f B_f$の面$f'$上の面積分を考えると

$$B_{f'} = \int_{f'} \mathbf{B} \cdot d\mathbf{S} = \int_{f'} \mathbf{w}_f B_f \cdot d\mathbf{S} = \int_{f'} \mathbf{w}_f \cdot \mathbf{n}_{f'} dS B_f = \delta_{ff'} B_f$$

となる。ここでB_fは$\mathbf{B}$の面f上での面積分値である。よって

$$\int_{f'} \mathbf{w}_f \cdot d\mathbf{S} = \mathbf{w}_f \cdot \mathbf{S}_{f'} = \delta_{ff'} \qquad \text{基本性質}$$

が成立する。$\mathbf{S}_{f'} = \mathbf{n}_{f'} S$は面$f'$の面積ベクトルでその大きさは面$f'$の面積$S$に等しく、方向は面$f'$の単位法線ベクトル方向$\mathbf{n}_{f'}$である。これが面ベクトル形状関数の基本性質で、この性質を持つように面ベクトル関数は構成される。

(d) 3 形式と体積分

密度関数$\rho = w_v \rho_v$の体v'上の体積分を考えると

$$\rho_{v'} = \int_{v'} \rho dV = \int_{v'} w_v \rho_v dV = \int_{v'} w_v dV \rho_v = \delta_{vv'} \rho_v$$

となる。ここでρ_vはρの体v上で体積分値である。よって

$$\int_{v'} w_v dV = w_v V_{v'} = \delta_{vv'} \qquad \text{基本性質}$$

が成立する。$V_{v'}$は体v'の体積である。これが体形状関数の基本性質である。$v' = v$の場合$w_v = \dfrac{1}{V_v}$となる。すなわち、体形状関数は考える要素の体積の逆数に等しく要素内で一定である。体vの密度の体積平均値$\langle \rho \rangle$を用いると、関係式

$$\langle \rho \rangle V_v = \int_{v} \rho dV = \rho_v \qquad \therefore \langle \rho \rangle = \rho_v w_v$$

が成立する。すなわち体vでの密度の平均値は$\rho_v w_v$に等しい。
以上の結果を**表 6.2** にまとめておく。ここで次のことに注意しておく。

w_n：節点nで 1，その他の節点で 0 である。
$\mathbf{w}_e$：辺eに沿っての線積分（循環）は 1 で，他の辺上で 0 である。
$\mathbf{w}_f$：面f上の面積分（流束）は 1 で，他の面上で 0 である。
w_v：体v上の体積分は 1 で，他の体上で 0 である。

表 6.2　形式と点積分・線積分・面積分・体積分

0 形式	1 形式	2 形式	3 形式
節点形状関数 w_n 節点　n node	辺ベクトル形状関数 $\mathbf{w}_e$ 辺　e edge	面ベクトル形状関数 $\mathbf{w}_f$ 面　f facet	体形状関数 w_v 体　v volume
スカラー ポテンシャル　ϕ $\phi = w_n \phi_n$ $\phi_n = \int_n \phi \delta_n dV$	ベクトル 極性ベクトル　$\mathbf{E}$ $\mathbf{E} = \mathbf{w}_e E_e$ $E_e = \int_e \mathbf{E} \cdot \mathbf{t}_e ds$	ベクトル 軸性ベクトル　$\mathbf{B}$ $\mathbf{B} = \mathbf{w}_f B_f$ $B_f = \int_f \mathbf{B} \cdot \mathbf{n}_f dS$	スカラー 密度　ρ $\rho = w_v \rho_v$ $\rho_v = \int_v \rho dV$
$w_n \delta_{n'} = \delta_{nn'}$ 点積分 	$\mathbf{w}_e \cdot \mathbf{l}_{e'} = \delta_{ee'}$ 線積分 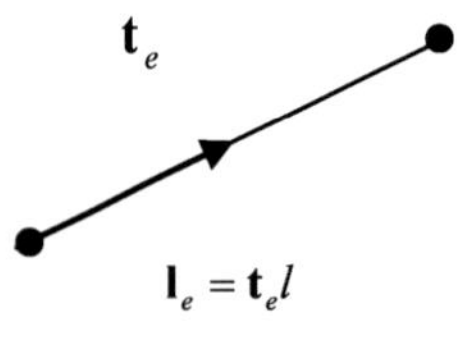	$\mathbf{w}_f \cdot \mathbf{S}_{f'} = \delta_{ff'}$ 面積分 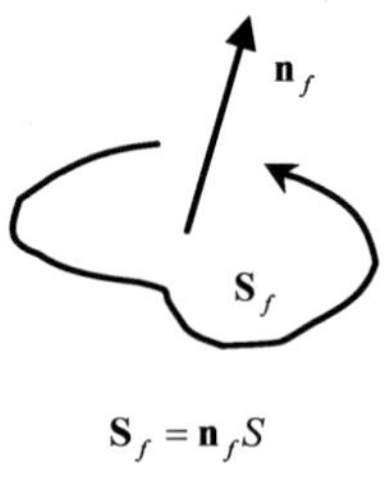	$w_v V_{v'} = \delta_{vv'}$ 体積分 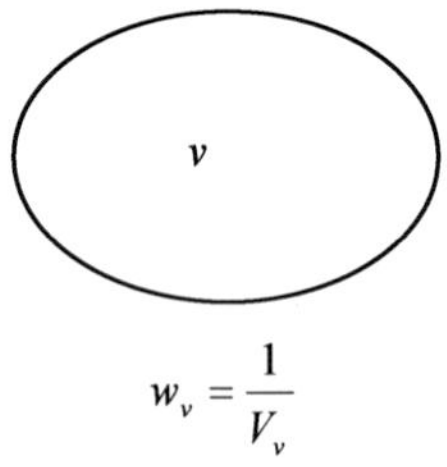

6.3 形状関数と 4 種類の積分

微分形式には点積分，線積分，面積分，体積分の 4 種類があることを述べた。つぎにこれらの積分を節点形状関数 w_n ・辺ベクトル形状関数 $\boldsymbol{w}_e$ ・面ベクトル形状関数 $\boldsymbol{w}_f$ ・体形状関数 w_v に適用する。その結果はつぎのとおりである。

$$\int_{n'} w_n \delta_{n'} dV = \delta_{nn'} \qquad \therefore\ w_n = 1 \quad at\ \ n$$

$$\int_{e'} \boldsymbol{w}_e \cdot \boldsymbol{t}_{e'} ds = \delta_{ee'} \qquad \therefore\ \boldsymbol{w}_e = \frac{\boldsymbol{t}_e}{L_e} \quad on\ \ e$$

$$\int_{f'} \boldsymbol{w}_f \cdot \boldsymbol{n}_{f'} dS = \delta_{ff'} \qquad \therefore\ \boldsymbol{w}_f = \frac{\boldsymbol{n}_f}{S_f} \quad on\ \ f$$

$$\int_{v'} w_v dV = \delta_{vv'} \qquad \therefore\ w_v = \frac{1}{V_v} \quad in\ \ v$$

となる。ここで L_e は辺 e の長さ，S_f は面 f の面積，V_v は体 v の体積であり，$\boldsymbol{t}_e$ と $\boldsymbol{n}_f$ は辺の単位接線ベクトルと面の単位法線ベクトルである。すなわち，節点 n で節点形状関数はデルタ関数 δ_n と同じであり，辺ベクトル形状関数は辺 e 上で定ベクトル，面ベクトル形状関数は面 f で定ベクトル，体形状関数は体 v 内で一定である。つぎにこれらを証明する。

(a) 節点形状関数と点積分

点積分の公式

$$\int_{n'} w_n \delta_{n'} dV = \delta_{nn'}$$

の w_n に δ_n を代入すれば容易に確かめられる。そして

$$w_n = \delta_n = 1 \qquad at\ \ n$$

は w_n の値が節点で 1 となることを意味している。これは節点のみで成立する性質であって，領域全体で w_n が δ_n に等しくなることではない。

(b) 辺ベクトル形状関数と線積分

線積分の公式

$$\int_{e'} \boldsymbol{w}_e \cdot \boldsymbol{t}_{e'} ds = \delta_{ee'}$$

の $\mathbf{w}_e$ に $\mathbf{t}_e/L_e$ を代入すれば容易に確かめられる。この場合も辺 e 上でのみ

$$\mathbf{w}_e = \frac{\mathbf{t}_e}{L_e} \quad on \ e$$

が成立している。いま辺 $e\{m,n\}$ 上で

$$\mathbf{w}_e = \lambda^m \nabla \lambda^n - \lambda^n \nabla \lambda^m$$

を考える。ベクトル $\mathbf{l}_{mn} = \mathbf{x}_n - \mathbf{x}_m$ とする。このとき，こう配ベクトルの性質

$$\mathbf{t}_e = \frac{\mathbf{l}_{mn}}{l_{mn}}, \qquad \nabla \lambda^n = \frac{\mathbf{e}_n}{h_n}, \qquad \mathbf{l}_{mn} \cdot \nabla \lambda^n = 1, \qquad \mathbf{l}_{nm} \cdot \nabla \lambda^n = -1$$

を用いる（**図 6.4** 参照）。よって

$$\mathbf{t}_e \cdot \lambda^m \nabla \lambda^n = \left(\frac{\mathbf{l}_{mn}}{l_{mn}} \cdot \nabla \lambda^n \right) \lambda_m = \frac{\lambda^m}{l_{mn}}$$

が成立する。ゆえに同様にして

$$\mathbf{t}_e \cdot \mathbf{w}_e = \mathbf{t}_e \cdot \left(\lambda^m \nabla \lambda^n - \lambda^n \nabla \lambda^m \right) = \frac{1}{l_{mn}} \left(\lambda^m + \lambda^n \right) = \frac{1}{L_e}$$

を得る。ここで辺 $e\{m,n\}$ の長さ L_e と $\lambda^m + \lambda^n = 1$ を用いた。

(c) 面ベクトル形状関数と面積分

面積分の公式

$$\int_{f'} \mathbf{w}_f \cdot \mathbf{n}_{f'} dS = \delta_{ff'}$$

の $\mathbf{w}_f$ に $\dfrac{\mathbf{n}_f}{S_f}$ を代入すれば容易に確かめられる。この場合も面 f 上のみで

$$\mathbf{w}_f = \frac{\mathbf{n}_f}{S_f} \quad on \ f$$

が成立している。いま面 $f\{l,m,n\}$ 上で

$$\mathbf{w}_f = 2\left(\lambda^l \nabla \lambda^m \times \nabla \lambda^n + \lambda^m \nabla \lambda^n \times \nabla \lambda^l + \lambda^n \nabla \lambda^l \times \nabla \lambda^m \right)$$

を考える。ここで，第 7 章のこう配ベクトルの外積の性質

$$2\nabla \lambda^m \times \nabla \lambda^n = \frac{\mathbf{l}_{kl}}{3V}, \qquad 2\nabla \lambda^n \times \nabla \lambda^l = \frac{\mathbf{l}_{km}}{3V}, \qquad 2\nabla \lambda^l \times \nabla \lambda^m = \frac{\mathbf{l}_{kn}}{3V}$$

を用いる。このとき面ベクトル形状関数と単位法線ベクトルの内積は

$$\mathbf{n}_f \cdot \mathbf{w}_f = \frac{1}{3V}\mathbf{n}_f \cdot \left(\lambda^l \mathbf{l}_{kl} + \lambda^m \mathbf{l}_{km} + \lambda^n \mathbf{l}_{kn}\right) = \frac{1}{S_f}$$

となる。ただし $\mathbf{n}_f \cdot \left(\lambda^l \mathbf{l}_{kl} + \lambda^m \mathbf{l}_{km} + \lambda^n \mathbf{l}_{kn}\right) = h_k$ で h_k は頂点 k より対面 $\{l,m,n\}$ へ下した垂線の高さである（**図 6.5** 参照）。この式は面 f 上で

$$\mathbf{w}_f = \frac{1}{3V}\left(\lambda^l \mathbf{l}_{kl} + \lambda^m \mathbf{l}_{km} + \lambda^n \mathbf{l}_{kn}\right) \qquad on\ \ f$$

となることを意味している。

(d) 体形状関数と体積分

体積分の公式

$$\int_{v'} w_v dV = \delta_{vv'}$$

の w_v に $\dfrac{1}{V_v}$ を代入すれば容易に確かめられる。以上の結果を**表 6.3** に形状関数の性質としてまとめておく。

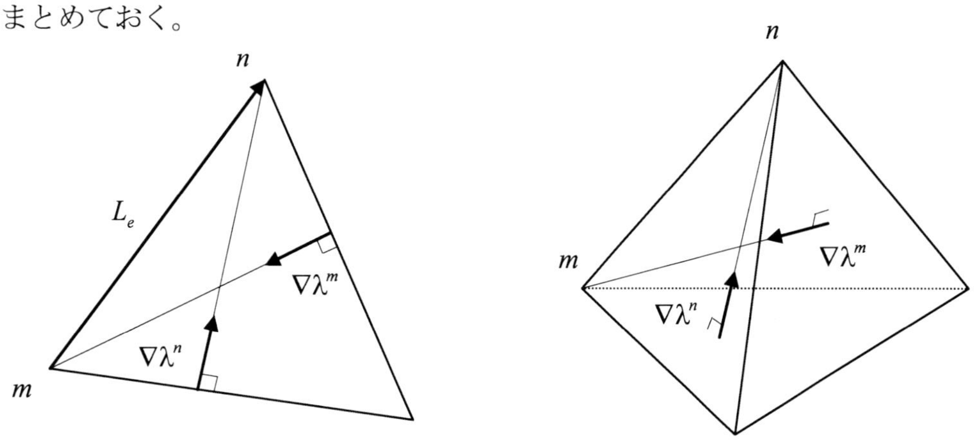

図 6.4.　3 角形と 4 面体に対して $\boldsymbol{l}_{mn} \cdot \nabla\lambda^n = 1,\ \boldsymbol{l}_{mn} \cdot \nabla\lambda^m = -1$ が成立する

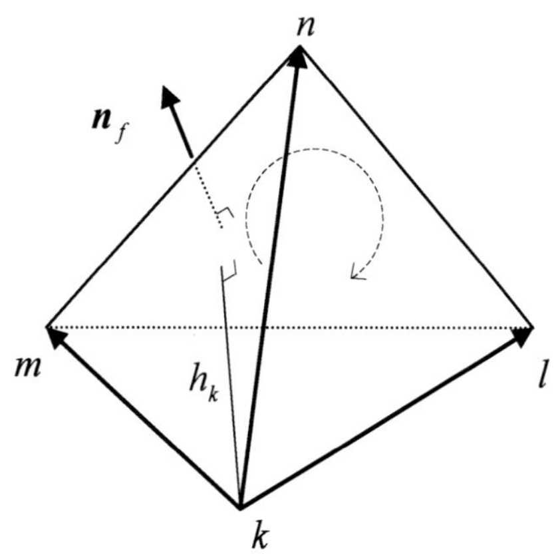

図 6.5.　$\boldsymbol{n}_f \cdot \left(\lambda^l \boldsymbol{l}_{kl} + \lambda^m \boldsymbol{l}_{km} + \lambda^n \boldsymbol{l}_{kn}\right) = h_k$

表 6.3. 形状関数の性質

0 形式	$w_n = \lambda^n$	$w_n = \delta_n \quad at\ n$	$\int_{n'} w_n \delta_{n'} dV = \delta_{nn'}$
1 形式	$\boldsymbol{w}_e = \lambda^m \nabla \lambda^n - \lambda^n \nabla \lambda^m$	$\boldsymbol{w}_e = \frac{\boldsymbol{t}_e}{L_e} \quad on\ e$	$\int_{e'} \boldsymbol{w}_e \cdot \boldsymbol{t}_{e'} ds = \delta_{ee'}$
2 形式	$\boldsymbol{w}_f = 2(\lambda^l \nabla \lambda^m \times \nabla \lambda^n + \lambda^m \nabla \lambda^n \times \nabla \lambda^l + \lambda^n \nabla \lambda^l \times \nabla \lambda^m)$	$\boldsymbol{w}_f = \frac{\boldsymbol{n}_f}{S_f} \quad on\ f$	$\int_{f'} \mathbf{w}_f \cdot \mathbf{n}_{f'} dS = \delta_{ff'}$
3 形式	$w_v = \frac{1}{V_v}$	$w_v = \frac{1}{V_v} \quad in\ v$	$\int_{v'} w_v dV = \delta_{vv'}$

6.4 単位分解

節点形状関数は$\sum_n w_n = 1$を満足する。これを 1 の単位分解（partion of unity）とよぶ。積分に対してつぎのような記号を導入する。

$$\varphi_n = \int_n \varphi \delta_n dV = \langle n|\varphi\rangle, \qquad \text{点積分}$$

$$E_e = \int_e \boldsymbol{E} \cdot d\boldsymbol{r} = \langle e|E\rangle, \qquad \text{線積分}$$

$$B_f = \int_f \boldsymbol{B} \cdot d\boldsymbol{S} = \langle f|B\rangle, \qquad \text{面積分}$$

$$\rho_v = \int_v \rho dV = \langle v|\rho\rangle, \qquad \text{体積分}$$

このとき，φ，E，B，ρの単位分解は次のように記述することができる。

$$|\varphi\rangle = |n\rangle \varphi_n = |n\rangle\langle n|\varphi\rangle$$

$$|E\rangle = |e\rangle E_e = |e\rangle\langle e|E\rangle$$

$$|B\rangle = |f\rangle B_f = |f\rangle\langle f|B\rangle$$

$$|\rho\rangle = |v\rangle \rho_v = |v\rangle\langle v|\rho\rangle$$

　ここで，$|n\rangle\langle n|$，$|e\rangle\langle e|$，$|f\rangle\langle f|$，$|v\rangle\langle v|$は恒等演算子で単位分解を意味する。

第７章

辺ベクトル形状関数の位置ベクトル表示と性質

ベクトル形状関数には辺ベクトル形状関数と面ベクトル形状関数がある。辺ベクトル形状関数は面ベクトル形状関数よりも基本的である。辺ベクトル形状関数は普通単体座標を用いて定義されるが，位置ベクトルの表示の方がより実用的である。この章では辺ベクトル形状関数を位置ベクトルを用いて表示し，こう配ベクトルの幾何学・内積・外積等の性質を調べる。この章の構成は次のとおりである。

7.1　位置ベクトル表示と性質 149

7.2　こう配ベクトルの幾何学 154

7.3　こう配ベクトルの内積 157

7.4　こう配ベクトルの外積 159

7.5　辺ベクトル形状関数と辺ベクトルの直交性 .. 160

7.1　位置ベクトル表示と性質

辺ベクトル形状関数を位置ベクトルを用いて表示するとその幾何学的意味が明らかとなる。ここでは面積座標と体積座標のこう配と辺ベクトル形状関数と辺ベクトル形状関数の回転を位置ベクトルを用いて表示する。

(a) 面積座標の場合

面積座標の定義式は

$$\lambda^k(\mathbf{x}) = \frac{f\{i,j,x\}}{f\{i,j,k\}} = \frac{S_k(\mathbf{x})}{S}$$

である。ここで $f\{i,j,k\}$ は3角形 $\{i,j,k\}$ の面積 S である(**図 7.1** 参照)。面積座標を位置ベクトルを用いて表示すると

$$\lambda^k(\mathbf{x}) = \frac{\mathbf{n}}{2S} \cdot (\mathbf{x}_i - \mathbf{x}) \times (\mathbf{x}_j - \mathbf{x})$$

または

$$\lambda^k(\mathbf{x}) = \frac{\mathbf{n}}{2S} \cdot \{\mathbf{x}_i \times \mathbf{x}_j + (\mathbf{x}_j - \mathbf{x}_i) \times \mathbf{x}\}$$

となる。ここで $\mathbf{n}$ は面の単位法線ベクトルである。点 x を少し移動した点を y とする。点 y の面積座標は上式より

$$\lambda^k(\mathbf{y}) = \frac{\mathbf{n}}{2S} \cdot \{\mathbf{x}_i \times \mathbf{x}_j + (\mathbf{x}_j - \mathbf{x}_i) \times \mathbf{y}\}$$

となる(**図 7.2** 参照)。これより，こう配ベクトルは

$$\nabla\lambda^k = \frac{\mathbf{n} \times (\mathbf{x}_j - \mathbf{x}_i)}{2S}$$

と求まる。こう配ベクトルは線形性により3角形内で一定である。このとき，$\lambda^k(\mathbf{y})$ の点 $\mathbf{x}$ のまわり Taylor 展開は

$$\lambda^k(\mathbf{y}) = \lambda^k(\mathbf{x}) + (\mathbf{y} - \mathbf{x}) \cdot \nabla\lambda^k$$

と表せる。$\lambda^k(\mathbf{x}_i) = \lambda^k(\mathbf{x}_j) = 0$　　$\lambda^k(\mathbf{x}_k) = 1$ であるから

$$(\mathbf{x}_j - \mathbf{x}_i) \cdot \nabla\lambda^k = 0 \quad \cdots 直交性$$

$$(\mathbf{x}_k - \mathbf{x}_i) \cdot \nabla\lambda^k = 1$$

$$(\mathbf{x}_k - \mathbf{x}_j) \cdot \nabla\lambda^k = 1$$

を得る。この第1式は $\nabla\lambda^k$ が辺 $\{i,j\}$ に直交する（**図 7.3** 参照）ことを意味している。また，第2式と第3式は頂点 k から対辺 $\{i,j\}$ におろした垂線の高さを h，垂直方向の単

位ベクトルを$\mathbf{e}_k = \nabla\lambda^k / \left|\nabla\lambda^k\right|$とすれば

$$h = \left(\mathbf{x}_k - \mathbf{x}_i\right)\cdot \mathbf{e}_k = \left(\mathbf{x}_k - \mathbf{x}_j\right)\cdot \mathbf{e}_k$$

を意味している(**図 7.4** 参照)。すなわち，$\left(\mathbf{x}_k - \mathbf{x}_i\right)$と$\left(\mathbf{x}_k - \mathbf{x}_j\right)$の$\mathbf{e}_k$方向への射影の長さは共に$h$に等しい。よってベクトル$\{0,k\}$は$\nabla\lambda^k$の逆ベクトルである。
つぎに辺ベクトル形状関数の位置ベクトル表示を求める。面積座標の辺ベクトル形状関数の定義式は

$$\mathbf{w}^{ij} = \lambda^i\nabla\lambda^j - \lambda^j\nabla\lambda^i$$

である。この式に

$$\nabla\lambda^i = \frac{\mathbf{n}}{2S}\times\left(\mathbf{x}_k - \mathbf{x}_j\right)$$

$$\nabla\lambda^j = \frac{\mathbf{n}}{2S}\times\left(\mathbf{x}_i - \mathbf{x}_k\right)$$

を代入して$\lambda^i + \lambda^j + \lambda^k = 1$を用いると

$$\mathbf{w}^{ij} = \frac{\mathbf{n}}{2S}\times\left(\mathbf{x} - \mathbf{x}_k\right)$$ ●

を得る。すなわち$\mathbf{w}_{ij}$は$\mathbf{n}$と$\left(\mathbf{x} - \mathbf{x}_k\right)$の張る平面に垂直である。これを**図 7.5** に図示しておく。さらに回転をとると

$$\nabla\times\mathbf{w}^{ij} = \frac{\mathbf{n}}{2S}$$ ●

となる。よって辺ベクトル形状関数の回転は面積ベクトル**S**の逆ベクトルの 1/2 に等しい。

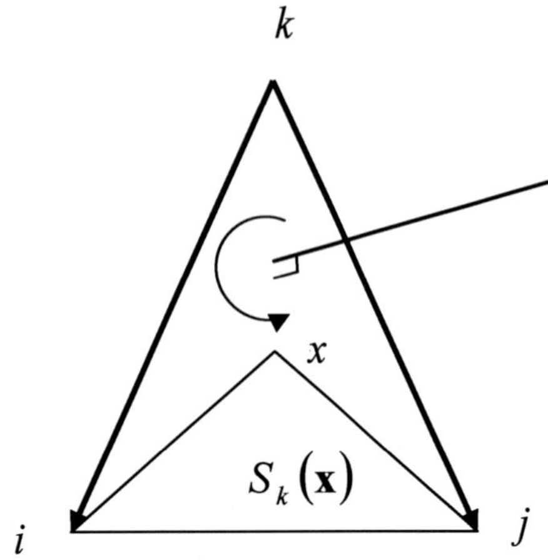

図 7.1 面積座標 $\lambda^k = S_k(\mathbf{x})/S$

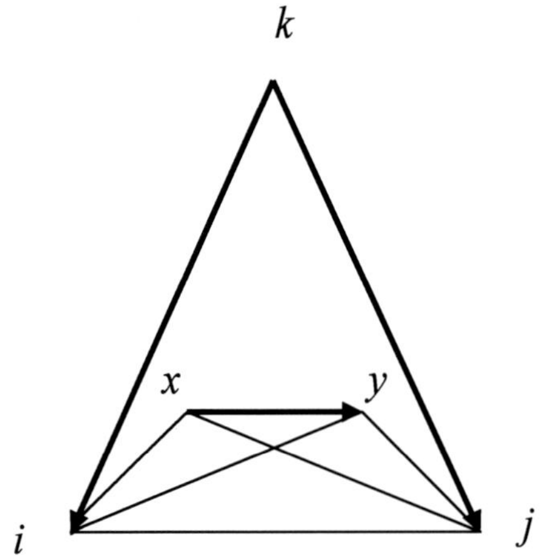

図 7.2 $\lambda^k(\mathbf{y})$ の Taylor 展開

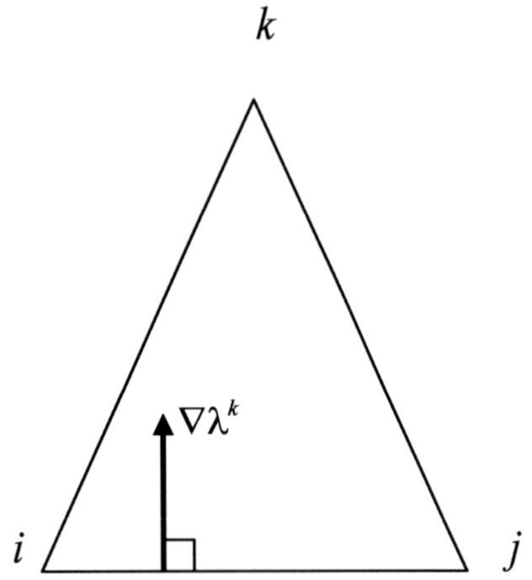

図 7.3 $\nabla\lambda^k$ は辺 $\{i, j\}$ に直交する

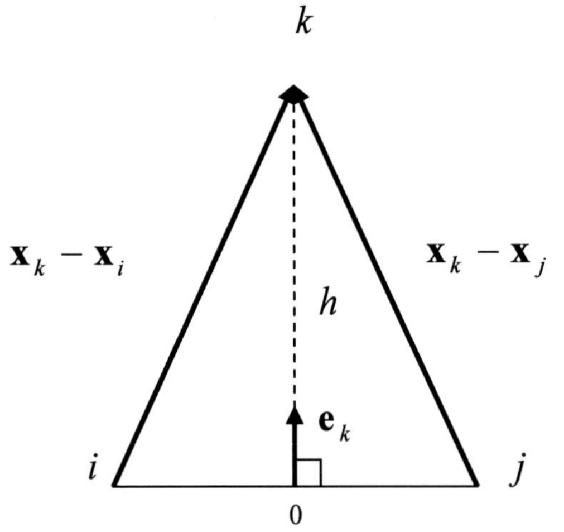

図 7.4 $h = (\mathbf{x}_k - \mathbf{x}_i)\cdot\mathbf{e}_k = (\mathbf{x}_k - \mathbf{x}_j)\cdot\mathbf{e}_k$

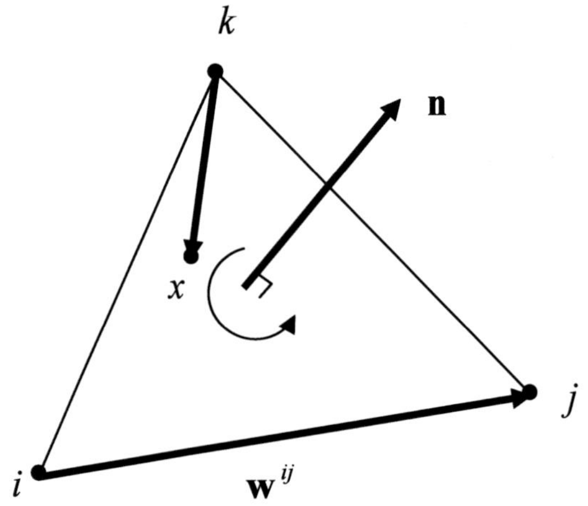

図 7.5 $\mathbf{w}^{ij} = \dfrac{\mathbf{n}\times(\mathbf{x}-\mathbf{x}_k)}{2S}$

(b) 体積座標の場合

体積座標の定義式は

$$\lambda^n(\mathbf{x})=\frac{v\{k,l,m,x\}}{v\{k,l,m,n\}}=\frac{V_n(\mathbf{x})}{V}$$

である。ここで$v\{k,l,m,n\}$は4面体$\{k,l,m,n\}$の体積Vである(**図 6.1** 参照)。体積座標を位置ベクトルを用いて表示すると

$$\lambda^n(\mathbf{x})=\frac{1}{6V}(\mathbf{x}-\mathbf{x}_m)\cdot\{(\mathbf{x}_k-\mathbf{x}_m)\times(\mathbf{x}_l-\mathbf{x}_m)\}$$

となる。この式の両辺のこう配をとると

$$\nabla\lambda^n=\frac{1}{6V}(\mathbf{x}_k-\mathbf{x}_m)\times(\mathbf{x}_l-\mathbf{x}_m)$$

となる。よって辺ベクトル形状関数

$$\mathbf{w}^{kl}=\lambda^k\nabla\lambda^l-\lambda^l\nabla\lambda^k$$

は，$\nabla\lambda^l$と$\nabla\lambda^k$を消去して$\lambda^k+\lambda^l+\lambda^m+\lambda^n=1$を用いれば

$$\mathbf{w}^{kl}=\frac{1}{6V}(\mathbf{x}_m-\mathbf{x})\times(\mathbf{x}_n-\mathbf{x})$$

または

$$\mathbf{w}^{kl}=\frac{1}{6V}\{\mathbf{x}_m\times\mathbf{x}_n+(\mathbf{x}_n-\mathbf{x}_m)\times\mathbf{x}\}$$

となる。さらに回転をとると

$$\nabla\times\mathbf{w}^{kl}=2\nabla\lambda^k\times\nabla\lambda^l$$
$$=\frac{1}{3V}(\mathbf{x}_n-\mathbf{x}_m)$$

が導ける。この式に$\nabla\lambda^n$を内積すると$(\mathbf{x}_n-\mathbf{x}_m)\cdot\nabla\lambda^n=1$であるから

$$\nabla\lambda^n\cdot(\nabla\lambda^k\times\nabla\lambda^l)=\frac{1}{6V}$$

となる。以上の結果を**表 7.1** にまとめておく。

表 7.1　面積座標と体積座標の位置ベクトル表示

3角形	4面体
*面積座標 $\lambda^k(\mathbf{x})=\dfrac{S_k(\mathbf{x})}{S}$ $\lambda^k(\mathbf{x})=\dfrac{\mathbf{n}}{2S}\cdot\left\{\mathbf{x}_i\times\mathbf{x}_j+(\mathbf{x}_j-\mathbf{x}_i)\times\mathbf{x}\right\}$ $\nabla\lambda^k=\dfrac{\mathbf{n}\times(\mathbf{x}_j-\mathbf{x}_i)}{2S}$	*体積座標 $\lambda^n(\mathbf{x})=\dfrac{V_n(\mathbf{x})}{V}$ $\lambda^n(\mathbf{x})=\dfrac{1}{6V}(\mathbf{x}-\mathbf{x}_m)\cdot\left\{(\mathbf{x}_k-\mathbf{x}_m)\cdot(\mathbf{x}_l-\mathbf{x}_m)\right\}$ $\nabla\lambda^k=\dfrac{1}{6V}(\mathbf{x}_k-\mathbf{x}_m)\times(\mathbf{x}_l-\mathbf{x}_m)$
*辺ベクトル形状関数 $\mathbf{w}^{ij}=\lambda^i\nabla\lambda^j-\lambda^j\nabla\lambda^i$ $\mathbf{w}^{ij}=\dfrac{\mathbf{n}}{2S}\times(\mathbf{x}-\mathbf{x}_k)$ $\nabla\times\mathbf{w}^{ij}=2\nabla\lambda^i\times\nabla\lambda^j$ $\nabla\times\mathbf{w}^{ij}=\dfrac{\mathbf{n}}{S}$	*辺ベクトル形状関数 $\mathbf{w}^{kl}=\lambda^k\nabla\lambda^l-\lambda^l\nabla\lambda^k$ $\mathbf{w}^{kl}=\dfrac{1}{6V}\left\{\mathbf{x}_m\times\mathbf{x}_n+(\mathbf{x}_n-\mathbf{x}_m)\times\mathbf{x}\right\}=\dfrac{\mathbf{S}}{3V}$ $\nabla\times\mathbf{w}^{kl}=2\nabla\lambda^k\times\nabla\lambda^l$ $\nabla\times\mathbf{w}^{kl}=\dfrac{1}{3V}(\mathbf{x}_n-\mathbf{x}_m)$
$\nabla\lambda^i\times\nabla\lambda^j=\dfrac{\mathbf{n}}{2S}$	$\nabla\lambda^n\cdot\left\{\nabla\lambda^k\times\nabla\lambda^l\right\}=\dfrac{1}{6V}$

7.2　こう配ベクトルの幾何学

頂点 n から，対辺 $\{l,m\}$ または対面 $\{l,m,k\}$ に下ろした垂線の高さを h_n，また対辺から n 方向に向う単位ベクトルを $\boldsymbol{e}_n$ とすれば

$$\nabla\lambda^n=\frac{\boldsymbol{e}_n}{h_n}$$

が成立する（**図 7.9** 参照）。つぎにこれを証明する。

［証明］ 垂線の足を o とする。点 o から点 n まで $\nabla\lambda^n$ を線積分すると

$$\int_o^n \left(\nabla\lambda^n\right)\cdot d\boldsymbol{r} = \int_o^n d\lambda^n = \lambda^n(n) - \lambda^n(o) = 1$$

となる。λ^n は頂点 n で 1，対辺で 0 であることを用いた。一方 $\nabla\lambda^n$ は線形補間である場合定ベクトルで，$\nabla\lambda^n = const.\,\boldsymbol{e}_n$ と書ける。同様に線要素も $d\boldsymbol{r} = \boldsymbol{e}_n ds$ となる。よって，線積分は

$$\int_o^n \left(\nabla\lambda^n\right)\cdot d\boldsymbol{r} = \int_0^{h_n} const.ds = const.h_n$$

と書ける。この値は上記の積分値 1 に等しい。よって $const. = 1/h_n$ となり

$$\nabla\lambda^n = \frac{\boldsymbol{e}_n}{h_n}$$

を得る。4 面体の頂点 k を l に近づけると $(k \to l)$，3 角形の場合になる。

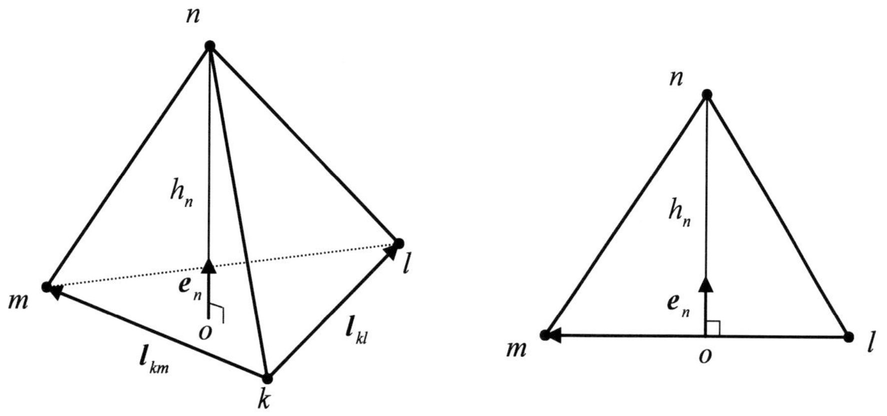

図 7.9 こう配ベクトル $\nabla\lambda^n = \dfrac{\boldsymbol{e}_n}{h_n}$

(a) 3 次元の場合

3 次元の 4 面体に対して

$$\nabla\lambda^n = \frac{\mathbf{l}_{kl} \times \mathbf{l}_{km}}{6V}$$

と書ける。ここで $\boldsymbol{l}_{kl} = \boldsymbol{x}_l - \boldsymbol{x}_k$，$\boldsymbol{l}_{km} = \boldsymbol{x}_m - \boldsymbol{x}_k$ である。つぎにこれを証明する。

［証明］　３角形$\{\boldsymbol{k},\boldsymbol{l},\boldsymbol{m}\}$の面積ベクトルは

$$\frac{1}{2}\left(\boldsymbol{l}_{kl} \times \boldsymbol{l}_{km}\right) = S\,\boldsymbol{e}_n$$

であり，４面体の体積は$V\{k,l,m,n\} = \frac{1}{3}S \cdot h_n$である。よって

$$\nabla\lambda^n = \frac{\mathbf{l}_{kl} \times \mathbf{l}_{km}}{6V} = \frac{\mathbf{e}_n}{h_n}$$

を得る。

(b)　２次元の場合

２次元の３角形の場合

$$\nabla\lambda^n = \frac{\boldsymbol{n} \times \boldsymbol{l}_{lm}}{2S}$$

と表示できる。ここで$\boldsymbol{n}$は三角形$\{m,n,l\}$の面に関する単位法線ベクトル，Sは３角形の面積である。つぎにこれを証明する。

［証明］　３角形$\{m,n,l\}$に厚さ１のプリズム要素を考える。このとき，$\boldsymbol{k} \to \boldsymbol{l}$とすれば（図 7.10 参照），

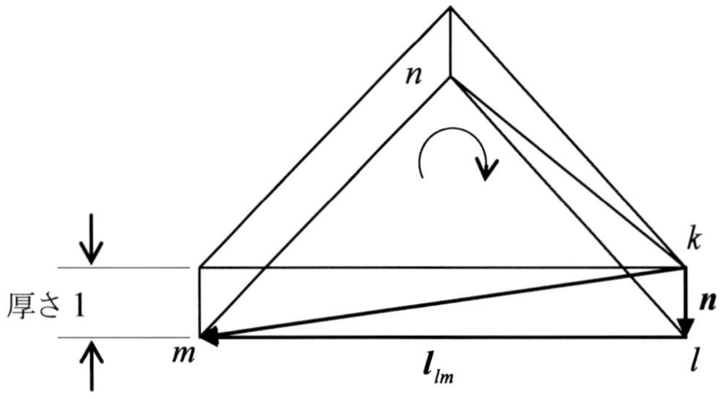

図 7.10 厚さ１の３角形$\{m,n,l\}$

$$\boldsymbol{l}_{kl} \to \boldsymbol{n}\,, \qquad \boldsymbol{l}_{km} \to \boldsymbol{l}_{lm}\,, \qquad V = \frac{1}{3}S \times (\text{厚さ})$$

となる。よって

$$\nabla\lambda^n = \frac{\boldsymbol{l}_{kl}\times\boldsymbol{l}_{lm}}{6V} = \frac{\boldsymbol{n}\times\boldsymbol{l}_{lm}}{2S}$$

となる。以上の結果を**表 7.2** にまとめておく。この表の中には内積および外積の結果も示されている。

表 7.2 こう配ベクトルの表示

3角形	4面体
$\nabla\lambda^n = \dfrac{\boldsymbol{e}_n}{h_n}$	$\nabla\lambda^n = \dfrac{\boldsymbol{e}_n}{h_n}$
$\nabla\lambda^n = \dfrac{\boldsymbol{n}\times\boldsymbol{l}_{lm}}{2S}$	$\nabla\lambda^n = \dfrac{\mathbf{l}_{kl}\times\mathbf{l}_{km}}{6V}$
$\nabla\lambda^m\cdot\nabla\lambda^n = \dfrac{\boldsymbol{e}_m\cdot\boldsymbol{e}_n}{h_m h_n} = -\dfrac{\cot\theta}{2S}$	$\nabla\lambda^m\cdot\nabla\lambda^n = \dfrac{\boldsymbol{e}_m\cdot\boldsymbol{e}_n}{h_m h_n} = -\dfrac{l_{kl}}{6V}\cot\theta$
$K_{nm} = \int \mu\nabla\lambda^n\cdot\nabla\lambda^m dS$ $= -\dfrac{1}{2}(\mu\cot\theta + \mu'\cot\theta')$ 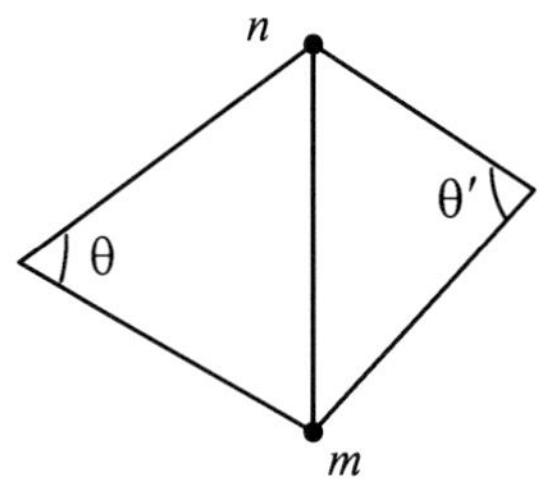 	$K_{nm} = \int \mu\nabla\lambda^n\cdot\nabla\lambda^m dV$ $= -\dfrac{1}{6}\sum_{\{m,n\}}\mu(T)(l_{kl})_T\cot\theta_T$ $\sum_{\{m,n\}}$ は辺$\{m,n\}$に隣接するすべての4面体（tetrahedron）について和をとる。
$\nabla\lambda^m\times\nabla\lambda^n = \dfrac{\boldsymbol{e}_m\times\boldsymbol{e}_n}{h_m h_n} = \dfrac{\boldsymbol{n}}{2S}$	$\nabla\lambda^m\times\nabla\lambda^n = \dfrac{\boldsymbol{e}_m\times\boldsymbol{e}_n}{h_m h_n} = \dfrac{\boldsymbol{l}_{kl}}{6V}$

7.3 こう配ベクトルの内積

4面体$\{k,l,m,n\}$に対して，公式

$$\nabla\lambda^n\cdot\nabla\lambda^m = \frac{1}{36V^2}(\boldsymbol{l}_{kl}\times\boldsymbol{l}_{km})\cdot(\boldsymbol{l}_{ln}\times\boldsymbol{l}_{lk})$$

$$= \frac{1}{36V^2}\{(\boldsymbol{l}_{kl}\cdot\boldsymbol{l}_{ln})(\boldsymbol{l}_{km}\cdot\boldsymbol{l}_{lk}) - (\boldsymbol{l}_{kl}\cdot\boldsymbol{l}_{lk})(\boldsymbol{l}_{km}\cdot\boldsymbol{l}_{ln})\}$$

が成立する。実際の計算には上の公式を用いるが，幾何学的に表示すると

$$\nabla\lambda^n\cdot\nabla\lambda^m=-\frac{l_{kl}}{6V}\cot\theta$$

となる。つぎにこれを証明する。

[証明]　頂点 $\boldsymbol{m}$, $\boldsymbol{n}$ より対辺に下した垂線の高さを $\boldsymbol{h_m}$, $\boldsymbol{h_n}$ とする。また $\boldsymbol{m}$ より辺 $\{\boldsymbol{k},\boldsymbol{l}\}$ に下した垂線の高さを $\boldsymbol{d}$ とする（**図** 7. 11 参照）。

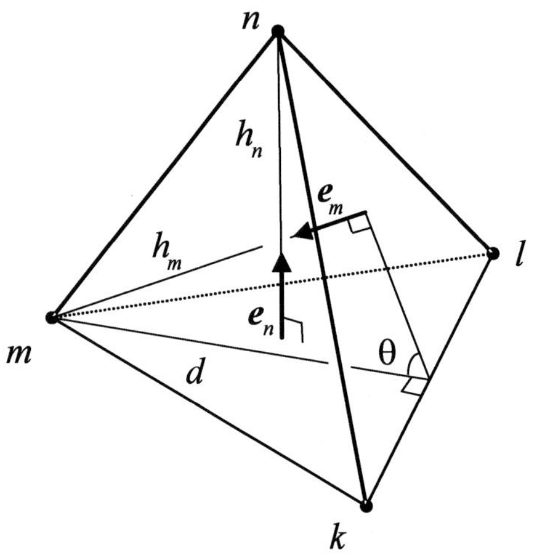

図 7. 11　$\nabla\lambda^m\cdot\nabla\lambda^n=-\frac{l_{kl}}{6V}\cot\theta,\quad \nabla\lambda^m\times\nabla\lambda^n=\frac{\boldsymbol{l}_{kl}}{6V}$

さらに面 $\{\boldsymbol{k},\boldsymbol{l},\boldsymbol{n}\}$ と面 $\{\boldsymbol{k},\boldsymbol{l},\boldsymbol{m}\}$ のなす角を θ とすれば

$$\nabla\lambda^n\cdot\nabla\lambda^m=\frac{\boldsymbol{e}_n\cdot\boldsymbol{e}_m}{h_n h_m}$$

となる。ここで

$$h_m=d\sin\theta,\qquad 6V=l_{kl}h_n d,\qquad \boldsymbol{e}_n\cdot\boldsymbol{e}_m=-\cos\theta$$

を利用すると，公式

$$\nabla\lambda^n\cdot\nabla\lambda^m=-\frac{l_{kl}}{6V}\cot\theta$$

が導ける。特に３角形 $\{l,m,n\}$ の場合 $\boldsymbol{k}\to\boldsymbol{l}$ とすれば

$$\nabla\lambda^n \cdot \nabla\lambda^m = -\frac{\cot\theta}{2S}$$

となる。ここで角$\angle nlm = \theta$である。

7.4 こう配ベクトルの外積

4 面体$\{k,l,m,n\}$に対して公式

$$\nabla\lambda^m \times \nabla\lambda^n = \frac{\boldsymbol{e}_m}{h_m}\times\frac{\boldsymbol{e}_n}{h_n} = \frac{\boldsymbol{l}_{kl}}{6V}$$

が成立する。つぎにこれを証明する。

[証明] **図 7. 11** を利用すると

$$h_m = d\sin\theta\,, \qquad 6V = l_{kl}h_n d\,, \qquad \mathbf{e}_m \times \mathbf{e}_n = sin\theta\,\mathbf{e}_{kl}$$

が成立する。また，面$\{k, l, n\}$と面$\{k, l, m\}$のなす角がθで交線が$\{k, l\}$であるから各面の単位ベクトルの外積は$\mathbf{e}_m \times \mathbf{e}_n = sin\theta\,\mathbf{e}_{kl}$となる。ここで$\boldsymbol{l}_{kl} = l_{kl}\boldsymbol{e}_{kl}$である。$\boldsymbol{e}_{kl}$は$\boldsymbol{k} \to \boldsymbol{l}$方向の単位ベクトルである。よって

$$\nabla\lambda^m \times \nabla\lambda^n = \frac{\sin\theta\,\boldsymbol{e}_{kl}}{h_m h_n} = \frac{\boldsymbol{l}_{kl}}{6V}$$

を得る。3 角形$\{l,m,n\}$の場合$k \to l$とすれば

$$\boldsymbol{l}_{kl} \to \boldsymbol{n}\,, \qquad V = \frac{1}{3}S \times (\text{厚さ }1)$$

となるから

$$\nabla\lambda^m \times \nabla\lambda^n = \frac{\boldsymbol{n}}{2S}$$

となる。ここで$\boldsymbol{n}$は 3 角形$\{l,m,n\}$の単位法線ベクトルである。

[問 7. 1] 4 面体（tetrahedron）の体積を$vol(T)$，面$f\{k,l,m\}$の面積を$S\{k,l,m\}$，辺$e\{k,l\}$の長さを$L\{k,l\}$とすればつぎの公式が成立することを証明しなさい。

(1) $$\int_T \lambda^n dV = \frac{vol(T)}{4}$$

(2)　$S\{k,l,m\} = 3\,vol(T)\left|\nabla\lambda^n\right|$

(3)　$L\{k,l\} = 6\,vol(T)\left|\nabla\lambda^n \times \nabla\lambda^m\right|$

(4)　$vol(T) = \dfrac{1}{6\,det\left(\nabla\lambda^l, \nabla\lambda^m, \nabla\lambda^n\right)}$

[解答]　省略。$\lambda^k + \lambda^l + \lambda^m + \lambda^n = 1$でどの添え字についても対称であるから，両辺を積分すると(1)が得られる。(2)は$\nabla\lambda^n = \dfrac{\mathbf{e}_n}{h_n}$を用いる。(3)は$\nabla\lambda^m \times \nabla\lambda^n = \dfrac{\boldsymbol{e}_m \times \boldsymbol{e}_n}{h_m h_n}$を用いる。

7.5　辺ベクトル形状関数と辺ベクトルの直交性

辺ベクトル形状関数と辺ベクトルは直交し性質

$$\boldsymbol{w}_e \cdot \boldsymbol{l}_{e'} = \delta_{ee'}$$

を持っている。つぎにこの関係式を証明する。

(a) 3 角形の場合

最初に 3 角形要素について証明する。**図 7.12** に示された 3 角形に対して

$$\nabla\lambda^l = \frac{\boldsymbol{e}_l}{h_l} = \frac{\boldsymbol{n} \times \boldsymbol{l}_{mn}}{2S}$$

が成立する。よって$\boldsymbol{e}_l \cdot \boldsymbol{l}_{mn} = 0$，$\boldsymbol{l}_{ml} \cdot \boldsymbol{e}_l = \boldsymbol{l}_{ml} \cdot \boldsymbol{e}_l = h_l$であるから

$$\nabla\lambda^l \cdot \boldsymbol{l}_{mn} = 0$$
$$\nabla\lambda^l \cdot \boldsymbol{l}_{ml} = 1$$
$$\nabla\lambda^l \cdot \boldsymbol{l}_{nl} = 1$$

が成立する。また，辺ベクトル形状関数$\boldsymbol{w}_{mn}$の定義から

$$\mathbf{w}^{mn} = \lambda^m \nabla\lambda^n - \lambda^n \nabla\lambda^m$$

である。よって

$$\mathbf{w}^{mn} \cdot \mathbf{l}_{mn} = 1 \qquad \left(\lambda^l = 0 \;\; on \;\; e\{m,n\}\right)$$

$$\mathbf{w}^{mn} \cdot \mathbf{l}_{ml} = 0 \qquad \left(\lambda^n = 0 \;\; on \;\; e\{m,l\}\right)$$

$$\mathbf{w}^{mn} \cdot \mathbf{l}_{nl} = 0 \qquad (\lambda^m = 0 \quad on \quad e\{n,l\})$$

が成立する。これは

$$\boldsymbol{w}_e \cdot \boldsymbol{l}_{e'} = \delta_{ee'}$$

を意味する。$d\boldsymbol{r} = \boldsymbol{t}_e ds$ とするとき，積分形で

$$\int_{e'} \boldsymbol{w}_e \cdot \boldsymbol{t}_{e'} ds = \delta_{ee'}$$

と書くこともできる。

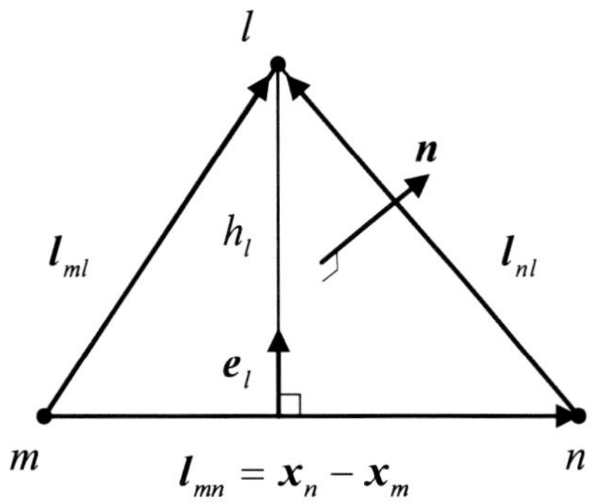

図 7.12　3 角形の記号の定義

(b) 4 面体の場合

図 7.13 を参照して，辺ベクトル形状関数 $\mathbf{w}^{mn} = \lambda^m \nabla \lambda^n - \lambda^n \nabla \lambda^m$ について考える。

面 $f\{k,l,n\}$ 上で $\lambda^m = 0$

ゆえに，$\nabla \lambda^m$ は接線成分を持たない。

面 $f\{k,l,m\}$ 上で $\lambda^n = 0$

ゆえに，$\nabla \lambda^n$ は接線成分を持たない。よって $\boldsymbol{w}_e$ は辺 $e\{m,n\}$ 以外のすべての返上で接線成分を持たない。位置ベクトル $\boldsymbol{x}$ が辺 $\{m,n\}$ 上にあるとき，m から x までの距離を l とすれば

$$\lambda^m = \frac{l-s}{l}, \qquad \lambda^n = \frac{s}{l}, \qquad \lambda^m + \lambda^n = 1$$

を満足する。よって

$$\mathbf{w}_e = \mathbf{w}^{mn} = \lambda^m \nabla \lambda^n - \lambda^n \nabla \lambda^m = \frac{\nabla s}{l} = \frac{\mathbf{t}}{l}$$

となる。ここで $\boldsymbol{t}$ は単位接線ベクトルである。ゆえに $\boldsymbol{w}_e \cdot \boldsymbol{t}_e = \frac{1}{l} = const.$ をえる。よって４面体に対しても直交性

$$\int_{e'} \boldsymbol{w}_e \cdot \boldsymbol{t}_{e'} ds = \delta_{ee'}$$

が成立する。

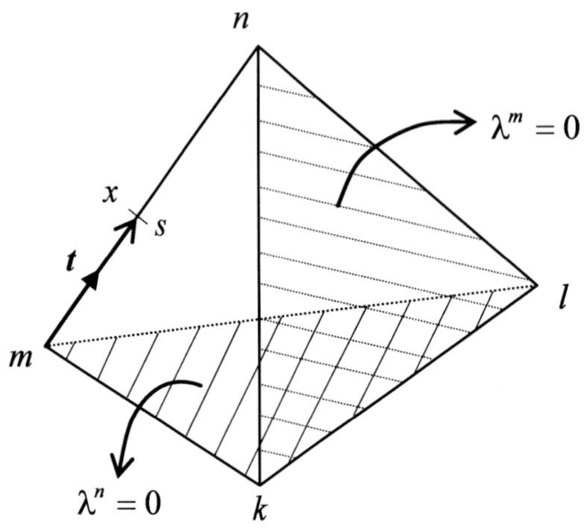

図 7.13　4 面体の記号の定義

コメント　双一次多項式

第４章と第５章で用いた双一次多項式を以下に示す。

3 次	$Q_{1,1,1} = a_0 + a_1 x + a_2 y + a_3 z + a_4 xy + a_5 xz + a_6 yz + a_7 xyz$
2 次	$Q_{0,1,1} = a_0 + a_2 y + a_3 z + a_6 yz$ $Q_{1,0,1} = a_0 + a_1 x + a_3 z + a_5 xz$ $Q_{1,1,0} = a_0 + a_1 x + a_2 y + a_4 xy$
1 次	$Q_{1,0,0} = a_0 + a_1 x$ $Q_{0,1,0} = a_0 + a_2 y$ $Q_{0,0,1} = a_0 + a_3 z$
0 次	$Q_{0,0,0} = a_0$

第８章

辺ベクトル形状関数

前章では辺ベクトル形状関数の位置ベクトル表示と節点形状関数のこう配から作られる内積や外積の性質について調べた。この章では辺ベクトル形状関数の幾何学的な意味と物理的な回転場との対応について調べる。ベクトルの発散が零となる管状ベクトル場(ソレノイダル・ベクトル場)を辺ベクトル形状関数を用いて補間すると，発散零の条件が自動的に満たされる。これはソレノイダル・ベクトル場から発生する Poisson 方程式をとかなくても解が求まることを意味している。この章の構成は次のとおりである。

8.1　辺ベクトル形状関数の幾何学的意味　............ 163
8.2　辺ベクトル形状関数の回転　.......................... 166
8.3　辺ベクトル形状関数と流れ関数　.................... 168
8.4　辺ベクトル形状関数の面積ベクトル表示　...... 170
8.5　辺ベクトル形状関数と線積分（面積比・体積比）172
8.6　形状関数の積分と重み　................................. 175

8.1　辺ベクトル形状関数の幾何学的意味

2 次元の 3 角形要素を考える。節点形状関数は $\lambda^1+\lambda^2+\lambda^3=1$ であるから $\nabla\lambda^1+\nabla\lambda^2+\nabla\lambda^3=0$ を満足する。また、$\nabla\lambda^1$、$\nabla\lambda^2$、$\nabla\lambda^3$ はそれぞれ頂点 1，2，3 の対辺に直交するから

$$(\mathbf{x}_2-\mathbf{x}_3)\cdot\nabla\lambda^1=0\text{ 、 }(\mathbf{x}_3-\mathbf{x}_1)\cdot\nabla\lambda^2=0\text{ 、 }(\mathbf{x}_1-\mathbf{x}_2)\cdot\nabla\lambda^3=0$$

を満足する(**図 8.1** 参照)。このことを利用すると“辺ベクトル形状関数 $\mathbf{w}^{12}=\lambda^1\nabla\lambda^2-\lambda^2\nabla\lambda^1$ は点 3 からの放射線に直交する(**図 8.2** 参照)。”ただし、放射線は三角形 $\{1,2,3\}$ の内にあるものとする。つぎにこれを証明する。

［証明］　3角形内の点 $\mathbf{x}$ に対して

$$\mathbf{x} = \lambda^1\mathbf{x}_1 + \lambda^2\mathbf{x}_2 + \lambda^3\mathbf{x}_3$$

が成立する。よって放射線は $\lambda^1 + \lambda^2 + \lambda^3 = 1$ を考慮すると

$$(\mathbf{x} - \mathbf{x}_3) = \lambda^1(\mathbf{x}_1 - \mathbf{x}_3) + \lambda^2(\mathbf{x}_2 - \mathbf{x}_3)$$

となる。辺ベクトル形状関数 $\mathbf{w}^{12}$ と $(\mathbf{x} - \mathbf{x}_3)$ の内積は

$$\nabla\lambda^1 + \nabla\lambda^2 + \nabla\lambda^3 = 0$$

$$(\mathbf{x}_1 - \mathbf{x}_3)\cdot\nabla\lambda^2 = 0\text{、}(\mathbf{x}_3 - \mathbf{x}_2)\cdot\nabla\lambda^1 = 0\text{、}(\mathbf{x}_2 - \mathbf{x}_1)\cdot\nabla\lambda^3 = 0$$

$$\nabla\lambda^2\cdot(\mathbf{x}_2 - \mathbf{x}_3) = \nabla\lambda^1\cdot(\mathbf{x}_1 - \mathbf{x}_3)$$

を考慮すると

$$\mathbf{w}^{12}\cdot(\mathbf{x} - \mathbf{x}_3) = 0$$

●

となる。よって，$\mathbf{w}^{12}$ は点3からの全ての放射線に直交する。

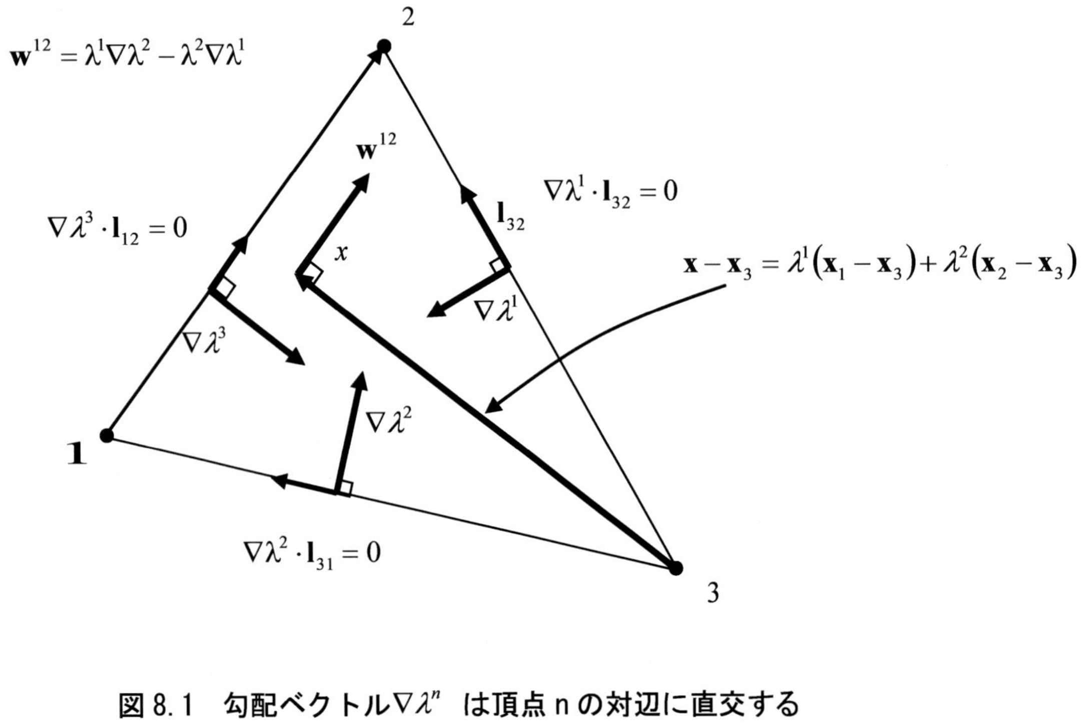

図8.1　勾配ベクトル $\nabla\lambda^n$ は頂点nの対辺に直交する

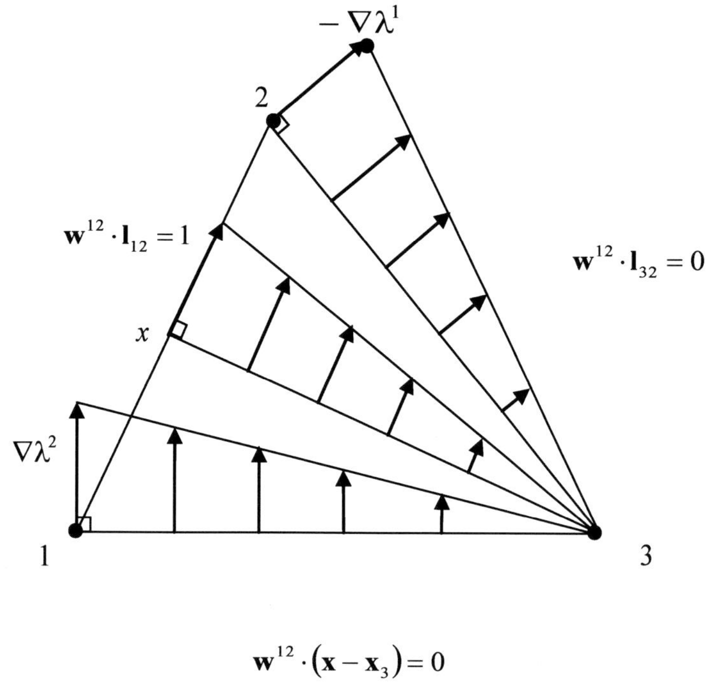

図 8.2　$\mathbf{w}^{12}=\lambda^1\nabla\lambda^2-\lambda^2\nabla\lambda^1$ は対点 3 を中心とした時計方向の回転ベクトル場である。$\mathbf{w}^{12}\cdot(\mathbf{x}-\mathbf{x}_3)=0,\ \mathbf{w}^{12}\cdot\mathbf{l}_{32}=0,\ \mathbf{w}^{12}\cdot\mathbf{l}_{31}=0,\ \mathbf{w}^{12}\cdot\mathbf{l}_{12}=1$ を満足する。よって $\mathbf{w}^{12}$ は $\mathbf{l}_{12}$ の逆ベクトルである。そして $\mathbf{w}_e\cdot\mathbf{l}_{e'}=\delta_{ee'}$ を満する。

例題 8.1　直交性

4 面体 $\{1,2,3,4\}$ の内部に点 x を設定する。辺ベクトル形状関数 $\mathbf{w}^{12}$ は $(\mathbf{x}-\mathbf{x}_q)$ と直交する。すなわち，

$$\mathbf{w}^{12}\cdot(\mathbf{x}-\mathbf{x}_q)=0 \qquad ●$$

を満足する。ただし，点 q は辺 $\{3,4\}$ にある任意の点とする。これを示しなさい。

［解答］　図 8.8 を参照する。辺ベクトル形状関数は

$$\mathbf{w}^{12}=\lambda^1\nabla\lambda^2-\lambda^2\nabla\lambda^1=\frac{\mathbf{S}}{3V}$$

と表せる。ここで $\mathbf{S}$ は 3 角形 $\{3,4,x\}$ の面積ベクトルである。よって点 q が辺 $\{3,4\}$ 上のどこにあろうと，$(\mathbf{x}-\mathbf{x}_q)$ と $\mathbf{S}$ は直交する。3 角形の場合は点 4 が点 3 に一致した場合と考えられる。

8.2　辺ベクトル形状関数の回転

(a) 3 角形の場合

3 角形$\{i,j,k\}$の辺ベクトル形状関数は

$$\boldsymbol{w}^{ij} = \lambda^i \nabla \lambda^j - \lambda^j \nabla \lambda^i$$

と書ける。この回転をとると

$$\boldsymbol{K}_{ij} = \nabla \times \boldsymbol{w}^{ij} = 2\nabla\lambda^i \times \nabla\lambda^j$$

となる。ベクトル$\boldsymbol{K}_{ij}$の意味を調べる。**図 8.3** を参照して頂点$\boldsymbol{i}$対辺の辺ベクトルを$\boldsymbol{l}_i$とすれば

$$\nabla\lambda^i = \frac{\boldsymbol{n}\times\boldsymbol{l}_i}{2S}, \qquad \nabla\lambda^j = \frac{\boldsymbol{n}\times\boldsymbol{l}_j}{2S}$$

を満足する。ここで$\boldsymbol{n}$は面の単位法線ベクトルである，Sは 3 角形の面積である。ベクトルの外積に関する展開公式

$$(\boldsymbol{a}\times\boldsymbol{b})\times(\boldsymbol{c}\times\boldsymbol{d}) = [\boldsymbol{abd}]\boldsymbol{c} - [\boldsymbol{abc}]\boldsymbol{d}$$

を用いると

$$(\mathbf{n}\times\mathbf{l}_i)\times(\mathbf{n}\times\mathbf{l}_j) = [\mathbf{n}\mathbf{l}_i\mathbf{l}_j]\mathbf{n} = 2S\,\mathbf{n}$$

を得る。よって

$$\boldsymbol{K}_{ij} = 2\nabla\lambda^i \times \nabla\lambda^j = \frac{\boldsymbol{n}}{S}$$

となる。同様に

$$\boldsymbol{K}_{jk} = \boldsymbol{K}_{ki} = \frac{\boldsymbol{n}}{S}$$

となる。よって“辺ベクトル形状関数の回転は面積ベクトルの逆ベクトルである”。これは 3 角形$\{i,j,k\}$の面ベクトル形状関数に等しい。$\boldsymbol{w}^{ij}$を回転する速度と考えれば$\boldsymbol{K}_{ij}$は流れ場に直交する渦度に対応する。

(b) 4 面体の場合

図 8.4 を参照して，辺$\{2,4\}$上に点qをとり，3 角形$\{3,1,q\}$を考えると，2 次元の場合に帰着する。すなわち

$$\nabla\times\boldsymbol{w}^{31}=\frac{\boldsymbol{n}}{S_q}=\boldsymbol{w}^{31q}$$

となる。ここで$\boldsymbol{w}^{31q}$は 3 角形$\{3,1,2\}$と 3 角形$\{3,1,4\}$の面ベクトル形状関数をそれぞれ$\boldsymbol{w}^{312}$と$\boldsymbol{w}^{314}$にすれば

$$\boldsymbol{w}^{31q}=\lambda^2\boldsymbol{w}^{312}+\lambda^4\boldsymbol{w}^{314}$$

を満足する。

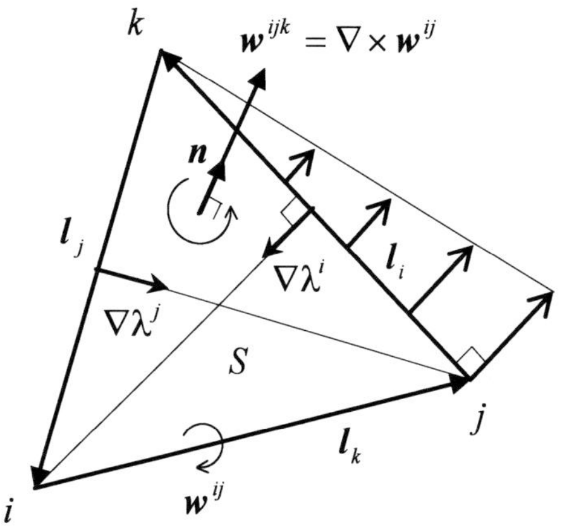

- $\boldsymbol{w}^{ij}$は頂点kまわりの回転場である。
- $\nabla\times\boldsymbol{w}^{ij}$は回転場の強度（うず度）を意味する。
- $\boldsymbol{w}^{ijk}$は辺$\{i,j\}$まわりの回転場である。

図 8.3　3 角形の場合$\left(\nabla\times\mathbf{w}^{ij}=\dfrac{\mathbf{n}}{S}=\mathbf{w}^{ijk}\right)$

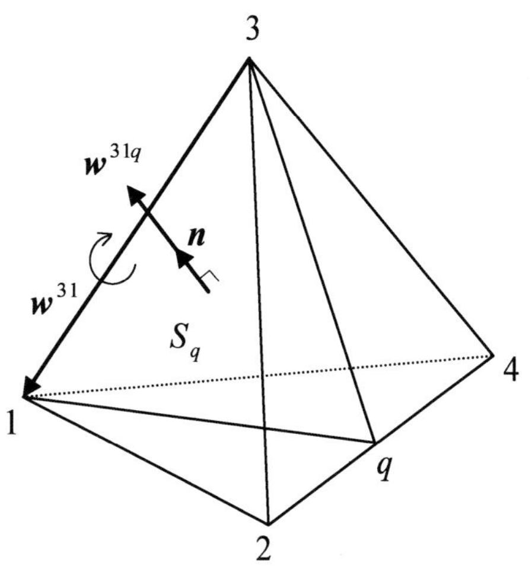

$\boldsymbol{w}^{31q}$は辺$\{3,1\}$まわりの回転場である。

図 8.4　4 面体の場合$\left(\nabla\times\mathbf{w}^{31}=\mathbf{w}^{31q}\right)$

8.3　辺ベクトル形状関数と流れ関数

$\nabla \cdot \boldsymbol{v} = 0$ ならば $\boldsymbol{v} = \nabla \times \boldsymbol{\psi}$ と書ける。ここで $\boldsymbol{\psi}$ は３次元の流れ関数である。

(a) ２次元の場合

特に２次元流れでは $\boldsymbol{\psi} = (0, 0, \psi)$ となり

$$\boldsymbol{v} = \nabla \times \boldsymbol{\psi} = \nabla \psi \times \boldsymbol{k}$$

と書ける。ここで $\boldsymbol{k}$ は z 軸方向の単位ベクトルである。いま ψ を節点形状関数 w_n を用いて $\psi = w_n \psi_n$ と展開する。よって $\boldsymbol{v}$ は

$$\boldsymbol{v} = \nabla w_n \times \boldsymbol{k} \psi_n$$

と表せる。節点 n での ψ の値 ψ_n を１とし，そのときの $\boldsymbol{v}$ を $\boldsymbol{K}_n$ とすれば

$$\boldsymbol{K}_n = \nabla w_n \times \boldsymbol{k}$$

となる。∇w_n は節点 n の対辺に垂直で節点 n 方向に向うベクトルであるから，$\mathbf{K}_n$ は対辺に平行となる。節点 n に隣接するすべての３角形要素について同様のことが成立するから，$\mathbf{K}_n$ は節点 n を中心に反時計まわりの回転ベクトルとなる。高さ１の平面内の流れの様子を**図 8.5** に示す。流れは斜線部の断面を垂直に横切る。図は辺 e を共有するプリズム要素の集合と考えることができる。

(b) ３次元の場合

３次元の場合：$\boldsymbol{\psi} = \boldsymbol{w}_e \psi_e$ とすれば

$$\boldsymbol{v} = (\nabla \times \boldsymbol{w}_e) \psi_e$$

となる。辺 $e\{m,n\}$ 上での ψ_e の値を１とすれば，

$$\boldsymbol{K}_e = \nabla \times \boldsymbol{w}_e$$

を得る。一方

$$\boldsymbol{K}_e = \frac{\boldsymbol{n}}{S}$$

であるから，$\boldsymbol{K}_e$ は辺 e を軸として，右ネジ方向に向うベクトルである。ここで，S は

斜線で示された断面の面積である。よって流れは，辺eを軸とした回転流を与える。**図 8.6** は辺$e\left\{m, n\right\}$を共辺とする 4 面体の集まりである。

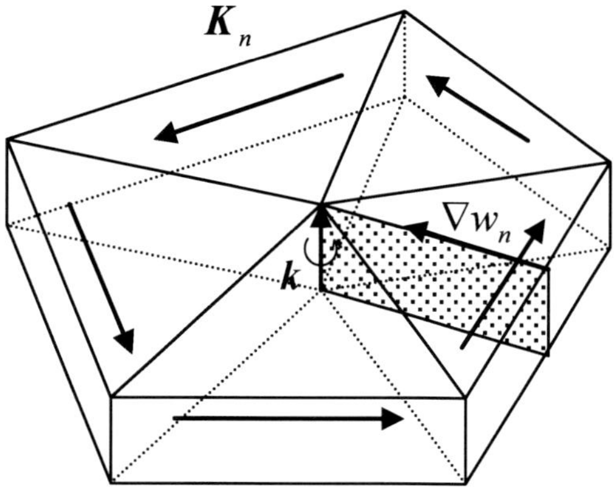

図 8.5　$\boldsymbol{K}_n = \nabla w_n \times \boldsymbol{k}$ の回転流れ

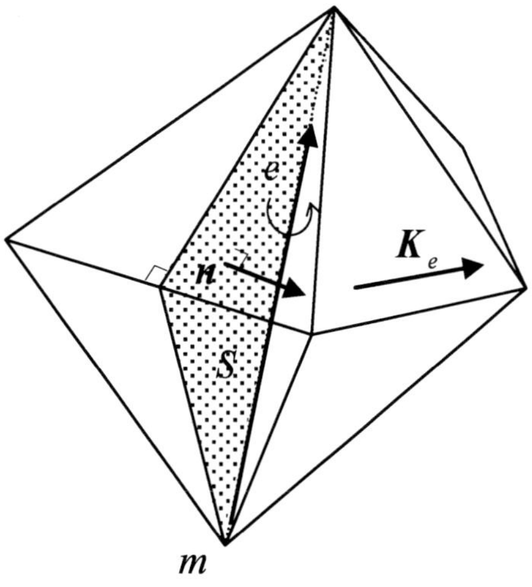

図 8.6　$\mathbf{K}_e = \nabla \times \mathbf{w}_e$ の回転流れ

8.4　辺ベクトル形状関数の面積ベクトル表示

(a) 4面体の場合

辺ベクトル形状関数

$$\boldsymbol{w}^{kl}=\lambda^k\nabla\lambda^l-\lambda^l\nabla\lambda^k$$

を位置ベクトルを用いて表すと

$$\boldsymbol{w}^{kl}=\frac{1}{6V}(\boldsymbol{x}_m-\boldsymbol{x})\times(\boldsymbol{x}_n-\boldsymbol{x})$$

または

$$\boldsymbol{w}^{kl}=\frac{1}{6V}(\boldsymbol{x}_n-\boldsymbol{x}_m)\times(\boldsymbol{x}-\boldsymbol{x}_m)$$

と書くことができる。3角形$\{x,m,n\}$の面積ベクトル$\boldsymbol{S}$を用いて表示すると

$$\mathbf{w}^{kl}=\frac{\mathbf{S}}{3V}$$

となる。ここで，mnの順序をnmに変えると面積ベクトルの向きが逆転する（**図8.7参照**）ことに注意しておく。例えば$\mathbf{w}^{12}$は対辺{3, 4}を軸とした回転場である（**図8.8参照**）。

(b) 3角形の場合

$n\to m$に接近させるとmxとnxは一致し$(\boldsymbol{x}_m-\boldsymbol{x}_n)\to\boldsymbol{n}$，　$3V\to S$となるから，3角形$\{k,l,m\}$の辺ベクトル形状関数

$$\boldsymbol{w}^{kl}=\frac{\boldsymbol{n}\times(\boldsymbol{x}-\boldsymbol{x}_m)}{2S}$$

が得られる。ここで$\boldsymbol{n}$はΔklmの単位法線ベクトルである（**図8.9参照**）。

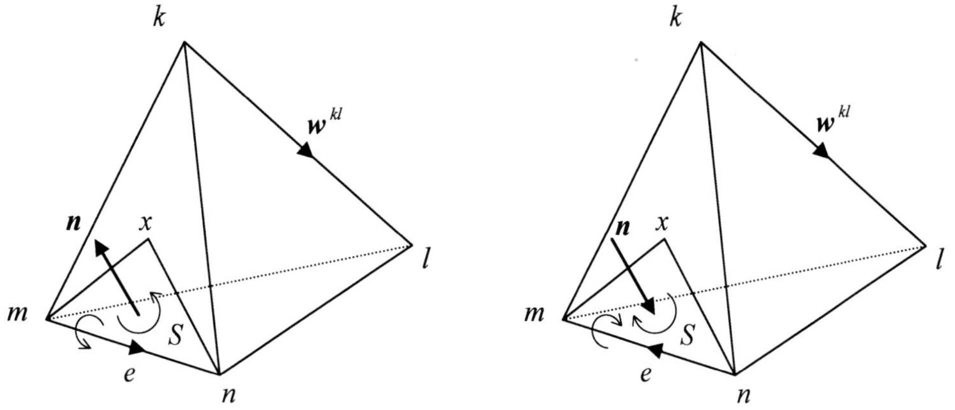

図 8.7　辺ベクトル形状関数 $\mathbf{w}^{kl} = \dfrac{\mathbf{S}}{3V}$ は対辺 $\{m, n\}$ を軸とした回転場である

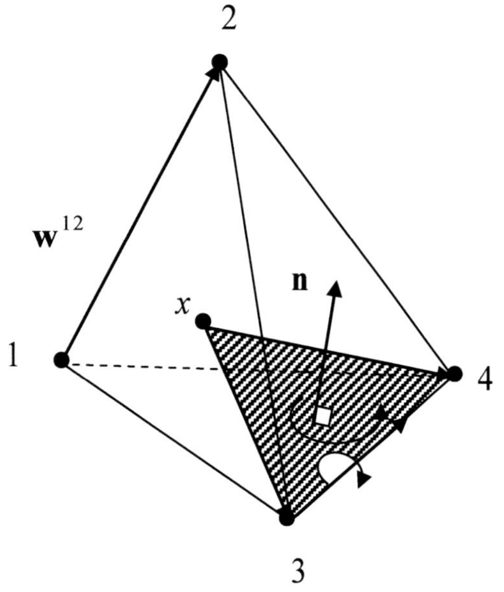

図 8.8　ベクトル形状関数 $\mathbf{w}^{12} = \mathbf{S}/3V$ 対辺 {3, 4} を軸とした回転場である

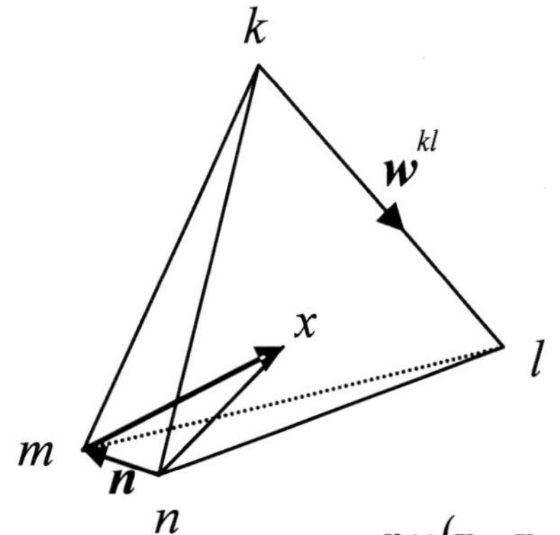

図 8.9　$n \to m$ のとき $\mathbf{w}^{kl} = \dfrac{\mathbf{n} \times (\mathbf{x} - \mathbf{x}_m)}{2S}$

$\boldsymbol{w}^{kl}$ は対点 m を中心に $\boldsymbol{n}$ を回転軸とした回転場である

8.5　辺ベクトル形状関数と線積分(面積比・体積比)

ベクトル $\boldsymbol{E}$ の線積分を考える。辺に沿っての積分値を

$$E_{lm} = \int_{\{l,m\}} \mathbf{E} \cdot d\mathbf{r}, \qquad E_{xy} = \int_{\{x,y\}} \boldsymbol{E} \cdot d\boldsymbol{r}$$

とする。ここで点 x と点 y は 3 角形 $\{l,m,n\}$ 内の点である(図 8.10 参照)。一方，$\boldsymbol{E}$ は辺ベクトル形状関数 $\mathbf{w}^{lm}$ を用いて

$$\mathbf{E} = \mathbf{w}^{lm} E_{lm}$$

と展開できる。ここで $\boldsymbol{E}$ と線分ベクトル $(\mathbf{y}-\mathbf{x})$ の内積を E_{xy} と定義すれば

$$E_{xy} = \int_{\{x,y\}} \mathbf{E} \cdot d\mathbf{r} = \mathbf{E} \cdot (\mathbf{y}-\mathbf{x})$$

であるから

$$E_{xy} = \mathbf{E} \cdot (\mathbf{y}-\mathbf{x}) = E_{lm} \underline{\mathbf{w}^{lm} \cdot (\mathbf{y}-\mathbf{x})}$$

を得る。節点形状関数の線形性を考慮して，$\lambda^l(\mathbf{y})$ と $\lambda^m(\mathbf{y})$ を点 $\boldsymbol{x}$ の周りで *Taylor* 展開すれば，

$$\lambda^l(\mathbf{y}) = \lambda^l(\mathbf{x}) + (\mathbf{y}-\mathbf{x}) \cdot \nabla\lambda^l$$

$$\lambda^m(\mathbf{y}) = \lambda^m(\mathbf{x}) + (\mathbf{y}-\mathbf{x}) \cdot \nabla\lambda^m$$

となる。ここで，$\nabla\lambda^l$ と $\nabla\lambda^m$ は節点形状関数の線形性により定ベクトルである。この上式に $\lambda^m(\mathbf{x})$，下式に $\lambda^l(\mathbf{x})$ をかけて，差を作ると

$$\lambda^l(\mathbf{y})\lambda^m(\mathbf{x}) - \lambda^l(\mathbf{x})\lambda^m(\mathbf{y}) = (\mathbf{y}-\mathbf{x}) \cdot (\lambda^m(\mathbf{x})\nabla\lambda^l - \lambda^l(\mathbf{x})\nabla\lambda^m)$$

ゆえに，辺ベクトル形状関数と線分ベクトルの内積は

$$\lambda^l(\mathbf{x})\lambda^m(\mathbf{y}) - \lambda^l(\mathbf{x})\lambda^m(\mathbf{y}) = \underline{(\mathbf{y}-\mathbf{x}) \cdot \mathbf{w}^{lm}(\mathbf{x})}$$

と表せる。このとき，E_{yx} と E_{lm} の間に関係式

$$E_{xy} = E_{lm}\{\lambda^l(\mathbf{x})\lambda^m(\mathbf{y}) - \lambda^l(\mathbf{y})\lambda^m(\mathbf{x})\} \qquad \bullet$$

が成立する。

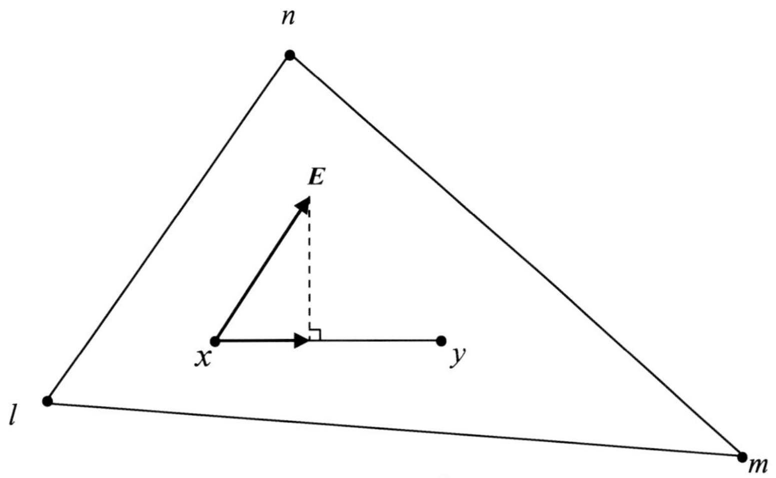

図8.10　線積分 $E_{xy} = \int_{\{x,y\}} \mathbf{E} \cdot d\mathbf{r} = \mathbf{E} \cdot (\mathbf{y} - \mathbf{x})$

(a) 面積比

特に，点 x と点 y がそれぞれ点 l と点 m に等しい場合

$$E_{xy} = E_{lm}$$

となる。また，三角形 $\{l,m,n\}$ の面積を $S\{l,m,n\}$ とすれば，面積比に対して

$$\frac{S\{l,x,y\}}{S\{l,m,n\}} = \lambda^m(\mathbf{x})\lambda^n(\mathbf{y}) - \lambda^m(\mathbf{y})\lambda^n(\mathbf{x}) = \int_{\{x,y\}} \mathbf{w}^{mn} \cdot d\mathbf{r} \qquad \bullet$$

が成立する。次にこれを証明する。

※ 面積比の証明

３角形 $\{l,m,n\}$ 内の点 x と点 y は，節点形状関数を重心的重みとして

$$\mathbf{x} = \lambda^l(\mathbf{x})\mathbf{x}_l + \lambda^m(\mathbf{x})\mathbf{x}_m + \lambda^n(\mathbf{x})\mathbf{x}_n$$

$$\mathbf{y} = \lambda^l(\mathbf{y})\mathbf{x}_l + \lambda^m(\mathbf{y})\mathbf{x}_m + \lambda^n(\mathbf{y})\mathbf{x}_n$$

と表すことができる(図 8.11 参照)。周辺より着目点 l の位置ベクトル $\mathbf{x}_l$ を引くと，$\lambda^l + \lambda^m + \lambda^n = 1$ であるから

$$\mathbf{x} - \mathbf{x}_l = \lambda^m(\mathbf{x})(\mathbf{x}_m - \mathbf{x}_l) + \lambda^n(\mathbf{x})(\mathbf{x}_n - \mathbf{x}_l)$$

$$\mathbf{y} - \mathbf{x}_l = \lambda^m(\mathbf{y})(\mathbf{x}_m - \mathbf{x}_l) + \lambda^n(\mathbf{y})(\mathbf{x}_n - \mathbf{x}_l)$$

を得る。よって，これらのベクトルの外積は

$$(\mathbf{x}-\mathbf{x}_l)\times(\mathbf{y}-\mathbf{y}_l)=\{\lambda^m(\mathbf{x})\lambda^n(\mathbf{y})-\lambda^m(\mathbf{y})\lambda^n(\mathbf{x})\}(\mathbf{x}_m-\mathbf{x}_l)\times(\mathbf{x}_n-\mathbf{x}_l)$$

となる。左辺は３角形$\{l,x,y\}$の面積ベクトルの２倍である。よって，$S\{l,x,y\}$と$S\{l,m,n\}$の面積比は

$$\frac{S\{l,x,y\}}{S\{l,m,n\}}=\lambda^m(\mathbf{x})\lambda^n(\mathbf{y})-\lambda^m(\mathbf{y})\lambda^n(\mathbf{x})$$

と求まる。一方定義式より

$$E_{xy}=\int_{\{x,y\}}\mathbf{E}\cdot d\mathbf{r}=\int_{\{x,y\}}\mathbf{w}^{mn}E_{mn}\cdot d\mathbf{r}=E_{mn}\int_{\{x,y\}}\mathbf{w}^{mn}\cdot d\mathbf{r}$$

であるから

$$\frac{E_{xy}}{E_{mn}}=\int_{\{x,y\}}\mathbf{w}^{mn}\cdot d\mathbf{r}=\lambda^m(\mathbf{x})\lambda^n(\mathbf{y})-\lambda^m(\mathbf{y})\lambda^n(\mathbf{x})$$

を得る。

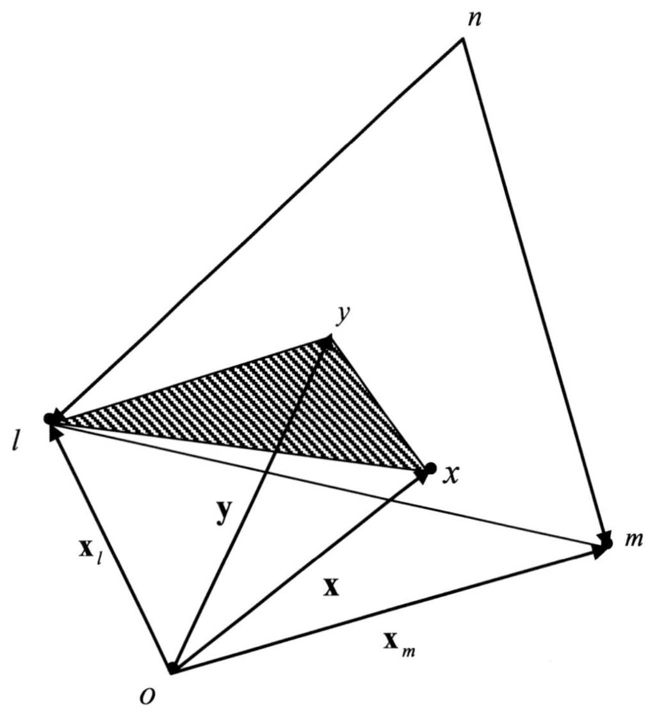

図8.11　面積比　$=\dfrac{S\{l,x,y\}}{S\{l,m,n\}}=\begin{vmatrix}\lambda^m(\mathbf{x}) & \lambda^n(\mathbf{x})\\ \lambda^m(\mathbf{y}) & \lambda^n(\mathbf{y})\end{vmatrix}$

(b) **体積比**

4 面体内の線分 $\{x, y\}$ 上で $\mathbf{w}^{mn}$ を線積分する。このとき，体積比に関して関係式

$$\frac{\mathrm{V}\{\mathrm{x}, \mathrm{y}, \mathrm{l}, \mathrm{k}\}}{\mathrm{V}\{\mathrm{m}, \mathrm{n}, \mathrm{l}, \mathrm{k}\}} = \int_{\{x,y\}} \mathbf{w}^{mn} \cdot d\mathbf{r} \qquad \bullet$$

が成立する。この関係式を辺ベクトル形状関数の定義式に用いることもできる（**図 8.12** 参照）。

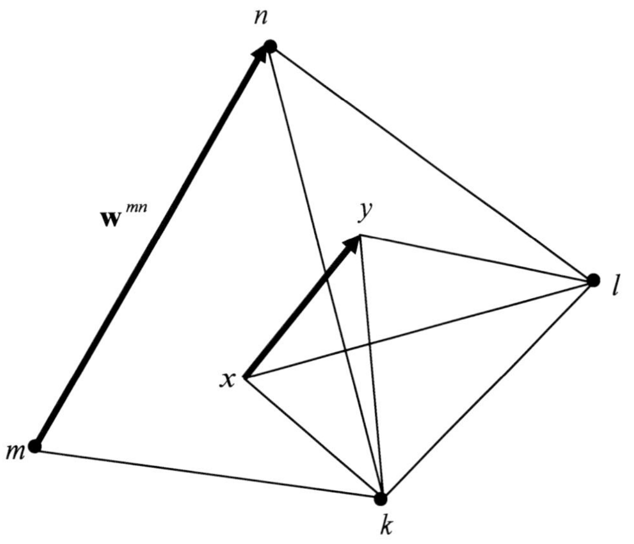

図 8.12 辺ベクトル形状関数の線積分

8.6 形状関数の積分と重み

形状関数の要素内での積分にはつぎの 4 種類がある。

- 節点形状関数を要素内で点積分する。
- 辺ベクトル形状関数を要素内で線積分する。
- 面ベクトル形状関数を要素内で面積分する。
- 体形状関数を要素内で体積分する。

これらの積分結果が何を意味しているかについて考える。3 角形要素の場合と 4 面体要素の場合に分けて考察する。ただし 3 角形要素については体積分は存在しない。

(a) 3 角形要素の場合

点積分：3 角形要素内の点 x で節点形状関数 λ^n を点積分する。このとき，関係式

$$\lambda^n(x) = \int_{\{x\}} \lambda^n \delta\, dS = \frac{S\{l,m,x\}}{S\{l,m,n\}}$$

が成立する。これは面積座標の定義式である。対点 n に関する点 x の重みを表している。

線積分：3 角形要素内の辺 $\{x,y\}$ 上で辺ベクトル形状関数 $\boldsymbol{w}^{mn}$ を線積分する。このとき関係式

$$\int_{\{x,y\}} \boldsymbol{w}^{mn} \cdot d\boldsymbol{r} = \frac{S\{l,x,y\}}{S\{l,m,n\}}$$

が成立する。対辺 $\{m,n\}$ に関する線分 $\{x,y\}$ の重みを表している。

面積分：3 角形要素内の面 $\{x,y,z\}$ 上で面ベクトル形状関数 $\boldsymbol{w}^{lmn}$ を面積分する。このとき関係式

$$\int_{\{x,y,z\}} \boldsymbol{w}^{lmn} \cdot d\boldsymbol{S} = \frac{S\{x,y,z\}}{S\{l,m,n\}}$$

が成立する。3 角形要素の場合，面ベクトル形状関数は面積ベクトルの逆ベクトルに等しい。よって積分結果は単なる面積比となる。

以上をまとめておく。3 角形内の点 x，辺 $\{x,y\}$ に関する対点 n，対辺 $\{m,n\}$ に関する重みはそれぞれの面積 $S\{l,m,x\}$，$S\{l,x,y\}$ を要素の面積 $S\{l,m,n\}$ で割ったものである（**表 8.1**，**図 8.13**，**図 8.14** 参照）

表 8.1　点，辺に関する重み（3 角形の場合）

点 x	$S\{l,m,x\}/S\{l,m,n\}$	対点 n
辺 $\{x,y\}$	$S\{l,x,y\}/S\{l,m,n\}$	対辺 $\{m,n\}$

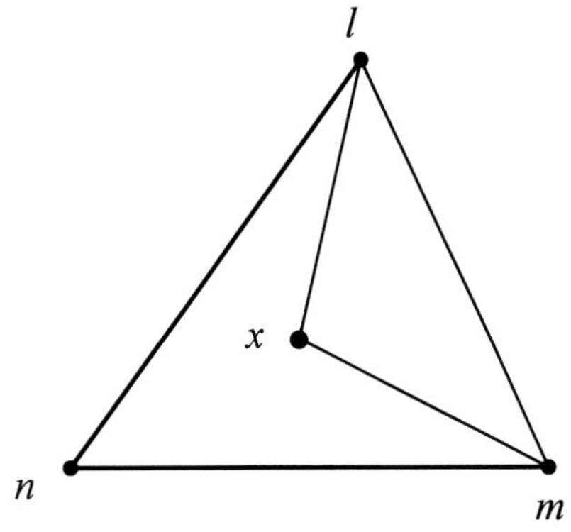

図 8.13　対点 n に関する点 x の重み $= S\{l,m,x\}/S\{l,m,n\}$

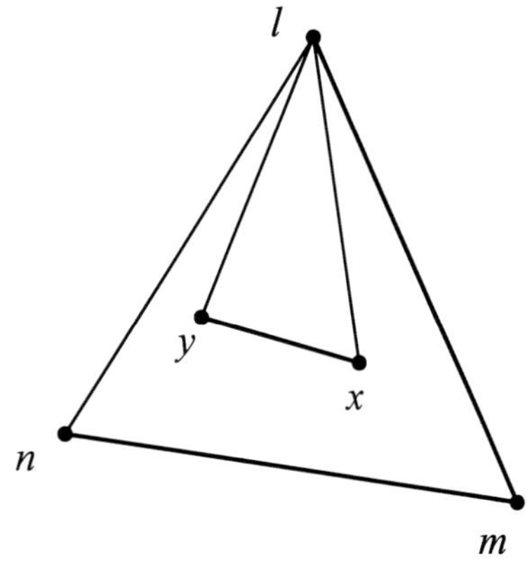

図 8.14　対辺 $\{m,n\}$ **に関する線分** $\{x,y\}$ **の重み** $= S\{l,x,y\}/S\{l,m,n\}$

例題 8.2　面積重み　面積重みを用いた例題を考える。

ベクトル $\boldsymbol{E}$ の線積分

$$E_{xy} = \int_{\{x,y\}} \boldsymbol{E} \cdot d\boldsymbol{r} , \qquad E_e = \int_e \boldsymbol{E} \cdot d\boldsymbol{r}$$

で E_{xy} と E_e を定義する。このとき $\boldsymbol{E} = \boldsymbol{w}_e E_e$ が成立する。また辺ベクトル形状関数 $\boldsymbol{w}_e$ の辺 $\{x,y\}$ 上での線積分は重みの定義式より

$$\frac{S_e}{S} = \int_{\{x,y\}} \boldsymbol{w}_e \cdot d\boldsymbol{r}$$

と表わせる。ここで，S_eは辺eに対応する頂点と辺$\{x,y\}$で構成される面積である（**図8.15**参照）。このとき

$$E_{xy}S=\sum_{e}E_eS_e=E_eS_e$$

を得る。ただし，E_eS_eは全てのeについて和をとるものとする。すなわち，E_{xy}は各辺のE_eの値に面積重みS_e/Sをかけて加えたものである。

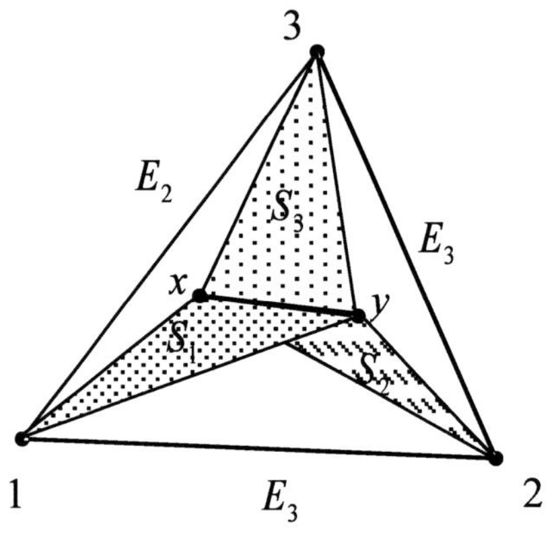

図8.15　$E_{xy}S=E_eS_e$

(b) 4面体の場合

点積分：4面体要素内の点$\{x\}$で節点形状関数λ^nを点積分する。このとき関係式

$$\lambda^n(x)=\int_{\{x\}}\lambda^n\delta\,dV=\frac{V\{x,m,k,l\}}{V\{n,m,k,l\}}$$

が成立する。これは体積座標の定義式である。対点nに関する点xの重みを表わしている。

線積分：4面体要素内の辺$\{x,y\}$上で辺ベクトル形状関数$\boldsymbol{w}^{mn}$を線積分する。このとき関係式

$$\int_{\{x,y\}}\boldsymbol{w}^{mn}\cdot d\boldsymbol{r}=\frac{V\{x,y,l,k\}}{V\{m,n,l,k\}}$$

が成立する。対辺$\{m,n\}$に関する線分$\{x,y\}$の重みを表わしている。

面積分：4 面体要素内の面$\{x,y,z\}$上で面ベクトル形状関数$\boldsymbol{w}^{lmn}$を面積分する。このとき関係式

$$\int_{\{x,y,z\}} \boldsymbol{w}^{lmn}\cdot d\boldsymbol{S}=\frac{V\{k,x,y,z\}}{V\{k,l,m,n\}}$$

が成立する。対面$\{l,m,n\}$に関する 3 角形$\{x,y,z\}$の重みを表している。

体積分：4 面体要素内の体$\{x,y,z,w\}$上で体形状関数w_vを体積分する。このとき，関係式

$$\int_{\{x,y,z,w\}} w_v dV=\frac{V\{x,y,z,w\}}{V\{k,l,m,n\}}$$

が成立する。体形状関数は要素内一定であるから，これは単なる体積比となる。

これらの積分式を用いてそれぞれの形状関数の定義式とすることもできる。

以上をまとめておく。4 面体内の点x，辺$\{x,y\}$，面$\{x,y,z\}$に関する対点n，対辺$\{m,n\}$，対面$\{l,m,n\}$に関する重みはそれぞれの体積$V\{k,l,m,x\}$,$V\{k,l,x,y\}$,$V\{k,x,y,z\}$を要素の体積$V\{k,l,m,n\}$で割ったものである（**表 8.2 と図 8.16，図 8.17，図 8.18 参照**）。

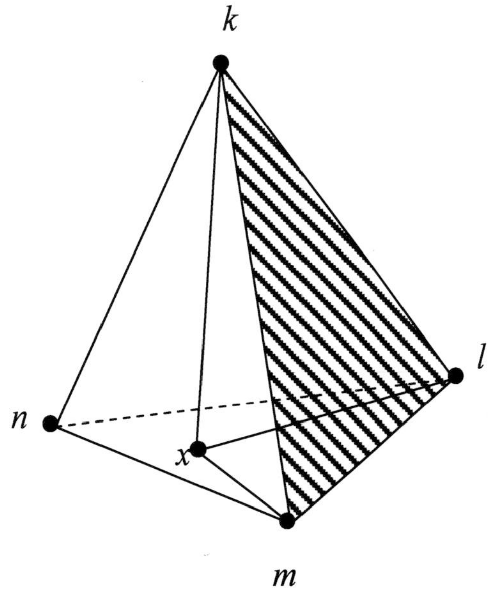

図 8.16 対点 n に関する点 x の重み$=V\{k,l,m,x\}/V\{k,l,m,n\}$

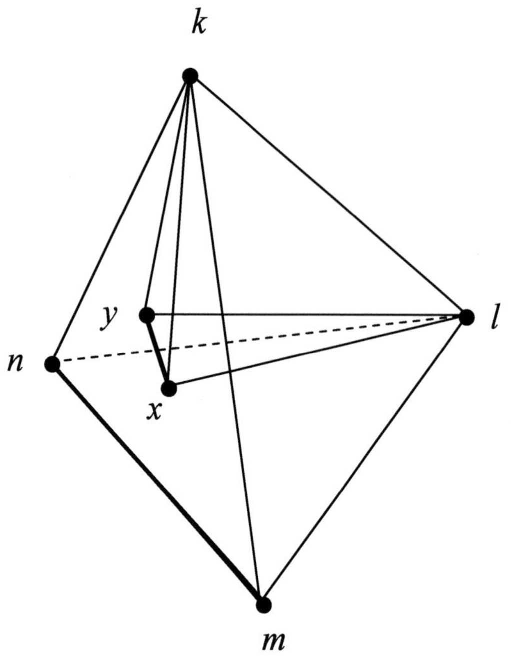

図8.17 対辺$\{m,n\}$に関する線分$\{x,y\}$の重み$=V\{k,l,x,y\}/V\{k,l,m,n\}$

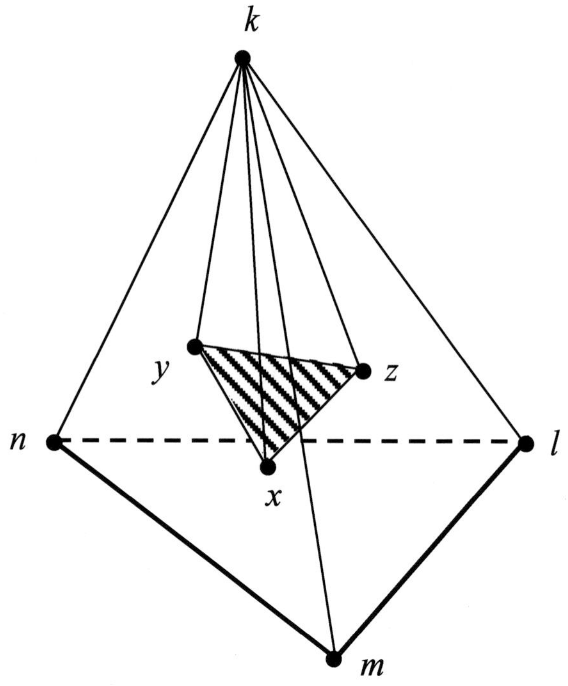

図 8.18 対面$\{l,m,n\}$に関する 3 角形xyz の重み$=V\{k, x,y,z\}/V\{k,l,m,n\}$

表 8.2　点，辺，面に関する重み(4 面体の場合)

点 x	$V\{k,l,m,y\}/V\{k,l,m,n\}$	対点 n
辺 $\{x,y\}$	$V\{k,l,x,y\}/V\{k,l,m,n\}$	対辺 $\{m,n\}$
面 $\{x,y,z\}$	$V\{k,x,y,z\}/V\{k,l,m,n\}$	対面 $\{l,m,n\}$

例題 8.3　面上での接線成分の連続性

面上での接線成分の連続性は，面上で辺ベクトル形状関数が連続であることを意味している。つぎにこれを面上での線積分を用いて照明する。

[証明] この証明は重みを用いる応用例である。4 面体$v_1\{1,2,3,4\}$と 4 面体$v_2\{1,2,4,5\}$は面$f\{4,1,2\}$を共有しているとする。面上の任意の線分$\{x,y\}$に対して，体積比を用いて

$$\frac{V_1\{x,y,3,4\}}{V_1\{1,2,3,4\}}=\int_{\{x,y\}}\boldsymbol{w}^{12}\cdot d\boldsymbol{r}=\frac{V_2\{x,y,4,5\}}{V_2\{1,2,4,5\}}$$

となる（**図 8.19** 参照）。さらに，面 $f\left\{4,1,2\right\}$ についてこれらの値は 3 角形の面積比に等しく

$$\frac{S\left\{x,y,4\right\}}{S\left\{1,2,4\right\}}=\int_{\left\{x,y\right\}}\boldsymbol{w}^{12}\cdot d\boldsymbol{r}=\lambda^1(\boldsymbol{x})\lambda^2(\boldsymbol{y})-\lambda^1(\boldsymbol{y})\lambda^2(\boldsymbol{x})$$

が成立する。任意の線分 $\left\{x,y\right\}$ についてこの関係式が成立するということは，面上での形状関数は連続であることを意味する（証明終わり）。

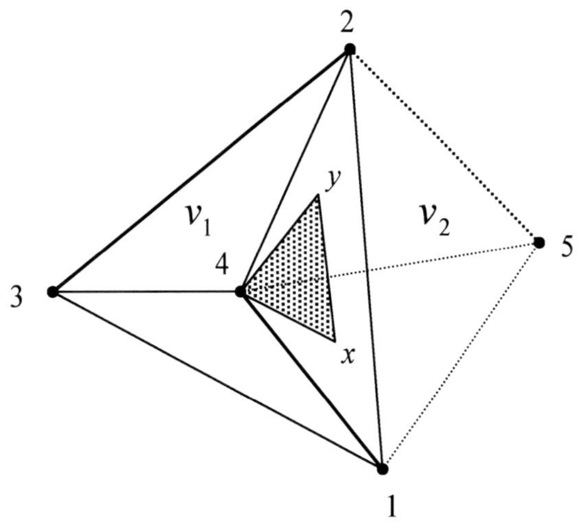

図 8.19 共有面 $\left\{1,2,4\right\}$ での辺ベクトル形状関数の線積分 $\int_{\left\{x,y\right\}}\boldsymbol{w}^{12}\cdot d\boldsymbol{r}$

(c) 結合

点 x と節点 n，辺 e，面 f の結合（join）を

$$x\vee n,\quad x\vee e,\quad x\vee f$$

と表す。2 次元の場合と三次元の場合に分けて議論する。2 次元の 3 角形に対して

$$\left\{n,x\right\}=x\vee n=\lambda^l(x)\left\{n,l\right\}+\lambda^m(x)\left\{n,m\right\}$$

$$\left\{m,l,x\right\}=x\vee e=\lambda^n(x)\left\{m,l,n\right\}$$

が成立する。下式は面積座標の定義式である（**図 8.20** 参照）。

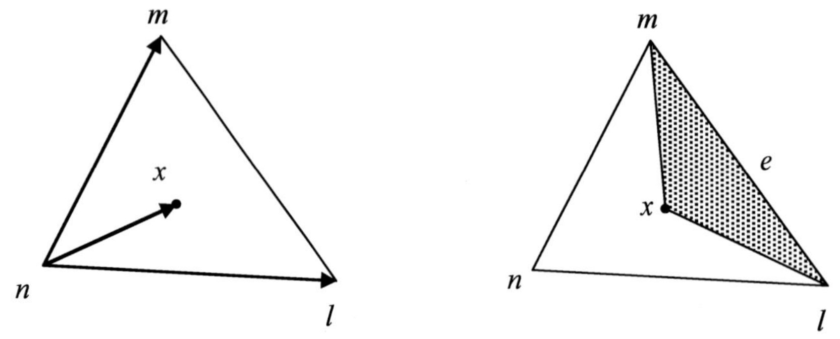

図8.20　3角形の結合 $x \vee n$，$x \vee e$

3次元の4面体に対しても同様に成立する。すなわち，

$$x \vee n = \{n, x\} = \lambda^k(x)\{n, k\} + \lambda^l(x)\{n, l\} + \lambda^m(x)\{n, m\}$$

$$x \vee e = \{m, n, x\} = \lambda^k(x)\{m, n, k\} + \lambda^l(x)\{m, n, l\}$$

$$x \vee f = \{m, n, l, x\} = \lambda^k(x)\{m, n, l, k\}$$

となる（**図8.21**参照）。最後の式は体積座標の定義式である。

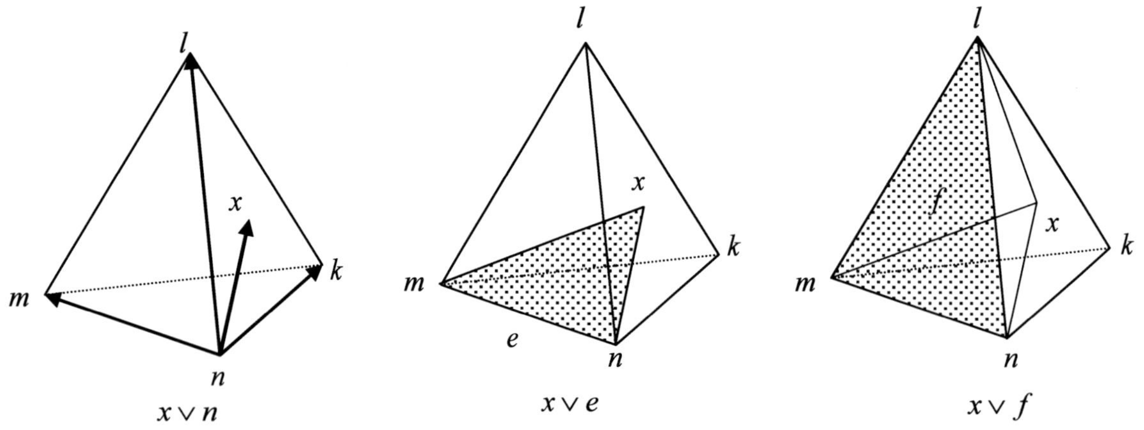

図8.21　4面体の結合 $x \vee n$，$x \vee e$，$x \vee f$

コメント　三角形要素と面積比

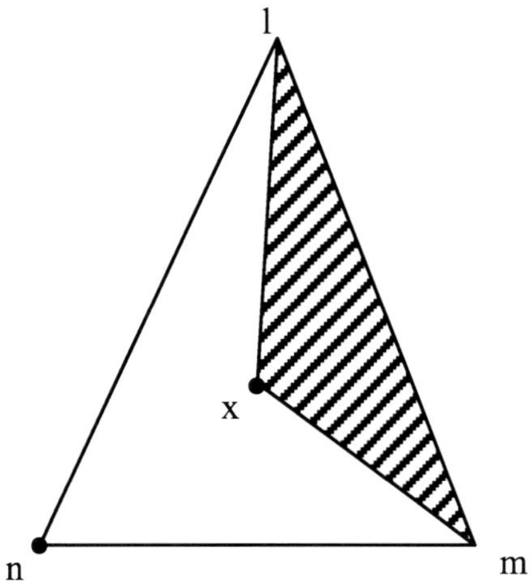

点積分

$$w^n(x) = \frac{S\{l,m,x\}}{S\{l,m,n\}}$$

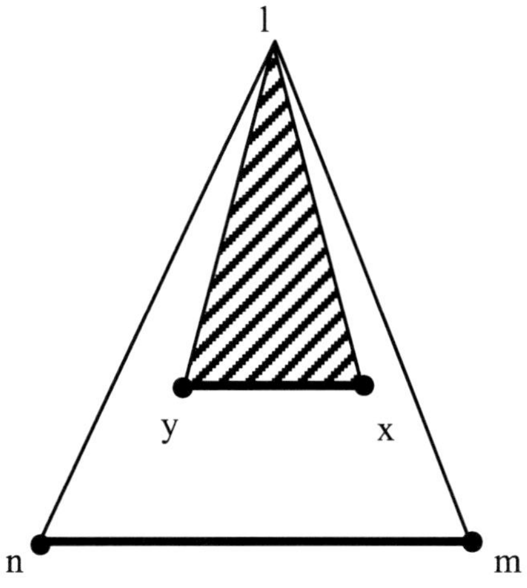

線積分

$$\int_{\{x,y\}} \mathbf{w}^{mn} \cdot d\mathbf{r} = \frac{S\{l,x,y\}}{S\{l,m,n\}}$$

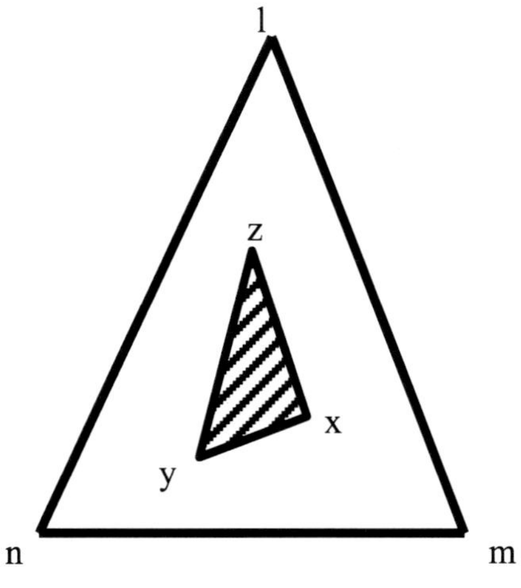

面積分

$$\int_{\{x,y,z\}} \mathbf{w}^{lmn} \cdot d\mathbf{S} = \frac{S\{x,y,z\}}{S\{l,m,n\}}$$

コメント　４面体要素と体積比

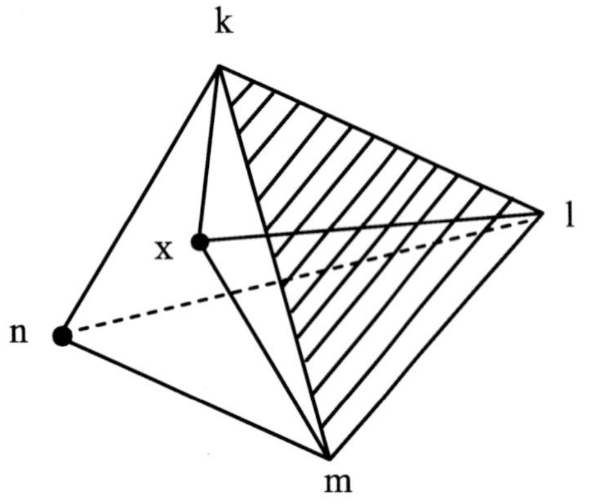

点積分

$$w^n(x) = \frac{V\{x,m,k,l\}}{V\{n,m,k,l\}}$$

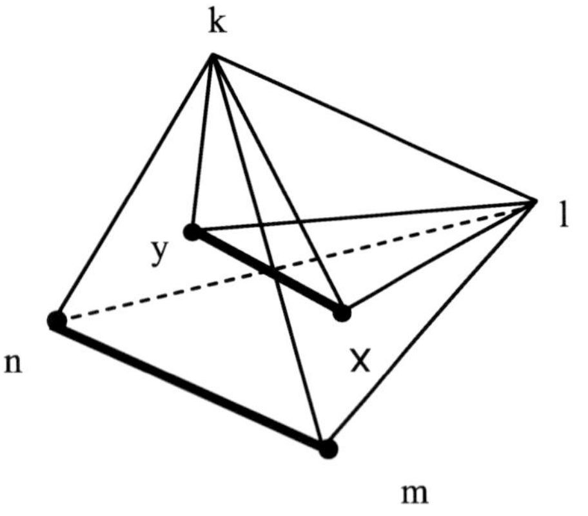

線積分

$$\int_{\{x,y\}} \mathbf{w}^{mn} \cdot d\mathbf{r} = \frac{V\{x,y,k,l\}}{V\{m,n,k,l\}}$$

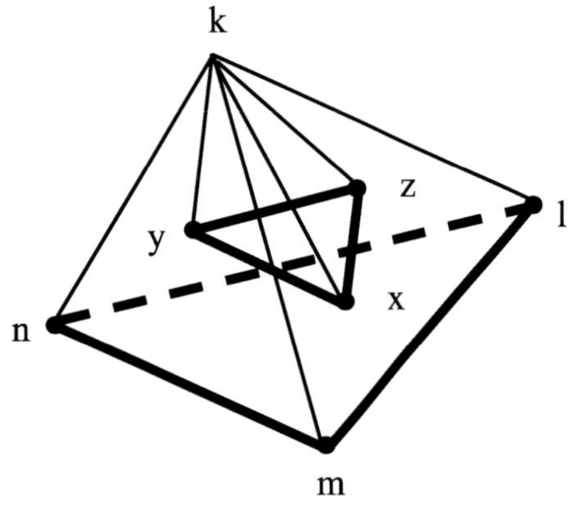

面積分

$$\int_{\{x,y,z\}} \mathbf{w}^{lmn} \cdot d\mathbf{S} = \frac{V\{k,x,y,z\}}{V\{k,l,m,n\}}$$

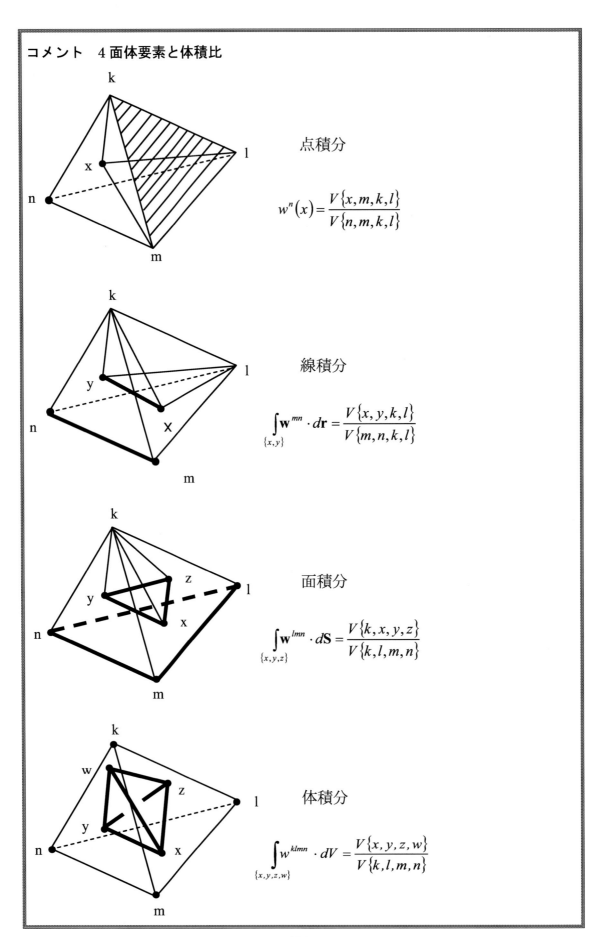

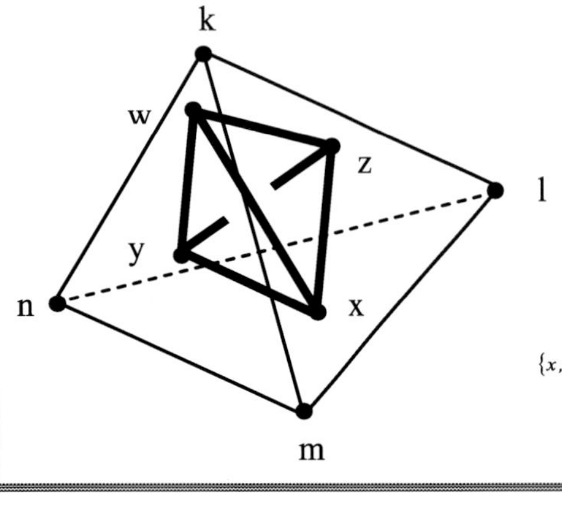

体積分

$$\int_{\{x,y,z,w\}} w^{klmn} \cdot dV = \frac{V\{x,y,z,w\}}{V\{k,l,m,n\}}$$

第Ⅲ部　ベクトル形状関数

点積分・線積分・面積分・体積分に関連して，4種類の形状関数が現れる。点積分には節点形状関数，体積分には体形状関数が対応する。節点形状関数は普通の有限要素法で用いられるものでスカラー関数で表せる。体形状関数は要素内一定で一点求積法に用いられる。当然体形状関数もスカラーである。線積分に関する辺ベクトル形状関数と面積分に関する面ベクトル形状関数はその名のとおり，形状関数がベクトルである。ここでは4面体要素と6面体要素の具体的なベクトル形状関数の表示について議論する。ピラミッド要素やプリズム要素へのベクトル形状関数の拡張も容易に可能であるが，ここではその議論は省略する。

第9章

ベクトル形状関数への序論

ベクトル有限要素法においてはベクトル形状関数が用いられる。ベクトル形状関数には辺ベクトル形状関数と面ベクトル形状関数がある。ここではこれらのベクトル形状関数の作り方とその性質について詳しく調べることにする。

一般に要素の形状は｛節点，辺，面，体積｝={node, edge, facet, volume}によって特徴付けられる。積分の種類もこれに応じて点積分，線積分，面積分，体積分の4種類が考えられる。これを微分形式で考えると，点積分にはスカラー関数の0形式，線積分にはベクトル関数の1形式，面積分にはベクトル関数の2形式，体積分にはスカラー関数の3形式が対応する。すなわち，**表9.1**の関係式が成立する。ここでdは外微分を意味する。ベクトル演算のこう配(grad)，回転(curl)，発散(div)はそれぞれ0形式，1形式，2形式の外微分である。そして，1形式のベクトルと2形式のベクトルは性質の異なるベクトルである。普通の有限要素法は節点有限要素法であり，境界で接平面成分も法線成分も連続である。これに対して，線積分を基礎とする辺有限要素法では接平面成分は連続であるが法線成分は一般に不連続である。さらに，面積分を基礎とする面有限要素法では面の法線成分は連続であるが，接平面成分は不連続であってよい。体積分を基礎とする有限要素法では，各要素ごとに一定となるため，境界では接平面成分も法線成分も不連続となる（**表 9.2** 参照）。

表 9.1　微分形式とこう配・回転・発散の関係

0 形式	φ
1 形式 1 形式	$d\varphi = \nabla\varphi \cdot d\mathbf{r}$ $H = \mathbf{H} \cdot d\mathbf{r}$
2 形式 2 形式	$dH = (\nabla \times \mathbf{H}) \cdot d\mathbf{S}$ $B = \mathbf{B} \cdot d\mathbf{S}$
3 形式	$dB = (\nabla \cdot \mathbf{B}) dV$

表 9.2　有限要素法と微分形式

	0 形式	1 形式	2 形式	3 形式
積分	点	線	面	体
外微分	こう配	回転	発散	0
連続性	全体連続	接平面成分連続	法線成分連続	不連続
要素	節点 (node)	辺 (edge)	面 (facet)	体積 (volume)
形状関数	スカラー	ベクトル	ベクトル	スカラー（要素内一定）

質量・運動量・エネルギーの保存則を表示する原理式は体積分で表示されるため，節点有限要素法が用いられる。これに対して，電気工学の基礎方程式である Maxwell の方程式の積分形は，線積分と面積分を用いて表示される。このため，辺ベクトル形状関数を用いる辺有限要素法や面ベクトル形状関数を用いる面有限要素法が発達した。ここでは辺ベクトル形状関数と面ベクトル形状関数を中心にその概念の詳細を調べる。

第 10 章

点積分・線積分・面積分

点積分とは関数にデルタ関数をかけて体積分したものである。デルタ関数の性質によりデルタ関数が零となる点での関数値が求まる。線積分は極性ベクトル関数と線要素の内積を積分したものである。特に曲線が閉曲線の場合，その積分値は循環を意味する。面積分は軸性ベクトル関数と面要素の内積を積分したものでその積分値は流束を意味する。線積分においてはベクトルの共変成分が，面積分においてはベクトルの反変成分が本質な役割を果たす。この章の構成はつぎのとおりである。

10.1　点積分 187
10.2　線積分 189
10.3　面積分 189

10.1　点積分

図 10.1 に 4 面体要素と 6 面体要素を示す。4 面体要素と 6 面体要素の {節点 n_i , 辺 e_i , 面 f_i} の数はそれぞれ{4, 6, 4}と{8, 12, 6}である。添え字 i は節点，辺，面の番号を意味する。
要素内を線形補間する。普通の有限要素法ではスカラー形状関数 N_i を用いて

$$\varphi = \sum_{n_i \in N} N_i \varphi_i = N_i \varphi_i$$

と線形補間される。ここで $\varphi_i = \varphi(x_i)$ は節点の値である。$\sum$ はすべての節点の和を意味し，普通 $\sum$ の記号は省略される。形状関数は性質

$$N_i(x_j) = \delta_{ij}$$

を満足する。ここで δ_{ij} は Kronecker's delta で $i = j$ ならば 1，$i \neq j$ ならば零である。この性質を用いると φ_i の値は

$$\varphi_i = \int_V \varphi(x)\delta(x - x_i)dV$$

と表示できる。ここで δ はデルタ関数である。すなわち，通常の有限要素法は点積分を基礎としている。

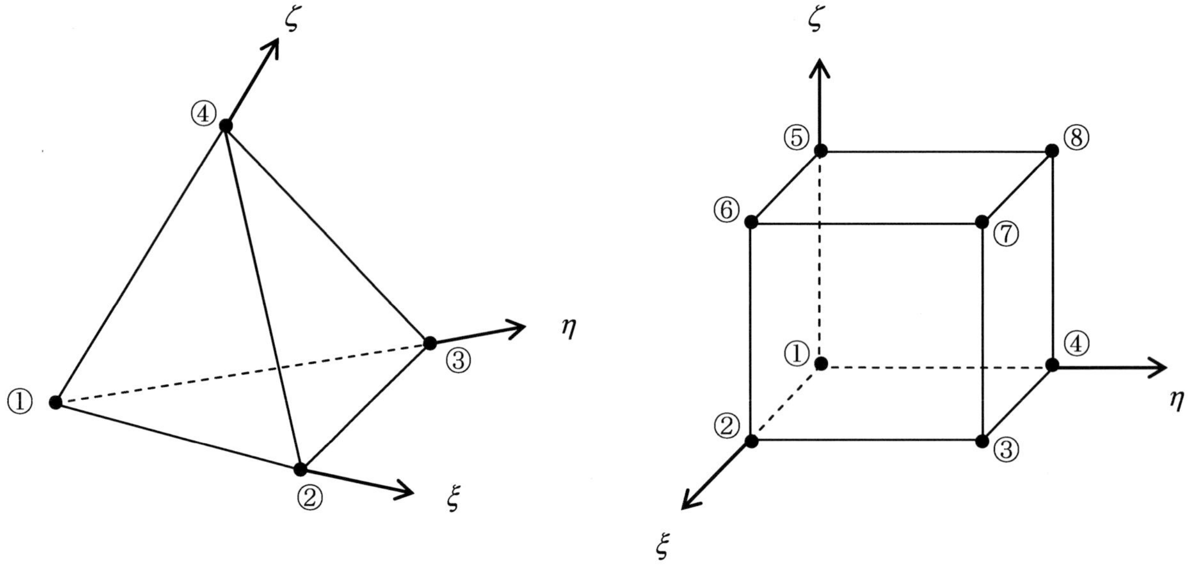

(a)　4 面体　　　(b)　6 面体

	節点 n_i	辺 e_i	面 f_i
4 面体	4	6	4
6 面体	8	12	6

図 10.1　辺と面の数

10.2　線積分

Stokesの定理は極性ベクトル**H**に対して

$$\int_S \nabla\times\mathbf{H}\cdot d\mathbf{S}=\oint_{\partial S}\mathbf{H}\cdot d\mathbf{r}$$

と書ける。この定理に基づいた有限要素法を確立する。それには線積分に注目する。要素の各辺e_i上での線積分

$$H_i=\int_{e_i}\mathbf{H}\cdot d\mathbf{r}$$

の値H_iをその辺上に割り当てる。各辺上のH_iを用いて要素内の**H**を線形補間する。すなわち,

$$\mathbf{H}=\sum_{e_i\in E}\mathbf{E}_i H_i=\mathbf{E}_i H_i$$

と表示する。この$\mathbf{E}_i$を辺ベクトル形状関数とよぶ。辺ベクトル形状関数は性質

$$\int_{e_j}\mathbf{E}_i\cdot d\mathbf{r}=\delta_{ij}$$

を満足する。

10.3　面積分

Gaussの発散定理は軸性ベクトル**B**に対し

$$\int_V \nabla\cdot\mathbf{B}dV=\oint_{\partial V}\mathbf{B}\cdot d\mathbf{S}$$

と書ける。この定理に基づいた有限要素法を確立する。それには，面積分に注目する。要素の各面f_i上での面積分

$$B_i=\int_{f_i}\mathbf{B}\cdot d\mathbf{S}$$

の値B_iをその面上に割り当てる。要素内のベクトル**B**をこれら面上のB_iを用いて内そう補間する。その結果面ベクトル形状関数の概念が生まれる。すなわち,

$$\mathbf{B} = \sum_{f_i \in F} \mathbf{F}_i B_i = \mathbf{F}_i B_i$$

と表示する。ここで，$\mathbf{F}_i$ は面ベクトル形状関数である。面ベクトル形状関数は

$$\int_{f_j} \mathbf{F}_i \cdot d\mathbf{S} = \delta_{ij}$$

を満足する。以上の性質を**表 10. 1** にまとめておく。これらの性質を満足するように，形状関数 N_i，辺ベクトル形状関数 $\mathbf{E}_i$，面ベクトル形状関数 $\mathbf{F}_i$ を構成する。

表 10. 1　形状関数の性質

点積分	線積分	面積分
$N_i(x_j) = \delta_{ij}$	$\int_{e_j} \mathbf{E}_i \cdot d\mathbf{r} = \delta_{ij}$	$\int_{f_j} \mathbf{F}_i \cdot d\mathbf{S} = \delta_{ij}$
$\varphi_i = \int_V \varphi(x)\delta(x - x_i)dV$	$H_i = \int_{e_i} \mathbf{H} \cdot d\mathbf{r}$	$B_i = \int_{f_i} \mathbf{B} \cdot d\mathbf{S}$
$\varphi = \sum_{n_i \in N} N_i \varphi_i$	$\mathbf{H} = \sum_{e_i \in E} \mathbf{E}_i H_i$	$\mathbf{B} = \sum_{f_i \in F} \mathbf{F}_i B_i$
N_i ：スカラー形状関数	$\mathbf{E}_i$ ：辺ベクトル形状関数	$\mathbf{F}_i$ ：面ベクトル形状関数

積分公式：線積分や面積分を実行するときに**表 10. 2** の公式を用いると便利であるたとえば線要素に対して

$$d\mathbf{r} = \frac{\partial \mathbf{r}}{\partial \xi^i} d\xi^i$$

が成立する。両辺に $\nabla\xi^j$ を内積すると，

$$\nabla\xi^j \cdot d\mathbf{r} = \left(\nabla\xi^j \cdot \frac{\partial \mathbf{r}}{\partial \xi^i} \right) d\xi^i = \delta^j_i d\xi^i = d\xi^j$$

となる。よって

$$\nabla\xi^j \cdot d\mathbf{r} = d\xi^j$$

が成立する。同様に面要素に対して

表 10. 2 線積分・面積分・体積分に関する公式

$\nabla\xi \cdot d\mathbf{r} = d\xi$ $\nabla\eta \cdot d\mathbf{r} = d\eta$ $\nabla\zeta \cdot d\mathbf{r} = d\zeta$
$\nabla\xi \times \nabla\eta \cdot d\mathbf{S} = d\xi d\eta$ $\nabla\eta \times \nabla\zeta \cdot d\mathbf{S} = d\eta d\zeta$ $\nabla\zeta \times \nabla\xi \cdot d\mathbf{S} = d\zeta d\xi$
$(\nabla\xi \times \nabla\eta) \cdot \nabla\zeta dV = d\xi d\eta d\zeta$

$$d\mathbf{S} = d\mathbf{r} \times d\mathbf{r} \quad = \left(\frac{\partial \mathbf{r}}{\partial \xi^i} d\xi^i \right) \times \left(\frac{\partial \mathbf{r}}{\partial \xi^j} d\xi^j \right)$$
$$= \left(\frac{\partial \mathbf{r}}{\partial \xi^i} \times \frac{\partial \mathbf{r}}{\partial \xi^j} \right) d\xi^i d\xi^j$$

であるから，両辺に$\nabla\xi^i \times \nabla\xi^j$を内積して

$$\left(\nabla\xi^i \times \nabla\xi^j\right) \cdot \left(\frac{\partial \mathbf{r}}{\partial \xi^i} \times \frac{\partial \mathbf{r}}{\partial \xi^j} \right) = 1$$

を用いると

$$\nabla\xi^i \times \nabla\xi^j \cdot d\mathbf{S} = d\xi^i d\xi^j$$

を得る。同様にして，体積要素に対して

$$\left(\nabla\xi^i \times \nabla\xi^j\right) \cdot \nabla\xi^k dV = d\xi^i d\xi^j d\xi^k$$

が成立する。そして，Jacobian を自然基底ベクトルで表せば

$$J = \frac{\partial(x, \quad y, \quad z)}{\partial(\xi, \quad \eta, \quad \zeta)} = \left(\frac{\partial \mathbf{r}}{\partial \xi} \times \frac{\partial \mathbf{r}}{\partial \eta} \right) \cdot \frac{\partial \mathbf{r}}{\partial \zeta}$$

となる。よって逆基底ベクトルの Jacobian は

$$\frac{1}{J} = \left(\nabla\xi \times \nabla\eta\right) \cdot \nabla\zeta$$

となる。すなわち，体積要素の間に関係式$dxdydz = Jd\xi d\eta d\zeta$または$dV(x) = JdV(\xi)$が成立する。

コメント　　ベクトルの共変成分と反変成分

ここは第 3 章への橋渡しである。ベクトルの共変成分と反変成分の幾何学的な意味を明らかにしておく。

座標系：　物体の運動を記述するには座標系を導入する必要がある。Cartesian 座標・円柱座標・球座標は直交曲線座標の代表例で，対称性のある簡単な形状を表示するのに適している。しかし，複雑形状物体を表示するには，非直交な一般曲線座標を用いるのがよい。Cartesian 座標を$(x, y, z) = (x^1, x^2, x^3)$，一般曲線座標を$(\xi, \eta, \zeta) = (\xi^1, \xi^2, \xi^3)$とする。Cartesian 座標を物理空間の座標，一般曲線座標を計算空間の座標とする。

自然基底ベクトル：　任意のベクトルは 3 個の独立なベクトルの線形 1 次結合として表示することができる。3 個の独立な基底ベクトルとして自然基底ベクトル(natural base vector) $\mathbf{g}^i = \partial \mathbf{r} / \partial \xi^i \quad (i = 1,\ 2,\ 3)$ とその逆基底ベクトル $\mathbf{g}^i = \nabla \xi^i \quad (i = 1,\ 2,\ 3)$ を選ぶ。

これらのベクトルは互いに直交しないが，つぎの逆関係式 $\mathbf{g}^i \cdot \mathbf{g}_j = \delta^i_j$ が成立する。ここで δ^i_j は Kronecker のデルタである。

ベクトルの表示：**v** 速度ベクトルを Cartesian 座標系で

$$\mathbf{v} = v_x \mathbf{i} + v_y \mathbf{j} + v_z \mathbf{k}$$

と表す。(v_x, v_y, v_z) はベクトル **v** の $(x,\ y,\ z)$ 成分である。これらはベクトル **v** の各軸方向へ写影として

$$\mathbf{v} \cdot \mathbf{i} = v_x, \qquad \mathbf{v} \cdot \mathbf{j} = v_y, \qquad \mathbf{v} \cdot \mathbf{k} = v_z$$

と表すこともできる。つぎに同じ速度ベクトルを計算空間の基底ベクトルで

$$\mathbf{v} = v^1 \mathbf{g}_1 + v^2 \mathbf{g}_2 + v^3 \mathbf{g}_3$$

と表す。このときベクトル **v** の成分は $\mathbf{g}^i \cdot \mathbf{g}_j = \delta^i_j$ を用いると基底ベクトル $\mathbf{g}^i$ を用いて

$$v^i = \mathbf{v} \cdot \mathbf{g}^i \quad \text{反変成分（添字上）}$$

と表せる。これをベクトル **v** の反変成分（contravariant component）と呼ぶ。同様にして，速度ベクトル **v** を逆基底ベクトルで展開し

$$\mathbf{v} = v_1 \mathbf{g}^1 + v_2 \mathbf{g}^2 + v_3 \mathbf{g}^3$$

と表せば，ベクトル **v** の成分 v_i は

$$v_i = \mathbf{v} \cdot \mathbf{g}_i \quad \text{共変成分（添字下）}$$

と表せる。これをベクトル **v** の共変成分（covariant component）と呼ぶ。

第 11 章

ベクトルの共変成分と反変成分

大きさと方向を持つベクトルには 2 種類のものがある。その 1 つは電界や磁界を表すベクトルである。これらのベクトルは場の強度を表しベクトルの共変成分を用いて表す。一方，磁束密度，電束密度，電流密度を表すベクトルは面を通過する物理量の密度を表しベクトルの反変成分を用いて表す。辺ベクトル形状関数は線積分に対応し，ベクトルの共変成分を用いる。一方，面ベクトル形状関数は面積分に対応し，ベクトルの反変成分を用いる。この章の構成はつぎのとおりである。

11.1　ベクトルの共変成分と反変成分. 193

11.2　4 面体の場合............................. 196

11.3　6 面体の場合............................. 197

11.1　ベクトルの共変成分と反変成分

物理空間(x, y, z)と計算空間(ξ,η,ζ)の対応はスカラー形状関数N_iを用いて

$$\mathbf{r} = N_i(\xi,\eta,\zeta)\mathbf{r}_i$$

と書ける。自然基底ベクトルを

$$\mathbf{g}_i = \frac{\partial \mathbf{r}}{\partial \xi^i}$$

とすれば、逆基底ベクトルは

$$\mathbf{g}^i = \nabla \xi^i$$

と書ける。ここで$\left(\xi^1, \xi^2, \xi^3\right)=\left(\xi, \eta, \zeta\right)$である。そして Jacobian を

$$J=\frac{\partial\left(x, y, z\right)}{\partial\left(\xi, \eta, \zeta\right)}=\left(\frac{\partial \mathbf{r}}{\partial \xi}\times\frac{\partial \mathbf{r}}{\partial \eta}\right)\cdot\frac{\partial \mathbf{r}}{\partial \zeta}=\left(\mathbf{g}_1\times\mathbf{g}_2\right)\cdot\mathbf{g}_3$$

とすれば双対基底の間に関係式

$$\mathbf{g}^i=\frac{1}{J}\left(\mathbf{g}_j\times\mathbf{g}_k\right),\qquad \mathbf{g}_i=J\left(\mathbf{g}^j\times\mathbf{g}^k\right),\quad \left(i,\ j,\ k=cyclic\right)$$

が成立する。このとき、関係式

$$\mathbf{g}^i\cdot\mathbf{g}_j=\delta^i_j$$

が成立する。そして任意のベクトル$\mathbf{a}$は 2 つの基底ベクトルを用いて

$$\mathbf{a}=a_i\mathbf{g}^i=a^i\mathbf{g}_i$$

と表せる。ここでベクトル$\mathbf{a}$の共変成分a_iと反変成分a^iはそれぞれ

$$a_i=\mathbf{a}\cdot\mathbf{g}_i \quad と \quad a^i=\mathbf{a}\cdot\mathbf{g}^i$$

より求まる。

共変成分：

ベクトル$\mathbf{H}$を逆基底ベクトル$\mathbf{g}^i$を用いて

$$\begin{aligned}\mathbf{H}&=H_1\mathbf{g}^1+H_2\mathbf{g}^2+H_3\mathbf{g}^3\\&=H_1\nabla\xi+H_2\nabla\eta+H_3\nabla\zeta\\&=H_\xi\nabla\xi+H_\eta\nabla\eta+H_\zeta\nabla\zeta\end{aligned}$$

と分解する。この表示は辺ベクトル形状関数を求めるときに役立つ。ここでベクトルの共変成分は

$$
\begin{aligned}
H_1 &= \mathbf{H}\cdot\mathbf{g}_1 = \mathbf{H}\cdot\frac{\partial\mathbf{r}}{\partial\xi} = H_\xi \\
H_2 &= \mathbf{H}\cdot\mathbf{g}_2 = \mathbf{H}\cdot\frac{\partial\mathbf{r}}{\partial\eta} = H_\eta \\
H_3 &= \mathbf{H}\cdot\mathbf{g}_3 = \mathbf{H}\cdot\frac{\partial\mathbf{r}}{\partial\zeta} = H_\zeta
\end{aligned}
$$

である。

反変成分：

ベクトル$\mathbf{B}$を自然基底ベクトル$\mathbf{g}_i$を用いて

$$
\begin{aligned}
\mathbf{B} &= B^1\mathbf{g}_1 + B^2\mathbf{g}_2 + B^3\mathbf{g}_3 \\
&= B^1\frac{\partial\mathbf{r}}{\partial\xi} + B^2\frac{\partial\mathbf{r}}{\partial\eta} + B^3\frac{\partial\mathbf{r}}{\partial\zeta} \\
&= B^\xi\frac{\partial\mathbf{r}}{\partial\xi} + B^\eta\frac{\partial\mathbf{r}}{\partial\eta} + B^\zeta\frac{\partial\mathbf{r}}{\partial\zeta} \\
&= J\left(B^\xi\nabla\eta\times\nabla\zeta + B^\eta\nabla\zeta\times\nabla\xi + B^\zeta\nabla\xi\times\nabla\eta\right)
\end{aligned}
$$

と分解する。この表示は面ベクトルの形状関数を求めるときに役立つ。
ここでベクトルの反変成分は

$$
\begin{aligned}
B^1 &= \mathbf{B}\cdot\mathbf{g}^1 = \mathbf{B}\cdot\nabla\xi = B^\xi \\
B^2 &= \mathbf{B}\cdot\mathbf{g}^2 = \mathbf{B}\cdot\nabla\eta = B^\eta \\
B^3 &= \mathbf{B}\cdot\mathbf{g}^3 = \mathbf{B}\cdot\nabla\zeta = B^\zeta
\end{aligned}
$$

である。このように、線積分を用いる辺ベクトル形状関数に対しては$\mathbf{H}$の共変成分表示を、面積分を用いる面ベクトル形状関数に対しては$\mathbf{B}$の反変成分表示を用いる。そして、辺ベクトル形状関数には方向ベクトル$(\nabla\xi,\ \nabla\eta,\ \nabla\zeta)$が含まれているから、辺ベクトル形状関数は反変的変換を受ける。それに対して面ベクトル形状関数には方向ベクトル$(\nabla\eta\times\nabla\zeta,\ \nabla\zeta\times\nabla\xi,\ \nabla\xi\times\nabla\eta)$が含まれるから、面ベクトル形状関数は共変的変換を受ける。以上の結果を**表 11.1** にまとめておく。

表 11.1　ベクトル形状関数の表示と変換

辺ベクトル形状関数 $\mathbf{E}_{ij}$	面ベクトル形状関数 $\mathbf{F}_{ijk}$
$\mathbf{H} = H_\xi \nabla\xi + H_\eta \nabla\eta + H_\zeta \nabla\zeta$ $\mathbf{H}$ の共変成分 $\left(H_\xi,\ H_\eta,\ H_\zeta\right)$	$\mathbf{B} = J\left(B^\xi \nabla\eta\times\nabla\zeta + B^\eta \nabla\zeta\times\nabla\xi + B^\zeta \nabla\xi\times\nabla\eta\right)$ $\mathbf{B}$ の反変成分 $\left(B^\xi,\ B^\eta,\ B^\zeta\right)$
座標変換に対して辺ベクトル形状関数は反変的変換をうける。$\left(\nabla\xi,\ \nabla\eta,\ \nabla\zeta\right)$	面ベクトル形状関数は共変的変換を受ける。$\left(\nabla\eta\times\nabla\zeta,\ \nabla\zeta\times\nabla\xi,\ \nabla\xi\times\nabla\eta\right)$

11.2　4 面体の場合

4 面体の場合、位置ベクトルは節点ベクトル $\mathbf{r}_i$ を用いて

$$\mathbf{r} = \left(1-\xi-\eta-\zeta\right)\mathbf{r}_1 + \xi\mathbf{r}_2 + \eta\mathbf{r}_3 + \zeta\mathbf{r}_4$$

と表せる。このとき、自然基底ベクトルは $\Delta\mathbf{r}_{ij} = \mathbf{r}_j - \mathbf{r}_i$ として**表 11.2** のごとくなる。これより Jacobian は

$$J = \left(\mathbf{g}_1\times\mathbf{g}_2\right)\cdot\mathbf{g}_3 = \left(\Delta\mathbf{r}_{12}\times\Delta\mathbf{r}_{13}\right)\cdot\Delta\mathbf{r}_{14} = 6V_e$$

となる。ここで V_e は 4 面体要素の体積である。さらに逆基底ベクトルを求めると**表 11.3** のごとくなる。表中の $\Delta\mathbf{S}_{ijk}$ は面 $\left\{i,\ j,\ k\right\}$ の面積である。面の方向は右ネジ方向である。

これで自然基底ベクトル、Jacobian、逆基底ベクトルはすべて $\Delta\mathbf{r}_{ij}$ で表示できた。これらの結果を後に利用する。

表 11.2　自然基底ベクトル(4 面体)

$$\mathbf{g}_1 = \frac{\partial\mathbf{r}}{\partial\xi} = \mathbf{r}_2 - \mathbf{r}_1 = \Delta\mathbf{r}_{12}$$
$$\mathbf{g}_2 = \frac{\partial\mathbf{r}}{\partial\eta} = \mathbf{r}_3 - \mathbf{r}_1 = \Delta\mathbf{r}_{13}$$
$$\mathbf{g}_3 = \frac{\partial\mathbf{r}}{\partial\zeta} = \mathbf{r}_4 - \mathbf{r}_1 = \Delta\mathbf{r}_{14}$$

表 11.3　逆基底ベクトル(4 面体)

$$\mathbf{g}^1 = \nabla\xi = \frac{1}{J}\left(\mathbf{g}_2\times\mathbf{g}_3\right) = \frac{\Delta\mathbf{r}_{13}\times\Delta\mathbf{r}_{14}}{6V_e} = \frac{\Delta\mathbf{S}_{134}}{3V_e} = -\frac{\Delta\mathbf{S}_2}{3V_e}$$

$$\mathbf{g}^2 = \nabla\eta = \frac{1}{J}\left(\mathbf{g}_3\times\mathbf{g}_1\right) = \frac{\Delta\mathbf{r}_{14}\times\Delta\mathbf{r}_{12}}{6V_e} = \frac{\Delta\mathbf{S}_{142}}{3V_e} = -\frac{\Delta\mathbf{S}_3}{3V_e}$$

$$\mathbf{g}^3 = \nabla\zeta = \frac{1}{J}\left(\mathbf{g}_1\times\mathbf{g}_2\right) = \frac{\Delta\mathbf{r}_{12}\times\Delta\mathbf{r}_{13}}{6V_e} = \frac{\Delta\mathbf{S}_{123}}{3V_e} = -\frac{\Delta\mathbf{S}_4}{3V_e}$$

11.3　6 面体の場合

6 面体の場合、位置ベクトルはスカラー形状関数$N_i\ (i=1,2,\cdots 8)$を用いて

$$\mathbf{r} = \sum_{i=1}^{8} N_i\left(\xi,\ \eta,\ \zeta\right)\mathbf{r}_i$$

と表せる。ここで

$$N_i = \frac{1}{8}\left(1+\xi_i\,\xi\right)\left(1+\eta_i\,\eta\right)\left(1+\zeta_i\,\zeta\right)$$

である。そして、$\left(\xi_i,\ \eta_i,\ \zeta_i\right)$は節点座標である。この場合、自然基底ベクトルおよび逆基底ベクトルは

$$\mathbf{g}_i = \frac{\partial\mathbf{r}}{\partial\xi^i}\qquad\left(\xi,\ \eta,\ \zeta\right)$$

$$\mathbf{g}^i = \nabla\xi^i\qquad\left(\xi,\ \eta,\ \zeta\right)$$

で$\left(\xi,\ \eta,\ \zeta\right)$の関数となる。すなわち、$\mathbf{g}_i$や$\mathbf{g}^i$は場所ごとに変化する。よって単純には$\Delta\mathbf{r}_{ij}$で表すことはできない。しかし、要素平均値を重心に定義すれば**表 11.4** のごとく計算できる。ここで、$\Delta\xi=\Delta\eta=\Delta\zeta=2$である。Jacobian の要素平均値は

$$J_e = \left\langle\left(\mathbf{g}_1\times\mathbf{g}_2\right)\cdot\mathbf{g}_3\right\rangle_e = \frac{1}{8}\left(\Delta\bar{\mathbf{r}}\right)_\xi\times\left(\Delta\bar{\mathbf{r}}\right)_\eta\times\left(\Delta\bar{\mathbf{r}}\right)_\zeta = \frac{V_e}{8}$$

となる。ここでV_eは 6 面体の体積である。このとき、逆基底ベクトルは**表 11.5** のように求まる。すなわち、平均量$\left(\Delta\bar{\mathbf{r}}\right)_i$を用いて自然基底ベクトル、Jacobian、逆基底ベクトルを表すことができる。

表 11.4　自然基底ベクトルの要素平均値 (6 面体)

$$\langle \mathbf{g}_1 \rangle_e = \left\langle \frac{\partial \mathbf{r}}{\partial \xi} \right\rangle_e = \frac{(\Delta \bar{\mathbf{r}})_\xi}{\Delta \xi} \qquad (\Delta \bar{\mathbf{r}})_\xi = \frac{1}{4} \xi_i \mathbf{r}_i$$

$$\langle \mathbf{g}_2 \rangle_e = \left\langle \frac{\partial \mathbf{r}}{\partial \eta} \right\rangle_e = \frac{(\Delta \bar{\mathbf{r}})_\eta}{\Delta \eta} \qquad (\Delta \bar{\mathbf{r}})_\eta = \frac{1}{4} \eta_i \mathbf{r}_i$$

$$\langle \mathbf{g}_3 \rangle_e = \left\langle \frac{\partial \mathbf{r}}{\partial \eta} \right\rangle_e = \frac{(\Delta \bar{\mathbf{r}})_\eta}{\Delta \zeta} \qquad (\Delta \bar{\mathbf{r}})_\zeta = \frac{1}{4} \zeta_i \mathbf{r}_i$$

表 11.5　逆基底ベクトルの要素平均値 (6 面体)

$$\langle \mathbf{g}^1 \rangle_e = \langle \nabla \xi \rangle_e = \frac{1}{J} \langle \mathbf{g}_2 \times \mathbf{g}_3 \rangle_e = \frac{2}{V_e} (\Delta \bar{\mathbf{r}})_\eta \times (\Delta \bar{\mathbf{r}})_\zeta$$

$$\langle \mathbf{g}^2 \rangle_e = \langle \nabla \eta \rangle_e = \frac{1}{J} \langle \mathbf{g}_3 \times \mathbf{g}_1 \rangle_e = \frac{2}{V_e} (\Delta \bar{\mathbf{r}})_\zeta \times (\Delta \bar{\mathbf{r}})_\xi$$

$$\langle \mathbf{g}^3 \rangle_e = \langle \nabla \zeta \rangle_e = \frac{1}{J} \langle \mathbf{g}_1 \times \mathbf{g}_2 \rangle_e = \frac{2}{V_e} (\Delta \bar{\mathbf{r}})_\xi \times (\Delta \bar{\mathbf{r}})_\eta$$

コメント　共変的変換と反変的変換

ベクトル $\mathbf{v}$ の反変成分 v^i と共変成分 v_j は，それぞれ基底ベクトルの射影として $v^i = \mathbf{v} \cdot \mathbf{g}^i$ または $v_j = v \cdot \mathbf{g}_j$ と表示できる。基底ベクトル $\mathbf{g}_i$ が変換行列 $A = (a^i_j)$ によって

$$\bar{\mathbf{g}}_j = a^i_j \mathbf{g}_i$$

なる変換を受けるとき，ベクトル $\mathbf{v}$ の成分がどのような変換を受けるかを調べる。ベクトル $\mathbf{v}$ は両基底ベクトルを用いて

$$v^i \mathbf{g}_i = \mathbf{v} = \bar{v}^j \bar{\mathbf{g}}_j$$

と表せる。この式より $\bar{\mathbf{g}}_j$ を消去すると，ベクトルの反変成分 v^i は

$$v^i = a^i_j \bar{v}^j \qquad \text{または} \qquad \bar{v}^j = (a^i_j)^{-1} v^i$$

なる変換を受ける。すなわち，反変ベクトルの成分は逆行列 A^{-1} によって変換される。同様にベクトルの共変成分は

$$\bar{v}_j = a^i_j v_i$$

なる変換を受ける。すなわち，ベクトルの共変成分は行列 A によって変換され，基底ベクトルの変換と同じで変換を受ける。

第 12 章

4 面体要素とベクトル形状関数

ここでは 4 面体要素に対する形状関数を求める。形状関数にはスカラー形状関数・辺ベクトル形状関数･面ベクトル形状関数の 3 種類のものがある。 4 面体要素に対しては体積座標を用いた Whitney 表示が簡潔である。この表示は n 次元への拡張も容易である。そして微分形式が活躍する。この章の構成はつぎのとおりである。

12.1　4 面体要素の幾何学.................. 199
12.2　スカラー形状関数...................... 205
12.3　辺ベクトル形状関数................. 206
12.4　面ベクトル形状関数................. 220
12.5　Whitney 表示と外微分形式....... 231

12.1　4 面体要素の幾何学

4 面体要素の節点，辺，面の番号付けを**図 12.1** と**表 12.1** に示す。番号の付け方は一意的でないことに注意しておく。面の正方向は外向き法線方向とする。そして，

節点　$n_i = \{i\}$

辺　$e_{ij} = \{i,\ j\}$

面　$f_{ijk} = \{i,\ j,\ k\}$

と表すこともある。この場合辺に対して添え字 2 個，面に対して添え字 3 個を用いる。これを拡張すると 4 面体は

4 面体 $v_{ijkl}\{i,\ j,\ k,\ l\}$

と表せる(**図 12.2** 参照)。

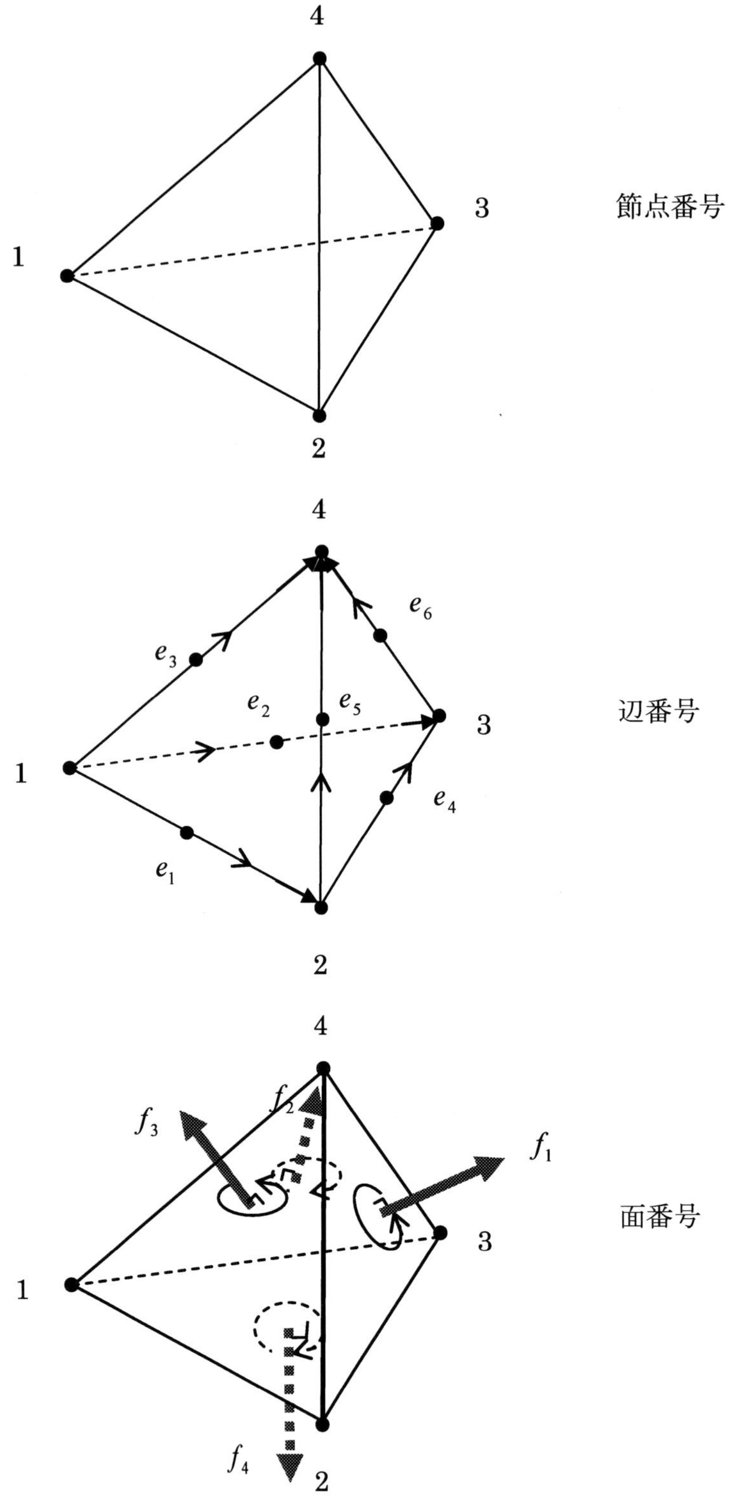

図 12.1　4 面体要素の節点・辺・面の番号

表 12.1　4 面体の番号付け

辺と面の番号	辺	面
1	1-2	2-3-4
2	1-3	1-4-3
3	1-4	1-2-4
4	2-3	1-3-2
5	2-4	
6	3-4	

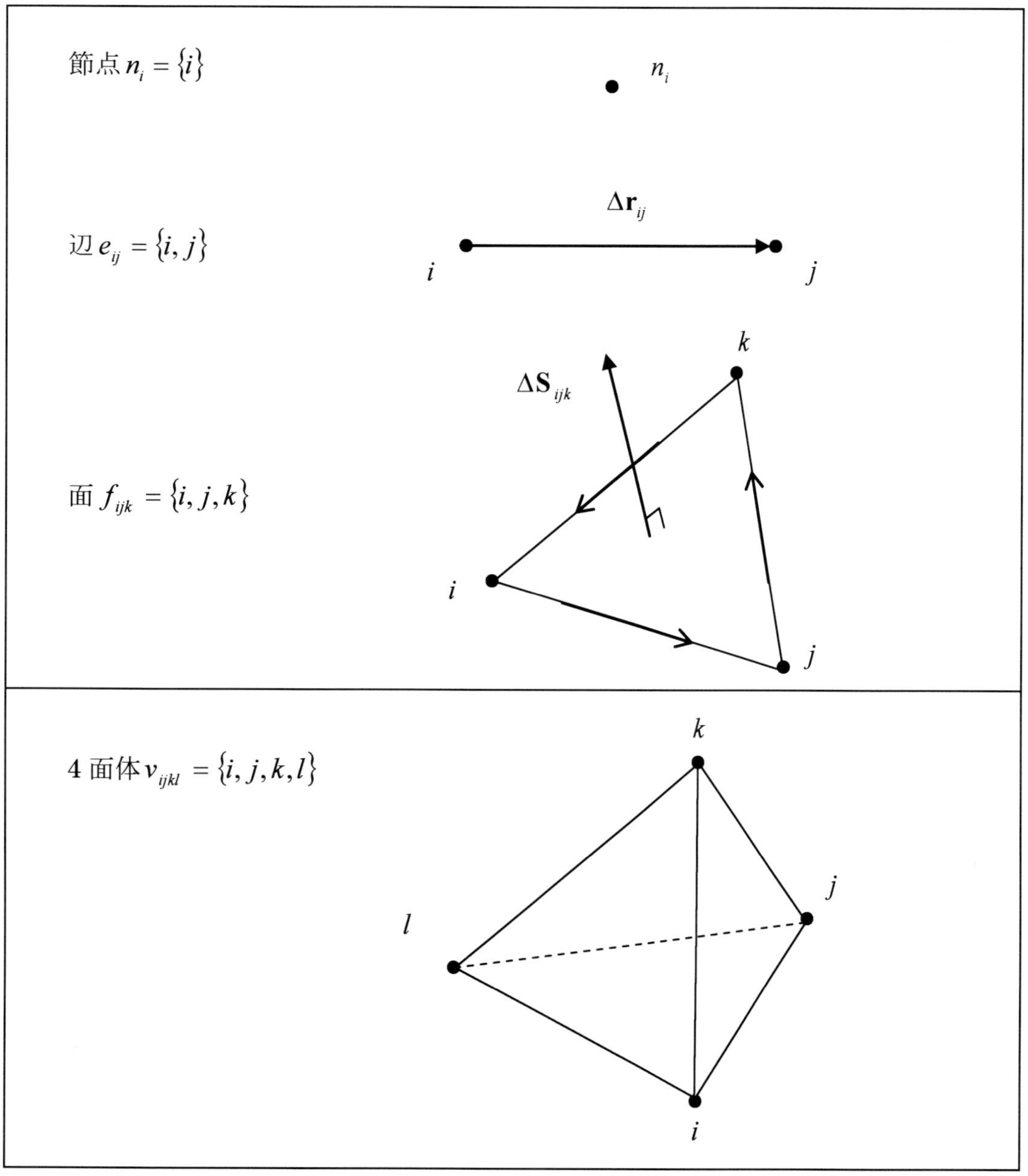

図 12.2　節点・辺・面・4 面体の表示方法

体積座標：　4 面体の場合，体積座標を導入すると対称性が増加ししばしば便利なことが多い。計算空間　$(\xi,\ \eta\ ,\zeta)$ と体積座標 $(\zeta^1\ ,\zeta^2\ ,\zeta^3\ ,\zeta^4)$ の関係は

$$\zeta^1 = 1 - \xi - \eta - \zeta$$

$$\zeta^2 = \xi$$

$$\zeta^3 = \eta$$

$$\zeta^4 = \zeta$$

である。ただし，関係式 $\zeta^1 + \zeta^2 + \zeta^3 + \zeta^4 = 1$ を満足する。この座標系を用いると位置ベクトルは，いろいろな形式で

$$\begin{aligned}\mathbf{r} &= \zeta^1\mathbf{r}_1 + \zeta^2\mathbf{r}_2 + \zeta^3\mathbf{r}_3 + \zeta^4\mathbf{r}_4 \\ &= (1 - \xi - \eta - \zeta)\mathbf{r}_1 + \xi\mathbf{r}_2 + \eta\mathbf{r}_3 + \zeta\mathbf{r}_4 \\ &= \mathbf{r}_1 + \xi(\mathbf{r}_2 - \mathbf{r}_1) + \eta(\mathbf{r}_3 - \mathbf{r}_1) + \zeta(\mathbf{r}_4 - \mathbf{r}_1)\end{aligned}$$

と表示できる。よって自然基底ベクトルは

$$\mathbf{g}_1 = \frac{\partial \mathbf{r}}{\partial \xi} = \mathbf{r}_2 - \mathbf{r}_1 = \Delta\mathbf{r}_{12}$$

$$\mathbf{g}_2 = \frac{\partial \mathbf{r}}{\partial \eta} = \mathbf{r}_3 - \mathbf{r}_1 = \Delta\mathbf{r}_{13}$$

$$\mathbf{g}_3 = \frac{\partial \mathbf{r}}{\partial \zeta} = \mathbf{r}_4 - \mathbf{r}_1 = \Delta\mathbf{r}_{14}$$

となる。この自然基底ベクトルを用いて，後のために体積座標のこう配とこう配の外積を計算しておく。

反変基底ベクトルの計算法：体積座標における反変基底ベクトルは自然基底ベクトルの外積を用いて計算するのが便利である。**図 12.3** を参照して

$$\zeta^1 = 1 - \xi - \eta - \zeta,\ \zeta^2 = \xi,\ \zeta^3 = \eta,\ \zeta^4 = \zeta$$

であるから，

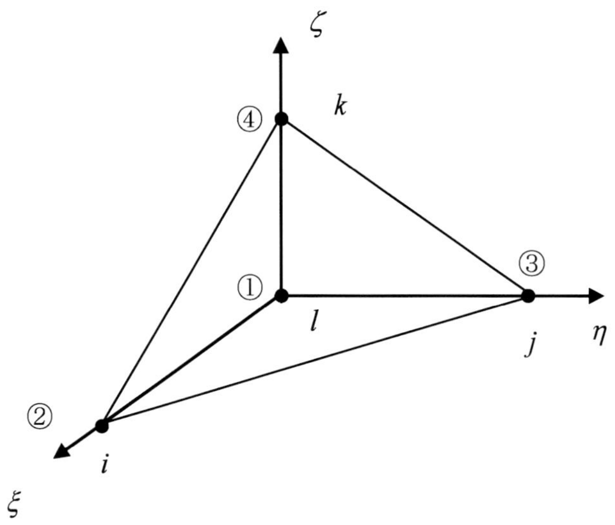

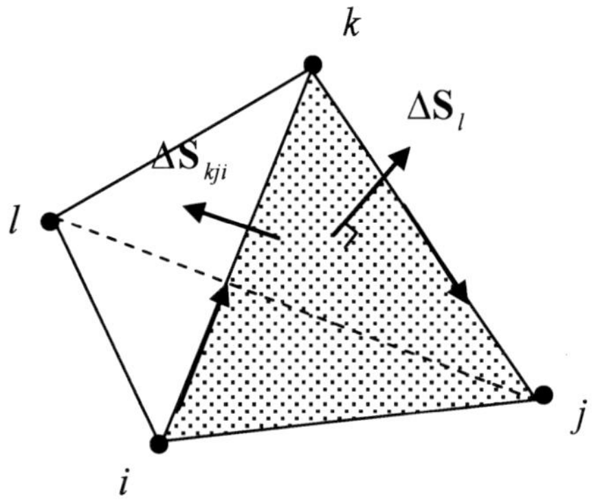

$$\nabla\zeta^{l} = \frac{1}{3V_e}\Delta\mathbf{S}_{kji} = -\frac{1}{3V_e}\Delta\mathbf{S}_{ijk} = -\frac{1}{3V_e}\Delta\mathbf{S}_{l}$$

公式(a)

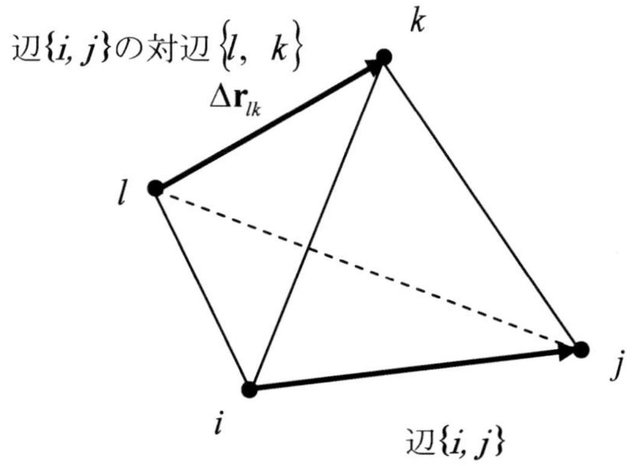

$$J\left(\nabla\zeta^{i}\times\nabla\zeta^{j}\right)=\mathbf{r}_k-\mathbf{r}_l=\Delta\mathbf{r}_{lk}$$

公式(b)

図 12.3　4 面体の頂点・辺・面の対辺

$$\nabla\zeta^1 = -(\nabla\xi + \nabla\eta + \nabla\zeta) = \frac{1}{3V_e}\Delta\mathbf{S}_{243}$$

$$\nabla\zeta^2 = \nabla\xi = \frac{1}{J}\left(\frac{\partial\mathbf{r}}{\partial\eta}\times\frac{\partial\,\mathbf{r}}{\partial\zeta}\right) = \frac{1}{J}\Delta\mathbf{r}_{13}\times\Delta\mathbf{r}_{14} = \frac{1}{3V_e}\Delta\mathbf{S}_{134}$$

$$\nabla\zeta^3 = \nabla\eta = \frac{1}{J}\left(\frac{\partial\,\mathbf{r}}{\partial\zeta}\times\frac{\partial\mathbf{r}}{\partial\xi}\right) = \frac{1}{J}\Delta\mathbf{r}_{14}\times\Delta\mathbf{r}_{12} = \frac{1}{3V_e}\Delta\mathbf{S}_{142}$$

$$\nabla\zeta^4 = \nabla\zeta = \frac{1}{J}\left(\frac{\partial\mathbf{r}}{\partial\xi}\times\frac{\partial\mathbf{r}}{\partial\eta}\right) = \frac{1}{J}\Delta\mathbf{r}_{12}\times\Delta\mathbf{r}_{13} = \frac{1}{3V_e}\Delta\mathbf{S}_{123}$$

となる。これより，

$$\nabla\zeta^l = \frac{1}{3V_e}\Delta\mathbf{S}_{kji} \qquad \cdots\cdots \qquad \textbf{公式 (a)}$$

を得る。すなわち，$\nabla\zeta^l$ の大きさは頂点$\{k, j, i\}$の面積を $3V_e$ で割ったものである。面の方向は 4 面体の内側が正である（**表 12.2** 参照）。ここで $\Delta\mathbf{S}_{kji} = -\Delta\mathbf{S}_{ijk} = -\Delta\mathbf{S}_l$ である。

反変基底ベクトルの外積の計算法：　体積座標における反変基底ベクトルの外積計算は自然基底ベクトルを用いて計算するのが便利である。すなわち公式

$$J(\mathbf{g}^i\times\mathbf{g}^j) = \mathbf{g}_k \qquad (i,\ j,\ k = cyclic)$$

を利用する。その結果

$$J(\nabla\zeta^1\times\nabla\zeta^2) = -J(\nabla\eta + \nabla\zeta)\times\nabla\xi = \mathbf{r}_4 - \mathbf{r}_3$$

$$J(\nabla\zeta^1\times\nabla\zeta^3) = -J(\nabla\xi + \nabla\zeta)\times\nabla\eta = \mathbf{r}_2 - \mathbf{r}_4$$

$$J(\nabla\zeta^1\times\nabla\zeta^4) = -J(\nabla\xi + \nabla\eta)\times\nabla\zeta = \mathbf{r}_3 - \mathbf{r}_2$$

$$J(\nabla\zeta^2\times\nabla\zeta^3) = J(\nabla\xi\times\nabla\eta) = \frac{\partial\,\mathbf{r}}{\partial\zeta} = \mathbf{r}_4 - \mathbf{r}_1$$

$$J(\nabla\zeta^4\times\nabla\zeta^2) = J(\nabla\zeta\times\nabla\xi) = \frac{\partial\mathbf{r}}{\partial\eta} = \mathbf{r}_3 - \mathbf{r}_1$$

$$J(\nabla\zeta^3\times\nabla\zeta^4) = J(\nabla\eta\times\nabla\zeta) = \frac{\partial\mathbf{r}}{\partial\xi} = \mathbf{r}_2 - \mathbf{r}_1$$

を得る。ただし$J=6V_e$である。これらは公式として

$$J\left(\nabla\zeta^i \times \nabla\zeta^j\right) = \mathbf{r}_k - \mathbf{r}_l \qquad \cdots\cdots \quad \textbf{公式(b)}$$

とまとまる。すなわち，辺$\{i,\ j\}$の頂点から作られる$\nabla\zeta^i \times \nabla\zeta^j$の$J$倍は対辺$\{l,\ k\}$の位置ベクトルの差$\mathbf{r}_k - \mathbf{r}_l$に等しい。そして対辺の対辺は元の辺に等しい(**表 12.3** 参照)。

表 12.2　頂点と対面

頂点l	対面$\{k, j,\ i\}$
1	{2, 4, 3}
2	{1, 3, 4}
3	{1, 4, 2}
4	{1, 2, 3}

表 12.3　辺と対辺

辺$\{i, j\}$	対辺$\{l, k\}$
{1, 2}	{3, 4}
{1, 3}	{4, 2}
{1, 4}	{2, 3}
{2, 3}	{1, 4}
{4, 2}	{1, 3}
{3, 4}	{1, 2}

12.2　スカラー形状関数

要素内の関数φを 1 次式で

$$\varphi = a + b\xi + c\eta + d\zeta$$

と近似する。未定定数$\{a,\ b,\ c,\ d\}$を頂点$(\xi_i,\ \eta_i,\ \zeta_i)$を通るように

$$\varphi_i = \varphi(\xi_i,\ \eta_i,\ \zeta_i) \qquad i = 1,\ 2,\ 3,\ 4$$

と決定する。未知数は 4 個で条件は 4 個であるから，未知数は一意的に決まる。その結果

$$\varphi = N_i\varphi_i$$

となる。ここでは形状関数は

$$N_1 = 1 - \xi - \eta - \zeta$$

$$N_2 = \xi$$

$$N_3 = \eta$$

$$N_4 = \zeta$$

である。そして，$0 \le \xi,\ \eta,\ \zeta \le 1$ を満足する。特に体積座標を用いる場合，$N_i = \zeta^i$ として対称的に

$$\varphi = \sum_{i=1}^{4} \zeta^i \varphi_i$$

と表せる。

12.3　辺ベクトル形状関数

辺ベクトル形状関数の表示は一意的でない。そして辺ベクトル形状関数は次の条件を満足する。

条件 1　：　4 面体内で 1 次関数
条件 2　：　辺上で関数の接線成分が連続
条件 3　：　辺上の線積分から一意的に決定できる。

ここでは次の条件を満足する辺ベクトル形状関数について議論する。座標系はつぎの 3 通りである。

(a)　物理空間での $(x,\ y,\ z)$ 座標
(b)　計算空間での $(\xi,\ \eta,\ \zeta)$ 座標
(c)　物理空間での体積 $(\zeta^1,\ \zeta^2,\ \zeta^3,\ \zeta^4)$ 座標

(a)　物理空間 $(x,\ y,\ z)$ 表示

4 面体の辺の数は 6 辺であるから，積分条件式

$$H_{ij} = \int_{\{i,j\}} \mathbf{H} \cdot d\mathbf{r}$$

は全部で6個である。この6個の条件式を用いて，線形補間式

$$\mathbf{H} = \mathbf{a} + \mathbf{b} \times \mathbf{r}$$

の未定ベクトル $\mathbf{a}$ と $\mathbf{b}$ を決定する。これを Cartesian 表示とよぶ。$\mathbf{a}$ と $\mathbf{b}$ がそれぞれ 3 個ずつの成分を持つから合計6個の未知数を含むことになる。つぎにその決定方法を示す。

場： ベクトル場 $\mathbf{H}$ は発散零の回転場である。なぜならば $\mathbf{H}$ の発散と回転に対して

$$\nabla \cdot \mathbf{H} = 0$$
$$\nabla \times \mathbf{H} = 2\mathbf{b}$$

が成立するからである。すなわち，発散は恒等的に零で，回転は $2\mathbf{b}$ で一定である。よってベクトル場 $\mathbf{H}$ は発散零の回転場を意味する。

体積： 4面体の頂点の位置ベクトルを

$$\mathbf{r}_i = (x_i,\ y_i,\ z_i) \qquad i = 1,\ 2, \cdots, 6$$

とする。2つの頂点のベクトル差として，辺ベクトルを

$$\mathbf{l}_i = \mathbf{r}_{i2} - \mathbf{r}_{i1},\ \Delta\mathbf{r}_{ij} = \mathbf{r}_j - \mathbf{r}_i$$

で定義する(図 12.4 参照)。このとき要素の体積は

$$6V_e = (\Delta\mathbf{r}_{12} \times \Delta\mathbf{r}_{13}) \cdot \Delta\mathbf{r}_{14} = J$$

と求まる。

線積分： 位置ベクトル $\mathbf{r}$ を辺 $\Delta\mathbf{r}_{ij}$ に平行な成分 $\mathbf{r}_{//}$ と垂直な成分 $\mathbf{r}_\perp$ の和に分解する。このとき辺上で $\mathbf{r}_\perp$ は一定であるから

$$\mathbf{r} \times d\mathbf{r} = (\mathbf{r}_{//} + \mathbf{r}_\perp) \times d\mathbf{r} = \mathbf{r}_\perp \times d\mathbf{r} = \text{定ベクトル}$$

となるから，

$$H_{ij} = \int_{\{i,j\}} \mathbf{H} \cdot d\mathbf{r} = \mathbf{a} \cdot \int_{\{i,j\}} d\mathbf{r} + \mathbf{b} \cdot \int_{\{i,j\}} \mathbf{r}_\perp \times d\mathbf{r}$$

$$\therefore H_{ij} = \mathbf{a}\cdot\Delta\mathbf{r}_{ij} + \mathbf{b}\cdot\left(\mathbf{r}_{\perp}\times\Delta\mathbf{r}_{ij}\right) = \mathbf{H}\cdot\Delta\mathbf{r}_{ij}$$

が成立する。すなわち，**H** と $\Delta\mathbf{r}_{ij}$ の内積は線積分値 H_{ij} に等しい。さらに積分

$$\int_{\{i,j\}}\mathbf{r}\times d\mathbf{r} = \int_{\{i,j\}}\mathbf{r}_{\perp}\times d\mathbf{r} = \mathbf{r}_{\perp}\times\left(\mathbf{r}_j - \mathbf{r}_i\right) = \mathbf{r}_i\times\mathbf{r}_j$$

は位置ベクトル $\mathbf{r}_i$ と $\mathbf{r}_j$ の張る平行四辺形の面積に等しい。よって辺 $\{i,j\}$ の線積値は

$$H_{ij} = \mathbf{a}\cdot\left(\mathbf{r}_j - \mathbf{r}_i\right) + \mathbf{b}\cdot\left(\mathbf{r}_i\times\mathbf{r}_j\right)$$ 線積分条件式　●

と書ける。この式は各辺について成立するから，全部で 6 個ある。これを線積分条件式とよぶことにする。この式は **a** を共変成分，**b** を反変成分で表示すると都合がよいことを物語っている。
線積分条件式を 6 個の成分で具体的に表示すると

$$H_{23} = \mathbf{a}\cdot\left(\mathbf{r}_3 - \mathbf{r}_2\right) + \mathbf{b}\cdot\left(\mathbf{r}_2\times\mathbf{r}_3\right)$$

$$H_{24} = \mathbf{a}\cdot\left(\mathbf{r}_4 - \mathbf{r}_2\right) + \mathbf{b}\cdot\left(\mathbf{r}_2\times\mathbf{r}_4\right)$$

$$H_{21} = \mathbf{a}\cdot\left(\mathbf{r}_1 - \mathbf{r}_2\right) + \mathbf{b}\cdot\left(\mathbf{r}_2\times\mathbf{r}_1\right)$$

$$H_{43} = \mathbf{a}\cdot\left(\mathbf{r}_3 - \mathbf{r}_4\right) + \mathbf{b}\cdot\left(\mathbf{r}_4\times\mathbf{r}_3\right)$$

$$H_{31} = \mathbf{a}\cdot\left(\mathbf{r}_1 - \mathbf{r}_3\right) + \mathbf{b}\cdot\left(\mathbf{r}_3\times\mathbf{r}_1\right)$$

$$H_{14} = \mathbf{a}\cdot\left(\mathbf{r}_4 - \mathbf{r}_1\right) + \mathbf{b}\cdot\left(\mathbf{r}_1\times\mathbf{r}_4\right)$$

となる。ここで

$$H_{23} = H_4 \qquad H_{24} = H_5 \qquad H_{21} = -H_1 \qquad H_{43} = -H_6 \qquad H_{31} = -H_2 \qquad H_{14} = H_3$$

である。これらの 6 個の式を用いて **a** と **b** の未定ベクトルが決定できる。

未定ベクトルの求め方：　まず最初にベクトル **a** の共変成分とベクトル **b** の反変成分を求める。すなわち，ベクトル **a** を共変成分を用いて

$$\mathbf{a} = a_1\nabla\xi + a_2\nabla\eta + a_3\nabla\zeta$$

と表す。ここで

$$a_1 = \mathbf{a} \cdot \frac{\partial \mathbf{r}}{\partial \xi} = \mathbf{a} \cdot (\mathbf{r}_2 - \mathbf{r}_1)$$

$$a_2 = \mathbf{a} \cdot \frac{\partial \mathbf{r}}{\partial \eta} = \mathbf{a} \cdot (\mathbf{r}_3 - \mathbf{r}_1)$$

$$a_3 = \mathbf{a} \cdot \frac{\partial \mathbf{r}}{\partial \zeta} = \mathbf{a} \cdot (\mathbf{r}_4 - \mathbf{r}_1)$$

$$\nabla \xi = \frac{1}{3V_e} \Delta \mathbf{S}_{134}$$

$$\nabla \eta = \frac{1}{3V_e} \Delta \mathbf{S}_{142}$$

$$\nabla \zeta = \frac{1}{3V_e} \Delta \mathbf{S}_{123}$$

である。一方ベクトル$\mathbf{b}$は反変成分を用いて

$$\mathbf{b} = b^1 \frac{\partial \mathbf{r}}{\partial \xi} + b^2 \frac{\partial \mathbf{r}}{\partial \eta} + b^3 \frac{\partial \mathbf{r}}{\partial \zeta}$$

と表す。ここで

$$b^1 = \mathbf{b} \cdot \nabla \xi = \frac{1}{3V_e} \mathbf{b} \cdot \Delta \mathbf{S}_{134}$$

$$b^2 = \mathbf{b} \cdot \nabla \eta = \frac{1}{3V_e} \mathbf{b} \cdot \Delta \mathbf{S}_{142}$$

$$b^3 = \mathbf{b} \cdot \nabla \zeta = \frac{1}{3V_e} \mathbf{b} \cdot \Delta \mathbf{S}_{123}$$

である。

未定ベクトルの決定：　未定ベクトルの決定には線積分条件式を利用する。この 6 個の条件式を用いて未定ベクトル$\mathbf{a}$と$\mathbf{b}$を決定すると

$$\mathbf{a} = \frac{1}{J} \sum_{i=1}^{6} (\mathbf{r}_{i1} \times \mathbf{r}_{i2})\, H_{7-i}$$

$$\mathbf{b} = \frac{1}{J}\sum_{i=1}^{6}\left(\mathbf{r}_{i2} - \mathbf{r}_{i1}\right) H_{7-i}$$

となる（**図 12.4** 参照）。証明は以下を参照。この $\mathbf{a}$ と $\mathbf{b}$ を $\mathbf{H} = \mathbf{a} + \mathbf{b} \times \mathbf{r}$ に代入して H_i で整理すると辺ベクトル形状関数が求まる。すなわち，

$$\mathbf{H} = \sum_{i=1}^{6}\mathbf{E}_{7-i}H_{7-i} = \sum_{i=1}^{6}\mathbf{E}_{ij}H_{ij}$$

と書ける。ここで辺ベクトル形状関数は

$$\mathbf{E}_{7-i} = \frac{1}{J}\left[\mathbf{r}_{i1} \times \mathbf{r}_{i2} + \left(\mathbf{r}_{i2} - \mathbf{r}_{i1}\right) \times \mathbf{r}\right]$$

である。これを $\{i, j\}$ の対辺 $\{k, l\}$ のベクトルを用いて表示すると

$$\mathbf{E}_{ij} = \frac{1}{J}\left[\mathbf{r}_k \times \mathbf{r}_l + \left(\mathbf{r}_l - \mathbf{r}_k\right) \times \mathbf{r}\right] \quad \bullet$$

となる。これが辺ベクトル形状関数の物理空間表示である。

コメント　特殊なベクトル形状関数

(i)　辺ベクトル形状関数

$$\nabla \times \nabla \xi = \nabla \times \nabla \eta = \nabla \times \nabla \zeta = 0$$

であるから，$\nabla \xi$, $\nabla \eta$, $\nabla \zeta$ の線形 1 次結合で表された辺ベクトル形状関数

$$\mathbf{H} = a\nabla \xi + b\nabla \eta + c\nabla \zeta$$

の回転は零である。すなわち $\nabla \times \mathbf{H} = 0$ を満足する（12.3(c)参照）。

(ii)　面ベクトル形状関数

$$\nabla \cdot \left(\nabla \xi \times \nabla \eta\right) = \nabla \cdot \left(\nabla \eta \times \nabla \zeta\right) = \nabla \cdot \left(\nabla \zeta \times \nabla \xi\right) = 0$$

であるから，$\nabla \xi \times \nabla \eta$, $\nabla \eta \times \nabla \zeta$, $\nabla \zeta \times \nabla \xi$ の線形 1 次結合で表された面ベクトル関数

$$\mathbf{B} = a\nabla \xi \times \nabla \eta + b\nabla \eta \times \nabla \zeta + c\nabla \zeta \times \nabla \xi$$

の発散は零である。すなわち，$\nabla \cdot \mathbf{B} = 0$ を満足する（12.5(b)参照）。

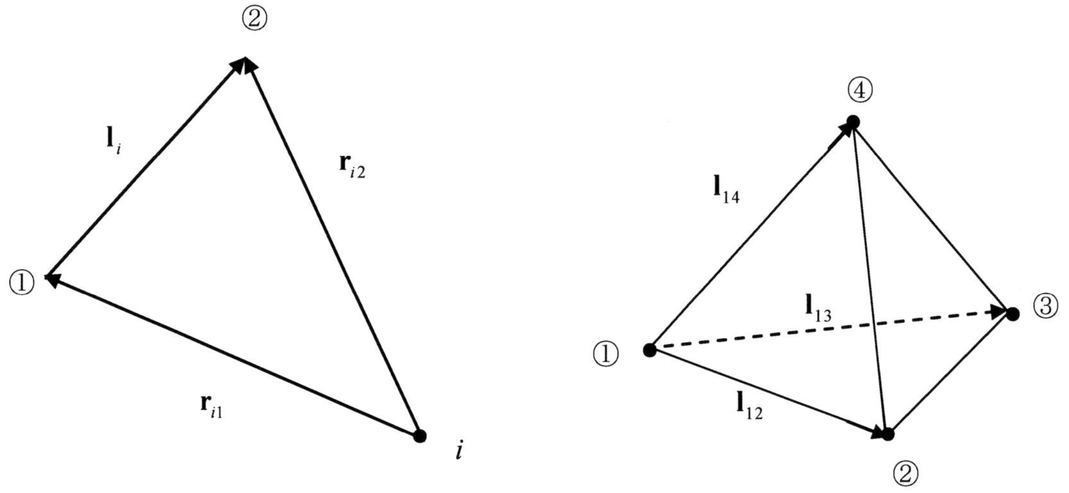

(a) 節点 i の対辺 $\mathbf{l}_i = \mathbf{r}_{i2} - \mathbf{r}_{i1}$ と体積 $6V_e = \mathbf{l}_{12} \times \mathbf{l}_{13} \cdot \mathbf{l}_{14}$

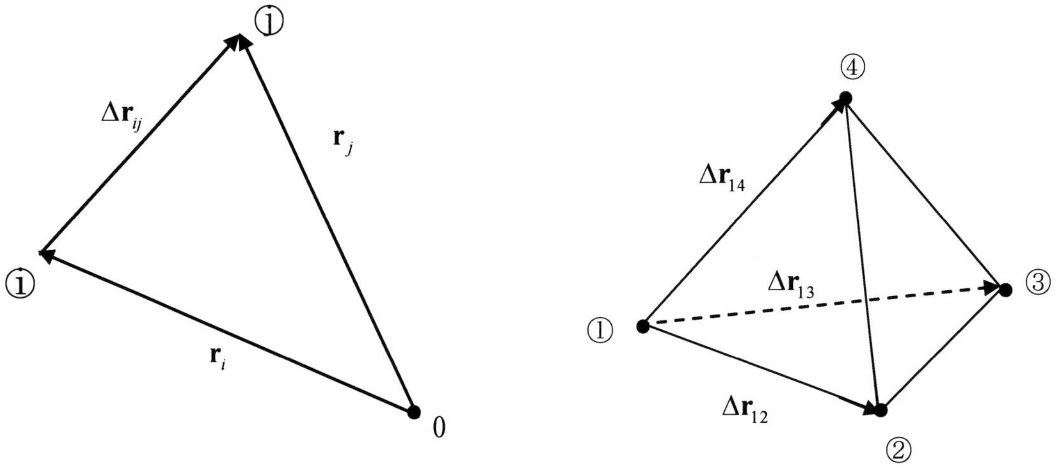

(b) 辺 $\Delta\mathbf{r}_{ij} = \mathbf{r}_j - \mathbf{r}_i$ と体積 $6V_e = \left(\Delta\mathbf{r}_{12} \times \Delta\mathbf{r}_{13}\right) \cdot \Delta\mathbf{r}_{14}$

図 12.4　辺と体積の関係

[証明 1]　まず未定ベクトル **b** を具体的に求める。それには Stokes の定理

$$\oint_C \mathbf{H} \cdot d\mathbf{r} = \int_S (\nabla \times \mathbf{H}) \cdot d\mathbf{S} = 2\mathbf{b} \cdot \Delta\mathbf{S}$$

を利用する。$\Delta\mathbf{S}$ は閉曲線 C 内の面積ベクトルである。面$\{i, j, k\}$にこの Stokes の定理を適用すると，

$$H_{ij} + H_{jk} + H_{ki} = 2\mathbf{b} \cdot \Delta\mathbf{S}_{ijk}$$

となる。面の方向は右ネジ方向が正である。この条件式は線積分条件式からも容易に求まる。ここで

$$2\Delta\mathbf{S}_{ijk} = \mathbf{r}_i \times \mathbf{r}_j + \mathbf{r}_j \times \mathbf{r}_k + \mathbf{r}_k \times \mathbf{r}_i$$

である。つぎに逆基底ベクトルを計算する。逆基底ベクトルの計算には対称性に優れた体積座標を用いる。体積座標を導入すると逆基底ベクトルは

$$\nabla\zeta^l = -\frac{\Delta\mathbf{S}_{ijk}}{3V_e}$$

であるから $J = 6V_e$ として

$$b^l = \mathbf{b} \cdot \nabla\zeta^l = -\frac{1}{J}\left(H_{ij} + H_{jk} + H_{ki}\right)$$

を得る。ここで b^l は **b** の反変成分である。この式は 4 個それぞれの面について成立する。

また $\mathbf{r} = \sum \zeta^l \mathbf{r}_l$ であるから $\dfrac{\partial \mathbf{r}}{\partial \zeta^l} = \mathbf{r}_l$ となる。よって

$$\mathbf{b} = b^l \mathbf{g}_l = \sum b^l \frac{\partial \mathbf{r}}{\partial \zeta^l} = -\frac{1}{J}\sum_{f_l \in F}\left(H_{ij} + H_{jk} + H_{ki}\right)\mathbf{r}_l$$

が導かれる。これを整理すると

$$\mathbf{b} = \frac{1}{J}\sum_{i=1}\left(\mathbf{r}_{i2} - \mathbf{r}_{i1}\right) H_{7-i}$$

が導ける。

（証明 1 終わり）

[証明 2]　つぎに未定ベクトル $\mathbf{a}$ を求める。上で求めた $\mathbf{b}$ を

$$H_{ij} = \mathbf{a}\cdot\left(\mathbf{r}_j - \mathbf{r}_i\right) + \mathbf{b}\cdot\left(\mathbf{r}_i \times \mathbf{r}_j\right)$$

に代入して $\mathbf{b}$ を消去すると $\mathbf{a}\cdot\left(\mathbf{r}_j - \mathbf{r}_i\right)$ が求まる。計算を以下に示す。

ベクトル $\mathbf{a}$ は共変成分を用いて

$$\mathbf{a} = a_1\nabla\xi + a_2\nabla\eta + a_1\nabla\zeta$$

と表示できる。ここで，線積分条件式を用いると共変成分は

$$a_1 = \mathbf{a}\cdot\mathbf{g}_1 = \mathbf{a}\cdot\left(\mathbf{r}_2 - \mathbf{r}_1\right) = H_{12} - \mathbf{b}\cdot\left(\mathbf{r}_1 \times \mathbf{r}_2\right)$$

$$a_2 = \mathbf{a}\cdot\mathbf{g}_2 = \mathbf{a}\cdot\left(\mathbf{r}_3 - \mathbf{r}_1\right) = H_{13} - \mathbf{b}\cdot\left(\mathbf{r}_1 \times \mathbf{r}_3\right)$$

$$a_3 = \mathbf{a}\cdot\mathbf{g}_1 = \mathbf{a}\cdot\left(\mathbf{r}_4 - \mathbf{r}_1\right) = H_{14} - \mathbf{b}\cdot\left(\mathbf{r}_1 \times \mathbf{r}_4\right)$$

と表せる。よってベクトル $\mathbf{a}$ は

$$\mathbf{a} = H_{12}\nabla\xi + H_{13}\nabla\eta + H_{14}\nabla\xi - \mathbf{b}\cdot\left[\left(\mathbf{r}_1 \times \mathbf{r}_2\right)\nabla\xi + \left(\mathbf{r}_1 \times \mathbf{r}_3\right)\nabla\eta + \left(\mathbf{r}_1 \times \mathbf{r}_4\right)\nabla\zeta\right]$$

と表せる。この式に $\mathbf{b}$ を代入した後に

$$\nabla\xi = \frac{1}{J}\left(\Delta\mathbf{r}_{13} \times \Delta\mathbf{r}_{14}\right) = \frac{1}{J}\left(\mathbf{r}_1 \times \mathbf{r}_3 + \mathbf{r}_3 \times \mathbf{r}_4 + \mathbf{r}_4 \times \mathbf{r}_1\right)$$

$$\nabla\eta = \frac{1}{J}\left(\Delta\mathbf{r}_{14} \times \Delta\mathbf{r}_{12}\right) = \frac{1}{J}\left(\mathbf{r}_1 \times \mathbf{r}_4 + \mathbf{r}_4 \times \mathbf{r}_2 + \mathbf{r}_2 \times \mathbf{r}_1\right)$$

$$\nabla\zeta = \frac{1}{J}\left(\Delta\mathbf{r}_{12} \times \Delta\mathbf{r}_{13}\right) = \frac{1}{J}\left(\mathbf{r}_1 \times \mathbf{r}_2 + \mathbf{r}_2 \times \mathbf{r}_3 + \mathbf{r}_3 \times \mathbf{r}_1\right)$$

を代入すると $\mathbf{a}$ が求まる。H_i で整理すると

$$\mathbf{a} = \frac{1}{J}\sum_{i=1}^{6}\left(\mathbf{r}_{i1} \times \mathbf{r}_{i2}\right)H_{7-i}$$

を得る。

(証明 2 終わり)

(b) 計算空間$(\xi,\ \eta,\ \zeta)$表示

ベクトル$\mathbf{H}=(H_1,\ H_2,\ H_3)$を一次の多項式で

$$
\begin{aligned}
H_1 &= a_1 - b_3\eta + b_2\zeta \qquad \in Q_{0,1,1} \\
H_2 &= a_2 + b_3\xi - b_1\zeta \qquad \in Q_{1,0,1} \\
H_3 &= a_3 - b_2\zeta + b_1\eta \qquad \in Q_{1,1,0}
\end{aligned}
$$

と表す。未定定数はa_1，a_2，a_3，b_1，b_2，b_3の 6 個である。この式は$\mathbf{H}=\mathbf{a}+\mathbf{b}\times\boldsymbol{\xi}$の成分表示である。場$\mathbf{H}$は明らかに$\nabla\cdot\mathbf{H}=0,\quad \nabla\mathbf{H}+\mathbf{H}\nabla=0$を満足する。ただし，$\mathbf{H}\nabla=(\nabla\mathbf{H})^T$である。これを成分表示すると，

$$
\frac{\partial H_i}{\partial \xi^i}=0:\quad \frac{\partial H_1}{\partial \xi}+\frac{\partial H_2}{\partial \eta}+\frac{\partial H_3}{\partial \zeta}=0
$$

$$
\frac{\partial H_i}{\partial \xi^j}+\frac{\partial H_j}{\partial \xi^i}=0:\quad \frac{\partial H_1}{\partial \eta}+\frac{\partial H_2}{\partial \xi}=0,\ \frac{\partial H_2}{\partial \zeta}+\frac{\partial H_3}{\partial \eta}=0,\ \frac{\partial H_3}{\partial \xi}+\frac{\partial H_1}{\partial \zeta}=0
$$

である。よって$\nabla\mathbf{H}$は反対称テンソルで$\nabla\times\mathbf{H}=2\mathbf{b}$となる。

体積座標との関係：　体積座標を用いると

$$
\mathbf{E}_{12}=\zeta^1\nabla\zeta^2-\zeta^2\nabla\zeta^1
$$

と書ける。ここで体積座標を局所座標$(\xi,\ \eta,\ \zeta)$を用いて書くと

$$\zeta^1=1-\xi-\eta-\zeta$$

$$\zeta^2=\xi$$

$$\zeta^3=\eta$$

$$\zeta^4=\zeta$$

であるから，ζ^1とζ^2を代入すると

$$
\mathbf{E}_{12}=(1-\eta-\zeta)\nabla\xi+\xi\nabla\eta+\xi\nabla\zeta
$$

となる。よって局所座標$(\xi,\ \eta,\ \zeta)$による成分表示

$$
\mathbf{E}_{12}=(1-\eta-\zeta,\ \xi,\ \xi)
$$

を得る。この場合方向ベクトルは$(\nabla\xi,\ \nabla\eta,\ \nabla\zeta)$である。ほかの成分も同様に求まる。

これより**表 12.4** のような辺ベクトル形状関数が求まる（**図 12.5** 参照）。
このときベクトルは

$$\mathbf{H} = \sum \mathbf{E}_{ij} H_{ij}$$

と表示できる。H_{ij} は $\mathbf{H}$ の辺$\{i, j\}$への射影成分である。

表 12.4　4 面体の辺ベクトル形状関数

$\mathbf{E}_1 = \mathbf{E}_{12} = (1-\eta-\zeta,\ \xi,\ \xi)$
$\mathbf{E}_2 = \mathbf{E}_{13} = (\eta,\ 1-\xi-\zeta,\ \eta)$
$\mathbf{E}_3 = \mathbf{E}_{14} = (\zeta,\ \zeta,\ 1-\xi-\eta)$
$\mathbf{E}_4 = \mathbf{E}_{23} = (-\eta,\ \xi,\ 0)$
$\mathbf{E}_5 = \mathbf{E}_{24} = (-\zeta,\ 0,\ \xi)$
$\mathbf{E}_6 = \mathbf{E}_{34} = (0,\ -\zeta,\ \eta)$

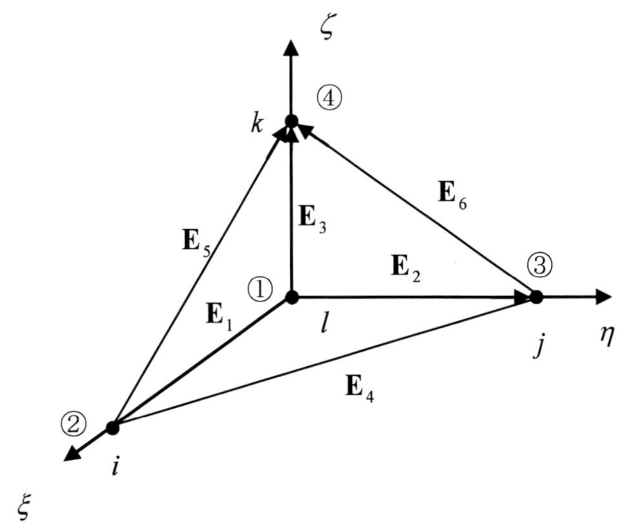

図 12.5　4 面体の辺ベクトル形状関数

(c) Whitney（体積座標）表示

4 面体の場合，体積座標を用いると辺ベクトル形状関数が美しい対称性を有する。頂点 i に対応する体積座標を ζ^i とする。このとき関係式

$$\zeta^1 + \zeta^2 + \zeta^3 + \zeta^4 = \sum_i \zeta^i = 1$$

を満足する。辺{i, j}に対応する辺ベクトル形状関数を $\mathbf{E}_{ij}$ とすれば

$$\mathbf{H} = \sum \mathbf{E}_{ij} H_{ij}$$

と書ける。ここで辺ベクトル形状関数は

$$\mathbf{E}_{ij} = \zeta^i \nabla \zeta^j - \zeta^j \nabla \zeta^i$$

である（**図 12.6** 参照)。面 $\{i,\ j,\ k\}$ の順序を逆回転にすると回転方向も反転する。辺ベクトル形状関数の発散と回転は

$$\nabla \cdot \mathbf{E}_{ij} = 0$$

$$\nabla \times \mathbf{E}_{ij} = 2 \nabla \zeta^i \times \nabla \zeta^j$$

となる。**表 12.5** に Whitney 表示の辺ベクトル形状関数の性質を列挙しておく。よって $\mathbf{H}$ は発散零の回転場である。ここで

$$H_{ij} = \int_{\{i,j\}} \mathbf{H} \cdot \mathbf{d}\boldsymbol{r}$$

を満足する。さらに $\nabla\mathbf{H} + \mathbf{H}\nabla = 0$ で $\nabla\mathbf{H}$ は反対称テンソルになる。

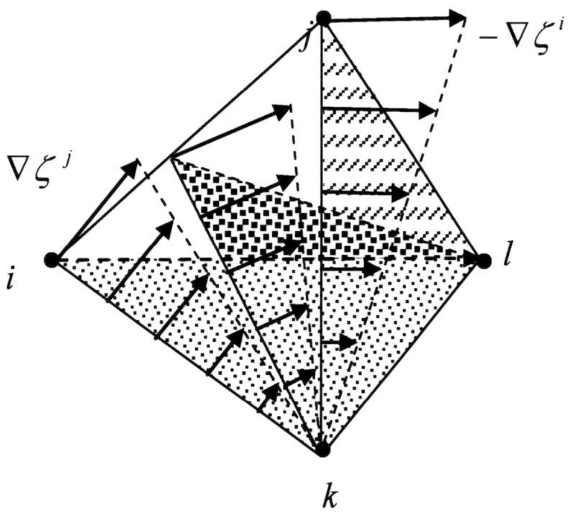

$$\mathbf{E}_{ij} = \zeta^i \nabla \zeta^j - \zeta^j \nabla \zeta^i$$

図 12.6　Whitney の辺ベクトル形状関数(発散零の回転場)

表 12.5　Whitney の辺ベクトル形状関数

$$\mathbf{E}_{ij} = \zeta^i \nabla \zeta^j - \zeta^j \nabla \zeta^i$$

* $\nabla\zeta^j$ は面 $\{i,\ k,\ l\}$ に垂直でその方向は 4 面体の内側方向

* $-\nabla\zeta^i$ は面 $\{j,\ k,\ l\}$ に垂直でその方向は 4 面体の外側方向

* ζ^i は $\mathbf{r} = \{x,\ y,\ z\}$ の 1 次関数であるから要素内で $\nabla\zeta^i = const$,　$\nabla^2\zeta^i = 0$

* $\mathrm{curl}\,\mathbf{E}_{ij} = 2\nabla\zeta_i \times \nabla\zeta_j \neq 0$ （要素内で定ベクトル）

* $\mathrm{div}\,\mathbf{E}_{ij} = 0$ （要素内で発散は零）

* $\mathbf{E}_{ij}$ の面 $\{i,\ j,\ k\}$ への接平面成分は連続

* $\mathbf{E}_{ij}$ は頂点が辺 $\{i,\ j\}$ 上にあり，対辺 $\{k,\ l\}$ を回転軸とする面に垂直な回転ベクトル場を与える。

* $\mathbf{E}_{ij}$ は辺 $\{k,\ l\}$ 上で零である。

* 辺 $\{i,\ j\}$ 上で $\zeta^l = 0,\ \zeta^k = 0,\ \zeta^i + \zeta^j = 1$ よって辺 $\{i,\ j\}$ 上で $\mathbf{E}_{ij} = \nabla\zeta^j$

このとき次の積分が成立する。

* $\displaystyle\int_{\{i,j\}} \mathbf{E}_{ij} \cdot d\mathbf{r} = \int_0^1 d\zeta^j = 1$

物理空間との関係

辺ベクトル形状関数を

$$\mathbf{E}_{ij} = \zeta^i \nabla \zeta^j - \zeta^j \nabla \zeta^i$$

と定義する。ここでζ^iは 4 面体の体積座標である。物理空間$(x,\ y,\ z)$と体積座標ζ^iの関係は

$$\begin{bmatrix} x \\ y \\ z \\ 1 \end{bmatrix} = \begin{bmatrix} x_1 & x_2 & x_3 & x_4 \\ y_1 & y_2 & y_3 & y_4 \\ z_1 & z_2 & z_3 & z_4 \\ 1 & 1 & 1 & 1 \end{bmatrix} \begin{bmatrix} \zeta^1 \\ \zeta^2 \\ \zeta^3 \\ \zeta^4 \end{bmatrix}$$

である。これを微分すると $\nabla x = \mathbf{i}$, $\nabla y = \mathbf{j}$, $\nabla z = \mathbf{k}$ であるから,

$$\begin{bmatrix} \mathbf{i} \\ \mathbf{j} \\ \mathbf{k} \\ 0 \end{bmatrix} = \begin{bmatrix} x_1 & x_2 & x_3 & x_4 \\ y_1 & y_2 & y_3 & y_4 \\ z_1 & z_2 & z_3 & z_4 \\ 1 & 1 & 1 & 1 \end{bmatrix} \begin{bmatrix} \nabla\zeta^1 \\ \nabla\zeta^2 \\ \nabla\zeta^3 \\ \nabla\zeta^4 \end{bmatrix}$$

を得る。ζ^iと$\nabla\zeta^i$をこれらの行列を用いて求める。その結果を$\mathbf{E}_{ij}$に代入すると

$$\mathbf{E}_{ij} = \frac{1}{J}\left[\mathbf{r}_k \times \mathbf{r}_l + (\mathbf{r}_l - \mathbf{r}_k) \times \mathbf{r}\right] = \frac{1}{J}(\mathbf{r}_k - \mathbf{r}) \times (\mathbf{r}_l - \mathbf{r}) \qquad \bullet$$

が導ける。ただし，辺$\{i, j\}$の対辺は辺$\{k, l\}$であり，$J = 6V_e$ である。これは Cartesian 座標表示の辺ベクトル形状関数である。

$\nabla \times \mathbf{H} = 0$の場合

$\mathbf{H}$は辺ベクトル形状関数$\mathbf{E}_{ij}$を用いると

$$\mathbf{H} = \sum \mathbf{E}_{ij} H_{ij}$$
$$= \mathbf{E}_{12} H_{12} + \mathbf{E}_{13} H_{13} + \mathbf{E}_{14} H_{14} + \mathbf{E}_{23} H_{23} + \mathbf{E}_{24} H_{24} + \mathbf{E}_{34} H_{34}$$

と展開できる。$\nabla \times \mathbf{H} = 0$のとき，1を頂点とする各面に対して

$$H_{23} + H_{31} + H_{12} = 0$$

$$H_{24} + H_{41} + H_{12} = 0$$

$$H_{34} + H_{41} + H_{13} = 0$$

が成立する。H_{23}，H_{24}，H_{34}を代入して消去すると

$$\mathbf{H} = H_{12} \nabla \zeta^2 + H_{13} \nabla \zeta^3 + H_{14} \nabla \zeta^4$$

が成立する（**図 12.7** 参照）。すなわち，**H**は頂点1からの発散を表している。

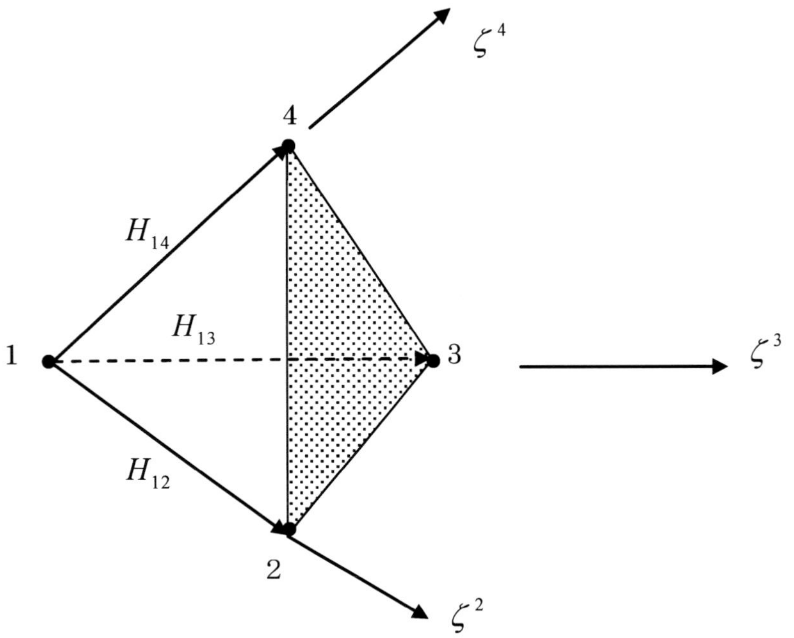

図 12.7　$\nabla \times \mathbf{H} = 0$ならば$\mathbf{H} = H_{12} \nabla \zeta^2 + H_{13} \nabla \zeta^3 + H_{14} \nabla \zeta^4$

12.4　面ベクトル形状関数

面ベクトル形状関数の表示は一意的でない。そして面ベクトルの形状関数は次の条件を満足する。

条件 1　:　4 面体内で 1 次関数
条件 2　:　面上でベクトル関数の法線成分が連続
条件 3　:　面上の面積分から一意的に決定できる。

ここではこれらの条件を満足する面ベクトル形状関数について議論する。座標系は次の 3 通りである。

(a)　物理空間での$(x,\ y,\ z)$座標
(b)　計算空間での$(\xi,\ \eta,\ \zeta)$座標
(c)　物理空間での体積$(\zeta^1,\ \zeta^2,\ \zeta^3,\ \zeta^4)$座標

(a)　物理空間$(x,\ y,\ z)$表示

4 面体には 4 個の面がある。よって面積分の条件式は

$$B_i = \int_{f_i} \mathbf{B}\cdot d\mathbf{S} \qquad i = 1,\ 2,\ 3,\ 4 \qquad \cdots\cdots \text{面積分条件式}$$

である。よってベクトル$\mathbf{B}$を

$$\mathbf{B} = \mathbf{a} + b\mathbf{r}$$

と表す。$\mathbf{a} = (a_1, a_2, a_3)$は定ベクトルで 3 個，$b$はスカラーで 1 個，合計 4 個の未知数を含む。この未知数を面積分の条件式より決定する。
ベクトル場$\mathbf{B}$の回転と発散をとれば

$$\nabla\times\mathbf{B} = 0$$
$$\nabla\cdot\mathbf{B} = 3b$$

となる。よってベクトル場$\mathbf{B}$は“回転零の発散場”である。

面積分:　面上にある位置ベクトル$\mathbf{r}$を面に平行な成分$\mathbf{r}_{/\!/}$と面に垂直な成分$\mathbf{r}_{\perp}$に分解する。面上を位置ベクトル$\mathbf{r}$が動くとき，平行成分$\mathbf{r}_{/\!/}$は変化するが成分垂直$\mathbf{r}_{\perp}$は一定である（**図 12.8** 参照）。$\mathbf{n}$を面の単位法線ベクトルとするとき，$\mathbf{r}$と$\mathbf{n}$の内積は

$$\mathbf{r}\cdot\mathbf{n} = (\mathbf{r}_{/\!/} + \mathbf{r}_{\perp})\cdot\mathbf{n} = \mathbf{r}_{\perp}\cdot\mathbf{n} = \text{定数}$$

定数となる。よって面上で$\mathbf{B}\cdot d\mathbf{S}$は一定であり，

$$B_i = \int_{f_i} \mathbf{B}\cdot d\mathbf{S} = \mathbf{B}\cdot\mathbf{n}\int_{f_i} d\mathbf{S} = \mathbf{B}\cdot\Delta\mathbf{S}_i$$

$$\therefore B_i = \mathbf{B}\cdot\Delta\mathbf{S}_i \qquad i = 1,\ 2,\ 3,\ 4_i$$

となる。ここで，$\Delta\mathbf{S}_i$は面f_iの面ベクトルである。

面積分条件式：$\mathbf{B} = \mathbf{a} + b\mathbf{r}$の両辺を面積分すると

$$B_l = \int_{f_l} \mathbf{B}\cdot d\mathbf{S} = \int_{f_l} (\mathbf{a} + b\mathbf{r})\cdot d\mathbf{S}$$

となる。右辺の積分を実行すると面積分が導かれる。そのために，まず位置ベクトルに関する面積分の公式を誘導する。面を$f_l = f_{ijk}$とする。

３角形$\{i,\ j,\ k\}$の頂点の位置ベクトルを$(\mathbf{r}_i,\ \mathbf{r}_j,\ \mathbf{r}_k)$とする。面$\{i,\ j,\ k\}$上の位置ベクトルを$\mathbf{r}$，３角形の重心を$\mathbf{r}_g = \frac{1}{3}(\mathbf{r}_i + \mathbf{r}_j + \mathbf{r}_k)$とする。このとき，重心の定義により

$$\int_{\{i,j,k\}} (\mathbf{r} - \mathbf{r}_g)\cdot d\mathbf{S} \equiv 0$$

が成立する（**図 12.9** 参照)。よって，面積分に関する公式

$$\int_{\{i,j,k\}} \mathbf{r}\cdot d\mathbf{S} = \mathbf{r}_g \cdot \int_{\{i,j,k\}} d\mathbf{S} = \frac{1}{3}(\mathbf{r}_i + \mathbf{r}_j + \mathbf{r}_k)\cdot\Delta\mathbf{S}_{ijk}$$ ●

を得る。この公式を用いると面積分条件式は

$$B_{ijk} = \mathbf{a}\cdot\Delta\mathbf{S}_{ijk} + \frac{b}{3}(\mathbf{r}_i + \mathbf{r}_j + \mathbf{r}_k)\cdot\Delta\mathbf{S}_{ijk}$$ ・・・面積分条件式

または１字添字表記で表示すると

$$B_l = \mathbf{a}\cdot\Delta\mathbf{S}_l + b\mathbf{r}_i\cdot\Delta\mathbf{S}_l$$

と書ける。ここで添字iは添字lを除いた３角形の頂点$i,\ j,\ k$のどれかである。具体的に４個の面積について面積分を計算すると

$$B_1 = \mathbf{a}\cdot\Delta\mathbf{S}_1 + b\mathbf{r}_2\cdot\Delta\mathbf{S}_1$$
$$B_2 = \mathbf{a}\cdot\Delta\mathbf{S}_2 + b\mathbf{r}_1\cdot\Delta\mathbf{S}_2$$
$$B_3 = \mathbf{a}\cdot\Delta\mathbf{S}_3 + b\mathbf{r}_1\cdot\Delta\mathbf{S}_3$$
$$B_4 = \mathbf{a}\cdot\Delta\mathbf{S}_4 + b\mathbf{r}_1\cdot\Delta\mathbf{S}_4$$

が導ける。この連立方程式をとくと$\mathbf{a}$とbが求まる。

未定ベクトルの決定：　4 個の条件式を用いて未定ベクトル$\mathbf{a}$とスカラーbを決定すると

$$\mathbf{a} = \frac{-1}{3V_e}\left(B_1\mathbf{r}_1 + B_2\mathbf{r}_2 + B_3\mathbf{r}_3 + B_4\mathbf{r}_4\right)$$

$$b = \frac{1}{3V_e}\left(B_1 + B_2 + B_3 + B_4\right)$$

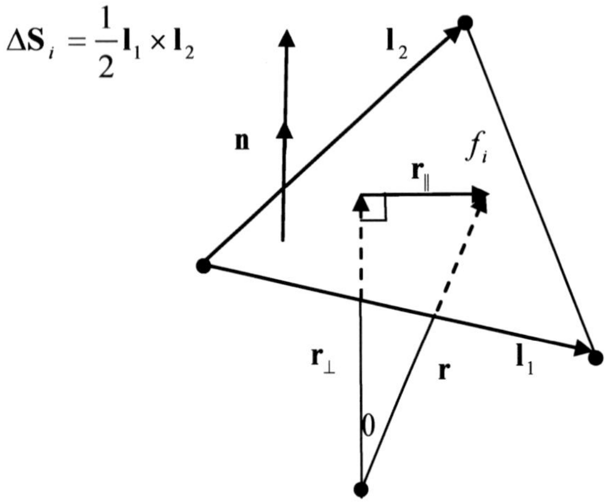

図 12.8　面積分$\mathbf{B}\cdot\Delta\mathbf{S}_i = B_i = const$

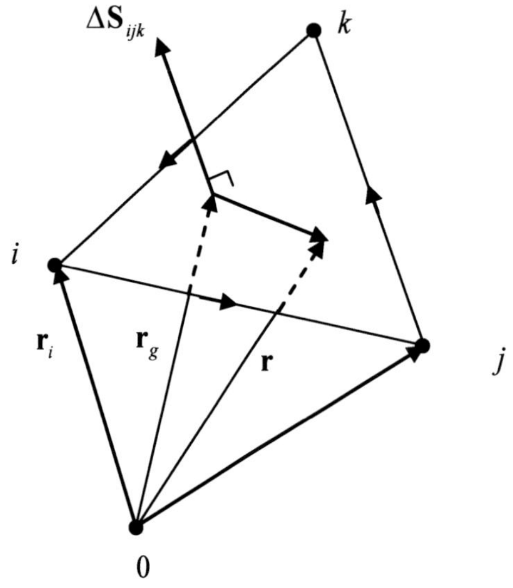

図 12.9　3 角形の重心$\mathbf{r}_g = \frac{1}{3}\left(\mathbf{r}_i + \mathbf{r}_j + \mathbf{r}_k\right)$

となる（つぎの[証明１,２]を参照)。この $\mathbf{a}$ と b を $\mathbf{B}=\mathbf{a}+b\mathbf{r}$ に代入して B_1 で整理すると面ベクトル形状関数が求まる。

すなわち,

$$\mathbf{B}=\mathbf{a}+b\mathbf{r}=\sum_{i=1}^{4}\mathbf{F}_i B_i$$ ●

と書ける。ここで面ベクトル形状関数 $\mathbf{F}_i$ は表 12.6 の通りである。

表 12.6　面ベクトルの形状関数（4 面体）

$$\mathbf{F}_1=\frac{1}{3\mathrm{V_e}}(\mathbf{r}-\mathbf{r}_1)$$

$$\mathbf{F}_2=\frac{1}{3\mathrm{V_e}}(\mathbf{r}-\mathbf{r}_2)$$

$$\mathbf{F}_3=\frac{1}{3\mathrm{V_e}}(\mathbf{r}-\mathbf{r}_3)$$

$$\mathbf{F}_4=\frac{1}{3\mathrm{V_e}}(\mathbf{r}-\mathbf{r}_4)$$

コメント　ベクトル形状関数の物理空間表示

$$\mathbf{H}=\mathbf{a}+\mathbf{b}\times\mathbf{r}=H_e\mathbf{E}_e \qquad (\nabla\cdot\mathbf{H}=0)$$

$$\mathbf{B}=\mathbf{a}+b\mathbf{r}=B_f\mathbf{F}_f \qquad (\nabla\times\mathbf{B}=0)$$

$$\mathbf{E}_e\Rightarrow\mathbf{E}_{ij}=\frac{1}{6V_e}(\mathbf{r}_k-\mathbf{r})\times(\mathbf{r}_l-\mathbf{r})$$

$$\mathbf{F}_f\Rightarrow\mathbf{F}_{ijk}=\frac{1}{3V_e}(\mathbf{r}-\mathbf{r}_l)$$

［証明 1］　まず未定スカラー b を求める。それには Gauss の定理

$$\int_{\partial V}\mathbf{B}\cdot d\mathbf{S}=\int_{V}\nabla\cdot\mathbf{B}dV$$

を用いる。これを 4 面体に適用すると

$$B_1+B_2+B_3+B_4=3bV_e$$

となる。よってこれより b が求まる。

［証明 2］　つぎに未定ベクトル $\mathbf{a}$ を定める。ベクトル $\mathbf{a}$ を反変成分を用いて

$$\mathbf{a}=a^1\frac{\partial\mathbf{r}}{\partial\xi}+a^2\frac{\partial\mathbf{r}}{\partial\eta}+a^3\frac{\partial\mathbf{r}}{\partial\zeta}$$

と表記する。ここで位置ベクトルは

$$\mathbf{r}=\mathbf{r}_1+\xi(\mathbf{r}_2-\mathbf{r}_1)+\eta(\mathbf{r}_3-\mathbf{r}_1)+\zeta(\mathbf{r}_4-\mathbf{r}_1)$$

であるから，

$$\frac{\partial\mathbf{r}}{\partial\xi}=(\mathbf{r}_2-\mathbf{r}_1)$$

$$\frac{\partial\mathbf{r}}{\partial\eta}=(\mathbf{r}_3-\mathbf{r}_1)$$

$$\frac{\partial\mathbf{r}}{\partial\zeta}=(\mathbf{r}_4-\mathbf{r}_1)$$

となる。一方，反変成分 a^1 は面積分条件式を用いて

$$a^1=\mathbf{a}\cdot\nabla\xi=\mathbf{a}\cdot\frac{1}{J}\left(\frac{\partial\mathbf{r}}{\partial\eta}\times\frac{\partial\mathbf{r}}{\partial\zeta}\right)=\frac{-1}{3V_e}\mathbf{a}\cdot\Delta\mathbf{S}_2$$

$$=\frac{1}{3V_e}\left[-B_2+b\mathbf{r}_1\cdot\Delta\mathbf{S}_2\right]$$

と変形できる。a^2 と a^3 も同様にして

$$a^2=\frac{1}{3V_e}\left[-B_3+b\mathbf{r}_1\cdot\Delta\mathbf{S}_3\right]$$

$$a^3 = \frac{1}{3V_e}\left[-B_4 + b\mathbf{r}_1 \cdot \Delta\mathbf{S}_4\right]$$

と求まる。これらの結果を

$$\mathbf{a} = a^1(\mathbf{r}_2 - \mathbf{r}_1) + a^2(\mathbf{r}_3 - \mathbf{r}_1) + a^3(\mathbf{r}_4 - \mathbf{r}_1)$$

に代入して整理すると，

$$\mathbf{a} = -\frac{1}{3V_e}\left(B_1\mathbf{r}_1 + B_2\mathbf{r}_2 + B_3\mathbf{r}_3 + B_4\mathbf{r}_4\right)$$

を得る。

（証明終わり）

（注意）　恒等式

$$\mathbf{I} = \mathbf{g}^1\mathbf{g}_1 + \mathbf{g}^2\mathbf{g}_2 + \mathbf{g}^3\mathbf{g}_3$$

は次のように変形できる。すなわち $J = 6V_e$ として

$$\nabla\xi = \mathbf{g}^1 = \frac{1}{J}(\mathbf{g}_2 \times \mathbf{g}_3) = \frac{1}{J}\left(\frac{\partial\mathbf{r}}{\partial\eta} \times \frac{\partial\mathbf{r}}{\partial\zeta}\right) = -\frac{1}{3V_e}\Delta\mathbf{S}_2$$

$$\nabla\eta = \mathbf{g}^2 = -\frac{1}{3V_e}\Delta\mathbf{S}$$

$$\nabla\zeta = \mathbf{g}^3 = -\frac{1}{3V_e}\Delta\mathbf{S}$$

$$\mathbf{g}_1 = \frac{\partial\mathbf{r}}{\partial\xi} = (\mathbf{r}_2 - \mathbf{r}_1)$$

$$\mathbf{g}_2 = \frac{\partial\mathbf{r}}{\partial\eta} = (\mathbf{r}_3 - \mathbf{r}_1)$$

$$\mathbf{g}_3 = \frac{\partial\mathbf{r}}{\partial\zeta} = (\mathbf{r}_4 - \mathbf{r}_1)_{43}$$

を用いると恒等式は

$$\mathbf{I} = -\frac{1}{3V_e}\left[\Delta\mathbf{S}_2(\mathbf{r}_2 - \mathbf{r}_1) + \Delta\mathbf{S}_3(\mathbf{r}_3 - \mathbf{r}_1) + \Delta\mathbf{S}_4(\mathbf{r}_4 - \mathbf{r}_1)\right]$$ ●

となる。

この恒等式を用いると $\mathbf{B}$ は

$$\mathbf{B} = \mathbf{B}\cdot\mathbf{I} = -\frac{1}{3V_e}\left[B_2(\mathbf{r}_2 - \mathbf{r}_1) + B_3(\mathbf{r}_3 - \mathbf{r}_1) + B_4(\mathbf{r}_4 - \mathbf{r}_1)\right]$$
$$= -\frac{1}{3V_e}(B_1\mathbf{r}_1 + B_2\mathbf{r}_2 + B_3\mathbf{r}_3 + B_4\mathbf{r}_4) + b\mathbf{r}_1$$
$$= \mathbf{a} + b\mathbf{r}_1$$

と変形できる。これは計算空間の原点(0, 0, 0)における $\mathbf{B}$ の値に等しい。

体積座標との関係：　面ベクトル形状関数は

$$\mathbf{F}_l = \frac{1}{3V_e}(\mathbf{r} - \mathbf{r}_l) = \mathbf{F}_{ijk}$$

と表示できる。体積座標を用いると

$$\mathbf{F}_{ijk} = 2\left(\zeta^i\nabla\zeta^j \times \nabla\zeta^k + \zeta^j\nabla\zeta^k \times \nabla\zeta^i + \zeta^k\nabla\zeta^i \times \nabla\zeta^j\right)$$

となる。例えば

$$\mathbf{F}_1 = \frac{1}{3V_e}(\mathbf{r} - \mathbf{r}_1)$$

$$= \frac{1}{3V_e}\left[\zeta^1\mathbf{r}_1 + \zeta^2\mathbf{r}_2 + \zeta^3\mathbf{r}_3 + \zeta^4\mathbf{r}_4 - (\zeta^1 + \zeta^2 + \zeta^3 + \zeta^4)\mathbf{r}_1\right]$$

$$= \frac{1}{3V_e}\left[\zeta^2(\mathbf{r}_2 - \mathbf{r}_1) + \zeta^3(\mathbf{r}_3 - \mathbf{r}_1) + \zeta^4(\mathbf{r}_4 - \mathbf{r}_1)\right]$$

$$= \frac{1}{3V_e}\left[\zeta^2 6V_e(\nabla\zeta^3 \times \nabla\zeta^4) + \zeta^3 6V_e(\nabla\zeta^4 \times \nabla\zeta^2) + \zeta^4 6V_e(\nabla\zeta^2 \times \nabla\zeta^3)\right]$$

$$= 2\left[\zeta^2\nabla\zeta^3 \times \nabla\zeta^4 + \zeta^3\nabla\zeta^4 \times \nabla\zeta^2 + \zeta^4\nabla\zeta^2 \times \nabla\zeta^3\right]$$

$$= \mathbf{F}_{234}$$

となる。ほかの成分も同様に計算できる。

(b)　**計算空間 $(\xi,\ \eta,\ \zeta)$ 表示**

$\mathbf{B}$ の成分表示は $\mathbf{B}=(B_1,\ B_2,\ B_3)$ として

$$B_1 = a_1 + b\xi \in Q_{1,0,0}$$
$$B_2 = a_2 + b\eta \in Q_{0,1,0}$$
$$B_3 = a_3 + b\zeta \in Q_{0,0,1}$$

で表せる。これらの補間関数は $\nabla\times\mathbf{B}=0$ すなわち

$$\frac{\partial B_3}{\partial \eta}-\frac{\partial B_2}{\partial \zeta}=0,\ \frac{\partial B_1}{\partial \zeta}-\frac{\partial B_3}{\partial \xi}=0,\ \frac{\partial B_2}{\partial \xi}-\frac{\partial B_1}{\partial \eta}=0$$

を満足する。また発散は $\nabla\cdot\mathbf{B}=3b$ となる。
図 12.10 の面ベクトル形状関数を用いると

$$\mathbf{B}=\sum \mathbf{F}_{ijk}B_{ijk}$$

と書ける。ここで

$$\mathbf{F}_{234}=\mathbf{F}_1$$
$$\mathbf{F}_{314}=\mathbf{F}_2$$
$$\mathbf{F}_{241}=\mathbf{F}_3$$
$$\mathbf{F}_{132}=\mathbf{F}_4$$

である。そして係数 B_{ijk} は面 $\{i,\ j,\ k\}$ での面積分

$$B_{ijk}=\int_{\{i,j,k\}}\mathbf{B}\cdot d\mathbf{S}$$

の値である。

共変的変換：　$\mathbf{x}$ が座標変換

$$\tilde{\mathbf{x}}=\mathbf{A}\mathbf{x}$$

を受けるとき，面ベクトル形状関数は

$$\tilde{\mathbf{F}}=\mathbf{A}\mathbf{F}$$

となり，共変的 (covariant) 変換を受ける。

体積座標との関係：　体積座標を用いると面ベクトル形状関数は

$$\mathbf{F}_{ijk} = 2\left(\zeta^i \nabla\zeta^j \times \nabla\zeta^k + \zeta^j \nabla\zeta^k \times \nabla\zeta^i + \zeta^k \nabla\zeta^i \times \nabla\zeta^j\right)$$

と表せる。例えば

$$\mathbf{F}_{234} = 2\left(\zeta^2 \nabla\zeta^3 \times \nabla\zeta^4 + \zeta^3 \nabla\zeta^4 \times \nabla\zeta^2 + \zeta^4 \nabla\zeta^2 \times \nabla\zeta^3\right)$$

となる。これを $(\xi,\ \eta,\ \zeta)$ で表すには

$$\begin{aligned}
\zeta^1 &= 1-\xi-\eta-\zeta \\
\zeta^2 &= \xi \\
\zeta^3 &= \eta \\
\zeta^4 &= \zeta
\end{aligned}$$

を代入すればよい。その結果

$$\mathbf{F}_{234} = 2\left(\xi \nabla\eta \times \nabla\zeta + \eta \nabla\zeta \times \nabla\xi + \zeta \nabla\xi \times \nabla\eta\right)$$

となる。よって $(\xi,\ \eta,\ \zeta)$ 座標での成分表示は

$$\mathbf{F}_1 = \mathbf{F}_{234} = 2\left(\xi,\ \eta,\ \zeta\right)$$

となる。このとき，面積を表す基底ベクトルは

$$\left(\nabla\eta \times \nabla\zeta,\ \nabla\zeta \times \nabla\xi,\ \nabla\xi \times \nabla\eta\right)$$

であることを忘れてはならない。ほかの面ベクトル形状関数も同様に求めることができる。

$\nabla\cdot\mathbf{B}=0$ の場合：　$\nabla\cdot\mathbf{B}=0$ の場合，Gauss の発散定理より

$$B_1 + B_2 + B_3 + B_4 = 0$$

を満足する。体積座標は関係式

$$\zeta^1 + \zeta^2 + \zeta^3 + \zeta^4 = 1$$

を満たす。これらの式を用いて B_1 と ζ^1 を消去すると，$\mathbf{B}$ は簡単な式

$$\mathbf{B} = 2\left\{\left(\nabla\zeta^4 \times \nabla\zeta^3\right)B_2 + \left(\nabla\zeta^2 \times \nabla\zeta^4\right)B_3 + \left(\nabla\zeta^3 \times \nabla\zeta^2\right)B_4\right\}$$

となる (**図 12.11** 参照)。

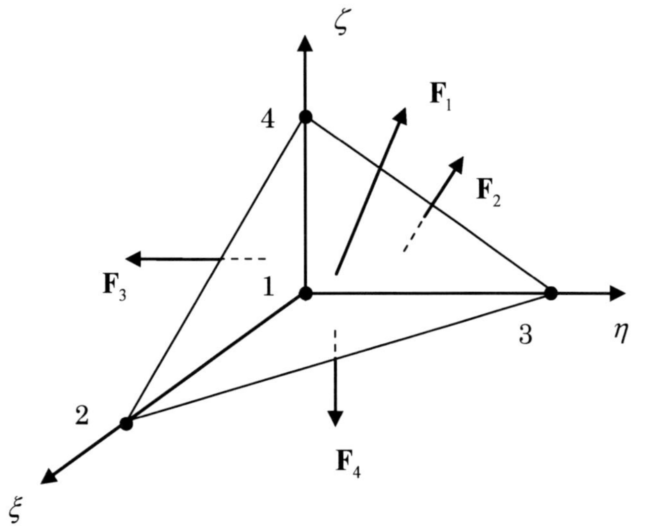

$$\mathbf{F}_1 = 2(\xi,\ \eta,\ \zeta)$$

$$\mathbf{F}_2 = 2(-1+\xi,\ \eta,\ \zeta)$$

$$\mathbf{F}_3 = 2(\xi,\ -1+\eta,\ \zeta)$$

$$\mathbf{F}_4 = 2(\xi,\ \eta,\ -1+\zeta)$$

図 12.10　面ベクトル形状関数
$(\nabla\eta\times\nabla\zeta,\ \nabla\zeta\times\nabla\xi,\ \nabla\xi\times\nabla\eta)$

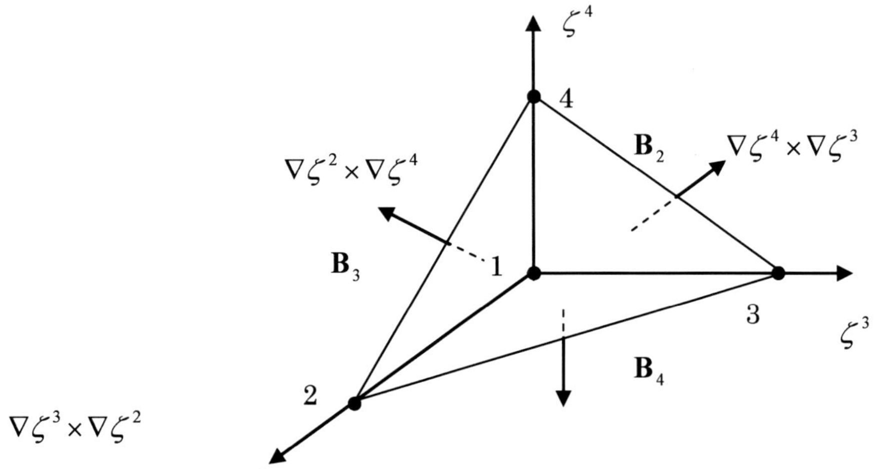

図 12.11　$\nabla\cdot\mathbf{B}=0$ の場合

(c) Whitney（体積座標）表示

面ベクトル形状関数は体積座標を用いると

$$\mathbf{F}_{ijk} = 2\left(\zeta^i \nabla \zeta^j \times \nabla \zeta^k + \zeta^j \nabla \zeta^k \times \nabla \zeta^i + \zeta^k \nabla \zeta^i \times \nabla \zeta^j\right)$$

と表示できる。この $\mathbf{F}_{ijk}$ の回転と発散は

$$\nabla \times \mathbf{F}_{ijk} = 0$$
$$\nabla \cdot \mathbf{F}_{ijk} = 6\left(\nabla \zeta^i \times \nabla \zeta^j\right) \cdot \nabla \zeta^k = const$$

となる。よって場は“回転零の発散”である。**図12.12**は頂点lより各頂点i, j, k向かう発散場であることを表している。

$$\mathbf{B} = \sum_{\{i,j,k\}} \mathbf{F}_{ijk} B_{ijk}$$

とすれば,

$$B_{ijk} = \int_{\{i.j.k\}} \mathbf{B} \cdot d\mathbf{S}$$

が成立する。

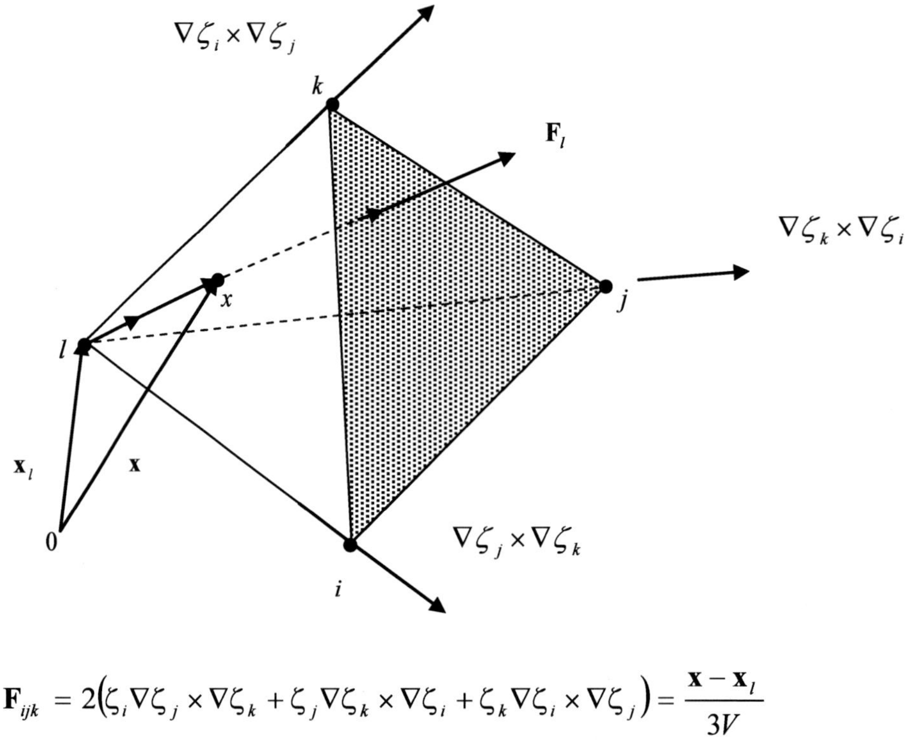

$$\mathbf{F}_l = \mathbf{F}_{ijk} = 2\left(\zeta_i \nabla\zeta_j \times \nabla\zeta_k + \zeta_j \nabla\zeta_k \times \nabla\zeta_i + \zeta_k \nabla\zeta_i \times \nabla\zeta_j\right) = \frac{\mathbf{x} - \mathbf{x}_l}{3V}$$

図12.12　Whitneyの面ベクトル形状関数（回転零の発散場）

12.5　Whitney 表示と外微分形式

Whitney 表示と外微分形式は密接に関連している．ここでは

(a)　一般論（n 次元の場合）

(b)　3 次元（$n=3$）の場合

(c)　2 次元（$n=2$）の場合

についてベクトル形状関数の Whitney 表示を求める。

(a)　一般論（n 次元の場合）

単体要素の形状関数を外微分形式で表示する。n 次元空間の p 形式に対して Whitney の形状関数は一般に

$$w_{i_0 \cdots ip} = p! \sum_{j=o}^{p} (-1)^j \zeta_{i_j} d\zeta_{i_0} \cdots d\breve{\zeta}_{i_j} \cdots d\zeta_{i_p}$$

と書ける。ただし $p \le n$ である。ここで，$\zeta_{i_k}\ (k=0,1,\cdots n)$ は n 次元単体要素の体積座標で関係式を

$$1 = \zeta_{i_0} + \zeta_{i_1} + \cdots + \zeta_{i_n}$$

満足する。そして記号 $\breve{\zeta}$ はその座標を除外することを意味している。このとき，形状関数の個数は

$${}_{n+1}C_{r+1} = \frac{(n+1)!}{(n-p)!(p+1)!}$$

である。さらに，単体内の座標は体積座標を用いると

$$\mathbf{r} = \zeta_{i_0}\mathbf{r}_{i_0} + \zeta_{i_1}\mathbf{r}_{i_1} + \cdots + \zeta_{i_n}\mathbf{r}_{i_n}$$

と表せる。ここで，$\mathbf{r}_{i_k}\ (k=0,\ 1,\ \cdots,\ n)$ は単体の頂点座標である。

一般に p 形式の外微分は $p+1$ 形式で

$$dW^{p} \subset W^{p+1} \qquad p=0,\ 1,\ 2$$

が成立する。そして，d を $d\mathbf{r}\cdot\nabla$ で置き換えると Whitney 表示の辺ベクトル形状関数と面ベクトル形状関数が導かれる。つぎに具体例を示す。
Whitney の形状関数はきわめて簡潔に書かれているため，その具体的イメージが明白でない。$n=3$ の 3 次元の場合と $n=2$ の 2 次元の場合について具体的な形状関数をつぎに求める。まずはじめに，**表 12.7** に形状関数と形状関数の個数を示しておく。つぎに，3 次元の p 形式に対して具体表示すると**表 12.8** のようになる。同様に 2 次元の p 形式に対して**表 12.9** を得る。

表 12.7　形状関数と形状関数の個数

n 次元	p 形式	個数	形状関数
3 次元	p=0　0 形式	${}_4C_1=4$	w_1　w_2　w_3　w_4
	p=1　1 形式	${}_4C_2=6$	w_{12}　w_{13}　w_{14}　w_{23}　w_{24}　w_{34}
	p=2　2 形式	${}_4C_3=4$	w_{234}　w_{143}　w_{124}　w_{132}
	p=3　3 形式	${}_4C_4=1$	w_{1234}
2 次元	p=0　0 形式	${}_3C_1=3$	w_1　w_2　w_3
	p=1　1 形式	${}_3C_2=3$	w_{12}　w_{13}　w_{32}
	p=2　2 形式	${}_3C_3=1$	w_{123}

表 12.8　Whitney 表示と外微分形式（3 次元の場合）

p 形式	個数	形状関数 $(d=d\mathbf{r}\cdot\nabla)$
0 形式	4	$w_i=\zeta_i=N_i$
1 形式	6	$w_{ij}=\zeta_i d\zeta_j-\zeta_j d\zeta_i=\mathbf{E}_{ij}\cdot d\mathbf{r}$
2 形式	4	$w_{ijk}=2!\left(\zeta_i d\zeta_i d\zeta_k+\zeta_j d\zeta_k d\zeta_i+\zeta_k d\zeta_i d\zeta_j\right)=\mathbf{F}_{ijk}\cdot d\mathbf{S}$
3 形式	1	$w_{ijkl}=\dfrac{1}{V_e}dV$

表 12.9　Whitney 表示と外微分形式（2 次元の場合）

p 形式	個数	形状関数 $(d=d\mathbf{r}\cdot\nabla)$
0 形式	3	$w_i=\zeta_i=N_i$
1 形式	3	$w_{ij}=\zeta_i d\zeta_j-\zeta_j d\zeta_i=\mathbf{E}_{ij}\cdot d\mathbf{r}$
2 形式	1	$w_{ijk}=\dfrac{1}{S_e}dS$

(b) 3次元（$n=3$）の場合

$p \le n$ として，3次元の場合，$p \equiv 0, 1, 2, 3$ の4種類の p 形式がある。形状関数の個数はそれぞれの形式に対して ${}_4C_1 = 4,\ {}_4C_2 = 6,\ {}_4C_3 = 4,\ {}_4C_4 = 1$ である。

● 0形式$(p=0)$の場合　スカラー形状関数は

$$w_{i_0} = 0!(-1)^0 \zeta_{i_0} = \zeta_{i_0}$$

である。その個数は ${}_4C_1 = \dfrac{4!}{1!3!} = 4$ となる。具体的に示すと

$$\begin{cases} i_0 = 1 & : w_1 = \zeta_1 = N_1 \\ i_0 = 2 & : w_2 = \zeta_2 = N_2 \\ i_0 = 3 & : w_3 = \zeta_3 = N_3 \\ i_0 = 4 & : w_4 = \zeta_4 = N_4 \end{cases}$$

となる。このとき0形式による関数の補間は

$$\begin{aligned} \phi &= w_1\phi_1 + w_2\phi_2 + w_3\phi_3 + w_4\phi_4 \\ &= \zeta_1\phi_1 + \zeta_2\phi_2 + \zeta_3\phi_3 + \zeta_4\phi_4 \\ &= N_1\phi_1 + N_2\phi_2 + N_3\phi_3 + N_4\phi_4 \\ &= \sum_{\alpha=1}^{4} N_\alpha \phi_\alpha \end{aligned}$$

と書ける。ここで N_α は形状関数である。すなわち，

$$w_i = N_i$$

が成立する。

● 1形式（$p=1$）の場合　辺ベクトル形状関数は

$$\begin{aligned} w_{i_0 i_1} &= 1!\left[(-1)^0 \zeta_{i_0} d\zeta_{i_1} + (-1)^1 \zeta_{i_1} d\zeta_{i_0}\right] \\ &= \zeta_{i_0} d\zeta_{i_1} - \zeta_{i_1} d\zeta_{i_0} \end{aligned}$$

と書ける。その個数は ${}_4C_2 = \dfrac{4!}{2!2!} = 6$ である。

具体的に示すと**図 12.1** と**表 12.1** を参照して

$$\begin{cases} i_0 = 1,\ i_1 = 2, & w_{12} = \zeta_1 d\zeta_2 - \zeta_2 d\zeta_1 = \mathbf{E}_{12} \cdot d\mathbf{r} \\ i_0 = 1,\ i_1 = 3, & w_{13} = \zeta_1 d\zeta_3 - \zeta_3 d\zeta_1 = \mathbf{E}_{13} \cdot d\mathbf{r} \\ i_0 = 1,\ i_1 = 4, & w_{14} = \zeta_1 d\zeta_4 - \zeta_4 d\zeta_1 = \mathbf{E}_{14} \cdot d\mathbf{r} \\ i_0 = 2,\ i_1 = 3, & w_{23} = \zeta_2 d\zeta_3 - \zeta_3 d\zeta_2 = \mathbf{E}_{23} \cdot d\mathbf{r} \\ i_0 = 2,\ i_1 = 4, & w_{24} = \zeta_2 d\zeta_4 - \zeta_4 d\zeta_2 = \mathbf{E}_{24} \cdot d\mathbf{r} \\ i_0 = 3,\ i_1 = 4, & w_{34} = \zeta_3 d\zeta_4 - \zeta_4 d\zeta_3 = \mathbf{E}_{34} \cdot d\mathbf{r} \end{cases}$$

となる。ただし，$d = d\mathbf{r} \cdot \nabla$ である。このとき 1 形式による関数の補間は

$$\begin{aligned} \Gamma &= \mathbf{H} \cdot d\mathbf{r} \\ &= w_{12}H_1 + w_{13}H_2 + w_{14}H_3 + w_{23}H_4 + w_{24}H_5 + w_{34}H_6 \\ &= (\zeta_1 d\zeta_2 - \zeta_2 d\zeta_1)H_1 + (\zeta_1 d\zeta_3 - \zeta_3 d\zeta_1)H_2 \\ &\quad + (\zeta_1 d\zeta_4 - \zeta_4 d\zeta_1)H_3 + (\zeta_2 d\zeta_3 - \zeta_3 d\zeta_2)H_4 \\ &\quad + (\zeta_2 d\zeta_4 - \zeta_4 d\zeta_2)H_5 + (\zeta_3 d\zeta_4 - \zeta_4 d\zeta_3)H_6 \\ &= [\ (\zeta_1 \nabla\zeta_2 - \zeta_2 \nabla\zeta_1)H_1 + (\zeta_1 \nabla\zeta_3 - \zeta_3 \nabla\zeta_1)H_2 \\ &\quad + (\zeta_1 \nabla\zeta_4 - \zeta_4 \nabla\zeta_1)H_3 + (\zeta_2 \nabla\zeta_3 - \zeta_3 \nabla\zeta_2)H_4 \\ &\quad + (\zeta_2 \nabla\zeta_4 - \zeta_4 \nabla\zeta_2)H_5 + (\zeta_3 \nabla\zeta_4 - \zeta_4 \nabla\zeta_3)H_6] \cdot d\mathbf{r} \\ &= (\mathbf{E}_{12}H_1 + \mathbf{E}_{13}H_2 + \mathbf{E}_{14}H_3 + \mathbf{E}_{23}H_4 + \mathbf{E}_{24}H_5 + \mathbf{E}_{34}H_6) \cdot d\mathbf{r} \\ &= \left(\sum_{e=1}^{6} \mathbf{E}_e H_e \right) \cdot d\mathbf{r} \end{aligned}$$

と書ける。ここで，$\mathbf{E}_e$ は辺ベクトル形状関数である。すなわち，

$$w_{ij} = \mathbf{E}_{ij} \cdot d\mathbf{r} \qquad \mathbf{H} = \mathbf{E}_{ij} H_{ij} = \mathbf{E}_e H_e$$

が成立する。

● 2 形式（$p = 2$）の場合　面ベクトル形状関数は

$$\begin{aligned} w_{i_0 i_1 i_2} &= 2! \big[(-1)^0 \zeta_{i_0} d\zeta_{i_1} \wedge d\zeta_{i_2} \\ &\qquad + (-1)^1 \zeta_{i_1} d\zeta_{i_0} \wedge d\zeta_{i_2} \\ &\qquad + (-1)^2 \zeta_{i_2} d\zeta_{i_0} \wedge d\zeta_{i_1} \big] \\ &= 2\ (\zeta_{i_0} d\zeta_{i_1} \wedge d\zeta_{i_2} \\ &\qquad + \zeta_{i_1} d\zeta_{i_2} \wedge d\zeta_{i_0} \\ &\qquad + \zeta_{i_2} d\zeta_{i_0} \wedge d\zeta_{i_1}) \end{aligned}$$

と書ける。その個数は$_4C_3=\dfrac{4!}{3!1!}=4$である。具体的に示すと**図 12. 1** と**表 12. 1** を参照して

$$
\begin{cases}
i_0=2,\ i_1=3,\ i_2=4 & w_{234}=2\left(\zeta_2 d\zeta_3\wedge d\zeta_4+\zeta_3 d\zeta_4\wedge d\zeta_2+\zeta_4 d\zeta_2\wedge d\zeta_3\right)=\mathbf{F}_{234}\cdot d\mathbf{S}\\
i_0=1,\ i_1=4,\ i_2=3 & w_{143}=2\left(\zeta_3 d\zeta_1\wedge d\zeta_4+\zeta_1 d\zeta_4\wedge d\zeta_3+\zeta_4 d\zeta_3\wedge d\zeta_1\right)=\mathbf{F}_{143}\cdot d\mathbf{S}\\
i_0=1,\ i_1=2,\ i_1=4 & w_{124}=2\left(\zeta_2 d\zeta_4\wedge d\zeta_1+\zeta_4 d\zeta_1\wedge d\zeta_2+\zeta_1 d\zeta_2\wedge d\zeta_4\right)=\mathbf{F}_{124}\cdot d\mathbf{S}\\
i_0=1,\ i_1=3,\ i_1=2 & w_{132}=2\left(\zeta_1 d\zeta_3\wedge d\zeta_2+\zeta_3 d\zeta_2\wedge d\zeta_1+\zeta_2 d\zeta_1\wedge d\zeta_3\right)=\mathbf{F}_{132}\cdot d\mathbf{S}
\end{cases}
$$

となる。ここで$d=d\mathbf{r}\cdot\nabla$である。このとき 2 形式による関数の補間は

$$
\begin{aligned}
\Phi &= \mathbf{B}\cdot d\mathbf{S}\\
&= w_{234}B_1+w_{314}B_2+w_{241}B_3+w_{132}B_4\\
&= 2\left(\zeta_2 d\zeta_3\wedge d\zeta_4+\zeta_3 d\zeta_4\wedge d\zeta_2+\zeta_4 d\zeta_2\wedge d\zeta_3\right)B_1\\
&\quad +2\left(\zeta_1 d\zeta_4\wedge d\zeta_3+\zeta_4 d\zeta_3\wedge d\zeta_1+\zeta_3 d\zeta_1\wedge d\zeta_4\right)B_2\\
&\quad +2\left(\zeta_2 d\zeta_4\wedge d\zeta_1+\zeta_4 d\zeta_1\wedge d\zeta_2+\zeta_1 d\zeta_2\wedge d\zeta_4\right)B_3\\
&\quad +2\left(\zeta_1 d\zeta_3\wedge d\zeta_2+\zeta_3 d\zeta_2\wedge d\zeta_1+\zeta_2 d\zeta_1\wedge d\zeta_3\right)B_4\\
&= \Big[\ 2\left(\zeta_2\nabla\zeta_3\wedge\nabla\zeta_4+\zeta_3\nabla\zeta_4\wedge\nabla\zeta_2+\zeta_4\nabla\zeta_2\wedge\nabla\zeta_3\right)B_1\\
&\quad +2\left(\zeta_1\nabla\zeta_4\wedge\nabla\zeta_3+\zeta_4\nabla\zeta_3\wedge\nabla\zeta_1+\zeta_3\nabla\zeta_1\wedge\nabla\zeta_4\right)B_2\\
&\quad +2\left(\zeta_2\nabla\zeta_4\wedge\nabla\zeta_1+\zeta_4\nabla\zeta_1\wedge\nabla\zeta_2+\zeta_1\nabla\zeta_2\wedge\nabla\zeta_4\right)B_3\\
&\quad +2\left(\zeta_1\nabla\zeta_3\wedge\nabla\zeta_2+\zeta_3\nabla\zeta_2\wedge\nabla\zeta_1+\zeta_2\nabla\zeta_1\wedge\nabla\zeta_3\right)B_4\Big]\cdot d\mathbf{S}\\
&= \left(\mathbf{F}_{234}B_1+\mathbf{F}_{143}B_2+\mathbf{F}_{124}B_3+\mathbf{F}_{132}B_4\right)\cdot d\mathbf{S}
\end{aligned}
$$

$$
=\left(\sum_{f=1}^{4}\mathbf{F}_f B_f\right)\cdot d\mathbf{S}
$$

と書ける。ここで，$\mathbf{F}_f$は面ベクトル形状関数である。すなわち，

$$
w_{ijk}=\mathbf{F}_{ijk}\cdot d\mathbf{S}\qquad \mathbf{B}=\mathbf{F}_{ijk}B_{ijk}=\mathbf{F}_f B_f
$$

が成立する。

● 3 形式（$p=3$）の場合　要素内一定のスカラー形状関数は

$$
\begin{aligned}
w_{i_0 i_1 i_2 i_3} &= 3!\Big[(-1)^0 \zeta_{i_0} d\zeta_{i_1} \wedge d\zeta_{i_2} \wedge d\zeta_{i_3} \\
&\quad + (-1)^1 \zeta_{i_1} d\zeta_{i_0} \wedge d\zeta_{i_2} \wedge d\zeta_{i_3} \\
&\quad + (-1)^2 \zeta_{i_2} d\zeta_{i_0} \wedge d\zeta_{i_1} \wedge d\zeta_{i_3} \\
&\quad + (-1)^3 \zeta_{i_3} d\zeta_{i_0} \wedge d\zeta_{i_1} \wedge d\zeta_{i_2} \Big] \\
&= 6\,\big(\zeta_{i_0} d\zeta_{i_1} \wedge d\zeta_{i_2} \wedge d\zeta_{i_3} \\
&\quad - \zeta_{i_1} d\zeta_{i_2} \wedge d\zeta_{i_3} \wedge d\zeta_{i_0} \\
&\quad + \zeta_{i_2} d\zeta_{i_3} \wedge d\zeta_{i_0} \wedge d\zeta_{i_1} \\
&\quad - \zeta_{i_3} d\zeta_{i_0} \wedge d\zeta_{i_1} \wedge d\zeta_{i_2} \big)
\end{aligned}
$$

と書ける。その個数は ${}_4C_4 = \dfrac{4!}{4!0!} = 1$ である。具体的に示すと

$$
\begin{aligned}
& i_0 = 1,\ i_1 = 2,\ i_2 = 3,\ i_3 = 4 \\
& w_{1234} = 6\big(\zeta_1 d\zeta_2 \wedge d\zeta_3 \wedge d\zeta_4 - \zeta_2 d\zeta_1 \wedge d\zeta_3 \wedge d\zeta_4 \\
& \qquad + \zeta_3 d\zeta_1 \wedge d\zeta_2 \wedge d\zeta_4 - \zeta_4 d\zeta_1 \wedge d\zeta_2 \wedge d\zeta_3\big)
\end{aligned}
$$

となる。このとき 3 形式による関数の補間は要素内一定で

$$
\begin{aligned}
M &= \rho dV \\
&= w_{1234} m \\
&= 6\big(\zeta_1 d\zeta_2 \wedge d\zeta_3 \wedge d\zeta_4 - \zeta_2 d\zeta_1 \wedge d\zeta_3 \wedge d\zeta_4 \\
&\quad + \zeta_3 d\zeta_1 \wedge d\zeta_2 \wedge d\zeta_4 - \zeta_4 d\zeta_1 \wedge d\zeta_2 \wedge d\zeta_3\big) m \\
&= \{6[\zeta_1(\nabla\zeta_2 \times \nabla\zeta_3)\cdot\nabla\zeta_4 - \zeta_2(\nabla\zeta_1 \times \nabla\zeta_3)\cdot\nabla\zeta_4 \\
&\quad + \zeta_3(\nabla\zeta_4 \times \nabla\zeta_1)\cdot\nabla\zeta_2 - \zeta_4(\nabla\zeta_1 \times \nabla\zeta_2)\cdot\nabla\zeta_3] m\} dV \\
&= 6\left(\frac{\zeta_1}{6V_e} + \frac{\zeta_2}{6V_e} + \frac{\zeta_3}{6V_e} + \frac{\zeta_4}{6V_e}\right) m dV \\
&= \frac{m}{V_e} dV
\end{aligned}
$$

と書ける。ただし，

$$
m = \int_v \rho dV = \rho_e V_e
$$

である。ここで ρ_e は要素の密度の平均値で要素内一定である。よって

$$
w_{1234} = \frac{1}{V_e} dV
$$

となる。すなわち $\dfrac{1}{V_e}$ は要素内一定の形状関数に相当する。ここで，1形式と1形式のくさび積が2形式, 2形式と1形式のくさび積は3形式となることを用いた。すなわち，1例を示すと

$$
\begin{aligned}
&\left(d\zeta_2 \wedge d\zeta_3\right) \wedge d\zeta_4 \\
&= \left(\nabla\zeta_2 \times \nabla\zeta_3\right) \cdot d\mathbf{S} \wedge \nabla\zeta_4 \cdot d\mathbf{r} \\
&= \left(\nabla\zeta_2 \times \nabla\zeta_3\right) \cdot \nabla\zeta_4 dV = \frac{1}{6Ve} dV
\end{aligned}
$$

が成立する。ここで

$$
\begin{aligned}
&\zeta_1 = 1 - \xi - \eta - \zeta \\
&\zeta_2 = \xi \\
&\zeta_2 = \eta \\
&\zeta_4 = \zeta
\end{aligned}
$$

であるから，

$$
\left(\nabla\zeta_2 \times \nabla\zeta_3\right) \cdot \nabla\zeta_4 = \left(\nabla\xi \times \nabla\eta\right) \cdot \nabla\zeta = \frac{1}{6Ve}
$$

である。同様にして

$$
\left(\nabla\zeta_1 \times \nabla\zeta_3\right) \cdot \nabla\zeta_4 = \left\{\left(-\nabla\xi - \nabla\eta - \nabla\zeta\right) \times \nabla\eta\right\} \cdot \nabla\zeta = -\frac{1}{6Ve}
$$

$$
\left(\nabla\zeta_4 \times \nabla\zeta_3\right) \cdot \nabla\zeta_2 = \left\{\nabla\zeta \times \left(-\nabla\xi - \nabla\eta - \nabla\zeta\right)\right\} \cdot \nabla\xi = \frac{1}{6Ve}
$$

$$
\left(\nabla\zeta_1 \times \nabla\zeta_2\right) \cdot \nabla\zeta_3 = \left\{\left(-\nabla\xi - \nabla\eta - \nabla\zeta\right) \times \nabla\xi\right\} \cdot \nabla\eta = -\frac{1}{6Ve}
$$

が導ける。

以上をまとめると3次元の p 形式に対する Whitney 表示は**表** 12.8 のごとくなる。

(c) 2次元（$n = 2$）の場合

$p \le n$ として，2次元の場合，$p = 0, 1, 2$ の3種類がある。形状関数の個数はそれぞれの形式に対して ${}_3C_1 = 3$, ${}_3C_2 = 3$, ${}_3C_3 = 1$ である。

● 0形式$\left(p = 0\right)$の場合　スカラー形状関数は

$$w_{i_0} = 0!(-1)^0 \zeta_{i_0} = \zeta_{i_0}$$

である。その個数は $_3C_1 = \dfrac{3!}{1!2!} = 3$ となる。具体的に示すと

$$\begin{cases} i_0 = 1 & : w_1 = \zeta_1 = N_1 \\ i_0 = 2 & : w_2 = \zeta_2 = N_2 \\ i_0 = 3 & : w_3 = \zeta_3 = N_3 \end{cases}$$

となる。このとき 0 形式による関数の補間は

$$\begin{aligned} \phi &= w_1\phi_1 + w_2\phi_2 + w_3\phi_3 \\ &= \zeta_1\phi_1 + \zeta_2\phi_2 + \zeta_3\phi_3 \\ &= N_1\phi_1 + N_2\phi_2 + N_3\phi_3 \\ &= \sum_{\alpha=1}^{3} N_\alpha \phi_\alpha \end{aligned}$$

と書ける。ここで N_α は形状関数である。すなわち,

$$w_i = N_i$$

が成立する。

● 1 形式（$p = 1$）の場合　辺ベクトル形状関数は

$$\begin{aligned} w_{i_0 i_1} &= 1!\left[(-1)^0 \zeta_{i_0} d\zeta_{i_1} + (-1)^1 \zeta_{i_1} d\zeta_{i_0}\right] \\ &= \zeta_{i_0} d\zeta_{i_1} - \zeta_{i_1} d\zeta_{i_0} \end{aligned}$$

と書ける。その個数は $_3C_2 = \dfrac{3!}{2!1!} = 3$ である。

具体的に示すと

$$\begin{cases} i_0 = 1,\ i_1 = 2 & w_{12} = \zeta_1 d\zeta_2 - \zeta_2 d\zeta_1 \\ i_0 = 1,\ i_1 = 3 & w_{13} = \zeta_1 d\zeta_3 - \zeta_3 d\zeta_1 \\ i_0 = 2,\ i_1 = 3 & w_{23} = \zeta_2 d\zeta_3 - \zeta_3 d\zeta_2 \end{cases}$$

となる。このとき 1 形式による関数の補間は

$$
\begin{aligned}
\Gamma &= \mathbf{H}\cdot d\mathbf{r} \\
&= w_{12}H_1 + w_{13}H_2 + w_{23}H_3 \\
&= (\zeta_1 d\zeta_2 - \zeta_2 d\zeta_1)H_1 + (\zeta_1 d\zeta_3 - \zeta_3 d\zeta_1)H_2 \\
&\quad + (\zeta_2 d\zeta_3 - \zeta_3 d\zeta_2)H_3 \\
&= [(\zeta_1\nabla\zeta_2 - \zeta_2\nabla\zeta_1)H_1 + (\zeta_1\nabla\zeta_3 - \zeta_3\nabla\zeta_1)H_2 \\
&\quad + (\zeta_2\nabla\zeta_3 - \zeta_3\nabla\zeta_2)H_3]\cdot d\mathbf{r} \\
&= (\mathbf{E}_{12}H_1 + \mathbf{E}_{13}H_2 + \mathbf{E}_{32}H_3)\cdot d\mathbf{r} \\
&= \left(\sum_{e=1}^{3}\mathbf{E}_e\phi_e\right)\cdot d\mathbf{r}
\end{aligned}
$$

と書ける。ここで，$\mathbf{E}_e$ は辺ベクトル形状関数である。すなわち，

$$
w_{ij} = \mathbf{E}_{ij}\cdot d\mathbf{r} \qquad \mathbf{H} = \mathbf{E}_{ij}H_{ij} = \mathbf{E}_e H_e
$$

が成立する。

● 2 形式（$p=2$）の場合　面ベクトル形状関数は

$$
\begin{aligned}
w_{i_0 i_1 i_2} &= 2!\left[(-1)^0\zeta_{i_0} d\zeta_{i_1}\wedge d\zeta_{i_2}\right. \\
&\qquad + (-1)^1\zeta_{i_1} d\zeta_{i_0}\wedge d\zeta_{i_2} \\
&\qquad \left. + (-1)^2\zeta_{i_2} d\zeta_{i_0}\wedge d\zeta_{i_1}\right] \\
&= 2\ (\zeta_{i_0} d\zeta_{i_1}\wedge d\zeta_{i_2} \\
&\qquad + \zeta_{i_1} d\zeta_{i_2}\wedge d\zeta_{i_0} \\
&\qquad + \zeta_{i_2} d\zeta_{i_0}\wedge d\zeta_{i_1})
\end{aligned}
$$

と書ける。その個数は ${}_3C_3 = \dfrac{3!}{3!0!} = 1$ である。具体的に示すと

$$
i_0 = 1,\ i_1 = 2,\ i_1 = 3 \quad w_{123} = 2(\zeta_1 d\zeta_2\wedge d\zeta_3 + \zeta_2 d\zeta_3\wedge d\zeta_1 + \zeta_3 d\zeta_1\wedge d\zeta_2)
$$

となる。このとき 2 形式による関数の補間は面内一定で

$$
\begin{aligned}
\Phi &= \mathbf{H}\cdot d\mathbf{S} \\
&= w_{123}\phi \\
&= 2(\zeta_1 d\zeta_2 \wedge d\zeta_3 + \zeta_2 d\zeta_3 \wedge d\zeta_1 + \zeta_3 d\zeta_1 \wedge d\zeta_2)\phi \\
&= [2(\zeta_1 \nabla\zeta_2 \times \nabla\zeta_3 + \zeta_2 \nabla\zeta_3 \times \nabla\zeta_1 + \zeta_3 \nabla\zeta_1 \times \nabla\zeta_2)\phi]\cdot d\mathbf{S} \\
&= 2[\zeta_1(\nabla\zeta_2 \times \nabla\zeta_3)\cdot\mathbf{k} + \zeta_2(\nabla\zeta_3 \times \nabla\zeta_1)\cdot\mathbf{k} + \zeta_3(\nabla\zeta_1 \times \nabla\zeta_2)\cdot\mathbf{k}]\phi dS \\
&= 2\left(\frac{\zeta_1}{2S_e} + \frac{\zeta_2}{2S_e} + \frac{\zeta_3}{2S_e}\right)\phi dS = \frac{\phi}{S_e} dS
\end{aligned}
$$

と書ける。ただし，2 次元の場合，$d\mathbf{S} = \mathbf{k}dS$，$\mathbf{k}$ は面の単位法線ベクトルであり，

$$
\begin{aligned}
&(\nabla\zeta_1 \times \nabla\zeta_2)\cdot\mathbf{k} = (\nabla\zeta_2 \times \nabla\zeta_3)\cdot\mathbf{k} \\
&= (\nabla\zeta_3 \times \nabla\zeta_1)\cdot\mathbf{k} = 1/2S_e
\end{aligned}
$$

である。さらに，

$$
\phi = \int_f \mathbf{B}\cdot d\mathbf{S} = B_e S_e
$$

である。ここで B_e は要素内の平均値である。よって

$$
w_{123} = \frac{1}{S_e} dS
$$

となる。すなわち，$\dfrac{1}{S_e}$ は要素内一定の形状関数に相当する。以上をまとめると，2 次元の p 形式に対する Whitney 表示は**表 12.9** のごとくなる。

コメント　単体要素と単体座標

1 次元，2 次元，3 次元の空間で最も単純な要素は

　1 次元 … 線分 … 線分座標

　2 次元 … 3 角形… 面積座標

　3 次元 … 4 面体… 体積座標

である。いかなる曲線も線分要素の集合として，いかなる曲面も 3 角形要素の集合として，いかなる体積も 4 面体要素の集合として近似できる。そして近似の精度は分割の個数に依存する。線分，3 角形，4 面体の各要素を総称して単体要素（simplex element）とよぶ。そして，線分に対して線分座標，3 角形に対して面積座標，4 面体に対して体積座標がある。これらの座標を総称して単体座標（simplex coordinate）とよぶ。

第 13 章

6面体要素とベクトル形状関数

ここでは6面体要素に対する形状関数を求める。形状関数にはスカラー形状関数・辺ベクトル形状関数・面ベクトル形状関数の 3 種類のものがある。6 面体要素に対しては Whitney 表示に対応するものが存在しない。スカラー形状関数のこう配より辺ベクトル形状関数を求めることができる。さらに辺ベクトル形状関数の回転により面ベクトル形状関数を求めることができる。この章の構成はつぎのとおりである。

13.1　6 面体要素の幾何学.................. 241
13.2　スカラー形状関数..................... 243
13.3　辺ベクトル形状関数.................. 245
13.4　面ベクトル形状関数.................. 257

13.1　6 面体要素の幾何学

3 次元の問題では 6 面体要素も重要である。ここでは 6 面体要素のスカラー形状関数、辺ベクトル形状関数、面ベクトル形状関数について調べる。6 面体要素では物理空間の (x, y, z)座標表示は用いられない。また、体積座標も存在しないから Whitney 表示が存在しない。その代わりに、計算空間の(ξ, η, ζ)座標に関して単位立方体に写像するものと、一辺が 2 の立方体に写像するもの 2 種類のものが存在する。前者に較べて後者は対称性に優れている。6 面体に用いる節点番号、辺番号、面番号を**図 13.1**、**表 13.1** に示しておく。これらの番号付けは一定しておらず文献によって異なる。ここでは上記の定め方に従うものとする。

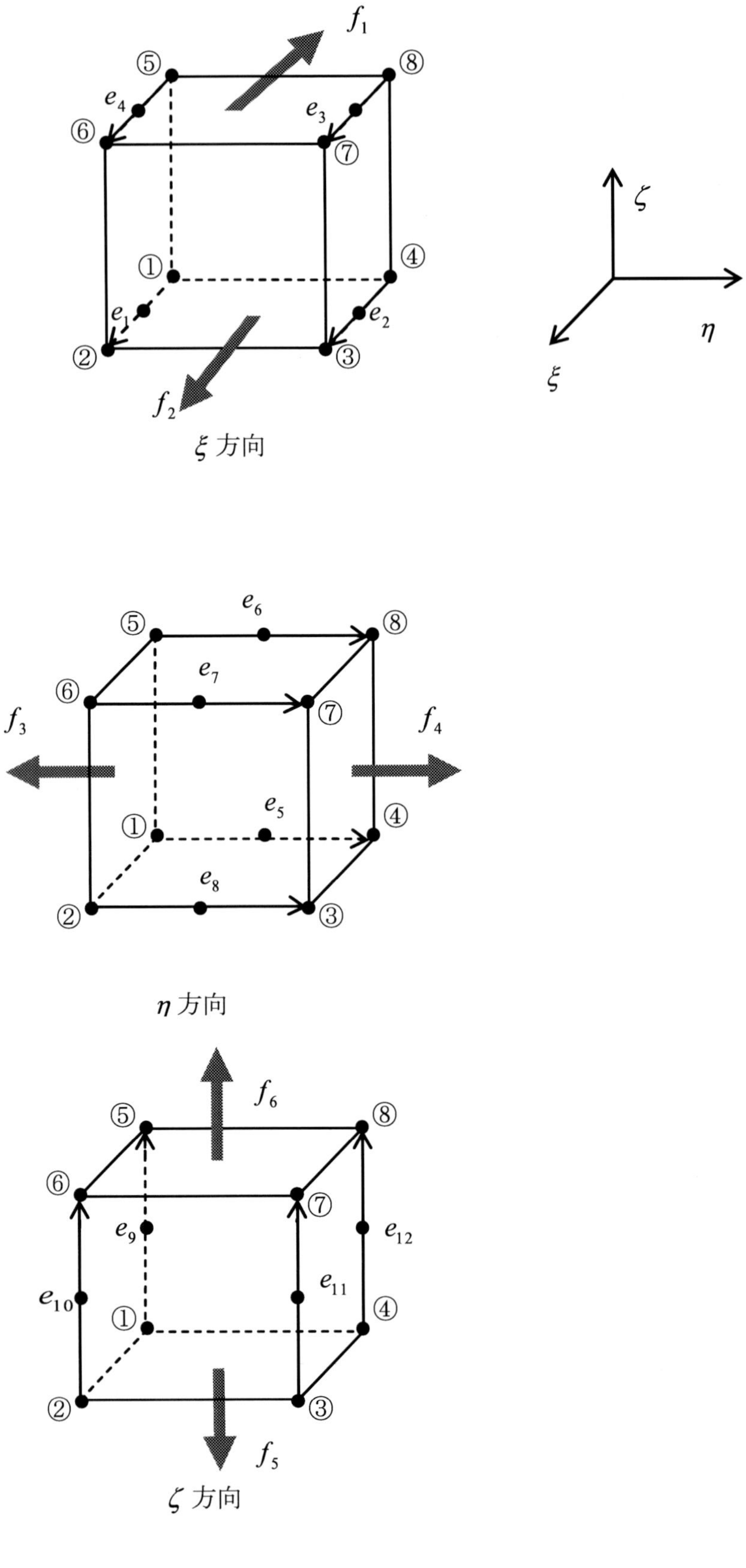

図 13.1　6 面体の節点・辺・面の番号

表 13.1　6 面体の節点・辺・面の番号

辺と面の番号	辺	面
1	1-2	1-5-8-4
2	4-3	2-3-7-6
3	8-7	1-2-6-5
4	5-6	4-8-7-3
5	1-4	1-4-3-2
6	5-8	5-6-7-8
7	6-7	
8	2-3	
9	1-5	
10	2-6	
11	3-7	
12	4-8	

13.2　スカラー形状関数

6 面体に写像する場合、2 種類のものが用いられる。すなわち、

(a) $0 \le \xi,\ \eta\ ,\zeta \le 1$　　単位立方体

(b) $-1 \le \xi,\ \eta\ ,\zeta \le 1$　　一辺の長さが 2 の立方体

である。

(a) 単位立方体の場合

単位立方体の場合、スカラー形状関数と座標点とを**表 13.2** に示しておく。

(b) 対称要素の場合

$-1 \le \xi,\ \eta\ ,\zeta \le 1$ の場合は一辺の長さが 2 の立方体となる。このとき、スカラー形状関数は対称的に

$$N_i = \frac{1}{8}(1+\xi_i\xi)(1+\eta_i\eta)(1+\zeta_i\zeta)$$

となる。具体的な形状関数と節点の座標点を**表 13.3** に示す。

表 13.2　6 面体のスカラー形状関数 $(0 \le \xi, \eta, \zeta \le 1)$

形状関数	節点座標
$N_1 = (1-\xi)(1-\eta)(1-\zeta)$	(0, 0, 0)
$N_2 = \xi(1-\eta)(1-\zeta)$	(1, 0, 0)
$N_3 = \xi\eta\ (1-\zeta)$	(1, 1, 0)
$N_4 = (1-\xi)\eta(1-\zeta)$	(0, 1, 0)
$N_5 = (1-\xi)(1-\eta)\zeta$	(0, 0, 1)
$N_6 = \xi(1-\eta)\zeta$	(1, 0, 1)
$N_7 = \xi\eta\zeta$	(1, 1, 1)
$N_8 = (1-\xi)\eta\zeta$	(0, 1, 1)

表 13.3　6 面体のスカラー形状関数と節点座標 $(-1 \le \xi, \eta, \zeta \le 1)$

$N_i = \frac{1}{8}(1+\xi_i\xi)(1+\eta_i\eta)(1+\zeta_i\zeta)$
$N_1 = \frac{1}{8}(1-\xi)(1-\eta)(1-\zeta)$
$N_2 = \frac{1}{8}(1+\xi)(1-\eta)(1-\zeta)$
$N_3 = \frac{1}{8}(1+\xi)(1+\eta)(1-\zeta)$
$N_4 = \frac{1}{8}(1-\xi)(1+\eta)(1-\zeta)$
$N_5 = \frac{1}{8}(1-\xi)(1+\eta)(1+\zeta)$
$N_6 = \frac{1}{8}(1+\xi)(1-\eta)(1+\zeta)$
$N_7 = \frac{1}{8}(1+\xi)(1+\eta)(1+\zeta)$
$N_1 = \frac{1}{8}(1-\xi)(1+\eta)(1+\zeta)$

i	ξ_i	η_i	ζ_i
1	-1	-1	-1
2	1	-1	-1
3	1	1	-1
4	-1	1	-1
5	-1	-1	1
6	1	-1	1
7	1	1	1
8	-1	1	1

13.3　辺ベクトル形状関数

この節の構成はつぎの通りである。

(a)　単位立方体の場合
(b)　対称要素の場合
(c)　ベクトルの共変成分
(d)　2 次元の辺ベクトル形状関数

(a)　単位立方体の場合

ベクトル $\mathbf{H}$ を線積分とする。各辺上での積分値を

$$H_i = \int_{e_i} \mathbf{H} \cdot d\mathbf{r}$$

と表示する。単位立方体の場合、辺の数は合計 12 個であるから、$\mathbf{H}$ は

$$\mathbf{H} = \sum_{i=1}^{12} \mathbf{E}_i H_i$$

と表示できる。ここで辺ベクトル形状関数 $\mathbf{E}_i$ は**表 13.4** の通りである。たとえば $\mathbf{E}_1$ の場合

$$\mathbf{E}_1 = (1 - \eta - \zeta + \eta\zeta)\nabla\xi$$

とを意味する。すなわち、$(\xi,\ \eta\ ,\zeta)$ 方向の単位ベクトルは $\nabla\xi,\ \nabla\eta\ ,\nabla\zeta$ である。そして、辺 e_1 上で $\mathbf{E}_1 = \nabla\xi$ で定ベクトルである。明らかに

$$\int_{e_1} \mathbf{E}_1 \cdot d\mathbf{r} = 1$$

が成立する。一般に $\mathbf{E}_i$ は辺 e_i 上で定ベクトルになる。

(b)　対称要素の場合

ここでは 6 面体のスカラー形状関数から、辺ベクトル形状関数を作る方法について議論する。スカラー関数 φ は通常の形状関数 N_i と節点 φ_i を用いて

$$\varphi = N_i \varphi_i$$

と表すことができる。6 面体の場合、形状関数は

$$N_i = \frac{1}{8}(1+\xi_i\xi)(1+\eta_i\eta)(1+\zeta_i\zeta)$$

である。ここで$(\xi_i,\ \eta_i,\ \zeta_i)$は節点座標で$(\pm1,\ \pm1,\ \pm1)$である。

表 13.3 は具体的な形状関数および節点番号と節点座標である。**表 13.5** と**図 13.2** に辺ベクトル形状関数の辺番号と座標点を定義する。具体的な辺ベクトル形状関数を**表 13.6** に示す。つぎにこれらの辺ベクトル形状関数がどのような性質を持っているかを調べる。

線積分値：　辺ベクトル形状関数$\mathbf{E}_i$は辺e_i上で

$$\mathbf{E}_i = \frac{1}{2}\nabla\xi^i$$

となる。よって線積分値は

$$\int_{e_i}\mathbf{E}_i\cdot d\mathbf{r} = \frac{1}{2}\int_{-1}^{1}\nabla\xi_i\cdot d\mathbf{r} = \frac{1}{2}\int_{-1}^{1}d\xi^i = 1$$

を満足する。

形状関数のこう配：φのこう配をベクトル$\mathbf{A}$と定義する。すなわち

$$\mathbf{A} = \nabla\varphi$$

である。このφに$\varphi = N_i\varphi_i$を代入すれば

$$\mathbf{A} = \nabla N_i\varphi_i$$

となる。ここで形状関数のこう配を調べてみる。例えば

$$N_1 = \frac{1}{8}(1-\xi)(1-\eta)(1-\zeta)$$

であるから、このこう配は

$$\nabla N_1 = -\frac{1}{8}(1-\eta)(1-\zeta)\nabla\xi - \frac{1}{8}(1-\xi)(1-\zeta)\nabla\eta - \frac{1}{8}(1-\xi)(1-\eta)\nabla\zeta$$

と書ける。ここで辺ベクトル形状関数の定義を用いると

$$\nabla N_1 = -\mathbf{E}_1 - \mathbf{E}_5 - \mathbf{E}_9 \qquad (\nabla N_n = G_n^e\mathbf{E}_e \text{ こう配行列表示})$$

の関係式を得る。他の形状関数のこう配についても同様である。結果は**表 13.7** に示し

である。これらの結果を代入すると

$$\begin{aligned}\mathbf{A} &= \sum_{i=1}^{8} \nabla N_i \varphi_i = \nabla N_1 \varphi_1 + \nabla N_2 \varphi_2 + \ldots + \nabla N_8 \varphi_8 \\ &= \mathbf{E}_1 (\varphi_1 - \varphi_2) + \mathbf{E}_2 (\varphi_3 - \varphi_4) + \ldots + \mathbf{E}_{12} (\varphi_8 - \varphi_4) \\ &= \mathbf{E}_1 A_1 + \mathbf{E}_2 A_2 + \ldots + \mathbf{E}_{12} A_{12}\end{aligned}$$

と書ける。ここで $A_1 = \varphi_2 - \varphi_1, \cdots,\ A_{12} = \varphi_8 - \varphi_4$ である。その他の成分 $A_i (i = 1 \cdots 12)$ は**表 13.6** のようになる。このとき、

$$\mathbf{A} = \sum_{i=1}^{12} \mathbf{E}_i A_i = \sum_{e_i \in E} \mathbf{E}_i A_i = \mathbf{E}_i A_i$$

と表示できる。ここで i は辺番号である。すなわちベクトル $\mathbf{A}$ は辺ベクトル形状関数の線形 1 次結合である。

線積分：　さらに辺上での線積分を考える。例えば辺{1, 2}上で線積分を実行すれば

$$\begin{aligned}&\int_1^2 \mathbf{A} \cdot d\mathbf{r} = \int_1^2 (\mathbf{E}_i A_i) \cdot d\mathbf{r} \\ &= A_1 \int_1^2 \mathbf{E}_1 \cdot d\mathbf{r} + A_2 \int_1^2 \mathbf{E}_2 \cdot d\mathbf{r} + \ldots + A_{12} \int_1^2 \mathbf{E}_{12} \cdot d\mathbf{r} \\ &= A_1 + 0 + \ldots + 0\end{aligned}$$

となる。一般に辺ベクトル形状関数は性質

$$\int_{e_j} \mathbf{E}_i \cdot d\mathbf{r} = \delta_{ij}$$

を持つ。一般に成分 A_i は各辺上のベクトル $\mathbf{A}$ の線積分の値に等しい。このことは $\mathbf{A} = \nabla \phi$ の線積分

$$\int_1^2 \mathbf{A} \cdot d\mathbf{r} = \int_1^2 \nabla \phi \cdot d\mathbf{r} = \phi_2 - \phi_1 = A_1$$

からも明らかである。

回転：つぎに、ベクトル $\mathbf{A}$ の回転について考える。Stokes の定理によれば

$$\int_S (\nabla \times \mathbf{A}) \cdot d\mathbf{r} = \int_{\partial S} \mathbf{A} \cdot d\mathbf{r}$$

が成立する。この定理を 6 面体の各面に適用すると $\nabla\times\mathbf{A}=0$ 条件は

$$\zeta\text{ 面}\quad\begin{cases}A_1+A_8-A_2-A_5=0\\A_4+A_7-A_3-A_6=0\end{cases}$$

$$\eta\text{ 面}\quad\begin{cases}A_1+A_{10}-A_4-A_9=0\\A_2+A_{11}-A_3-A_{12}=0\end{cases}$$

$$\xi\text{ 面}\quad\begin{cases}A_5+A_{12}-A_6-A_9=0\\A_8+A_{11}-A_7-A_{10}=0\end{cases}$$

と書ける。 $\mathbf{A}=\nabla\phi$ ならば $A_1=\phi_2-\phi_1,\cdots$ 等が成立するから、明らかにこの条件は満足される。すなわち $\nabla\times\mathbf{A}=0$ ならば $\mathbf{A}=\nabla\phi$ と書けるスカラーポテンシャル ϕ が存在する。

表 13.4　6 面体の辺ベクトル形状関数 $(0\le\xi,\eta,\zeta\le1)$

$\mathbf{E}_1=(1-\eta-\zeta+\eta\zeta,\ 0,\ 0)$ $\mathbf{E}_2=(\eta-\eta\zeta,\ 0,\ 0)$ $\mathbf{E}_3=(\eta\zeta,\ 0,\ 0)$ $\mathbf{E}_4=(\zeta-\eta\zeta,\ 0,\ 0)$
$\mathbf{E}_5=(0,\ 1-\xi-\zeta+\xi\zeta,\ 0)$ $\mathbf{E}_6=(0,\ \zeta-\xi\zeta,\ 0)$ $\mathbf{E}_7=(0,\ \xi\zeta,\ 0)$ $\mathbf{E}_8=(0,\ \xi-\xi\zeta,\ 0)$
$\mathbf{E}_9=(0,\ 0,\ 1-\xi-\eta+\xi\eta)$ $\mathbf{E}_{10}=(0,\ 0,\ \xi-\xi\eta)$ $\mathbf{E}_{11}=(0,\ 0,\ \xi\eta)$ $\mathbf{E}_{12}=(0,\ 0,\ \eta-\xi\eta)$

表 13.5　辺ベクトル関数の辺番号と節点座標

	$\mathbf{E}_a$	$\mathbf{E}_{ij}$	ξ_{ai}	η_{ai}	ζ_{ai}	辺ベクトル関数
$\nabla\xi_i$	1	1-2	0	-1	-1	$\mathbf{E}_i=\frac{1}{8}(1+\eta_i\eta)(1+\zeta_i\zeta)\nabla\xi$
	2	4-3	0	1	-1	
	3	8-7	0	1	1	
	4	5-6	0	-1	1	
$\nabla\eta_i$	5	1-4	-1	0	-1	$\mathbf{E}_i=\frac{1}{8}(1+\zeta_i\zeta)(1+\xi_i\xi)\nabla\eta$
	6	5-8	-1	0	1	
	7	6-7	1	0	1	
	8	2-3	1	0	-1	
$\nabla\zeta_i$	9	1-5	-1	-1	0	$\mathbf{E}_i=\frac{1}{8}(1+\xi_i\xi)(1+\eta_i\eta)\nabla\zeta$
	10	2-6	1	-1	0	
	11	3-7	1	1	0	
	12	4-8	-1	1	0	

コメント　接線射影と法線射影

ベクトル形状関数 $\mathbf{w}_i$ はスカラー形状関数 N_i と方向ベクトル $\mathbf{d}_i$ の積和として表せる。すなわち $\mathbf{w}_i=N_i\mathbf{d}_i$ となる。

(i)　辺ベクトル形状関数

方向ベクトルとして，$\mathbf{d}_i=\hat{\mathbf{g}}^i$ を選ぶ。このとき辺ベクトル形状関数は $\mathbf{w}_i=N_i\mathbf{d}_i=N_i\hat{\mathbf{g}}^i$ と表せる。ここで $\hat{\mathbf{g}}^i=\mathbf{g}^i/\|\mathbf{g}^i\|$ は面 i に垂直である。$\hat{\mathbf{g}}^i\cdot\hat{\mathbf{g}}_j=\delta_{ij}$ を用いると

$$\mathbf{d}_i\cdot\hat{\mathbf{g}}^i=\hat{\mathbf{g}}^i\cdot\hat{\mathbf{g}}_j=\delta_{ij}$$

となるから，方向ベクトル $\mathbf{d}_i$ の辺 j への射影は単位接線射影であり，辺に沿っての接線成分は連続になる。

(ii)　面ベクトル形状関数

方向ベクトルとして，$\mathbf{d}_i=\hat{\mathbf{g}}_i$ と置く。ただし，$\hat{\mathbf{g}}_i=\mathbf{g}_i/\|\mathbf{g}_i\|$ で辺 i に平行である。このとき面ベクトル形状関数は $\mathbf{w}_i=N_i\mathbf{d}_i=N_i\hat{\mathbf{g}}_i$ と表せる。ここで性質 $\hat{\mathbf{g}}_i\cdot\hat{\mathbf{g}}^j=\delta_{ij}$ を用いると

$$\mathbf{d}_i\cdot\hat{\mathbf{g}}^j=\hat{\mathbf{g}}_i\cdot\hat{\mathbf{g}}^j=\delta_{ij}$$

となるから，方向ベクトル $\mathbf{d}_i$ の辺 j への射影は単位接線射影であり，面上の法線成分は連続になる。

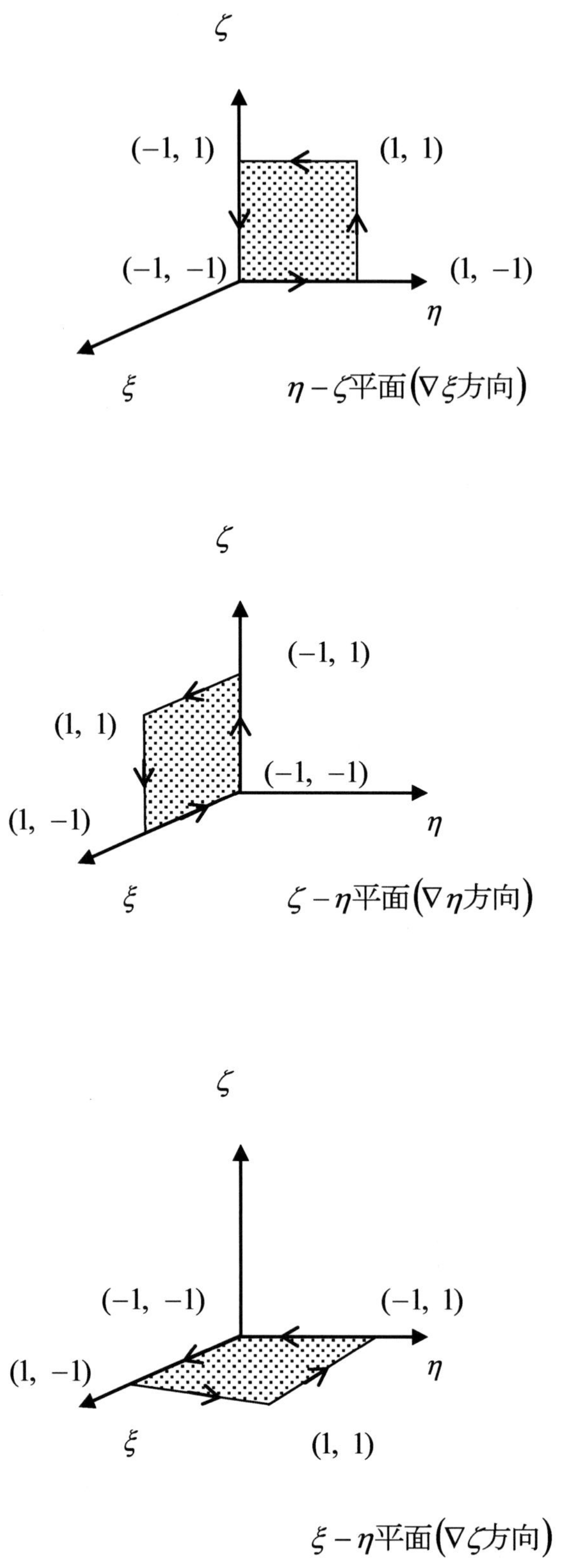

図 13.2　辺ベクトル形状関数の座標点

表 13.6　辺ベクトル形状関数とベクトル A の成分

$\nabla\xi$	$\mathbf{E}_1 = \frac{1}{8}(1-\eta)(1-\zeta)\nabla\xi = \mathbf{E}_{12}$	$A_1 = \Phi_2 - \Phi_1$
	$\mathbf{E}_2 = \frac{1}{8}(1+\eta)(1-\zeta)\nabla\xi = \mathbf{E}_{43}$	$A_2 = \Phi_3 - \Phi_4$
	$\mathbf{E}_3 = \frac{1}{8}(1+\eta)(1+\zeta)\nabla\xi = \mathbf{E}_{87}$	$A_3 = \Phi_7 - \Phi_8$
	$\mathbf{E}_4 = \frac{1}{8}(1-\eta)(1+\zeta)\nabla\xi = \mathbf{E}_{56}$	$A_4 = \Phi_6 - \Phi_5$
$\nabla\eta$	$\mathbf{E}_5 = \frac{1}{8}(1-\xi)(1-\zeta)\nabla\eta = \mathbf{E}_{14}$	$A_5 = \Phi_4 - \Phi_1$
	$\mathbf{E}_6 = \frac{1}{8}(1-\xi)(1+\zeta)\nabla\eta = \mathbf{E}_{58}$	$A_6 = \Phi_8 - \Phi_5$
	$\mathbf{E}_7 = \frac{1}{8}(1+\xi)(1+\zeta)\nabla\eta = \mathbf{E}_{67}$	$A_7 = \Phi_7 - \Phi_6$
	$\mathbf{E}_8 = \frac{1}{8}(1+\xi)(1-\zeta)\nabla\eta = \mathbf{E}_{23}$	$A_8 = \Phi_3 - \Phi_2$
$\nabla\zeta$	$\mathbf{E}_9 = \frac{1}{8}(1-\xi)(1-\eta)\nabla\zeta = \mathbf{E}_{15}$	$A_9 = \Phi_5 - \Phi_1$
	$\mathbf{E}_{10} = \frac{1}{8}(1+\xi)(1-\eta)\nabla\zeta = \mathbf{E}_{26}$	$A_{10} = \Phi_6 - \Phi_2$
	$\mathbf{E}_{11} = \frac{1}{8}(1+\xi)(1+\eta)\nabla\zeta = \mathbf{E}_{37}$	$A_{11} = \Phi_7 - \Phi_3$
	$\mathbf{E}_{12} = \frac{1}{8}(1-\xi)(1+\eta)\nabla\zeta = \mathbf{E}_{48}$	$A_{12} = \Phi_8 - \Phi_4$
$\mathbf{E}_e = G_e^n \phi_n$　こう配行列表示		

表 13.7　形状関数のこう配と辺ベクトル形状関数の関係

$\nabla N_1 = -\mathbf{E}_1 - \mathbf{E}_5 - \mathbf{E}_9$
$\nabla N_2 = \mathbf{E}_1 - \mathbf{E}_8 - \mathbf{E}_{10}$
$\nabla N_3 = \mathbf{E}_2 + \mathbf{E}_8 - \mathbf{E}_{11}$
$\nabla N_4 = -\mathbf{E}_2 + \mathbf{E}_5 - \mathbf{E}_{12}$
$\nabla N_5 = -\mathbf{E}_4 - \mathbf{E}_6 + \mathbf{E}_9$
$\nabla N_6 = \mathbf{E}_4 - \mathbf{E}_7 + \mathbf{E}_{10}$
$\nabla N_7 = \mathbf{E}_3 + \mathbf{E}_7 + \mathbf{E}_{11}$
$\nabla N_8 = -\mathbf{E}_3 + \mathbf{E}_6 + \mathbf{E}_{12}$
$\nabla N_n = G_n^e \mathbf{E}_e$ 接続行列表示

(c)　ベクトルの共変成分

ベクトル **A** を共変成分を用いて

$$\mathbf{A} = A_\xi \nabla \xi + A_\eta \nabla \eta + A_\zeta \nabla \zeta$$

と表示する。ここで$\left(A_\xi, A_\eta, A_\zeta\right)$はベクトル **A** の共変成分である。

辺上の線積分の値を

$$A_i = \int_{e_i} \mathbf{A} \cdot d\mathbf{r}$$

とすれば、共変成分は

$$A_\xi = \sum_{i=1}^{4} \frac{1}{8}(1+\eta_i\eta)(1+\zeta_i\zeta)A_i$$

$$A_\eta = \sum_{i=5}^{8} \frac{1}{8}(1+\zeta_i\zeta)(1+\xi_i\xi)A_i$$

$$A_\zeta = \sum_{i=9}^{12} \frac{1}{8}(1+\xi_i\xi)(1+\eta_i\eta)A_i$$

と表せる。　$\nabla\xi$, $\nabla\eta$, $\nabla\zeta$ 方向の各４個の辺ベクトル形状関数は

$$\mathbf{E}_i = \frac{1}{8}(1+\eta_i\eta)(1+\zeta_i\zeta)\nabla\xi \qquad i=1,2,3,4$$

$$\mathbf{E}_i = \frac{1}{8}(1+\zeta_i\zeta)(1+\xi_i\xi)\nabla\eta \qquad i=5,6,7,8$$

$$\mathbf{E}_i = \frac{1}{8}(1+\xi_i\xi)(1+\eta_i\eta)\nabla\zeta \qquad i=9,10,11,12$$

と表せる。このとき、$\mathbf{A} = \sum_{i=1}^{12} \mathbf{E}_i A_i$ が成立する。

境界面上のベクトルの接線成分：ベクトル $\mathbf{A}$ の境界面の接線成分 $\mathbf{A}_t$ は

$$\begin{aligned}
\mathbf{A}_t &= \mathbf{A}\times\mathbf{g}^\xi = \left(A_\xi\mathbf{g}^\xi + A_\eta\mathbf{g}^\eta + A_\zeta\mathbf{g}^\zeta\right)\times\mathbf{g}^\xi \\
&= A_\zeta\mathbf{g}^\zeta\times\mathbf{g}^\xi - A_\eta\mathbf{g}^\xi\times\mathbf{g}^\eta \\
&= \frac{1}{J}\left(A_\zeta\mathbf{g}_\eta - A_\eta\mathbf{g}_\zeta\right)
\end{aligned}$$

と計算できる。ここで $\mathbf{g}_\eta = \nabla\eta$ と $\mathbf{g}_\zeta = \nabla\zeta$ は接平面内のベクトルである。ベクトル $\mathbf{A}$ の接平面成分 $\mathbf{A}_t$ は上式の A_ζ と A_η に

$$A_\zeta = \sum \frac{1}{8}(1+\xi_i\xi)(1+\eta_i\eta)A_i$$

$$A_\eta = \sum \frac{1}{8}(1+\zeta_i\zeta)(1+\xi_i\xi)A_i$$

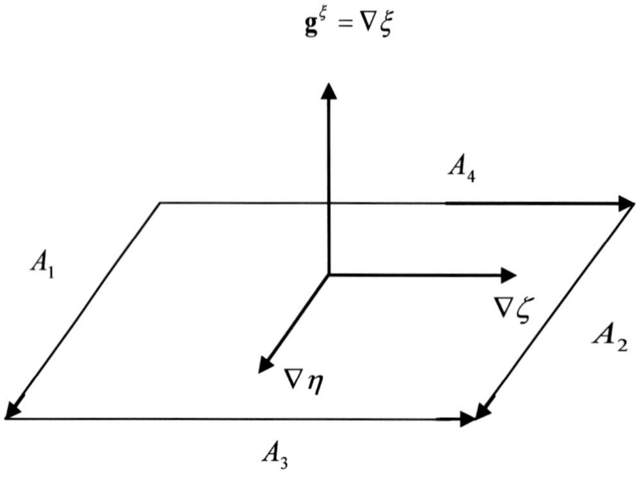

図 13. 3　接平面 $(\eta - \zeta)$ 上の接ベクトル $\mathbf{A}_t$

を代入すれば**図 13. 3** の A_1，A_2，A_3，A_4 のみの関数として表せる。そして接平面成分 $\mathbf{A}_t$ は面上で連続である。

[**問 13. 1**]　辺ベクトル形状関数を用いて，線積分の輸送方程式

$$\frac{\partial \mathbf{E}}{\partial t} + (\nabla \times \mathbf{E}) \times \mathbf{v} + \nabla(\mathbf{v} \cdot \mathbf{E}) = 0$$

を高精度に離散化しなさい（離散 Lie 微分参照）。

(d)　2 次元の辺ベクトル形状関数

2 次元要素は z 方向が高さ 1 の 3 次元要素と考えられる。**図 13. 4** を参照すると、スカラー形状関数は

$$N_i = \frac{1}{4}(1 + \xi_i \xi)(1 + \eta_i \eta)$$

で与えられる。よってこの形状関数のこう配を計算することにより、辺ベクトル形状関数が**表 13. 8** のように求まる。例えば $N_1 = \frac{1}{4}(1 - \xi)(1 - \eta)$ であるから，この節点形状関数は $\nabla N_1 = -\mathbf{E}_1 - \mathbf{E}_3$ となる。マイナスは頂点 1 より流出方向を意味する。同様に

$$\nabla N_2 = +\mathbf{E}_1 - \mathbf{E}_4$$

$$\nabla N_3 = +\mathbf{E}_4 + \mathbf{E}_2$$

$$\nabla N_4 = +\mathbf{E}_3 - \mathbf{E}_2$$

を得る。

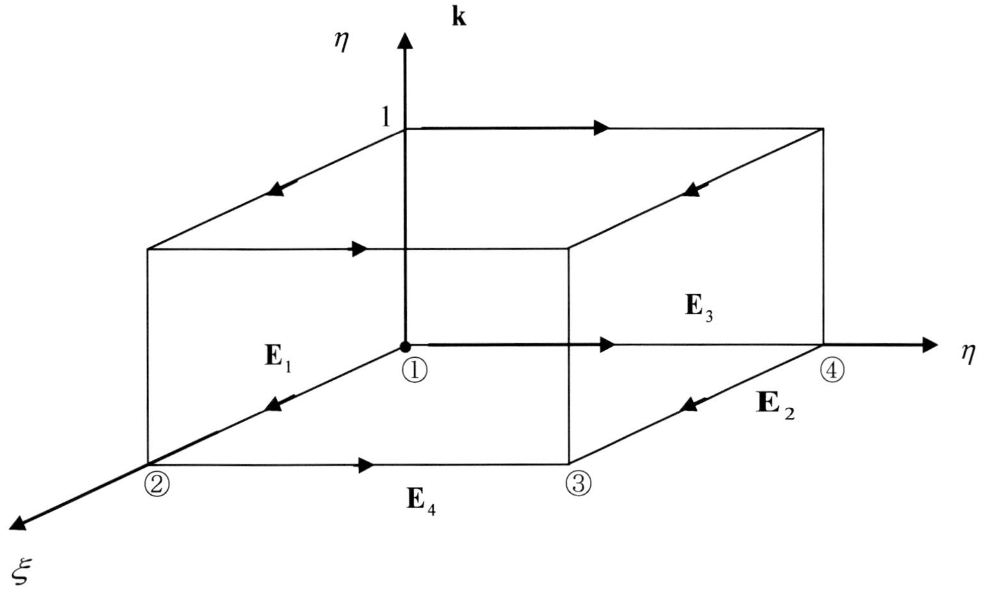

(a)　2 次元要素

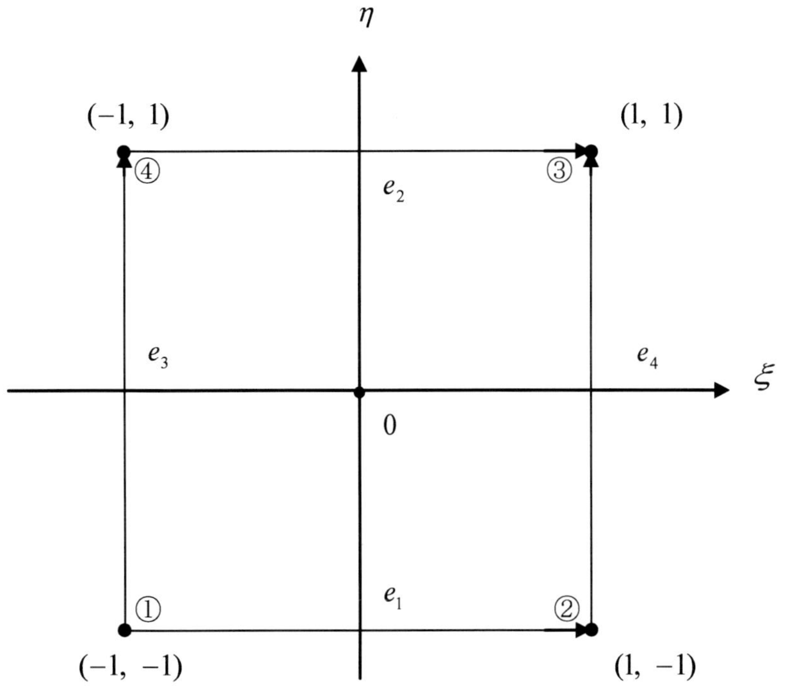

(b)　辺番号

図 13.4　2 次元 4 角形要素の辺ベクトル形状関数

表 13.8　4 角形要素の辺ベクトル形状関数

$$\mathbf{E}_1 = \frac{1}{4}(1-\eta)\nabla\xi$$

$$\mathbf{E}_2 = \frac{1}{4}(1+\eta)\nabla\xi$$

$$\mathbf{E}_3 = \frac{1}{4}(1-\xi)\nabla\eta$$

$$\mathbf{E}_4 = \frac{1}{4}(1+\xi)\nabla\eta$$

2 次要素：

図 13.5 に示された 2 次要素の辺ベクトル形状関数は

$$\mathbf{E}_i = \frac{1}{8}(1+\xi_i\xi)(1+\eta_i\eta)(4\xi_i\xi+\eta_i\eta+\zeta_i\zeta-1)\nabla\xi$$

である。ここで $(i=1,2,\cdots,8)$ である。座標点は　軸に平行な 4 つの側面の辺上で $\left(\xi_i=\pm\frac{1}{2},\ \eta_i=\pm1,\ \zeta_i=\pm1\right)$ である。そして $i=1,2,3,4$ に対して

$$\mathbf{E}_i = \frac{1}{4}(1+\eta_i\eta)(1+\zeta_i\zeta)(1-\eta^2)\nabla\xi$$

は ξ 軸に平行な 4 つの面内の辺上で定義された辺ベクトル形状関数である。同様に $\Delta\eta$ 方向に 12 個、$\Delta\zeta$ 方向に 12 個の辺ベクトル形状関数が定義できる。2 次要素に対して合計 36 個の辺ベクトル形状関数が定義できる。2 次要素は非常に複雑になるから、あまり用いられない。

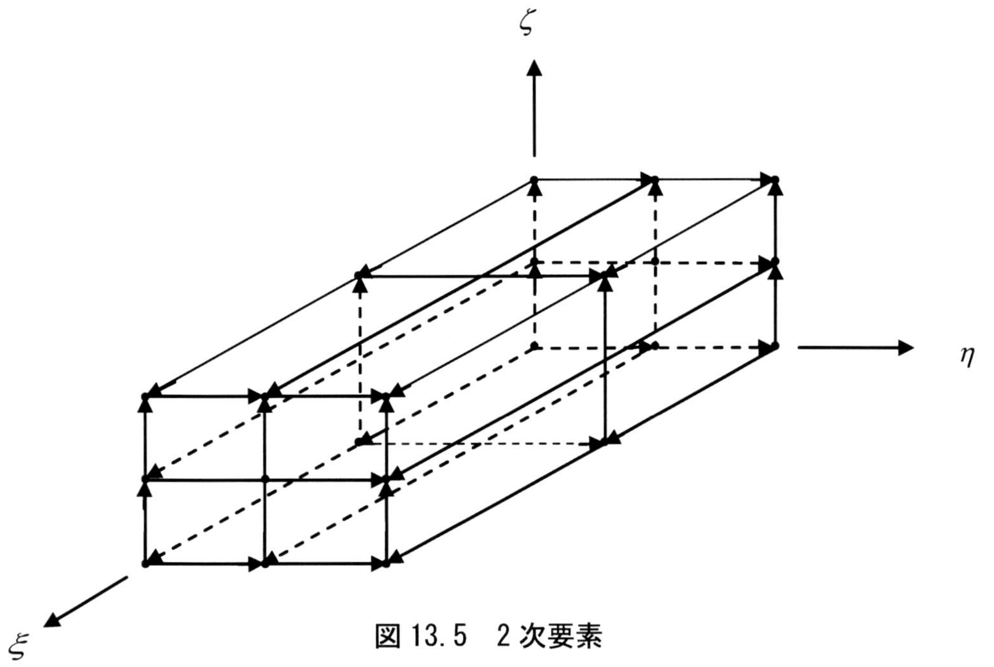

図 13.5　2 次要素

13.4　面ベクトル形状関数

この節の構成はつぎの通りである。

(a)　単位立方体の場合

(b)　対称要素の場合

(a)　単位立方体の場合

単位立方体内のベクトル $\mathbf{B} = (B_1, B_2, B_3)$ を 1 次多項式

$$B_1 = a_1 + b_1 \xi \in Q_{1,0,0}$$
$$B_2 = a_2 + b_2 \eta \in Q_{0,1,0}$$
$$B_3 = a_3 + b_3 \zeta \in Q_{0,0,1}$$

で近似する。未定定数は $a_1, a_2, a_3, b_1, b_2, b_3$ の合計 6 個である。6 個の未定数は

$$B_i = \int_{f_i} \mathbf{B} \cdot d\mathbf{S}$$

により決定できる。このとき、面ベクトル形状関数は**表 13.9** の通りである。このとき、面ベクトル形状関数は共変的変換を受ける。面の方向ベクトルは $(\nabla\eta \times \nabla\zeta,\ \nabla\zeta \times \nabla\xi,\ \nabla\xi \times \nabla\eta)$ で辺ベクトル形状関数の回転は面ベクトル形状関数を用いて表示できる。例えば $\mathbf{E}_1 = (1 - \eta - \zeta + \eta\zeta)\nabla\xi$ の回転は

表 13.9　面ベクトル形状関数$\left(0 \le \xi, \eta, \zeta \le 1\right)$

$\mathbf{F}_1 = \left(-1+\xi,\ 0,\ 0\right)$
$\mathbf{F}_2 = \left(\xi,\ 0,\ 0\right)$
$\mathbf{F}_3 = \left(0,\ -1+\eta,\ 0\right)$
$\mathbf{F}_4 = \left(0,\ \eta,\ 0\right)$
$\mathbf{F}_5 = \left(0,\ 0,\ -1+\zeta\right)$
$\mathbf{F}_6 = \left(0,\ 0,\ \zeta\right)$

面の方向ベクトル$\left(\nabla\eta \times \nabla\zeta,\ \nabla\zeta \times \nabla\xi,\ \nabla\xi \times \nabla\eta\right)$

表 13.10　辺ベクトル形状関数の回転と面ベクトル形状関数

$\nabla \times \mathbf{E}_1 = -\mathbf{F}_5 + \mathbf{F}_3$
$\nabla \times \mathbf{E}_2 = \mathbf{F}_5 - \mathbf{F}_4$
$\nabla \times \mathbf{E}_3 = -\mathbf{F}_6 + \mathbf{F}_3$
$\nabla \times \mathbf{E}_4 = \mathbf{F}_5 - \mathbf{F}_3$
$\nabla \times \mathbf{E}_5 = -\mathbf{F}_1 + \mathbf{F}_5$
$\nabla \times \mathbf{E}_6 = \mathbf{F}_1 - \mathbf{F}_6$
$\nabla \times \mathbf{E}_7 = -\mathbf{F}_2 + \mathbf{F}_6$
$\nabla \times \mathbf{E}_8 = \mathbf{F}_2 - \mathbf{F}_5$
$\nabla \times \mathbf{E}_9 = -\mathbf{F}_3 + \mathbf{F}_1$
$\nabla \times \mathbf{E}_{10} = \mathbf{F}_3 - \mathbf{F}_2$
$\nabla \times \mathbf{E}_{11} = -\mathbf{F}_4 + \mathbf{F}_2$
$\nabla \times \mathbf{E}_{12} = \mathbf{F}_4 - \mathbf{F}_1$
$\nabla \times \mathbf{E}_e = R_e^f \mathbf{F}_f$ 回転行列表示

$$\nabla \times \mathbf{E}_1 = (1-\zeta)\nabla\xi \times \nabla\eta - (1-\eta)\nabla\zeta \times \nabla\xi$$
$$= -\mathbf{F}_5 + \mathbf{F}_3$$

と表せる。他の辺ベクトル形状関数の回転も面ベクトル形状関数を用いて表すことができる。その結果は**表 13.10** のとおりである。

面積分：　単位立方体要素の面ベクトル形状関数を面積分する。例えば

$$\mathbf{F}_1 = (-1+\xi)\nabla\eta \times \nabla\zeta$$

のとき、面 f 上で $\xi = 0$ あるから

$$\int_{f_1} \mathbf{F}_1 \cdot d\mathbf{S} = -\int_{f_1} \nabla\eta \times \nabla\zeta \cdot d\mathbf{S} = 1$$

となる。負の符号は面 $\nabla\eta \times \nabla\zeta$ が内側を向いていることを表している。一般に面ベクトル形状関数は面上で一定で面の外向き方向を与えている。そして

$$\int_{f_j} \mathbf{F}_i \cdot d\mathbf{S} = \delta_{ij}$$

を満足する。

(b)　対称要素の場合

面ベクトル形状関数は辺ベクトル形状関数の回転より生成される。面ベクトル形状関数を**表 13.11** のように定義する。(a)はベクトル表示、(b)は成分表示である。面の方向ベクトルは $(\nabla\eta \times \nabla\zeta, \nabla\zeta \times \nabla\xi, \nabla\xi \times \nabla\eta)$ である。成分表示の $\mathbf{F}_1, \mathbf{F}_3, \mathbf{F}_5$ の最初のマイナスは面の外向き方向を正にするものである。これらは辺ベクトル形状関数の回転より求まる。例えば

$$\mathbf{E}_1 = \frac{1}{8}(1-\eta)(1-\zeta)\nabla\xi$$

の回転をとると

$$\nabla \times \mathbf{E}_1 = -\frac{1}{8}(1-\zeta)\nabla\eta \times \nabla\xi + \frac{1}{8}(1-\eta)\nabla\xi \times \nabla\zeta$$
$$= -\mathbf{F}_5 + \mathbf{F}_3$$

となる。他も同様に得られる。$\nabla \times \mathbf{E}_1$ を面ベクトル形状関数を使って表示すると単体要素の場合と同じで**表 13.10** のように求まる。

表 13.11　面ベクトル形状関数

(a) ベクトル表示

<table>
<tr><td>$\mathbf{F}_1 = -\frac{1}{8}(1-\xi)\nabla\eta\times\nabla\zeta$
$\mathbf{F}_2 = \frac{1}{8}(1+\xi)\nabla\eta\times\nabla\zeta$</td><td rowspan="3">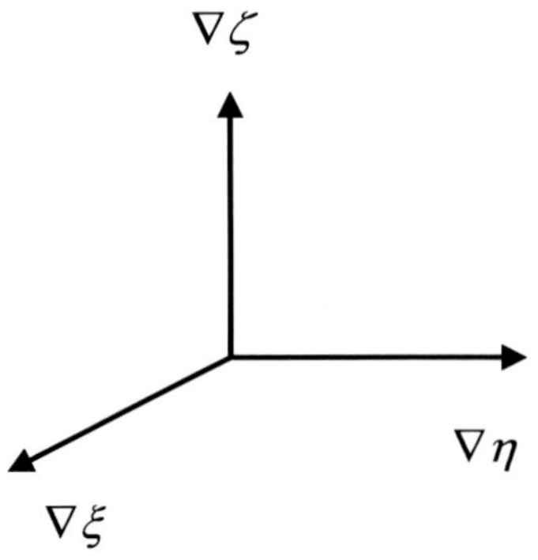
</td></tr>
<tr><td>$\mathbf{F}_3 = -\frac{1}{8}(1-\eta)\nabla\zeta\times\nabla\xi$
$\mathbf{F}_4 = \frac{1}{8}(1+\eta)\nabla\zeta\times\nabla\xi$</td></tr>
<tr><td>$\mathbf{F}_5 = -\frac{1}{8}(1-\zeta)\nabla\xi\times\nabla\eta$
$\mathbf{F}_6 = \frac{1}{8}(1+\zeta)\nabla\xi\times\nabla\eta$</td></tr>
</table>

(b) 成分表示

$\mathbf{F}_1 = \left\{-\frac{1}{8}(1-\xi),\ 0,\ 0\right\}$ $\mathbf{F}_2 = \left\{\frac{1}{8}(1+\xi),\ 0,\ 0\right\}$
$\mathbf{F}_3 = \left\{0,\ -\frac{1}{8}(1-\eta),\ 0\right\}$ $\mathbf{F}_4 = \left\{0,\ \frac{1}{8}(1+\eta),\ 0\right\}$
$\mathbf{F}_5 = \left\{0,\ 0,\ -\frac{1}{8}(1-\zeta)\right\}$ $\mathbf{F}_6 = \left\{0,\ 0,\ \frac{1}{8}(1+\zeta)\right\}$

方向ベクトル$(\nabla\eta\times\nabla\zeta,\ \nabla\zeta\times\nabla\xi,\ \nabla\xi\times\nabla\eta)$

このとき辺 e_i に接する左側の面を f_j 、右側の面を f_k とすれば、一般に

$$\nabla \times \mathbf{E}_i = \mathbf{F}_j - \mathbf{F}_k$$

が成立する（**図 13.6** 参照）。i, j, k の順序は辺 e_i を中心軸にして右ネジ方向の回転となる。

面積分：　対称要素の面積分を考える。例えば $\mathbf{F}_1$ を面 f_1 上で面積分すると $\xi = -1$ であるから

$$\int_{f_1} \mathbf{F}_1 \cdot d\mathbf{S} = -\frac{1}{4}\int_{f_1} \nabla\eta \times \nabla\zeta \cdot d\mathbf{S} = \frac{1}{4}\int_{-1}^{1}\int_{-1}^{1} d\eta d\zeta = 1$$

となる。ただし、$\mathbf{n} = (-1,0,0)$ を用いた。一般に $\mathbf{F}_i$ は面 f_i の方向ベクトルを与え一定である。そして

$$\int_{f_j} \mathbf{F}_i \cdot d\mathbf{S} = \delta_{ij}$$

が成立する。

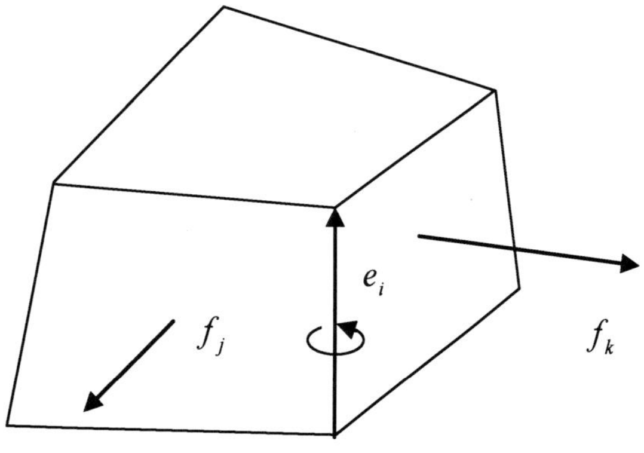

図 13.6　$\nabla \times \mathbf{E}_i = \mathbf{F}_j - \mathbf{F}_k$

[問 13. 2]　面ベクトル形状関数を用いて，面積分の輸送方程式

$$\frac{\partial \mathbf{B}}{\partial t} + \nabla \times (\mathbf{B} \times \mathbf{v}) = 0$$

を高精度に離散化しなさい（離散 Lie 微分参照）。ただし，$\nabla \cdot \mathbf{B} = 0$ とする。

(c)　2 次元の面ベクトル形状関数

2 次元の場合，z 方向に単位の厚み（高さ）を考え，z 軸方向の単位基底ベクトルを $\mathbf{k}$ とする。このとき，自然基底ベクトルと逆ベクトルは

$$\mathbf{g}_1 = \frac{\partial \mathbf{r}}{\partial \xi},\ \mathbf{g}_2 = \frac{\partial \mathbf{r}}{\partial \eta},\ \mathbf{g}_3 = \mathbf{k}$$

$$\mathbf{g}^1 = \nabla \xi,\ \mathbf{g}^2 = \nabla \eta,\ \mathbf{g}^3 = \mathbf{k}$$

となる。この結果，Jacobian は

$$J = \left(\frac{\partial \mathbf{r}}{\partial \xi} \times \frac{\partial \mathbf{r}}{\partial \eta} \right) \cdot \mathbf{k}$$

と表せる。よって Jacobian の要素平均値は $J_e = S_e(x)/S_e(\xi) = S_e(x)/4$ である。2 次元の面ベクトル形状関数は 2 次元の Gauss 発散定理に対応し，4 角形の各辺よりの発散を表している（**図 13. 7** 参照）。$\mathbf{F}_1$ と $\mathbf{F}_3$ は ξ 方向と η 方向を正としている。

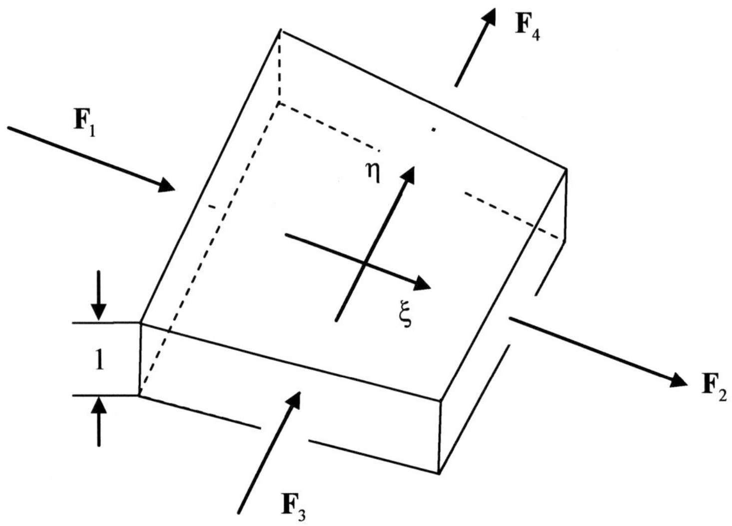

図 13. 7　2 次元の面ベクトル形状関数

表 13. 11 において $\nabla\zeta = \mathbf{k}$ とする。2次元の場合 $\xi\eta$ 面からの発散は零であるから $\mathbf{F}_5 = \mathbf{F}_6$ となる。また各辺に対する面ベクトル形状関数は**表 13. 12** となる。

表 13. 12　4 角形要素の面ベクトル形状関数

$$\mathbf{F}_1 = -\frac{1}{4}(1-\xi)\nabla\eta\times\nabla\zeta = -\frac{1}{4}(1-\xi)\frac{1}{J}\frac{\partial\mathbf{r}}{\partial\xi}$$

$$\mathbf{F}_2 = \frac{1}{4}(1+\xi)\nabla\eta\times\nabla\zeta = \frac{1}{4}(1+\xi)\frac{1}{J}\frac{\partial\mathbf{r}}{\partial\xi}$$

$$\mathbf{F}_3 = -\frac{1}{4}(1-\eta)\nabla\zeta\times\nabla\xi = -\frac{1}{4}(1-\eta)\frac{1}{J}\frac{\partial\mathbf{r}}{\partial\eta}$$

$$\mathbf{F}_4 = \frac{1}{4}(1+\eta)\nabla\zeta\times\nabla\xi = \frac{1}{4}(1+\eta)\frac{1}{J}\frac{\partial\mathbf{r}}{\partial\eta}$$

ただし

$$J(\nabla\eta\times\nabla\zeta) = \frac{\partial\mathbf{r}}{\partial\xi} \qquad J(\nabla\zeta\times\nabla\xi) = \frac{\partial\mathbf{r}}{\partial\eta}$$

である。係数が $\frac{1}{4}$ になるのは ζ 軸方向の高さが 1 であることによる。面積分に関しては $(\nabla\eta\times\nabla\zeta)\cdot d\mathbf{S} = d\eta d\zeta$ を用いると $\xi = 1$ 上で

$$\int_{f_2} \mathbf{F}_2\cdot d\mathbf{S} = \frac{1}{2}\int(\nabla\eta\times\nabla\zeta)\cdot d\mathbf{S} = \int_{-1}^{1}\int_{0}^{1} d\eta d\zeta = 1$$

となる。

無次元化　ベクトル形状関数は一般に次元を持っている。2 次元の面ベクトル形状関数を無次元化して表示すると $J = \left(\frac{\partial\mathbf{r}}{\partial\xi}\times\frac{\partial\mathbf{r}}{\partial\eta}\right)\cdot\mathbf{k}$ であるから

$$\mathbf{F}_i(\mathbf{r}) = \phi_i\,\frac{1}{J}\frac{\partial\mathbf{r}}{\partial\xi}\left|\frac{\partial\mathbf{r}}{\partial\eta}\times\mathbf{k}\right| \qquad i = 1, 3$$

$$\mathbf{F}_i(\mathbf{r}) = \phi_i\,\frac{1}{J}\frac{\partial\mathbf{r}}{\partial\eta}\left|\mathbf{k}\times\frac{\partial\mathbf{r}}{\partial\xi}\right| \qquad i = 2, 4$$

となる。具体的表示すると直交要素に対して**表 13.13** となる。

表 13.13　4 角形要素の無次元化された面ベクトル形状関数

ξ 方向	η 方向
$\mathbf{F}_1=\frac{1}{4}(1-\xi)\begin{pmatrix}1\\0\end{pmatrix}$	$\mathbf{F}_3=\frac{1}{4}(1-\eta)\begin{pmatrix}0\\1\end{pmatrix}$
$\mathbf{F}_2=\frac{1}{4}(1+\xi)\begin{pmatrix}1\\0\end{pmatrix}$	$\mathbf{F}_4=\frac{1}{4}(1+\eta)\begin{pmatrix}0\\1\end{pmatrix}$

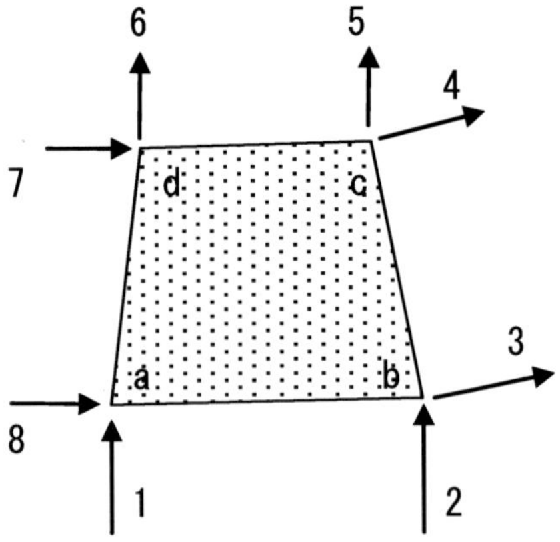

図 13.8　4 角形の 2 次要素

2 次要素　**図 13.8** に示された 4 角形の 2 次要素面ベクトル形状関数を**表 13.14** に示す。

表 13.14　2 次要素の面ベクトル形状関数

$$\mathbf{F}_1(\mathbf{r})=\frac{1}{2}(1-\xi)(1-\eta)\frac{1}{J}\left\{\frac{1}{4}(1-\xi)(\mathbf{r}_d-\mathbf{r}_a)+\frac{1}{4}(1+\xi)(\mathbf{r}_c-\mathbf{r}_b)\right\}\left|\frac{1}{4}(1-\eta)(\mathbf{r}_b-\mathbf{r}_a)+\frac{1}{4}(1+\eta)(\mathbf{r}_c-\mathbf{r}_d)\right|$$

$$\mathbf{F}_2(\mathbf{r})=\frac{1}{2}(1+\xi)(1-\eta)\frac{1}{J}\left\{\frac{1}{4}(1-\xi)(\mathbf{r}_d-\mathbf{r}_a)+\frac{1}{4}(1+\xi)(\mathbf{r}_c-\mathbf{r}_b)\right\}\left|\frac{1}{4}(1-\eta)(\mathbf{r}_b-\mathbf{r}_a)+\frac{1}{4}(1+\eta)(\mathbf{r}_c-\mathbf{r}_d)\right|$$

$$\mathbf{F}_3(\mathbf{r})=\frac{1}{2}(1+\xi)(1-\eta)\frac{1}{J}\left\{\frac{1}{4}(1-\eta)(\mathbf{r}_b-\mathbf{r}_a)+\frac{1}{4}(1+\eta)(\mathbf{r}_c-\mathbf{r}_d)\right\}\left|\frac{1}{4}(1-\xi)(\mathbf{r}_d-\mathbf{r}_a)+\frac{1}{4}(1+\xi)(\mathbf{r}_c-\mathbf{r}_b)\right|$$

$$\mathbf{F}_4(\mathbf{r})=\frac{1}{2}(1+\xi)(1+\eta)\frac{1}{J}\left\{\frac{1}{4}(1-\eta)(\mathbf{r}_b-\mathbf{r}_a)+\frac{1}{4}(1+\eta)(\mathbf{r}_c-\mathbf{r}_d)\right\}\left|\frac{1}{4}(1-\xi)(\mathbf{r}_d-\mathbf{r}_a)+\frac{1}{4}(1-\xi)(\mathbf{r}_c-\mathbf{r}_b)\right|$$

$$\mathbf{F}_5(\mathbf{r})=\frac{1}{2}(1+\xi)(1+\eta)\frac{1}{J}\left\{\frac{1}{4}(1-\eta)(\mathbf{r}_b-\mathbf{r}_a)+\frac{1}{4}(1+\eta)(\mathbf{r}_c-\mathbf{r}_d)\right\}\left|\frac{1}{4}(1-\xi)(\mathbf{r}_d-\mathbf{r}_a)+\frac{1}{4}(1-\xi)(\mathbf{r}_c-\mathbf{r}_b)\right|$$

$$\mathbf{F}_6(\mathbf{r})=\frac{1}{2}(1-\xi)(1+\eta)\frac{1}{J}\left\{\frac{1}{4}(1-\eta)(\mathbf{r}_b-\mathbf{r}_a)+\frac{1}{4}(1+\eta)(\mathbf{r}_c-\mathbf{r}_d)\right\}\left|\frac{1}{4}(1-\xi)(\mathbf{r}_d-\mathbf{r}_a)+\frac{1}{4}(1-\xi)(\mathbf{r}_c-\mathbf{r}_b)\right|$$

$$\mathbf{F}_7(\mathbf{r})=\frac{1}{2}(1-\xi)(1+\eta)\frac{1}{J}\left\{\frac{1}{4}(1-\eta)(\mathbf{r}_b-\mathbf{r}_a)+\frac{1}{4}(1+\eta)(\mathbf{r}_c-\mathbf{r}_d)\right\}\left|\frac{1}{4}(1-\xi)(\mathbf{r}_d-\mathbf{r}_a)+\frac{1}{4}(1-\xi)(\mathbf{r}_c-\mathbf{r}_b)\right|$$

$$\mathbf{F}_8(\mathbf{r})=\frac{1}{2}(1-\xi)(1-\eta)\frac{1}{J}\left\{\frac{1}{4}(1-\eta)(\mathbf{r}_b-\mathbf{r}_a)+\frac{1}{4}(1+\eta)(\mathbf{r}_c-\mathbf{r}_d)\right\}\left|\frac{1}{4}(1-\xi)(\mathbf{r}_d-\mathbf{r}_a)+\frac{1}{4}(1-\xi)(\mathbf{r}_c-\mathbf{r}_b)\right|$$

コメント　スカラー形状関数とベクトル形状関数

Node:　ベクトル$\mathbf{A}$をスカラー形状関数N_iを用いて，節点値$\mathbf{A}_i$で

$$\mathbf{A} = \sum_i N_i \mathbf{A}_i$$

と展開する。このとき，ベクトル$\mathbf{A}$は境界上のすべての点で連続になる。すなわち，ベクトルの法線成分も接線成分も連続になる。

Edge:　ベクトル$\mathbf{H}$を面に垂直な反変基底ベクトル$\hat{\mathbf{g}}^i = \mathbf{g}^i / \|\mathbf{g}^i\|$を用いて

$$\mathbf{H} = \sum_i H_i \left(N_i \hat{\mathbf{g}}^i \right)$$

と展開する。ここで辺ベクトル形状関数は

$$\mathbf{w}_i = N_i \hat{\mathbf{g}}^i$$

である。このとき辺上の共変基底ベクトル$\hat{\mathbf{g}}_j = \mathbf{g}_j / \|\mathbf{g}_j\|$を用いて

$$\mathbf{H} \cdot \hat{\mathbf{g}}_j = H_j$$

が成立する。すなわち，H_jは$\mathbf{H}$の辺に沿っての接線成分である。よって辺有限要素法においては接線成分が連続となる。

Facet:　ベクトル$\mathbf{B}$を辺に接する共変基底ベクトル$\hat{\mathbf{g}}^i$を用いて

$$\mathbf{B} = \sum_i B^i \left(N_i \hat{\mathbf{g}}_i \right)$$

と展開する。ここで面ベクトル形状関数は

$$\mathbf{w}_i = N_i \hat{\mathbf{g}}_i$$

である。このとき面上の反変基底ベクトル$\hat{\mathbf{g}}^j$を用いて

$$B^j = \mathbf{B} \cdot \hat{\mathbf{g}}^j$$

が成立する。すなわち，B^jは$\mathbf{B}$の面上の接線成分である。よって面有限要素法においては法線成分が連続となる（**表 13.15** 参照）。

表 13.15　形状関数と連続性

scalar … node … 関数値の連続性

vector … { edge … 接線成分の連続性 / facet … 法線成分の連続性 }

参考文献

- M.L. Barton and Z.J. Cendes, "New vector finite elements for three-dimensional magnetic field computation" J. Appl. Phys. 61(8), 15 (1987-4), 3919-3921.
- Bossavit, "Whitney forms: a class of finite elements for three-dimensional computations in electromagnetism" IEE Proceedings, vol. 135, pt.A, No. 8 (1988-11), 493-500.
- Bossavit, "Computational Electromagnetism" (1998) Academic Press.
- W.L. Burke, "Applied Differential Geometry" (1997), Cambridge University Press.
- H. Flanders, "Differential Forms with Applications to the Physical Science" (1963), Academic Press.
- 長谷部信也"保存則の積分形式による電磁界解析" 日本 AEM 学会誌 5-3, (1997-9), 14-19.
- 本間利久・五十嵐一・川口秀樹 "数値電磁力学－基礎と応用－" (2002) 森北出版.
- 五十嵐一・亀有昭久・加川幸雄・西口磯春・A. ボサビ "新しい計算電磁気学" (2003) 培風館.
- 河瀬順洋・菊池春彦"四面体辺要素を用いた三次元有限要素法による直流電磁石の過渡動作特性の数値解析"電気学会論文誌 D, 113-8, (1993-8), 995-1001.
- 河瀬順洋・立岡智"六面体辺要素を用いた三次元有限要素法による電磁石解析"電気学会資料 SA-94-14 (1994-8), 129-138.
- Kameari, "Three Dimensional Eddy Current Calculation Using Edge Elements for Magnetic Potential", Applied Electromagnetic in Materials, Pergamon Press (1988).
- 松本 昌昭・棚橋 隆彦"ベクトル有限要素法を用いた 2 次元正方形キャビティ内の電磁熱流体解析" 日本計算工学会論文集 ID20020027 (2002-11), 1-7.
- J.C. Nedelec, "Mixed Finite Elements in R^3" Numerical Mathematik, 35, (1980), 315-341.
- J.C. Nedelec, "A New Family of Mixed Finite Elements in R^3" Numerical Mathematik, 35, (1986), 57-81.
- 棚橋隆彦"CFD の基礎理論"第 12 章 アイピーシー (1999) 415-468.
- 棚橋隆彦"輸送定理と電磁場の法則"改訂版 (2004), 三恵社
- J.S. Wang, "On Edge Based Finite Elements and Method of Moments Solutions of Electromagnetic Scattering and Coupling" PhD Thesis, The University of Akron (1992-5), 1-210.
- C.V. Westenholtz, "Differential Forms in Mathematical Physics" (1986) Elsevier Science Publication.
- D.A. White, "Discrete Time Vector Finite Element Methods for Solving Maxwell's Equation on 3D Unstructured Grids" PhD Thesis, Lawrence Livermore National Laboratory UCRL-LR-128238 (1997-9), 1-228.
- 小林敏雄編"数値流体力学ハンドブック"第 9 章 丸善 (2003-4)

和文索引

【イ】

1 形式　86, 238
1 形式と線積分　142
位置ベクトル表示　149, 154
一般解　54
一般化差分法　128
一般曲線座標　191
一般論　231
移流拡散方程式　82
移流行列　84

【エ】

エネルギー　14, 31
エネルギーと微分形式　48

【オ】

横断する面　20
重み　180

【カ】

階数　24
外性の向き　34, 35
回転　185
回転行列　41, 43
回転零の発散場　10, 220
回転の内積　133
回転零の発散場　230
外微分　30
外微分形式　231
外微分作用素　31
解ベクトル空間の次元　56
開辺　16
拡散行列　84
拡散数条件　82
管状ベクトル場　77
関数 f の Lie 微分　90
関数空間　49
完全形式　58, 60

【キ】

木　22
木・補木ゲージ　62
木グラフ　25
木ゲージ　63
木ゲージの条件設定　66
木の枝　23
木の枝の数　24
逆基底ベクトル　191, 197
逆基底ベクトルの要素平均値　198
境界演算　59
境界演算子　46
境界演算の包含関係　61
境界作用　30
境界作用素　30, 31
境界条件の分解　72, 73
境界の包含関係　60
共変成分　191, 192, 193, 194, 196
共変的変換　195, 198, 227
共変ベクトル　31
共役作用素　54
行列の階数　53
空間の直交分解　61

【ク】

クーラン数条件　82
グラフ　15
グラフの理論　1, 15, 69

【ケ】

形状関数と連続性　265
形状関数のこう配　252
形状関数のこう配・回転・発散 49, 139

形状関数の個数 231
形状関数の性質 190
形状関数の積分と重み 175
形状関数の変換 49
係数行列 84
ゲージ問題 52
原始ループ 23
原始ループの個数 24

【コ】

公式集 133
こう配 185
こう配行列 41, 43
こう配ベクトルの外積 159
こう配ベクトルの幾何学 154
こう配ベクトルの内積 157
こう配ベクトルの表示 157
孤立点 16

【サ】

サイクル 27
三角形要素と面積比 183
3 形式 88
3 形式と体積分 143
3 次元空間の Hodge の星演算子 9

【シ】

4 角形の 2 次要素 264
4 角形要素 255
4 角形要素の面ベクトル形状関数263
時間進行法 81
磁気壁 12, 13
自己双対グラフ 28, 30
自然基底ベクトル 191, 193
196, 197
自然基底ベクトルの要素平均値 198
質量行列 96, 97
質量行列の性質 133
質量の集中化 96
4 面体の頂点・辺・面の対辺 203
4 面体の表示方法 201
4 面体要素と節点番号 110
4 面体要素と面積比 184
4 面体要素の幾何学 199
4 面体要素の集中化質量行列 110
4 面体要素の節点・辺・面の番号200
4 面体要素の辺番号と向き 111
4 面体要素の面番号と向き 112
集中化質量 85
集中化質量行列 101
集中化質量行列の公式 101, 132
主メッシュ 34

【ス】

スカラー形状関数 190, 205, 265
スカラー有限要素法 68
スキームの安定性 82
スター 29

【セ】

積分公式 190
接線射影 249
接線成分 71
接線成分の連続性 180
接続行列 41, 43, 44
接続行列と Betti 数 61
節点 144, 185
節点形状関数 102, 105, 110, 112
135, 144
節点形状関数と点積分 145
接平面成分連続 186
セル 26

セル分割 26
セルレイノルズ数条件 82
零空間 54
0 形式 86
0 形式と点積分 141
線積分 144, 189, 190, 207, 247
線積分・面積分・体積分に関する公式 190
線積分条件式 208, 213
線積分値 246
全体連続 186
線の平均 10
全微分 *df* の Lie 微分 90
線分座標 137

【ソ】

層状ベクトル場 77
双対関係 92
双対基底 194
双対グラフ 28, 29
双対性 28, 39
双対接続行列 29
双対メッシュ 28, 33

【タ】

体 144
第 *p* Betti 数 58
第 1Betti 数 18
対応用語 43
対角 Hodge 96
体形状関数 135, 144
体形状関数と体積分 147
体質量行列 96, 100
対称要素の場合 245
体積 19, 185
体積座標 137, 153, 202
体積座標と局所座標の関係 110
体積座標との関係 214, 226
体積比 172, 175
体積分 144
多重連結領域 67, 68
多様体 26
単位分解 148
単位立方体の場合 245
単体 Whitney 形式 136, 138
単体座標 240
単体要素 240
端点 16
単連結領域 60

【チ】

値域空間 54
チェイン 27
直列 29
直交性 160, 165
直交分解 53

【テ】

定常電場 38
デルタ関数 188
点，辺に関する重み 176
電荷保存則 5, 8
電気回路網との類似 63
電気壁 11, 13
電磁エネルギー 5
電磁場と微分形式 1
電磁場の構造 10
電磁場の双対性 32
電磁波の伝わり方 32
電磁ベクトルポテンシャル 80
点積分 144, 187, 190
テンソル T の Lie 微分 90

電流とゲージ　80

【ト】

同次方程式　6, 7
同値関係　60
特異行列　52
特殊なベクトル形状関数　210

【ナ】

内性の向き　34, 35
内部グラフ　65
流れ関数　168
流れ場と電磁場の対応　40

【ニ】

2 階微分と双対空間　79
2 階微分と部分積分　83
2 形式　87, 239
2 形式と面積分　143
2 次元の場合　124
2 次元の面ベクトル形状関数　262
2 次要素　256, 264

【ハ】

8 種類の積分　29
発散　185
発散行列　41, 43
発散零の回転場　10, 216, 217
反変基底ベクトルの外積の計算法　204
反変基底ベクトルの計算法　202
反変成分　191, 192, 193, 195, 196
反変的変換　195, 198
反変ベクトル　31

【ヒ】

非同次方程式　6, 8
微分演算子　47
微分形式　1, 69, 141
微分形式と境界条件　11
微分形式とこう配・回転・発散の関係　186
微分形式と積分　18
微分形式の Lie 微分　90
表面グラフ　64

【フ】

φ = 0 のゲージ　80
副メッシュ　34
物理空間との関係　218
物理空間表示　206
部分積分公式　83
不連続　186

【ヘ】

閉形式　58, 60
閉値域定理　55
閉辺　16
並列　29
ベクトル形状関数　265
ベクトル形状関数の性質　75
ベクトル形状関数の積分公式　121, 126, 133
ベクトル形状関数の体積分　121
ベクトル形状関数の表示と変換　196
ベクトル場の Helmholtz 分解　71
ベクトル場の直交分解　70
ベクトル有限要素法　68
辺　144, 185
辺質量行列　96, 97
変数の変換　49

辺と体積の関係 211
辺ベクトル形状関数 10, 73, 74, 103, 105, 111, 113, 135, 144, 160, 163, 189, 190, 196, 206, 210, 215, 245 251
辺ベクトル形状関数の回転 166, 258
辺ベクトル形状関数と回転場 76
辺ベクトル形状関数と線積分 145,172
辺ベクトル形状関数の幾何学的意味 163
辺ベクトル形状関数の面積ベクトル表示 170

【ホ】

包含関係 60
法線射影 249
法線成分 71
法線成分連続 186
補木 22
補木グラフ 25
補木の弦 23
補木の弦の数 24
補木の辺の数 62
星印作用素 36
ポテンシャルと境界条件 13

【マ】

窓 29

【ミ】

未知数過多方程式 56
未定ベクトルの決定 209, 222
未定ベクトルの求め方 208

【ム】

無向グラフ 16
無次元化 263

【メ】

面 19, 144, 185
面質量行列 96, 99
面積重み 177
面積座標 137
面積比 172, 173
面積分 144, 189, 190, 220
面積分条件式 221
面と体の重心 123
面と体の重心の関係 123
面の平均 10
面ベクトル形状関数 10, 73, 74, 104, 108, 112, 118, 135, 144, 189, 190, 196, 210, 229, 257, 260, 264
面ベクトル形状関数と発散場 76
面ベクトル形状関数と面積分 146

【ユ】

有限体積法 128, 129
有限要素法 69, 128, 130
有限要素法と微分形式 186
有向グラフ 16, 17, 21
有向線分 19
輸送定理 85
要素平均値 197

【ヨ】

4 次元空間の Hodge の星演算子 9
4 次元の微分形式 7
4 次元ベクトル 9
4 種類の積分 141,145

【リ】

離散 Helmholtz 分解 69, 77
離散 Hodge 演算子 93
離散 Hodge 作用素 92, 93, 94, 134
離散 Hodge 作用素の計算方法 134
離散 Lie 微分 131
離散化行列 47
離散ナブラ演算子表示 84
流束が零の条件 11

【レ】

連結グラフ 21
連結グラフの個数 24
連結集合 61
連続性 186
連立 1 次方程式 54

【ロ】

6 面体の節点・辺・面の番号 242
6 面体要素の幾何学 241
6 面体要素の面番号 104
6 面体要素の集中化質量行列 102
6 面体要素の節点番号 102
6 面体要素の辺番号 103

欧文索引

【A】

AB (Adams-Bashforth) 81
A − φ 法 37

【B】

Betti 数 57, 59
BTD (balancing tessor diffusibility) 81
BTD 行列 84

【C】

Cartan の恒等式 85
Cartesian 座標 191
cell centered 法 68
chain 27
closed edge 16
CN (Crank-Nicolson) 81
contravariant component 192
cotree 22
cotree-graph 25
covariant component 192
Cross 行列 84
curl 185
cycle 27

【D】

det 25
div 185
Dot 行列 84
dual graph 28

【E】

edge 144, 185
Euler-Poincare 定数 57, 58

【F】

facet 144, 185
Fractional Step 法 81

【G】

Galerkin Hodge 演算子 95
Gauss の発散定理 189
grad 185

【H】

Hamilton ループ 25
Hodge 演算子 85, 90, 96
Hodge の星演算子 4, 92
Hodge の星作用素 91
Hodge の星印作用素 36
Hole 67

【I】

inner orientation 34
isolated point 16
isomorphic graph 25

【J】

Jacobian 191, 193, 196, 197

【K】

Kronecker’s delta 188

【L】

Lie drag 89
Lie 微分 85
Lie 微分と Cartan 恒等式 89
Lie 微分に関する公式 90
Loop 67

【M】

Maxwell の方程式 2
Maxwell の方程式と微分形式 3

Maxwell ハウス 4, 6

【N】

natural base vector 192
Navier-Stokes 方程式 81
node 144, 185
non oriented graph 16

【O】

open edge 16
Open 行列 84
orientation 17
oriented graph 16
outer orientation 34

【P】

partion of unity 148
path 26
PISO (pressure implicit with splitting of operators) 81
Poincare の補題 57
point 26
Poisson 方程式 72
Projection 法 81

【R】

rank 25

【S】

self-dual graph 28
simplex coordinate 240
simplex element 240
Stokes の定理 48, 189
straight 15
straight 形式 29

【T】

terminal point 16
Torus 67
tree 22
tree-graph 25
twisted 15, 28
twisted 形式 29
T − ψ 法 37

【V】

vertex centered 法 68
volume 144, 185

【W】

Whitney 形式 135, 139
Whitney の辺ベクトル形状関数 217
Whitney の面ベクトル形状関数 230
Whitney 表示と外微分形式 231

APPENDIX

A　Lie 微分と保存条件 276

A1.スカラー関数のLie微分　278

A2.接ベクトルのLie微分　279

A3.微分形式のLie微分　284

A4.テンソルのLie微分　292

B.電気回路とグラフの理論 296

B1.電気回路と有効グラフ　296

B2.電気回路網のフレームワーク　300

B3.交流回路　302

B4.電磁場のフレームワーク　307

C.連立１次方程式と解空間 313

C1.線形代数の値域定理と次元数の関係　313

C2.mxn 行列 A において m<n の場合　319

C3.mxn 行列 A において m>n の場合　324

C4.双対な問題　327

D.ベクトル場の直交分解と Helmholtz の表示定理 333

D1. ベクトル場の直交分解　333

D2. Helmholtz の表示定理　338

D3.有限領域の Poisson 方程式の一般解　344

D4. 有限領域における Helmholtz の定理　347

A Lie 微分と保存条件

Lie 微分はスカラー関数、接ベクトル、微分形式、テンソル等の物理量に適用できる一般的な座標系に依存しない微分の概念で流れの保存量と密接に結びついている。その定義式の概念は

Lie 微分（Φ）＝lim(pullback 値Φ*−基準値Φ)

である。この定義式をもう少し具体的記述すると、次のように書ける。

- 速度ベクトル**v**を接ベクトルとする曲線（流線）を考える。
- 物理量Φ(**x**)を曲線上の基準点**x**での値とする。
- 点**x**＋ε**v**での物理量をΦ（**x**＋ε**v**）とする。すなわち、点**x**を**v**方向に△**x**＝ε**v**だけ pushfoward する。
- Pushfoward した値Φ（**x**＋ε**v**）を基準点**x**に Lie 移動（pullback）した値をΦ*（**x**）と記す（図A１参照）。

 このとき、接ベクトル**v**に関する Lie 微分は次のように定義できる。

$$\text{Lie 微分（Φ）} = \lim_{\varepsilon} \frac{\Phi^* - \Phi}{\varepsilon} = L_v(\Phi)$$

- さらにφ_ε^*を pushfoward した値を pullback する演算子とすれば Lie 微分は、次のように書くこともできる。

$$L_v(\Phi) = \frac{d}{d\varepsilon}\bigg|_{\varepsilon=0} \varphi_\varepsilon^* \Phi$$

- パラメータとして$\varepsilon, t, \lambda, \mu$等を用いる。

つぎにスカラー関数、接ベクトル、微分形式、テンソルの４種類の Lie 微分を示す。そして次のような Lie 微分の公式を導く。

図A1　pushfoward - pullback

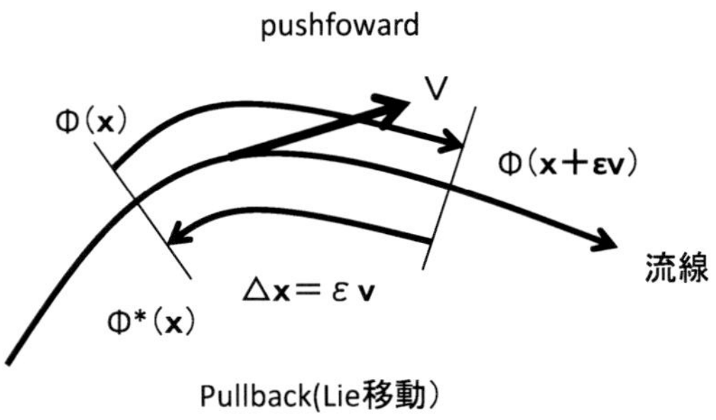

- スカラー関数 f の Lie 微分は曲線に沿っての方向微分に等しい。

$$L_v(f)=V(f)=\mathbf{v}\cdot\mathrm{grad}\, f$$

- 接ベクトルBの Lie 微分はVとBの Lie 括弧に等しい。

$$\mathrm{d}L_V(B)=[V,B]=VB-BV$$

- 微分形式ωの Lie 微分に対して Homotopy identity が成立する。

$$L_V(\omega)=i_V\, d\,\omega+d\, i_V\omega$$

- ２階のテンソルの Lie 微分は upper Oldoroyd 微分に等しい。

$$\frac{O\bar{T}}{Ot}=L_V(\bar{T})=\frac{D\bar{T}}{Dt}-\{\bar{T}\cdot(\nabla v)+(v\nabla)\cdot\bar{T}\}$$

参考までに方向微分と偏微分の定義式をつぎに示しておく。

$$\lim_{t\to 0}\frac{f\left(x+t\,\mathbf{v}\right)-f(x)}{t}=\mathbf{v}\cdot\mathrm{grad}f$$

$$\lim_{t\to 0}\frac{f(x+t\mathbf{e}_i)-f(x)}{t}=\mathbf{e}_i\cdot\mathrm{grad}f=\frac{\partial f}{\partial x^i}$$

A1.スカラーの Lie 微分

スカラー関数 f (**x**)の場合、pullback 値は$\phi_t^* f = f^* = f(x+tv)$となる。よって f の **v** に関する Lie 微分は

$$\lim_{t\to 0}\frac{f^*-f}{t} = \lim_{t\to 0}\frac{f(x+tv)-f(x)}{t} = v\bullet grad\, f$$

となり、接ベクトル **v** 方向の方向微分に一致する。これを

$$L_V(f) = \frac{d}{dt}\Big|_{t=0}\phi_t^* f = V(f) = v\bullet gradf$$

と書く。ここで接ベクトルVは微分演算子で、 f (**x**) の全微分をｄｔで割って関数 f (**x**) を除去したものである。すなわち

$$V = \frac{d}{dt} = \frac{dx}{dt}\frac{\partial}{\partial x} + \frac{dy}{dt}\frac{\partial}{\partial y} + \frac{dz}{dt}\frac{\partial}{\partial z} = v\bullet grad$$

となる。。そして、この微分演算子Vは速度 **v** と勾配 grad の内積で座標系に依存しない。ただし **v**＝ｄ **x** /ｄｔは速度ベクトルである。

Lie 時間微分：スカラー関数 f (**x,** t)が時間 t を陽に含む場合その全微分をｄｔで割ると

$$\frac{df}{dt} = \left(\frac{\partial}{\partial t} + \frac{dx}{dt}\frac{\partial}{\partial x} + \frac{dy}{dt}\frac{\partial}{\partial y} + \frac{dz}{dt}\frac{\partial}{\partial z}\right)f = \left(\frac{\partial}{\partial t} + v\bullet grad\right)f$$

を得る。これを f の Lie 時間微分と呼ぶ。よってスカラー関数の場合 Lie 時間微分は物質時間微分Ｄ／Ｄｔに等しく

$$\left(\frac{\partial}{\partial t} + v\bullet grad\right)f = \left(\frac{\partial}{\partial t} + L_v\right)f = \frac{Df}{Dt}$$

と書ける。Lie 時間微分が零のとき f は運動中一定に保たれる。たとえば単位質量あたりのエントロピーを s とすれば、流れが断熱である場合エントロピー s は運動中保存され一定である。よって s の Lie 時間微分は零である。

A2.接ベクトルの Lie 微分

速度ベクトルVを接ベクトルとする曲線（流線）のパラメータをλとすれば、曲線上の点 **x** はλの関数となる。よって微分に関する連鎖則を用いると

$$V=\frac{d}{d\lambda}=\frac{dx}{d\lambda}\frac{\partial}{\partial x}+\frac{dy}{d\lambda}\frac{\partial}{\partial y}+\frac{dz}{d\lambda}\frac{\partial}{\partial z}$$

を得る。ここで $\partial/\partial x^i$ を基底ベクトル $\mathbf{g}_i$、$dx^i/d\lambda$ を成分 V^i と同一視すれば、速度ベクトルは

$$V=V^i g_i=V^1 g_1+V^2 g_2+V^3 g_3$$

と表すことができる。同様に、磁場ベクトルBを接ベクトルとする曲線（磁力線）のパラメータをμとすれば、

$$B=\frac{d}{d\mu}=\frac{dx}{d\mu}\frac{\partial}{\partial x}+\frac{dy}{d\mu}\frac{\partial}{\partial y}+\frac{dz}{d\mu}\frac{\partial}{\partial z}=B^1 g_1+B^2 g_2+B^3 g_3=B^i g_i$$

が成立する。ここで、$\partial/\partial x^i=\mathbf{g}_i$, $dx^i/d\mu=B^i$ である。このとき接ベクトルBの接ベクトルVに関する Lie 微分は定義式より

$$L_V(B)=\lim_{\Delta\lambda\to 0}\frac{B^*-B}{\Delta\lambda}=\lim_{\Delta\lambda\to 0}\frac{d/d\mu^*-d/d\mu}{\Delta\lambda}$$

と書ける。ここで、B^* は $B(\lambda+\triangle\lambda)$ の pullback 値で

$$\phi^*_{\Delta\lambda}B=B^*=d/d\mu^*$$

である。

接空間と余接空間 : ベクトルVは点Pで曲線λに接する接ベクトルである。点Pの接空間を T_p とすれば $\mathbf{g}_i$ は接空間 T_p の基底ベクトルである。余接空間を T^*_p とすれば $\mathbf{g}^i$ は余接空間 T^*_p の基底ベクトルである。

図A2　Lie移動の条件

$$B(\lambda+\Delta\lambda)=B^*(\lambda+\Delta\lambda)$$

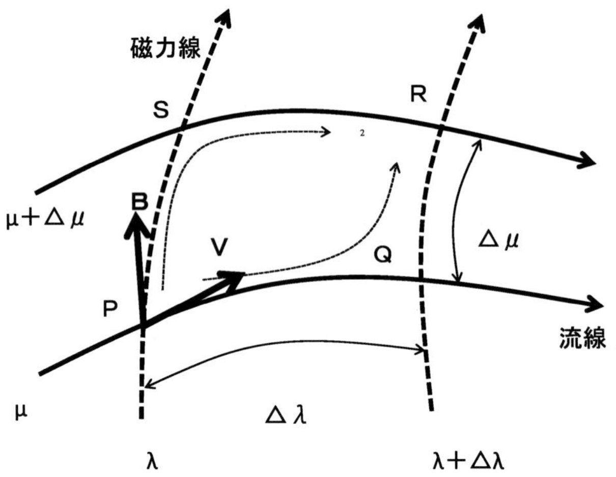

Lie 移動の条件

Lie 微分の定義式を実行するには Lie 移動の条件を詳しく調べる必要がある。図Ａ２を参照して、λ、λ＋Δλ、μ、μ＋Δμ が一定の曲線で囲まれた４辺形ＰＱRSについて考える。つぎに、接ベクトルＢをＰ→Q→Ｒの順に移動した経路とＰ→Ｓ→Ｒの順に移動した経路を考える。そして接ベクトルＢをμが一定の流線上を△λだけ移動した値をＢ（λ＋△λ）とする。さらにλ+Δλが一定の磁力線上△μだけ移動した値をＢ（λ＋△λ）（μ＋△μ）と記す。つぎに、接ベクトルＢをλが一定の磁力線上を△μだけ移動した値をＢ（μ＋△μ）とする。さらにμ+Δμが一定の流線上△λだけ移動した値をＢ（μ＋△μ）（λ＋△λ）と記す。このとき一般に両者は一致せず

$$B(\lambda+\Delta\lambda)(\mu+\Delta\mu)\neq B(\mu+\Delta\mu)(\lambda+\Delta\lambda)$$

が成立する。すなわち、経路の順番を交換するとそれらの値は異なる。これは(λ，μ)が座標とならないことを意味する。また Lie 移動は単に曲線上を移動するだけではなく近傍の曲線族も一緒に移動する。そこでＢを pullback した値B^*に関して

$$B（\lambda+\triangle\lambda）=B^*（\lambda+\triangle\lambda）$$

の条件を付加する。よってB*は経路の順序に依存しない。これが Lie 移動の条件である。

条件式の両辺を　Taylor 展開して２次以上の微小量を省略すると

$$B(\lambda+\Delta\lambda)=B+\Delta\lambda\frac{dB}{d\lambda}+---$$

$$B^*(\lambda+\Delta\lambda)=B^*+\Delta\lambda\frac{dB^*}{d\lambda}+---$$

となる。両辺の差を作ると左辺は Lie 移動の条件によって等しいから零となり

$$\frac{B^*-B}{\Delta\lambda}=\frac{dB}{d\lambda}-\frac{dB^*}{d\lambda}=\frac{d}{d\lambda}\frac{d}{d\mu}-\frac{d}{d\lambda}\frac{d}{d\mu^*}$$

が導ける。高次微小量を省略すると右辺第２項は

$$\frac{dB^*}{d\lambda}=\frac{d}{d\lambda}\frac{d}{d\mu^*}=\frac{d}{d\mu}\frac{d}{d\lambda}$$

となる。ここでＬｉｅ括弧$[A,B]=AB-BA$を導入すると、Lie 微分の定義式は

$$L_V(B)=\lim_{\Delta\lambda\to 0}\frac{B^*-B}{\Delta\lambda}=[V,B]$$

または

$$L_V(B)=\lim_{\Delta\lambda\to 0}\frac{d/d\mu^*-d/d\mu}{\Delta\lambda}=\left[\frac{d}{d\lambda},\frac{d}{d\mu}\right]$$

となる。これが接ベクトルの Lie 微分に関する微分公式である。

Lie 括弧の意味：２つのパラメータλ, μに対して交換子

$$\left[\frac{d}{d\lambda},\frac{d}{d\mu}\right]=\frac{d}{d\lambda}\frac{d}{d\mu}-\frac{d}{d\mu}\frac{d}{d\lambda}$$

を Lie 括弧と呼ぶ。演算子$\frac{d}{d\lambda},\frac{d}{d\mu}$は一般には可換でない。しかし Lie 括弧が零となるな

らば可換となる。さらに２つの接ベクトル $\frac{d}{d\lambda}$ と $\frac{d}{d\mu}$ が座標の基底ベクトルとなるための必要十分条件は Lie 括弧が零となることである。このとき点の近傍に座標(λ、μ)が導入できる。

共変基底ベクトルの Lie 微分：共変基底ベクトル $\mathbf{g}_i=\frac{\partial}{\partial x^i}$ は接ベクトルである。よって

$$L_V(\mathbf{g}_i)=L_V\left({}^{\partial}/_{\partial x^i}\right)=v^j\frac{\partial}{\partial x^j}\frac{\partial}{\partial x^i}-\frac{\partial}{\partial x^i}\left(v^j\frac{\partial}{\partial x^j}\right)=-\frac{\partial v^j}{\partial x^i}\frac{\partial}{\partial x^j}=-(\boldsymbol{\nabla}\mathbf{v})\cdot\mathbf{g}_i$$

を得る。ここで

$$\mathbf{L}=\frac{\partial v^i}{\partial x^j}=(\boldsymbol{\nabla}\mathbf{v})^{\mathrm{T}}$$

は速度勾配テンソルである。

磁力線の凍結

完全導体の流体中で磁力線は流線に凍結される。これを式で表現すると

$$\frac{\partial B}{\partial t}+v\bullet gragB=B\bullet gradv$$

となる。さらに、これを Lie 括弧を用いて表示すると

$$\frac{\partial B}{\partial t}+[v,B]=0$$

となる。よって接ベクトルＢの Lie 時間微分は零となり

$$\frac{\partial B}{\partial t}+L_V(B)=\left(\frac{\partial}{\partial t}+L_V\right)B=0$$

を満足する。そしてこの式はある断面を通過する磁束が運動中保存されることを意味している。すなわち

$$\frac{d}{dt}\iint_{s_m(t)} B\bullet dS=0$$

と等価である。ここで $S_m(t)$ は物質検査面である（p.89,p.131 参照）。

[問]　A, B, C を Lie 括弧$[A, B] = C$ を満足する３個の接ベクトルとする。C の成分を A と B の成分で表しなさい。

[答] 接ベクトルCの成分は $C^i = (A \cdot \mathrm{grad}B^i - B \cdot \mathrm{grad}A^i)$　となる。

[問] ３個の接ベクトル A,B,C に対してつぎの恒等式が成立すことを示しなさい。

$$[A, B] + [B, A] = 0$$

$$[A, [B, C]] + [B, [C, A]] + [C, [A, B]] = 0$$

第２番目の式を Jacobi の恒等式とよぶ。

[答] 省略

[問]接ベクトル $\mathbf{B}=B^i\mathbf{g}_i$　に対する Lie 時間微分、Oldroyd 微分、Helmholtz 微分は皆等しく

$$\frac{\partial}{\partial t} + L_V = \frac{O}{Ot} = \frac{H}{Ht}$$

が成立する。これを示しなさい。

[答]接ベクトル $\mathbf{B}=B^i\mathbf{g}_i$ の両辺を Lie 時間微分すると

$$\left(\frac{\partial}{\partial t} + L_V\right)\mathbf{B} = \frac{\partial \mathbf{B}}{\partial t} + [\mathbf{V}, \mathbf{B}]$$

となる。一方 Oldroyd 微分の定義式は

$$\frac{O\mathbf{B}}{Ot} = \frac{D\mathbf{B}}{Dt} - \mathbf{B} \cdot \nabla\mathbf{V}$$

であり、Helmholtz 微分の定義式は

$$\frac{H\mathbf{B}}{Ht} = \left(\frac{D}{Dt} - \mathbf{V}\overleftarrow{\nabla} \cdot\right)\mathbf{B}$$

である。よって、物質時間微分と Lie 括弧の定義式を用いるとこれらの微分は皆等しいことが証明できる。

A3.微分形式の Lie 微分

反変基底ベクトルと共変基底ベクトルを

$$\mathbf{g}^{i}=dx^{i} \qquad \mathbf{g}_{j}=\partial/\partial x^{j}$$

で定義する。このとき１形式は

$$\omega=\omega_i\, d\, x^i = \omega_i \mathbf{gi} = \boldsymbol{\omega}$$

となり、接ベクトルは

$$B=B^j\frac{\partial}{\partial x^j}=B^j\mathbf{g_j} = \mathbf{B}$$

と表せる。すなわちωと**ω**およびB と**B**を同一視する。２個のベクトルの内積は

$$\boldsymbol{\omega}\bullet\mathbf{B} = (\omega_i\mathbf{gi})\bullet\left(B^j\mathbf{g_j}\right) = \omega_i B^j \delta^i_j = \omega_i B^i$$

となる。ここで、$d\,x^i\frac{\partial}{\partial x^j}=\mathbf{gi}\bullet\mathbf{g_j}=\delta^i_j$となることを用いた。よって１形式と接ベクトルの内積は

$$i_B(\omega) = B(\omega) = \omega(B) = \omega_i B^i$$

と表示できる。ここで、i_Bは内積（縮約）演算子である。そして１形式と接ベクトルの内積は座標に依存いない量である。微分形式の Lie 微分を求めるためにこの式の両辺を Lie 微分する。そして積に関する微分公式

$$L_V\left(B(\omega)\right)=L_V(B)\omega + B\,L_V(\omega)$$

を用いる。左辺は内積はスカラーで、スカラー関数の Lie 微分を考慮して

$$L_V\left(B(\omega)\right)=L_V(\omega_i B^i)=\left(\mathbf{v}\cdot\mathbf{grad}\omega_i\right)B^i + \overline{\omega_i\left(\mathbf{v}\cdot\mathbf{grad}B^i\right)} \qquad (1)$$

となる。右辺第１項を変形する。接ベクトルの Lie 微分の公式を用いると

$$L_V(B)\omega = [V,B]\omega = \overline{\omega_i\left(\mathbf{v}\cdot\mathbf{grad}B^i\right)} - \omega_i\left(\mathbf{B}\cdot\mathbf{grad}v^i\right) \qquad (2)$$

となる。最後に右辺第２項を成分で書けば

$$B\,L_V(\omega) = B^i\left[L_V(\omega)\right]_i \qquad (3)$$

となる。これが求めたい１形式の Lie 微分$L_V(\omega)$である。以上３個の結果を積の微分公式に代入し＿＿＿＿＿部分が互いに消去できることを用いると、１形式の Lie 微分の公式

$$\left[L_V(\omega)\right]_i = \mathbf{v}\cdot \mathrm{grad}\,\omega_i + \omega_j\left(\frac{\partial v^j}{\partial x^i}\right)$$

が導ける。ただし両辺からB^iが消去してある。この公式は内積演算子i_vと外微分ｄを導入すると

$$L_V(\omega) = i_v\, d\,\omega + d\, i_v\omega$$

と簡単に記述することができる。この公式は任意のｐ形式に対して成立し、Homotopy identity として知られている。

証明：つぎに１形式の場合の Homotopy identity を証明する。$\omega = \mathbf{E}\cdot d\mathbf{r}$の場合 Homotopy identity を用いると計算結果は

$$L_V(\mathbf{E}) = (\nabla\times\mathbf{E})\times\mathbf{v} + \nabla(\mathbf{v}\cdot\mathbf{E})$$

となる（ｐ.87 参照）。この式は

$$L_V(\mathbf{E}) = (\mathrm{E}\nabla - \nabla\mathrm{E})\cdot \mathbf{v} + (\nabla\mathbf{v})\cdot\mathrm{E} + (\nabla\mathrm{E})\cdot\mathbf{v} = \mathbf{v}\cdot\nabla\mathrm{E} + (\nabla\mathbf{v})\cdot\mathrm{E}$$

と変形できる。この成分表示は$\omega_i = E_i$であるから、１形式の Lie 微分公式

$$\left[L_V(\omega)\right]_i = \mathbf{v}\cdot \mathrm{grad}\,\omega_i + \omega_j\left(\frac{\partial v^j}{\partial x^i}\right)$$

が導ける。参考までに Homotopy identity の各項の計算結果を表Ａ１にまとめておく。

表A1　Homotopy　identityの計算

	$i_v d$(主要部)	$d i_v$(境界部)
点積分	$d\varphi = \nabla\varphi \bullet d\mathbf{r}$	$i_v\varphi = 0$
φ	$i_v d\varphi = (\nabla\varphi)\bullet \mathbf{v}$	$d i_v\varphi = 0$
線積分	$dE = (\nabla\times\mathbf{E})\bullet d\mathbf{S}$	$i_v E = v\bullet\mathbf{E}$
$E = \mathbf{E}\bullet d\mathbf{r}$	$i_v dE = (\nabla\times\mathbf{E})\times\mathbf{v}\bullet d\mathbf{r}$	$d i_v E = \nabla(\mathbf{v}\bullet\mathbf{E})\bullet d\mathbf{r}$
面積分	$dB = (\nabla\bullet\mathbf{B})dV$	$i_v B = (\mathbf{B}\times\mathbf{v})\bullet d\mathbf{r}$
$B = \mathbf{B}\bullet d\mathbf{S}$	$i_v dB = (\nabla\bullet\mathbf{B})\mathbf{v}\bullet d\mathbf{S}$	$d i_v B = \nabla\times(\mathbf{B}\times\mathbf{v})\bullet d\mathbf{S}$
体積分	$dm = 0$	$i_v m = \rho\mathbf{v}\bullet d\mathbf{S}$
$dm = \rho dV$	$i_v dm = 0$	$d i_v m = \nabla\bullet(\rho\mathbf{v})dV$

反変基底ベクトルの Lie 微分：反変基底ベクトル $\mathbf{g}^i = dx^i$ は１形式である。よって

$$L_V(\mathbf{g}\,i) = i_V(dx^i) = i_V ddx^i + di_V(dx^i) = di_V(dx^i) = dv^i = \frac{\partial v^i}{\partial x^j}dx^j = \mathbf{g}^i\cdot(\nabla\mathbf{v}) = \mathbf{L}\cdot\mathbf{g}^i$$

を得る。ここでｄｄ＝０である。そして $\mathbf{L} = \frac{\partial v^i}{\partial x^j} = \mathbf{v}\nabla$ は速度勾配テンソルである。

縮約の意味

１形式と接ベクトルをそれぞれ

$$df = \frac{\partial f}{\partial x^i}dx^i$$

$$\frac{d}{d\lambda} = \frac{dx^i}{d\lambda}\frac{\partial}{\partial x^i}$$

する。そして１形式と接ベクトルの縮約（内積）を

$$i_v(df) = \left(\frac{d}{d\lambda}\middle|df\right)$$

で定義する。このとき、基底ベクトルの縮約は

$$\left(\frac{\partial}{\partial x^j}\middle|dx^i\right)=\frac{\partial x^i}{\partial x^j}=\delta^i_j$$

となる。よって、$\frac{\partial}{\partial x^j}$ とdx^i は互いに双対な基底となる。また、形式の成分は

$$\left(\frac{\partial}{\partial x^j}\middle|df\right)=\frac{\partial f}{\partial x^j}$$

となり、単位高さあたりの等高面の数を表わす。同様にして、接ベクトルの成分は

$$\left(\frac{d}{d\lambda}\middle|dx^i\right)=\frac{dx^i}{d\lambda}$$

で、単位長さあたりの力線の数を表わす。そして１形式と接ベクトルの縮約は

$$\left(\frac{d}{d\lambda}\middle|df\right)=\frac{df}{d\lambda}$$

となる。この物理量は場の点におけるエネルギー密度に対応する。すなわち、エネルギーは互いに双対な２つのベクトルの内積として表現できる。よってエネルギーは座標系に依存しないスカラー量である。

循環の保存則

ベクトル$\boldsymbol{E}$の物質閉曲線 $C_m(t)$に沿って循環Γを

$$\Gamma=\oint_{C_m}\boldsymbol{E}\cdot d\mathbf{r}$$

で定義する。循環Γの運動中の時間変化は

$$\frac{d}{dt}\oint_{C_m}\boldsymbol{E}\cdot d\mathbf{r}=\oint_{C_m}\left\{\frac{\partial\mathbf{E}}{\partial t}+(\boldsymbol{\nabla}\times\mathbf{E})\times\mathbf{v}+\nabla(\mathbf{v}\cdot\mathbf{E})\right\}\cdot d\mathbf{r}=\oint_{C_m}\left\{\frac{\partial}{\partial t}+L_V\right\}\mathbf{E}\cdot d\mathbf{r}$$

と書ける。よって$\mathbf{E}\cdot d\mathbf{r}$の Lie 時間微分が零ならば循環$\Gamma$は運動中一定である。ただし式変形につぎの３個の恒等式をもちいた（読者も確かめられたい）。

$$\mathbf{v}\cdot\boldsymbol{\nabla}\mathbf{E}=(\boldsymbol{\nabla}\times\mathbf{E})\times\mathbf{v}+(\boldsymbol{\nabla}\mathbf{E})\cdot\mathbf{v}$$

$$i_v d(\mathbf{E}\cdot d\mathbf{r}) = (\nabla\times\mathbf{E})\cdot(\mathbf{v}\times d\mathbf{r})$$

$$d i_v(\mathbf{E}\cdot d\mathbf{r}) = d(\mathbf{E}\cdot\mathbf{v})$$

Euler の方程式への応用

理想流体の運動を記述する Euler の方程式は

$$\frac{\partial\mathbf{v}}{\partial t}+\mathbf{v}\cdot\nabla\mathbf{v}=-\frac{1}{\rho}\nabla p-\nabla\Omega$$

である。ここで p は圧力、ρ は密度、Ω は外力ポテンシャルである。この式に d **r** を内積すると

$$\frac{\partial(\mathbf{v}\cdot d\mathbf{r})}{\partial t}+(\mathbf{v}\cdot\nabla\mathbf{v})\cdot d\mathbf{r}=-\frac{1}{\rho}\mathbf{d}p-\mathbf{d}\Omega$$

を得る。ただし d＝d **r** ·∇ である。つぎに対流項を Lie 微分を用いて表す。１形式の Lie 微分の公式より

$$L_V(\mathbf{v}\cdot d\mathbf{r})=i_v d(\mathbf{v}\cdot d\mathbf{r})+d i_v(\mathbf{v}\cdot d\mathbf{r})$$

$$=(\nabla\times\mathbf{v})\cdot(\mathbf{v}\times d\mathbf{r})+d v^2$$

また、ベクトル解析の展開公式より

$$\mathbf{v}\cdot\nabla\mathbf{v}=(\nabla\times\mathbf{v})\times\mathbf{v}+d\left(\frac{1}{2}v^2\right)$$

となる。この式に d **r** を内積し、上の２式より右辺第１項を消去すると

$$(\mathbf{v}\cdot\nabla\mathbf{v})\cdot d\mathbf{r}=L_V(\mathbf{v}\cdot d\mathbf{r})-d\left(\frac{1}{2}v^2\right)$$

が導ける。これが対流項の Lie 微分表示である。よって Lie 微分を用いた座標系に依存しない Euler の方程式は

$$\left(\frac{\partial}{\partial t}+L_V\right)\mathbf{v}\cdot d\mathbf{r}=-\frac{1}{\rho}\mathbf{d}p-\mathbf{d}\left(\Omega-\frac{1}{2}v^2\right)$$

と記述できる。

注意 : 流体粒子は測地線に沿って運動する。よって任意の接ベクトルＢの Lie 微分はその測地線に沿っての方向微分に一致しない。よって

$$\left(\frac{\partial}{\partial t}+v\bullet grad\right)B\neq\left(\frac{\partial}{\partial t}+L_V\right)B$$

となる。Ｂの Lie 微分は $L_V(B)=[V,B]$ であるから 特に B=V の場合 $L_V(V)=0$ となる。Lie 微分が零の場合、粒子の測地線に沿っての移動する際、そのベクトルが保存されることを表している。これがポテンシャルΩから$\frac{1}{2}v^2$を差し引く理由である。

Hamilton 力学への応用

Homotopy identity を Hamilton ベクトル場へ応用する。位相空間内の体積要素と接ベクトルをそれぞれ

$$\omega=dqdp$$

$$V=\frac{d}{dt}=\dot{q}\frac{\partial}{\partial q}+\dot{p}\frac{\partial}{\partial p}$$

とする。つぎに Homotopy identity の各項を計算する。

右辺第１項$i_v d\omega$の計算：ｄｄ＝０より$d\omega=0$となる。よって右辺第１項は零である。

右辺第２項$di_v\omega$の計算：Hamilton の正準方程式

$$\dot{q}=\frac{\partial H}{\partial p},\qquad \dot{p}=-\frac{\partial H}{\partial q}$$

を利用すると

$$di_v\omega=d\left(\left(\dot{q}\frac{\partial}{\partial q}+\dot{p}\frac{\partial}{\partial p}\right)dqdp\right)=d(\dot{q}dp-\dot{p}dq)=d\left(\frac{\partial H}{\partial p}dp+\frac{\partial H}{\partial q}dq\right)=ddH=0$$

となる。よって右辺第２項も零である。よって Hamiltonian H が時間ｔをように含まない時常に Hamilton ベクトル場で

$$\left(\frac{\partial}{\partial t}+L_v\right)(\omega)=L_v(\omega)=0$$

が満たされる。よって運動中位相空間内の体積は保存され一定である。

[問] 質量保存則が成立するときつぎの等式が成立する。

$$\rho\frac{d\mathbf{v}}{dt}=\frac{\partial(\rho\mathbf{v})}{\partial t}+\nabla\cdot(\rho\mathbf{v}\,\mathbf{v})$$

これを示しなさい。左辺は運動量の対流形でり右辺は運動量の保存形である。

[答]つぎの恒等式

$$\frac{d}{dt}[(\rho\mathbf{v})dV]=\frac{d}{dt}[\mathbf{v}(\rho dV)]$$

を利用する。左辺はｄＶの物質時間微分を考慮すると、つぎのように変形できる。

$$\begin{aligned}\frac{d}{dt}[(\rho\mathbf{v})dV]&=\left[\frac{d}{dt}(\rho\mathbf{v})\right]dV+(\rho\mathbf{v})\frac{d}{dt}dV\\&=\left[\frac{\partial}{\partial t}(\rho\mathbf{v})+\mathbf{v}\cdot\nabla(\rho\mathbf{v})\right]dV+(\rho\mathbf{v})(\nabla\cdot\mathbf{v})dV\\&=\left[\frac{\partial}{\partial t}(\rho\mathbf{v})+\nabla\cdot(\rho\mathbf{v}\,\mathbf{v})\right]dV\end{aligned}$$

一方、右辺は質量保存則により$\frac{d}{dt}(\rho dV)=0$であるから

$$\frac{d}{dt}[\mathbf{v}(\rho dV)]=\frac{d\mathbf{v}}{dt}(\rho dV)=\rho\frac{d\mathbf{v}}{dt}dV$$

となる。左辺＝右辺をｄＶで割ることにより与式をえる。

[問]質量保存則は Lie 時間微分で

$$\left(\frac{\partial}{\partial t}+L_v\right)(\rho dV)=0$$

と表示できる。これは連続の方程式

$$\frac{\partial\rho}{\partial t}+\nabla\cdot(\rho\mathbf{v})=0$$

と等価である。これを示しなさい。

[答] $L_v(\rho dV)=L_v(\rho\mathbf{v}\cdot d\mathbf{S})=\nabla\cdot(\rho\mathbf{v})dV$　を用いると

$$\left(\frac{\partial}{\partial t}+L_v\right)(\rho dV)=\left\{\frac{\partial\rho}{\partial t}+\nabla\cdot(\rho\mathbf{v})\right\}dV=0$$

が導ける。任意のｄV に対して成立するから{　}＝０となる。

[問] つぎの Lie 括弧の公式を証明しなさい。

$$[L_a, i_b] = i_{[a,b]}$$

[答] 証明にはつぎの３個の公式を用いる。

（１）$L_a = i_a d + d i_a$

（２）$\nabla \times (a \times b) = (\nabla \cdot b)a + b \cdot \nabla a - (\nabla \cdot a)b - a \cdot \nabla b$

（３）$[a, b] = a \cdot \nabla b - b \cdot \nabla a$

（２）＋（３）を計算すると

（４）$[a, b] + \nabla \times (a \times b) = (\nabla \cdot b)a - (\nabla \cdot a)b$

となる。これを準備として証明する。証明には左辺を展開し両辺にｄV を作用した式

$$L_a i_b \, dV = i_b L_a dV + i_{[a,b]} dV$$

を用いる。

左辺：まず左辺を計算すると次のように変形できる。

$$L_a i_b \, dV = (i_a d + d i_a) i_b \, dV = (\nabla \cdot b) a \cdot dS - \nabla \times (a \times b) \cdot dS$$

右辺：つぎに右辺を変形する。このときｄｄV=0 を用いる。

$$i_b L_a dV + i_{[a,b]} dV = \{ i_b (i_a d + d i_a) + i_{[a,b]} \} dV$$

$$= i_b \, d \, i_a \, dV + i_{[a,b]} dV = (\nabla \cdot a) b \cdot dS + [a, b] \cdot dS$$

ここで（４）を用いると左辺＝右辺となる。証明終わり。

A4.テンソルの Lie 微分

２階のテンソル$\overline{\mathbf{T}} = T^{ij}\mathbf{g}_i\mathbf{g}_j$ の Lie 時間微分を考える。スカラーT^{ij}の Lie 時間微分は物質時間微分に等しい。これを

$$\left(\frac{\partial}{\partial t} + L_v\right)T^{ij} = \frac{D}{Dt}T^{ij} = \dot{T}^{ij}$$

と記す。共変基底ベクトルの Lie 時間微分は時間を陽に含まないから Lie 微分に等しい。ゆえに３個の積の微分公式を用いると２階のテンソル$\overline{\mathbf{T}} = T^{ij}\mathbf{g}_i\mathbf{g}_j$ の Lie 時間微分は

$$\left(\frac{\partial}{\partial t} + L_v\right)\overline{\mathbf{T}} = \left(\frac{D}{Dt}T^{ij}\right)\mathbf{g}_\mathbf{i}\mathbf{g}_\mathbf{j} + T^{ij}L_V(\mathbf{g}_\mathbf{i})\mathbf{g}_\mathbf{j} + T^{ij}\mathbf{g}_\mathbf{i}L_\mathbf{V}(\mathbf{g}_\mathbf{j})$$

となる。ここで共変基底ベクトルの Lie 微分公式 $L_V(\mathbf{g}_\mathbf{i}) = -(\nabla\mathbf{v})\cdot\mathbf{g}_\mathbf{i}$ を使用する。その結果

$$\left(\frac{\partial}{\partial t} + L_v\right)\overline{\mathbf{T}} = \left(\frac{D}{Dt}T^{ij}\right)\mathbf{g}_\mathbf{i}\mathbf{g}_\mathbf{j} - \{\overline{\mathbf{T}}\cdot(\nabla\mathbf{v}) + (\mathbf{v}\nabla)\cdot\overline{\mathbf{T}}\}$$

が導ける。ここで$\mathbf{v}\nabla = (\nabla\mathbf{v})^T$である。よって２階のテンソルの Lie 時間微分は upper Oldoroyd 微分に等しい。すなわち

$$\left(\frac{\partial}{\partial t} + L_v\right)\overline{\mathbf{T}} = \frac{\mathbf{O}\overline{\mathbf{T}}}{\mathbf{O}\ \mathbf{t}}$$

が成立する。この結果は反変基底ベクトルを用いて証明することもできる。次の問を参照。

[問] 反変基底ベクトルを用いると２階のテンソルの upper 成分は、テンソル２重積：を用いて

$$T^{ij} = \overline{\mathbf{T}} : \mathbf{g}^i\mathbf{g}^j$$

と書ける。この両辺を Lie 時間微分する。積の微分公式を用いて

$$\left(\frac{\partial}{\partial t} + L_V\right)T^{ij} = \left(\frac{\partial}{\partial t} + L_V\right)\overline{\mathbf{T}} : \mathbf{g}^i\mathbf{g}^j + \overline{\mathbf{T}} : L_v(\mathbf{g}^i)\ \mathbf{g}^j + \overline{\mathbf{T}} : \mathbf{g}^i L_V(\mathbf{g}^j)$$

を得る。ここで反変基底ベクトルの Lie 微分公式は

$$\mathrm{L_V}\left(\mathbf{g}^{i}\right)=\mathbf{g}^{i}\cdot(\nabla\mathbf{v})$$

である。よって右辺第３項と第４項を左辺に移行すれば

$$\left(\frac{\partial}{\partial t}+\mathrm{L_V}\right)\overline{\mathbf{T}}=\frac{\mathrm{D}\overline{\mathbf{T}}}{\mathrm{Dt}}-\{\overline{\mathbf{T}}\cdot\mathbf{L}^{\mathrm{T}}+\mathbf{L}\cdot\overline{\mathbf{T}}\}$$

が導ける。ただし $\mathbf{L}=\mathbf{v}\,\nabla$ は速度勾配テンソル,L^{T} は L の転置テンソルである。この結果は反変基底ベクトルを用いて導いた結果と一致する。これを示しなさい。

[答] 省略　ヒント　つぎの関係式を用いる。

$$\overline{\mathbf{T}}:\ \mathbf{g}^{i}\cdot(\nabla\mathbf{v})\,\mathbf{g}^{j}=(\overline{\mathbf{T}}\cdot\mathbf{L}^{\mathrm{T}}):\mathbf{g}^{i}\,\mathbf{g}^{j}$$

$$\overline{\mathbf{T}}:\mathbf{g}^{i}\mathbf{g}^{j}\cdot(\nabla\mathbf{v})=(\mathbf{L}\cdot\overline{\mathbf{T}}):\mathbf{g}^{i}\mathbf{g}^{j}$$

[問]　$\underline{\mathbf{T}}=\mathrm{T}_{ij}\,\mathbf{g}^{i}\,\mathbf{g}^{j}$ に対して lower Oldroyd 微分の公式

$$\frac{\mathrm{O}\underline{\mathbf{T}}}{\mathrm{Ot}}=\frac{\mathrm{D}\underline{\mathbf{T}}}{\mathrm{Dt}}+\{\underline{\mathbf{T}}\cdot(\mathbf{v}\nabla)+(\nabla\mathbf{v})\cdot\underline{\mathbf{T}}\}$$

が成立する。これを証明しなさい。

[答] 省略　ヒント　反変基底ベクトルの Lie 微分公式を用いる。

[問] 高階の混合テンソルの Lie 微分に対して次の積の微分公式が成立する。

$$\mathrm{L}_{\mathrm{v}}\{\mathbf{T}(\omega,\ ;\mathrm{V},\ )\}=\left(\mathrm{L}_{\mathrm{v}}\mathbf{T}\right)(\omega,\ ;\mathrm{V}\ )+\mathbf{T}\left(\mathrm{L}_{\mathrm{v}}\omega、;\mathrm{V},\ \right)+\mathbf{T}\left(\omega,\ ;\mathrm{L}_{\mathrm{v}}\mathrm{V}\ \right)$$

これを示しなさい。

[答]　省略　左辺はスカラーの Lie 微分であり、右辺第１項が求める混合テンソルの Lie 微分である。

混合テンソルの共変微分

一般曲線座標系（u^1,u^2,u^3）を導入する。このとき基底ベクトルも座標曲線に沿って変化する。この基底ベクトルの変化を考慮した偏微分が共変微分である。共変基底ベクトルの偏微分は第２種 Chritoffel 記号

$$\begin{Bmatrix} s \\ m \quad n \end{Bmatrix} = \frac{\partial^2 x_p}{\partial u^m \partial u^n}\frac{\partial u^s}{\partial x_p}$$

を用いると

$$\frac{\partial \mathbf{g}_r}{\partial u^n} = \begin{Bmatrix} p \\ r \quad n \end{Bmatrix}\mathbf{g}_p$$

と表すことができる。同様に、反変基底ベクトルの偏微分は

$$\frac{\partial \mathbf{g}^s}{\partial u^n} = -\begin{Bmatrix} s \\ n \quad q \end{Bmatrix}\mathbf{g}^q$$

となる。よって、混合テンソル $\mathbf{T}=T^r_s\mathbf{g}_r\mathbf{g}^s$ の共変微分はつぎのように計算できる。

$$\begin{aligned}\frac{\partial}{\partial u^n}(\mathbf{T}) &= \frac{\partial}{\partial u^n}(T^r_s)\mathbf{g}_r\mathbf{g}^s + T^r_s\frac{\partial}{\partial u^n}(\mathbf{g}_r)\mathbf{g}^s + T^r_s\mathbf{g}_r\frac{\partial}{\partial u^n}(\mathbf{g}^s) \\ &= \frac{\partial}{\partial u^n}(T^r_s)\mathbf{g}_r\mathbf{g}^s + T^r_s\begin{Bmatrix} p \\ r \quad n \end{Bmatrix}\mathbf{g}_p\mathbf{g}^s - T^r_s\mathbf{g}_r\begin{Bmatrix} s \\ n \quad q \end{Bmatrix}\mathbf{g}^q \\ &= \left[\frac{\partial}{\partial u^n}(T^r_s) + T^m_s\begin{Bmatrix} r \\ m \quad n \end{Bmatrix} - T^r_m\begin{Bmatrix} m \\ n \quad s \end{Bmatrix}\right]\mathbf{g}_r\mathbf{g}^s \\ &= T^r_s\nabla_n\mathbf{g}_r\mathbf{g}^s\end{aligned}$$

よって混合テンソルの共変微分は

$$T^r_s\nabla_n = \frac{\partial}{\partial u^n}(T^r_s) + T^m_s\begin{Bmatrix} r \\ m \quad n \end{Bmatrix} - T^r_m\begin{Bmatrix} m \\ n \quad s \end{Bmatrix}$$

と求まる。

[問] Lie 微分と共変微分の違いを説明しなさい。

[答] Lie 微分は接ベクトルに沿っての変化量である。共変微分は任意の曲線座標に沿っての変化量である。Lie 微分の場合は Lie 移動に基ずくから、たとへ曲線が流線に一致してもその変化量は共変微分と異なる(表 A２参照)。

表A2　基底ベクトルの微分

Lie微分	共変微分
$L_V(g_i) = -(\nabla v)\bullet g_i$ $L_V\left(\frac{\partial}{\partial x^i}\right) = -\frac{\partial v^j}{\partial x^i}\frac{\partial}{\partial x^j}$	$\frac{\partial g_i}{\partial u^n} = \left\{\begin{matrix} p \\ i \quad n \end{matrix}\right\} g_p$
$L_V(g^i) = g^i \bullet (\nabla v)$ $L_V(dx^j) = dx^i \frac{\partial v^j}{\partial x^i}$	$\frac{\partial g^i}{\partial u^n} = -\left\{\begin{matrix} i \\ n \quad q \end{matrix}\right\} g^q$

表 A3 に混合テンソルに現われる共変（covariant）と反変（contravariant）を対比してまとめておく。

表A3　共変と反変

共変	反変
covariant	Contravariant
接空間の基底ベクトル　g_i	余接空間の基底ベクトル　g^i
偏微分　$\frac{\partial}{\partial x^i}$	全微分　dx^i
接ベクトル　$V=V^ig_i$	1形式　$\omega = \omega_i dx^i$
共変記号　b	反変記号　#

B 電気回路とグラフの理論

物理学の基本原理はエネルギーの双対性の表現方法にある。ここでは電気回路網、静磁場、静電場、動電磁場に対して、それらの構造を明らかにする双対性について調べる。そしてこれらの双対性をフレームワークとしてまとめる。

B1. 電気回路と有向グラフ

電気回路の問題は有向グラフの理論を用いて容易に解くことができる。図Ｂ１に示された 6 辺 4 接点からなる電気回路網を考える。各辺を流れる電流ベクトルを $j=(j_1,j_2,\ldots,j_6)^T$、

各接点の電位ベクトルを $\phi=(\phi_1, \phi_2, \phi_3, \phi_4)^T$ とする。定常状態を考えると、この電気回路網には次の 3 個の物理法則が成立する。

Kirchhoff の電流法則

Kirchhoff の電流法則（KCL:Kirchhoff's current law）は”各接点に流れ込む電流の総和はゼロである。“これは div j=0 を意味している。

Kirchhoff の電圧法則

Kirchhoff の電圧法則（KVL:Kirchhoff's voltage law）によれば“閉ループの起電力と電圧降下の総和はゼロである。”

Ohm の抵抗法則

各辺の起電力ベクトルを $e=(e_1,e_2,\ldots,e_6)^T$ とするとＯｈｍの抵抗法則は $j=\sigma e$ である。ここで σ は電気伝導度を表す対称正定値テンソルである。辺と辺の相互作用を無視すれば主対角行列である。

接続行列

電気回路網のトポロジーを表すのが接続行列（connectivity matrix）である。図 B 1 に対応する 6 行 4 列の接続行列は以下のように求まる。ただし、図の矢印は最初に任意に付けてよい。

図B1 6辺4接点の電気回路網

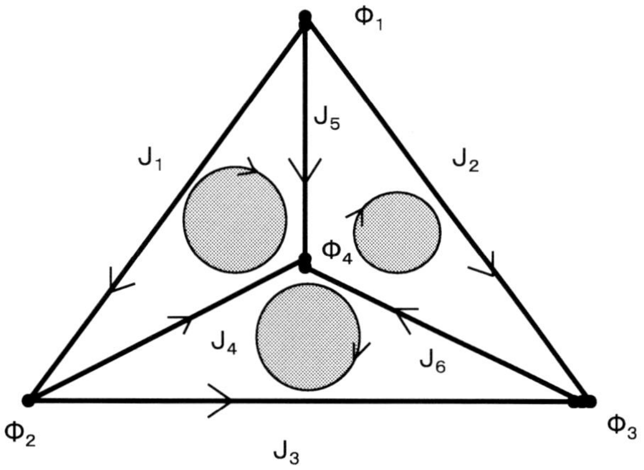

$$G_0 = \begin{bmatrix} -1 & 1 & 0 & 0 \\ -1 & 0 & 1 & 0 \\ 0 & -1 & 1 & 0 \\ 0 & -1 & 0 & 1 \\ -1 & 0 & 0 & 1 \\ 0 & 0 & -1 & 1 \end{bmatrix}$$

接続行列

列ベクトル：列は接点に対応する。最初接続行列の列（回路網の接点）に着目する。接続行列の－１は接点からの電流の流出、＋１は接点への流入をいみする。例へば、図の接点１に着目すると辺１，２，５に沿って電流は流出する。これは接続行列の第１列の各辺に対応する要素が－１でその他は零となる。その他の接点の電流も同様である。これは Kirchhoff の電流法則を表している。

行ベクトル：行は辺に対応する。次に接続行列の行（回路網の辺）に着目する。辺を結ぶと閉ループができる。辺１－５－４（接点２－１－４－２）の閉ループについて考える。各辺上の電圧降下を計算する。その結果は

第１行は辺１上での電圧降下で（$\phi_2 - \phi_1$）

第５行は辺５上での電圧降下で（$\phi_1 - \phi_4$）

第４行は辺４上での電圧降下で（$\phi_4 - \phi_2$）

となる。よって起電力がない場合閉ループの電圧降下の総和は零となる。これは Kirchhoff の電圧法則を表している。

注意:接続行列の階数は $\mathrm{rank}(G_0)=3$ であるから G_0 の列ベクトルはすべてが独立ではない。そして $G_0\phi$ は $\mathrm{grad}\,\phi$ に対応する。このとき電流はポテンシャルの勾配に比例する。すなわち ϕ_0 を任意の定数とすれば

$$\mathrm{grad}(\phi+\phi_0)=\mathrm{grad}(\phi)$$

が成立し、全体の電位をある一定量上げても下げても物理現象は変化しない。これは G_0 の４個の列ベクトルが互いに独立でないことを意味している。このことは４個の列ベクトルの和が零ベクトルになることからも明らかである。そこで定数 ϕ_0 を ϕ_4 が零となるように決定する（ゲージ条件）。これは接点４をアースしたことに対応する。$\phi_4=0$ とすれば残りの電位は一意的に定まる。これは G_0 の第４列を除いた３個の独立な列ベクトルで接続行列

G を

$$\mathrm{grad}\varphi = G\varphi = \begin{bmatrix} -1 & 1 & 0 \\ -1 & 0 & 1 \\ 0 & -1 & 1 \\ 0 & -1 & 0 \\ -1 & 0 & 0 \\ 0 & 0 & -1 \end{bmatrix} \begin{bmatrix} \varphi_1 \\ \varphi_2 \\ \varphi_3 \end{bmatrix} = \begin{bmatrix} \varphi_2 - \varphi_1 \\ \varphi_3 - \varphi_1 \\ \varphi_3 - \varphi_2 \\ -\varphi_2 \\ -\varphi_1 \\ -\varphi_3 \end{bmatrix}$$

と表すことに対応する。このとき Kirchhoff の電流法則は接続行列の転置を用いて

$$-\mathrm{div}j = G^T j = \begin{bmatrix} -1 & -1 & 0 & 0 & -1 & 0 \\ 1 & 0 & -1 & -1 & 0 & 0 \\ 0 & 1 & 1 & 0 & 0 & -1 \end{bmatrix} \begin{bmatrix} j_1 \\ j_2 \\ j_3 \\ j_4 \\ j_5 \\ j_6 \end{bmatrix} = \begin{bmatrix} -j_1 - j_2 - j_3 \\ j_1 - j_3 - j_4 \\ j_2 + j_3 - j_6 \end{bmatrix}$$

と表せる。ここで，grad の随伴演算子は－div である。よって Laplace 演算子は

$$-\mathrm{div\ grad} = G^T G$$

となる。すなわち接続行列の転置と接続行列の積は Laplace 演算子となる。

コメント　電磁場の物理量と MKSA 有理単位

電場の単位		磁場の単位	
電荷密度	$[\rho]$=C/m^3	電流密度	$[j]$=A/m^2
電場	[E]=V/m	磁場	[H]=A/m
電束密度	[D]=C/m^2	磁束密度	[B]=Wb/m^2
誘電率	$[\varepsilon]$=F/m	透磁率	$[\mu]$=H/m

B2. 電気回路網のフレームワーク

図Ｂ２に電気回路網の一般的なフレームワークを示す。この図は次の２個の連立方程式よりなる。すなわち

$$G^T j = f$$

と

$$j = \sigma e = \sigma(v - G\varphi)$$

である。ここでｊとφが未知変数である。また，G^T が特異行列であるため上式より直接電流ｊを求めることができない。よって変数ｊを消去するとφに関する方程式

$$-G^T \sigma G \varphi = f - G^T \sigma v$$

が得られる。ソース起電力ｖがない場合右辺第２項は零となる。まずこの式よりポテンシャルφをもとめ，つぎに後退代入により電流ｊをもとめる。この過程はつぎの連立１次方程式にまとまる。

ｊとφの連立１次方程式の場合は

$$\begin{bmatrix} \sigma^{-1} & G \\ G^T & 0 \end{bmatrix} \begin{bmatrix} j \\ \varphi \end{bmatrix} = \begin{bmatrix} v \\ f \end{bmatrix}$$

後退代入の場合は

$$\begin{bmatrix} \sigma^{-1} & G \\ 0 & -G^T \sigma G \end{bmatrix} \begin{bmatrix} j \\ \varphi \end{bmatrix} = \begin{bmatrix} v \\ f - G^T \sigma v \end{bmatrix}$$

となる。具体例をつぎの交流回路でしめす。

図B2　電気回路網のフレームワーク

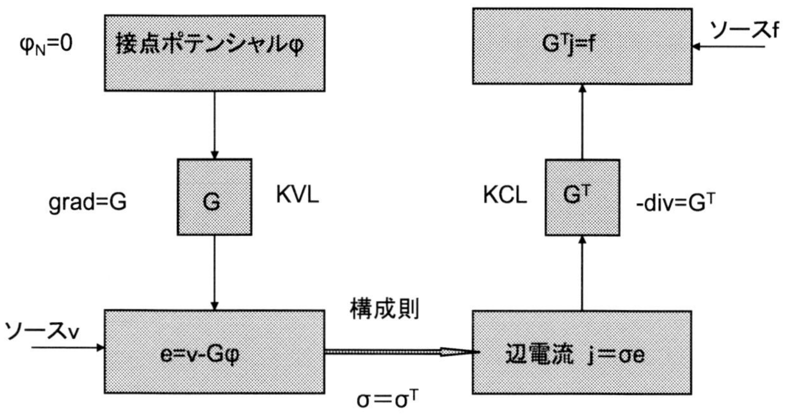

記号の説明

φ：接点ポテンシャル

φ_N＝０：アース接点

G_0→G：アース接点を考慮した接続行列

Gφ：接点間の電圧降下

v：ソース電圧

e=v－Gφ：起電力と抵抗による電圧降下

σ：対称正定値の電気伝導度マトリックス　$\sigma_j = 1/R_j$

j：電流

f：接点のソース電流

B3. 交流回路

図 B３に示された抵抗 R,インダクタンス L,キャパシタンス C の交流回路を考える。このRLC 回路に Kirchhoff の電圧法則を適用すると

$$L\frac{dI}{dt}+RI+\frac{1}{C}\int Idt=V$$

が成立する。ただし V は外部起電力である。ここで交流電流と交流電圧を複素表示し

$$I=R_e(je^{i\omega t})、\qquad V=R_e(ve^{i\omega t})$$

と表す。上の回路方程式に代入し両辺より $e^{i\omega t}$ を省略すると

$$(i\omega L+R+\frac{1}{i\omega C})j=v$$

を得る。ここで、複素インピーダンスを

$$z=i\omega L+R+\frac{1}{i\omega C}\qquad z=|z|e^{i\theta}$$

と定義する。ここで θ は位相の変化である。このとき回路方程式は **zj=v** と簡単化される。よて、複素抵抗を用いた場合電流 I は

$$I=R_e\left(\frac{V}{z}e^{i\omega t}\right)=R_e\left(\frac{v}{|z|}e^{i(\omega t-\theta)}\right)$$

によって求まる。

図B3　RLC回路

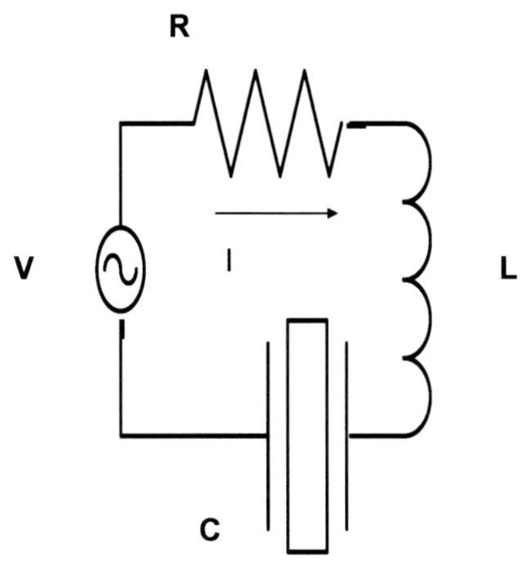

図B4　交流回路網

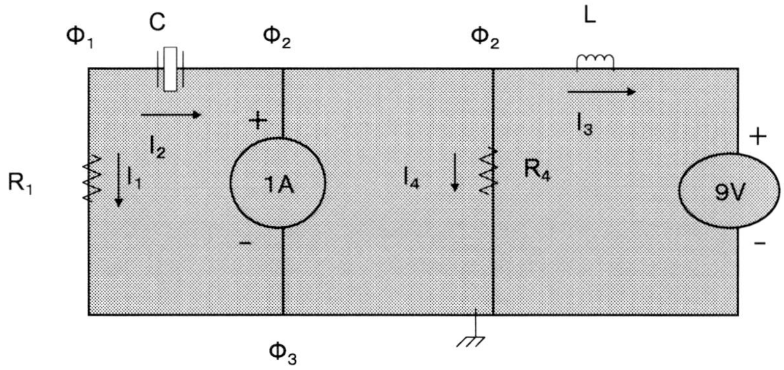

つぎに図Ｂ４に示された交流の電気回路を考える。ここで電気回路へのソース項は１Ａの交流電源と９Ｖの交流電圧である.

(1) e←φ

各接点の電位をφ＝（$\varphi_1, \varphi_2, \varphi_3$）とする。接点間の起電力と電圧降下は

$$e = v - (\varphi_{end} - \varphi_{start})$$

で与えられるから，各辺上で

$$e = \begin{bmatrix} e_1 \\ e_2 \\ e_3 \\ e_4 \end{bmatrix} = v - G_0\varphi = \begin{bmatrix} 0 \\ 0 \\ -9 \\ 0 \end{bmatrix} - \begin{bmatrix} -1 & 0 & 1 \\ -1 & 1 & 0 \\ 0 & -1 & 1 \\ 0 & -1 & 1 \end{bmatrix} \begin{bmatrix} \varphi_1 \\ \varphi_2 \\ \varphi_3 \end{bmatrix}$$

が成立する。接点３をアースすると$\varphi_3 = 0$となる。よって接続行列は$G_0 \to G$に変更される。すなわち

$$e = \begin{bmatrix} e_1 \\ e_2 \\ e_3 \\ e_4 \end{bmatrix} = v - G\varphi = \begin{bmatrix} 0 \\ 0 \\ -9 \\ 0 \end{bmatrix} - \begin{bmatrix} -1 & 0 \\ -1 & 1 \\ 0 & -1 \\ 0 & -1 \end{bmatrix} \begin{bmatrix} \varphi_1 \\ \varphi_2 \end{bmatrix}$$

となる。

(2) j←e

交流の Ohm の法則は$j = \sigma e$より

$$j=\begin{bmatrix}j_1\\j_2\\j_3\\j_4\end{bmatrix}=\begin{bmatrix}R_1^{-1}&0&0&0\\0&(i\omega C)&0&0\\0&0&(i\omega L)^{-1}&0\\0&0&0&R_4^{-1}\end{bmatrix}\begin{bmatrix}e_1\\e_2\\e_3\\e_4\end{bmatrix}$$

となる。これより V=RI に対応する Ohm の法則は $e=\sigma^{-1}j$ であるから

$$\begin{bmatrix}e_1\\e_2\\e_3\\e_4\end{bmatrix}=\begin{bmatrix}R_1&0&0&0\\0&(i\omega C)^{-1}&0&0\\0&0&(i\omega L)&0\\0&0&0&R_4\end{bmatrix}\begin{bmatrix}j_1\\j_2\\j_3\\j_4\end{bmatrix}$$

となる。

(3) f←j

接点における Kirchhoff の電流法則は各接点でつぎのようにかける。

$-j_1-j_2=0$　$j_2-j_3-j_4=-1$　$j_1+j_2+j_3=1$

よって行列表示すれば

$$\begin{bmatrix}-1&-1&0&0\\0&1&-1&-1\\1&0&1&1\end{bmatrix}\begin{bmatrix}j_1\\j_2\\j_3\\j_4\end{bmatrix}=\begin{bmatrix}0\\-1\\1\end{bmatrix}$$

となる。この式は $G_0{}^Tj=f$ を意味する。接点 3 に対する法則は接点 1 と接点 2 の法則の和としても求まる。rank(G_0)=2 であるから $G_0\rightarrow G$ に変更すると

$$\begin{bmatrix}-1&-1&0&0\\0&1&-1&-1\end{bmatrix}\begin{bmatrix}j_1\\j_2\\j_3\\j_4\end{bmatrix}=\begin{bmatrix}0\\-1\end{bmatrix}$$

を得る。これは $G^T j=f$ を意味している。よって全体の回路方程式

$$\begin{bmatrix} \sigma^{-1} & G \\ G^T & 0 \end{bmatrix} \begin{bmatrix} j \\ \varphi \end{bmatrix} = \begin{bmatrix} v \\ f \end{bmatrix}$$

を具体的に表わすと

$$\begin{bmatrix} R_1 & 0 & 0 & 0 & -1 & 0 \\ 0 & (i\omega C)^{-1} & 0 & 0 & -1 & 1 \\ 0 & 0 & i\omega L & 0 & 0 & -1 \\ 0 & 0 & 0 & R_4 & 0 & -1 \\ -1 & -1 & 0 & 0 & 0 & 0 \\ 0 & 1 & -1 & -1 & 0 & 0 \end{bmatrix} \begin{bmatrix} j_1 \\ j_2 \\ j_3 \\ j_4 \\ \varphi_1 \\ \varphi_2 \end{bmatrix} = \begin{bmatrix} 0 \\ 0 \\ -9 \\ 0 \\ 0 \\ -1 \end{bmatrix}$$

となる。これが解くべき方程式である。

コメント　回転演算子

回転演算子 R は反対称である。なぜならば

$$\mathrm{rot}A = \begin{bmatrix} 0 & -\frac{\partial}{\partial z} & \frac{\partial}{\partial y} \\ \frac{\partial}{\partial z} & 0 & -\frac{\partial}{\partial x} \\ -\frac{\partial}{\partial y} & \frac{\partial}{\partial x} & 0 \end{bmatrix} \begin{bmatrix} A_1 \\ A_2 \\ A_3 \end{bmatrix} = RA$$

であるから、回転演算子 R の転置は $R^T=-R$ となる。

B4. 電磁場のフレームワーク

静磁場

ここでは静磁場のフレームワークについて調べる。静磁場の物理法則はつぎの 3 個である。

Ampere の法則

磁場 **H** の回転は電流密度 **j** に等しい。すなわち rot**H**=**j** が成立する。これが Ampere の法則である。

磁荷不在の法則

磁束密度 **B** は磁荷が存在しないから div**B**=0 を満足する。よって磁力線は連続である。また磁気ベクトルポテンシャル **A** を導入すると、divrot=0 であるから **B**=rot**A** と書ける。このとき **A** には任意のスカラー関数 χ の勾配だけの不定性がある。すなわち rotgrad=0 であるから、

$$\mathrm{rot}(\mathbf{A}+\mathrm{grad}\,\chi)=\mathrm{rot}\mathbf{A}$$

が成立する。この不定性をなくすために、Coulomb ゲージ div**A**=0 が用いられる。

構成則

磁場 **H** と磁束密度 **B** は透磁率 μ で $\mathbf{B}=\mu\mathbf{H}$ とむすばれる。これを磁場の構成則とよぶ。

以上より静磁場のフレームワークが図 B 5 のように得られる。Ampere の法則において磁場 **H** を消去すると、磁気ベクトルポテンシャル **A** に関する方程式

$$\mathrm{rot}(\mu^{-1}\mathrm{rot}\mathbf{A})=\mathbf{j}$$

が導かれる。これが解きたい方程式である。

同様にして**静電場**の物理法則は Faraday の法則（rot**E=0**）、Gauss の法則、構成則の３個である。静電場のフレームワークを図 B６に示す。この場合 Gauss の法則より電束密度 **D** を消去すると、電位のスカラーポテンシャルφに関する方程式

$$-\mathrm{div}(\varepsilon\,\mathrm{grad}\varphi)=\rho$$

を得る。ここでεは誘電率、ρは電荷密度である。このように静電磁場では静磁場と静電場は完全に分離され、それぞれ独立に場を形成する。

コメント　Lorentz ゲージ

動電磁場に対して Lorentz ゲージ

$$\nabla\cdot\mathbf{A}+\frac{1}{c^2}\frac{\partial\varphi}{\partial t}=0$$

を適用すると Maxwell の方程式は磁気ベクトルポテンシャル **A** と電気スカラーポテンシャルφが完全に分離でき

$$\Box^2\,\mathbf{A}=-\mu\,\mathbf{j} \qquad \Box^2\,\varphi=-\frac{\rho}{\varepsilon}$$

と書ける。ただし、演算子$\Box^2$は

$$\Box^2=\nabla^2-\frac{1}{c^2}\frac{\partial^2}{\partial t^2}$$

である。

図B5　静磁場のフレームワーク

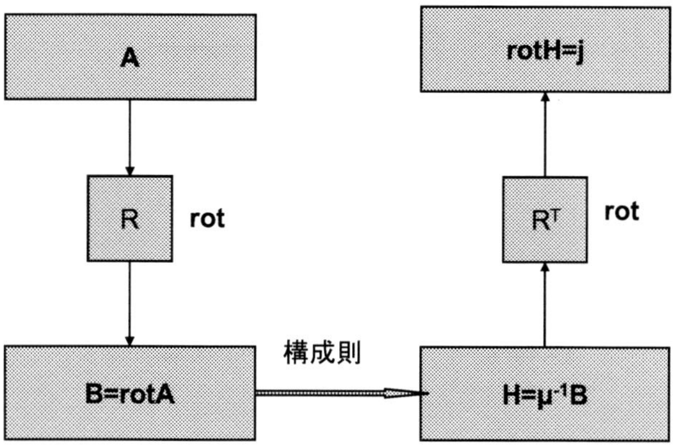

エネルギー：静磁場のエネルギーはつぎのように表示される。

$$(\mathbf{B},\mathbf{H}) = (\mathrm{rot}\mathbf{A},\mathbf{H}) = (\mathbf{A},\mathrm{rot}^{T}\mathbf{H}) = (\mathbf{A},\mathrm{rot}\mathbf{H}) = (\mathbf{A},\mathbf{j})$$

ここで rot の随伴演算子 $\mathrm{rot}^{T}=\mathrm{rot}$ であることを用いた。

随伴演算子

ベクトル解析の展開公式

$$\mathrm{div}(\mathbf{A}\mathrm{x}\mathbf{H}) = (\mathrm{rot}\mathbf{A},\mathbf{H}) - (\mathbf{A},\mathrm{rot}\mathbf{H})$$

を用いる。この式の両辺を積分して左辺の境界項が零になる場合を考えると

$$(\mathrm{rot}\mathbf{A},\mathbf{H}) = (\mathbf{A},\mathrm{rot}\mathbf{H})$$

となる。よって rot の随伴演算子 $\mathrm{rot}^{T}=\mathrm{rot}$ である。

図B6　静電場のフレームワーク

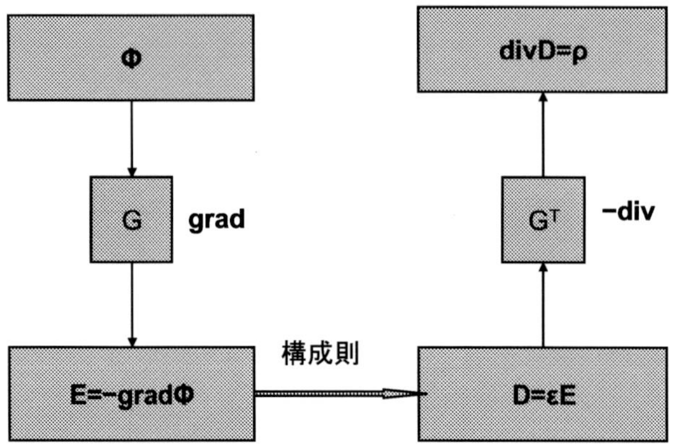

エネルギー：静電場のエネルギーはつぎのように表示される。

$(\mathbf{E},\mathbf{D}) = (-\mathrm{grad}\varphi,\mathbf{D}) = (\varphi,\mathrm{div}\mathbf{D}) = (\varphi,\rho)$

ここで grad 随伴演算子 $\mathrm{grad}^T = -\mathrm{div}$ であることを用いた。

随伴演算子

ベクトル解析の展開公式

$$\mathrm{div}(\varphi\mathbf{D}) = (\mathrm{grad}\varphi,\mathbf{D}) + (\varphi,\mathrm{div}\mathbf{D})$$

を用いる。両辺を積分して左辺の境界項が零になる場合を考えると

$$(\mathrm{grad}\varphi,\mathbf{D}) = (\varphi,-\mathrm{div}\mathbf{D})$$

を得る。よって grad の随伴演算子は−div である。

動電磁場

動電磁場は Maxwell の方程式によって支配され、電場と磁場の間に強い相互作用がある。

図 B 7 に動電磁場のフレームワークを示しておく。

図B7　動電磁場のフレームワーク

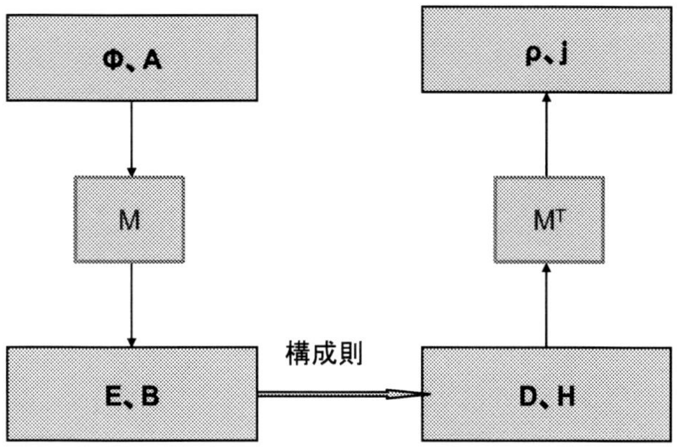

Maxwell の方程式

Maxwell の方程式はつぎのように双対型で書くことができる。

$$\begin{bmatrix} E \\ B \end{bmatrix} = [M]\begin{bmatrix} \phi \\ A \end{bmatrix} = \begin{bmatrix} -grad & -\dfrac{\partial}{\partial t} \\ 0 & rot \end{bmatrix}\begin{bmatrix} \phi \\ A \end{bmatrix} \leftrightarrow \begin{bmatrix} rotE = -\dfrac{\partial B}{\partial t} \\ divB = 0 \end{bmatrix}$$

$$\begin{bmatrix} D \\ H \end{bmatrix} = \begin{bmatrix} \varepsilon & 0 \\ 0 & \mu^{-1} \end{bmatrix}\begin{bmatrix} E \\ B \end{bmatrix}$$

$$\begin{bmatrix} \rho \\ j \end{bmatrix} = [M^T]\begin{bmatrix} D \\ H \end{bmatrix} = \begin{bmatrix} div & 0 \\ -\dfrac{\partial}{\partial t} & rot \end{bmatrix} = \begin{bmatrix} D \\ H \end{bmatrix} \leftrightarrow \begin{bmatrix} divD = \rho \\ rotH = j + \dfrac{\partial D}{\partial t} \end{bmatrix}$$

ここで第２式は電磁場の構成則である。

コメント　変位場と速度場

固体の構成則は Hooke の法則であり、流体の構成則はNavie-Poisson の法則である。運動方程式はともに Cauchy の運動方程式であるが加速度の表示が異なる。またΓ_1とΓ_2上の境界条件は互いに双対な境界条件である。

図B8　固体場のフレームワーク

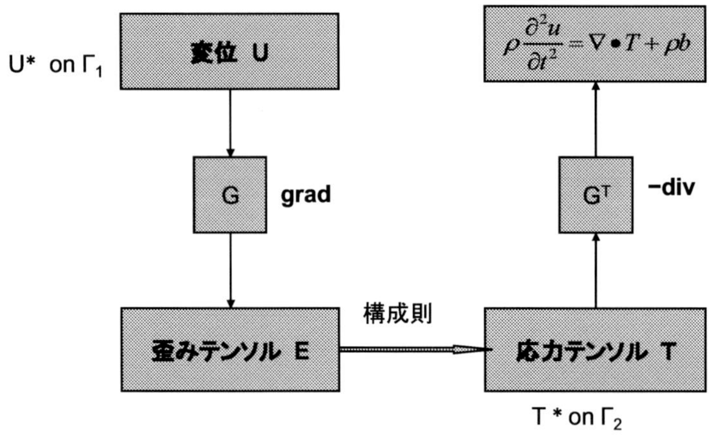

図B9　流体場のフレームワーク

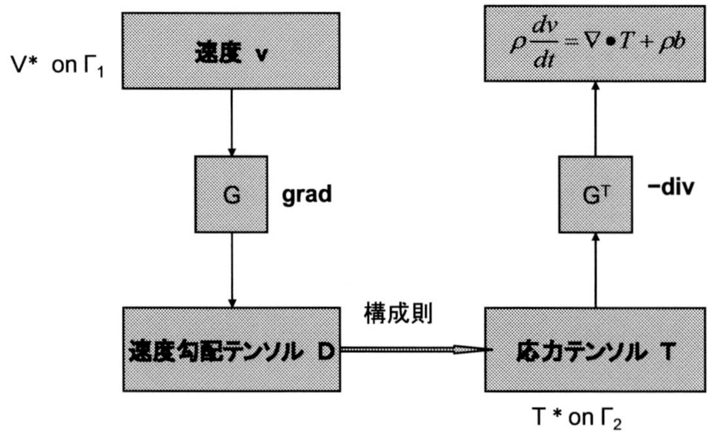

C 連立１次方程式と解空間

連立1次方程式と解空間の関係を次の順序で調べる。

- ベクトル$\mathbf{x}\in V^n$とベクトル$\mathbf{y}\in W^m$を定義する。
- mxn 行列 A の行空間 R(A^T)と列空間 R(A)を線形写像 A$\mathbf{x}$＝$\mathbf{y}$で定義する。
- A$\mathbf{x}$＝$\mathbf{0}$により右零空間 N(A)を $A^T\mathbf{y}$＝$\mathbf{0}$により左零空間 N(A^T)を定義する。
- 4つの空間 R(A)、R(A^T)、N(A)、N(A^T)の関係を調べる。
- 連立1次方程式 A$\mathbf{x}$＝$\mathbf{b}$を解く.

C1. 線形代数の値域定理と次元数の関係

つぎに線形代数の値域定理と次元数の関係を調べる。

- n次元ベクトル$\mathbf{x}=(x_1,x_2,\ldots,x_n)^T$を$\mathbf{x}\in V^n$とする。
- m次元ベクトル$\mathbf{y}=(y_1,y_2,\ldots,y_m)^T$を$\mathbf{y}\in W^m$とする。
- mxn 行列 A は線形演算子である。A を成分、列ベクトル、行ベクトルを用いて表示すると、

$$A=(a_{ij})=(\mathbf{a}_1,\mathbf{a}_2,\cdots,\mathbf{a}_n)=(\mathbf{a}^1,\mathbf{a}^2,\cdots,\mathbf{a}^m)^T$$

となる。ここで $\mathbf{a}_{ij}$ は A の成分、$\mathbf{a}_j=(a_{1j},a_{2j},\ldots,a_{mj})^T$ は j 列ベクトル (j=1,2,…,n) ,$\mathbf{a}^i=(a_{i1},a_{i2},\ldots,a_{in})$は i 行ベクトル (i=1,2,…,m) である。A^Tを A の転置行列とすれば A^Tのm個の列ベクトルは $\mathbf{a}^i$の転置ベクトルに等しい。

- 任意の**mxn** 行列 A の独立な行ベクトルの個数と独立な列ベクトルの個数は等しく、その階数は rank(A)=rank(A^T)=r である。

- 線形写像 A**x**＝**y**を考える。これは n 次元空間 V から m 次元空間 W への線形写像である（図C1参照）。A の列ベクトルによって写像された列空間 R(A)と A の行ベクトルによって写像された行空間 $R(A^T)$次元数はともに等しく dimR(A) =dim$R(A^T)$=r である（図 C2参照）。

- n次元空間のベクトル **x** が**mxn** 行列 A によって m 次元空間のベクトル**y**に、線形写像される場合を考える。A**x**＝**y**を具体的に表示すると

$$\begin{bmatrix} a_{11}, a_{12}, \ldots, a_{1n} \\ a_{21}, a_{22}, \ldots, a_{2n} \\ \cdots\cdots\cdots\cdots \\ a_{m1}, a_{m2}, \ldots, a_{mn} \end{bmatrix} \begin{bmatrix} x_1 \\ x_2 \\ . \\ . \\ x_n \end{bmatrix} = \begin{bmatrix} y_1 \\ y_2 \\ . \\ y_m \end{bmatrix}$$

となる。ここで$\mathbf{x} \in V^n$、$\mathbf{y} \in W^m$である。この線形写像は列ベクトル $\mathbf{a}_j$を用いて表示すると

$$x_1 a_1 + x_2 a_2 + . . + x_n a_n = y$$

となる。よってベクトル**y**は列ベクトルの線形1次結合で表される列空間内のベクトルである。

- A**x**=0 を満足する n 次元ベクトルの張る A の右零空間 N(A)は V^n の部分空間でその次元数は dimN(A)=n-r である。同様に A^T**y**＝**0**満足するm次元ベクトルの張る A の左零空間 $N(A^T)$は W^m の部分空間でその次元数は dim$N(A^T)$=m-r である。

図C1．行列Aによる線形写像

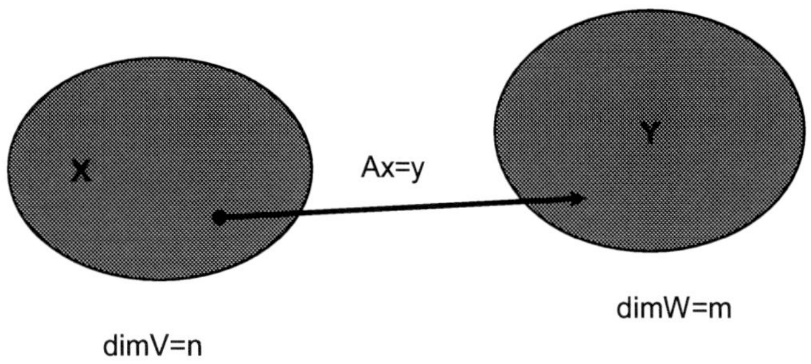

図C2　線形写像AとA^T

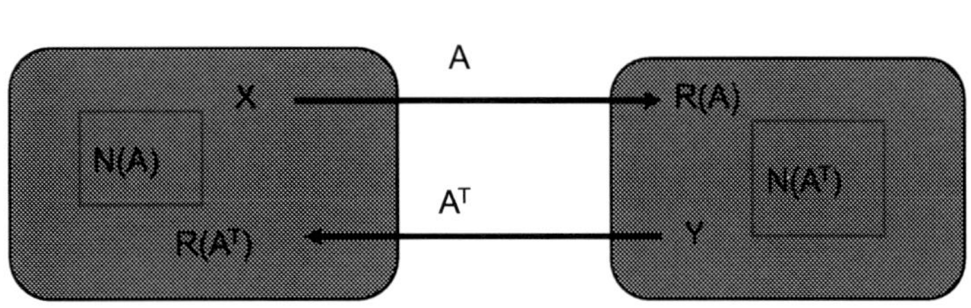

- 任意の mxn 行列 A の右零空間 N(A)は行空間 R(A^T)の直交補空間である。同様に左零空間 N(A^T)は列空間 R(A)の直交補空間である(表 C1と図 C3参照)。

- 空間 V^n は右零空間 N(A)と行空間 R(A^T)の直和であり，空間 W^m は左零空間 N(A^T)と列空間 R(A)の直和である(表 C1と図 C3参照)。

- 連立1次方程式 A**x**=**b** を考える。**b**が列空間内のベクトルであるとき解は存在し，**b**が列空間外のベクトルであるとき解は存在しない。解が存在するとき A**x**=**b** の一般解は A**x**=**0**を満足する同次解 x_h と A**x**=**b** を満足する1つの特殊解 x_p の和として表せる($x = x_h + x_p$)。A**x**=**b** が解を持つのは**b**が N(A^T)に直交しているときに限る。また，**b**が列空間にあるのは転置された同次方程式 A^T**y**＝**0**のすべての解**y**に直交しているときかつそのときに限る(図 C3と図 C4参照)

- 次の Primal と Dual は互いに双対な問題である(図 C3と図 C4参照)

(Primal)　A**x**＝**b**、**x**≧**0**の条件のもとで min(**c**,**x**)を求める。

(Dual)　A^T**y**≦**c** の条件のもとで max(**b**,**y**)を求める。

表C1　線形代数の値域定理と次元数

$N(A)=R(A^T)^{\perp}$ $N(A^T)=R(A)^{\perp}$ $\perp$ 直交補空間	$R(A^T)=N(A)^{\perp}$ $R(A)=N(A^T)^{\perp}$ $\perp$ 直交補空間
$V=N(A)\oplus R(A^T)$ $W=N(A^T)\oplus R(A)$ $\oplus$ 直和	$\dim V=n$ $\dim W=m$
$\dim R(A)=r$ $\dim N(A)=n-r$	$\dim R(A^T)=r$ $\dim N(A^T)=m-r$

図C3　線形作用素A(V→W)

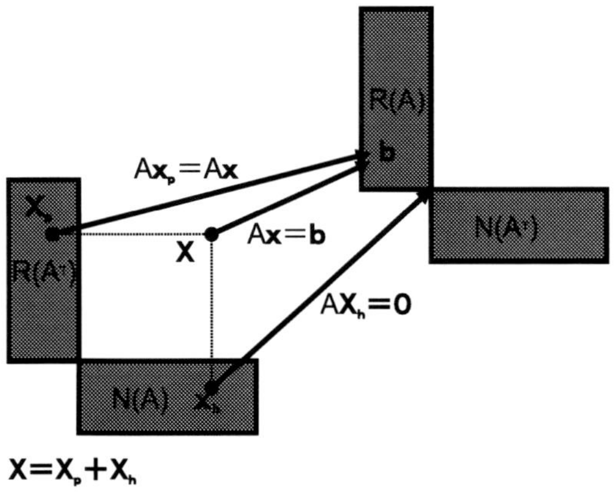

図C4　線形作用素A^T（W→V)

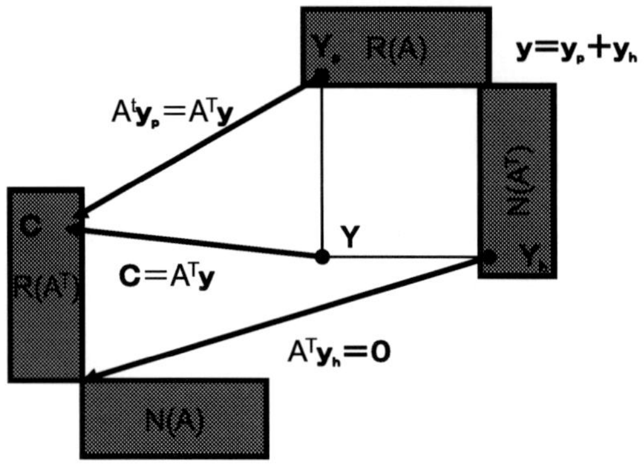

図C5　解の存在条件b∈ R(A)

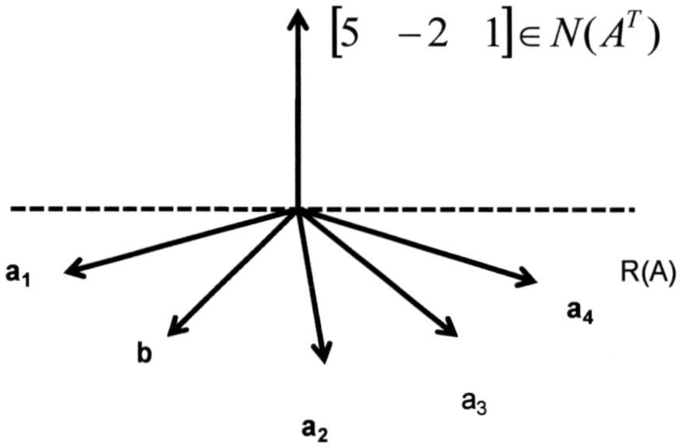

C2.　mxn 行列 A において m<n の場合

mxn 行列 A は m<n, m=n, m>n の場合によって、連立１次方程式 A**x** ＝ **b** の解の意味が異なる。m=n で A が正則行列の場合，解は **x** ＝A^{-1} **b** となる。m<n, m>n の場合は A が特異行列になるので、その解析に注意を必要とする。

m＜ｎの場合：まずm＜ｎの場合を考える。つぎに、連立１次方程式 A**x** ＝ **b** の解法の具体例をしめす。

$$\begin{bmatrix} 1 & 3 & 3 & 2 \\ 2 & 6 & 9 & 5 \\ -1 & -3 & 3 & 0 \\ & & & \end{bmatrix}\begin{bmatrix} x_1 \\ x_2 \\ x_3 \\ x_4 \end{bmatrix} = \begin{bmatrix} b_1 \\ b_2 \\ b_3 \end{bmatrix}$$

A を３ x ４行列とする。すなわち m=3、n=4 である。Gauss の消去法を適用する。

（1）　２行から１行の２倍をひく。

$$P_1 = \begin{bmatrix} 1 & 0 & 0 \\ -2 & 1 & 0 \\ 0 & 0 & 1 \end{bmatrix}$$

（2）　３行から２行の２倍を引き１行を加える。

$$P_2 = \begin{bmatrix} 1 & 0 & 0 \\ 0 & 1 & 0 \\ 1 & -2 & 1 \end{bmatrix}$$

$P=P_2P_1$ として PA**x** ＝P**b** を計算する。消去の結果は

$$\begin{bmatrix} 1 & 3 & 3 & 2 \\ 0 & 0 & 3 & 1 \\ 0 & 0 & 0 & 0 \\ & & & \end{bmatrix} \begin{bmatrix} x_1 \\ x_2 \\ x_3 \\ x_4 \end{bmatrix} = \begin{bmatrix} b_1 \\ b_2 - 2b_1 \\ b_3 - 2b_2 + 5b_1 \end{bmatrix} = \begin{bmatrix} c_1 \\ c_2 \\ c_3 \end{bmatrix}$$

である。この結果を U**x**=**c** とする。ここで、U=PA, **c**=P**b** である。具体的に表示すると操作行列は

$$P = P_2P_1 = \begin{bmatrix} 1 & 0 & 0 \\ 0 & 1 & 0 \\ 1 & -2 & 1 \end{bmatrix} \begin{bmatrix} 1 & 0 & 0 \\ -2 & 1 & 0 \\ 0 & 0 & 1 \end{bmatrix} = \begin{bmatrix} 1 & 0 & 0 \\ -2 & 1 & 0 \\ 5 & -2 & 1 \end{bmatrix}$$

で正則な下三角行列である。その成分は右辺の列ベクトル P**b** の係数に一致する。一方

$$U = PA = \begin{bmatrix} 1_{\otimes} & 3 & 3 & 2 \\ 0 & 0_{\otimes} & 3_{\otimes} & 1 \\ 0 & 0 & 0 & 0_{\otimes} \\ 0 & 0 & 0 & 0 \end{bmatrix}$$

は上三角行列である。P^{-1}=L とすれば L も下三角行列で A=LU となる。これを行列 A の LU 分解とよぶ。すなわち Gauss の消去法によって LU 分解が達成される。つぎに行列 U の性質を調べる。⊗印の数字をピポットと呼ぶ。第１列のピポットは１、第２列のピポットは０、第３列のピポットは３、第４列のピポットは０である。ピポットの数は列の数だけある。０でないピポットの列は互いに独立な列ベクトルを意味する。この場合 U の列ベクトルを $\mathbf{u}_1, \mathbf{u}_2, \mathbf{u}_3, \mathbf{u}_4$ とすると $\mathbf{u}_1$ と $\mathbf{u}_3$ が独立で行列 U の階数は独立な列ベクトルの個数の等しい。この場合 rank(U)=2 である。一方、０ピポットの列ベクトルは従属ベクトルを意味する。すなわち、$\mathbf{u}_2=3\mathbf{u}_1, \mathbf{u}_4=\mathbf{u}_1+(1/3)\mathbf{u}_3$ で $\mathbf{u}_2$ と $\mathbf{u}_4$ は独立な列ベクトル $\mathbf{u}_1$ と $\mathbf{u}_3$ を用いて表すことができる。U=PA で P は正則行列であるから U の性質はそのまま A の性質となる。すなわち、rank(A)=2 で $\mathbf{a}_2=3\mathbf{a}_1, \mathbf{a}_4=\mathbf{a}_1+(1/3)\mathbf{a}_3$ が成立する。

基底変数と自由変数

零でないピッポトの第１列と第３列は互いに独立な列基底ベクトル $\mathbf{a}_1$ と $\mathbf{a}_3$ に対応し、変数（x_1、x_3）は基底変数となる。一方、零ピッポトの第２列と第４列は従属な底ベクトル $\mathbf{a}_2$ と $\mathbf{a}_4$ に対応し、変数（x_2、x_4）は自由変数となる。

解の求め方

解は後退代入によって求める。（第３行）Uの第３行の成分はすべて零であるから

$$0 \bullet x_4 = c_3 = b_3 - 2b_2 + 5b_1$$

を得る。よって右辺が零であれば任意の x_4 に対して成立する。すなわち x_4 は自由変数である。また右辺零は２つのベクトルが互いに直行することを意味し、

$$\begin{bmatrix}5 & -2 & 1\end{bmatrix}\begin{bmatrix}b_1 \\ b_2 \\ b_3\end{bmatrix} = 0$$

であることを表している。さらに行ベクトル $\begin{bmatrix}5 & -2 & 1\end{bmatrix}$ はAの任意の列ベクトルと直交し、

$$\begin{bmatrix}5 & -2 & 1\end{bmatrix}A = \begin{bmatrix}0 & 0 & 0 & 0\end{bmatrix}$$

となることが確かめられる。このとき、ベクトル**b**は列空間 R(A)の中にあり A**x=b** の解は存在する（図C5参照）。よって $A^T\mathbf{y}=0$ を満足する1つのベクトルが $\begin{bmatrix}5 & -2 & 1\end{bmatrix}^T$ であるから、空間Wの3個の基底ベクトルは A の2つの独立なベクトル(たとえば $\mathbf{a}_2$ と $\mathbf{a}_4$)と $\begin{bmatrix}5 & -2 & 1\end{bmatrix}^T$ から構成できる。

（第２行）つぎにUの第２行より x_3 がもとまる。すなわち

$$3x_3 + x_4 + c_2 = b_2 - 2b_1$$

より

$$x_3 = -\frac{1}{3}x_4 + \frac{1}{3}(b_2 - 2b_1)$$

である。（第１行）さらにＵの第１行よりｘ$_1$がもとまる。

$$x_1 + 3x_2 + 3x_3 + 2x_4 = c_1 = b_1$$

に上で求めたｘ$_3$を代入し

$$x_1 = -3x_2 - x_4 + 3b_1 - b_2$$

を得る。ここでもｘ$_2$は０ピボットに対応し自由変数である。

以上より、一般解は

$$x = \begin{bmatrix} x_1 \\ x_2 \\ x_3 \\ x_4 \end{bmatrix} = x_2\begin{bmatrix} -3 \\ 1 \\ 0 \\ 0 \end{bmatrix} + x_4\begin{bmatrix} -1 \\ 0 \\ -\frac{1}{3} \\ 1 \end{bmatrix} + \begin{bmatrix} -3b_1 - b_2 \\ 0 \\ \frac{1}{3}(b_2 - 2b_1) \\ 0 \end{bmatrix}$$

と表せる。この一般解は同次解 x_h と特殊解 x_p の和からなる。Ａ$\mathbf{x}=\mathbf{0}$を満足する同次解は

$$x_h = x_2\begin{bmatrix} -3 \\ 1 \\ 0 \\ 0 \end{bmatrix} + x_4\begin{bmatrix} -1 \\ 0 \\ -\frac{1}{3} \\ 1 \end{bmatrix}$$

であり、Ａ$\mathbf{x}=\mathbf{b}$を満足する特殊解は

$$x_p = \begin{bmatrix} -3b_1 - b_2 \\ 0 \\ \frac{1}{3}(b_2 - 2b_1) \\ 0 \end{bmatrix}$$

である。

簡易法

特殊解だけを求める場合は次のようにすればよい。自由変数ｘ$_2$とｘ$_4$は任意であるから、

$x_2 = x_4 = 0$と選んでよい。このとき$\mathbf{x}_h = 0$となる。よって解は特殊解だけで表せる。特殊解だけを求めるときは最初から$x_2 = x_4 = c_3 = 0$とし、２ｘ２行列の連立１次方程式

$$\begin{bmatrix} 1 & 3 \\ 0 & 3 \end{bmatrix}\begin{bmatrix} x_1 \\ x_2 \end{bmatrix} = \begin{bmatrix} b_1 \\ b_2 - 2b_1 \end{bmatrix}$$

を解けばよい。これより特殊解が容易に

$$\begin{bmatrix} x_1 \\ x_3 \end{bmatrix} = \begin{bmatrix} 3b_1 - b_2 \\ \frac{1}{3}(b_2 - 2b_1) \end{bmatrix}$$

と求まる。ここで変数x_1とx_3は基底変数である。すなわち変数を自由変数と基底変数に分解し、自由変数をすべて零に置くことにより、基底変数だけで表された特殊解が容易に求まる。

空間の直和分解

同次解x_hは$A\mathbf{x}_h$=**0** を満足するからx_hを構成する２つの列ベクトルは

$$A\begin{bmatrix} -3 & -1 \\ 1 & 0 \\ 0 & -\frac{1}{2} \\ 0 & 1 \end{bmatrix} = \begin{bmatrix} 0 & 0 \\ 0 & 0 \\ 0 & 0 \end{bmatrix}$$

を満足する。すなわち、これらの列ベクトルは右零空間 N(A)の列ベクトルであり、A の行ベクトルに直交する。そしてＡの２つの行ベクトル

$$\begin{bmatrix} 1 & 3 & 3 & 2 \\ 2 & 6 & 9 & 5 \end{bmatrix}$$

は空間 $R(A^T)$に属する。よって空間Ｖは直和で $V=N(A)\oplus R(A^T)$と表わせる。

C3. mxn 行列 A において m＞n の場合

方程式の数mが未知数nより大きい場合、連立1次方程式A**x**＝**b**は不能である。しかし誤差の2乗

$$\|e\|^2 = \|Ax-b\|^2 = (Ax-b)^T(Ax-b) = x^TA^TAx - x^TA^Tb - b^TAx + b^Tb$$

を最小にする解が存在する。極値条件より、xで微分して零とおけば解は正規方程式（または対称化方程式）

$A^TA\mathbf{x} = A^T\mathbf{b}$

の解である。 この正規方程式は

$$P(x) = \frac{1}{2}x^TA^TAx - x^TA^Tb$$

の極値条件にも一致する。

正規方程式の解法

A^TAが正則な場合解は一意的に決まり

$\mathbf{x} = (A^TA)^{-1}A^T\mathbf{b} = A^+\mathbf{b}$

と求まる。ここでA^+は**疑似逆行列**でその定義式は

$A^+ = (A^TA)^{-1}A^T$

である。疑似逆行列は nxm 行列でつぎの性質をもつ。

(a) rank(A)=rank(A^+)

(b) $(A^+)^+=A$

一方、**b**の列空間上への射影**p**は A**x**＝**p**であるから（図 C6参照）

$$\mathbf{p} = P\mathbf{b} = A\mathbf{x} = A(A^+\mathbf{b})$$

を満足する。よって射影演算子は

$$P=AA^{+}$$

と求まる。射影演算子は対称で $P=P^{T}$ かつ $P^2=P$ なる性質を持っている。このことは恒等式 $(B^{T})^{-1}=(B^{-1})^{T}$, $(B^{T})^{T}=B$ を用いると容易に証明できる。$\mathbf{p}=P\mathbf{b}$ の両辺に射影演算子 $P=AA^{+}$ を作用させ、$P^2=P$ を用いると

$$P(\mathbf{p}-P\mathbf{b})=AA^{+}(\mathbf{p}-\mathbf{b})=0$$

を得る。よって、$\mathbf{p}-\mathbf{b}$ は空間 $N(A^{+})$ のベクトルである。A の疑似逆行列 A^{+} の作用を図Ｃ７にしめす。

まとめ

（１）　$A\mathbf{x}=\mathbf{b}$　　**不能な方程式**

（２）　$A\mathbf{x}=\mathbf{p}=P\mathbf{b}$　　**射影演算子**

（３）　$A^{T}A\mathbf{x}=A^{T}\mathbf{b}$　　**正規方程式**

（４）　$\mathbf{x}=(A^{T}A)^{-1}A^{T}\mathbf{b}=A^{+}\mathbf{b}$　　疑似逆行列 A^{+} の定義式

（５）　$\mathbf{x}=(A^{T}A)^{-1}A^{T}\mathbf{p}=A^{+}\mathbf{p}$　　**(2)と(3)より $A^{T}\mathbf{b}=A^{T}A\mathbf{x}=A^{T}\mathbf{p}$**

図C6　最小2乗解　P＝AA⁺

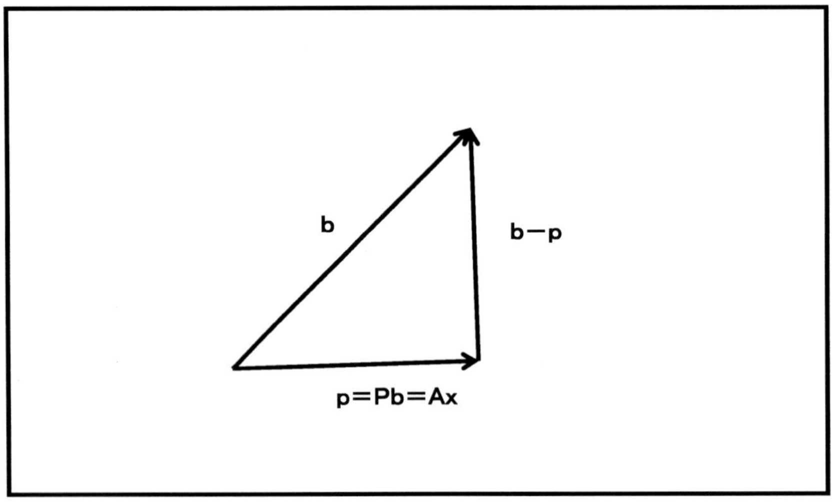

図C7　疑似逆行列A⁺の作用

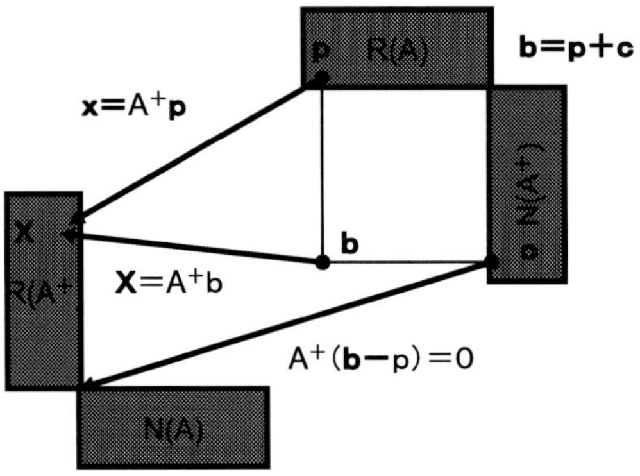

C4.　双対な問題

次の Primal と Dual は互いに双対な問題である。

(Primal)　$A\mathbf{x}=\mathbf{b}$、$\mathbf{x}\geqq\mathbf{0}$の条件のもとで min(**c,x**)を求める。

(Dual)　$A^T\mathbf{y}\leqq\mathbf{c}$ の条件のもとで max(**b,y**)を求める。

xを最小問題、**y**を最大問題の実行可能なベクトルとすれば

$$(\mathbf{b}、\mathbf{y})\leqq(\mathbf{c}、\mathbf{x})\qquad \text{maximum}\leqq\text{minimum}$$

を満足する。よって max(**b,y**)は min(**c,x**)を超えることはない。そして解ベクトルは等式

$$(\mathbf{b}、\mathbf{y})=(\mathbf{c}、\mathbf{x})$$

を満足する(図 C8参照)。

証明

条件式

$$A\mathbf{x}=\mathbf{b}\qquad A^T\mathbf{y}\leqq\mathbf{c}$$

について考える。第1式に**y**、第2式に$\mathbf{x}\geqq\mathbf{0}$を内積する。その結果

$$(\mathbf{y}、A\mathbf{x})=(\mathbf{y},\ \mathbf{b})\qquad (A^T\mathbf{y}、\mathbf{x})=(\mathbf{y}、A\mathbf{x})\leqq(\mathbf{c}、\mathbf{x})$$

を得る。ここで$\mathbf{y}\geqq\mathbf{0}$の条件は必要ないこと注意しておく。これより

$$(\mathbf{b}、\mathbf{y})\leqq(\mathbf{c}、\mathbf{x})\qquad \text{maximum}\leqq\text{minimum}$$

を得る。つぎに等号が成立する場合を考える。$(\mathbf{b}、\mathbf{y})=(\mathbf{c}、\mathbf{x})$は

$(A^T\mathbf{y}、\mathbf{x}) = (\mathbf{y}、A\mathbf{x}) = (\mathbf{c}、\mathbf{x})$

と変形できる。よって

$(A^T\mathbf{y} - \mathbf{c}、\mathbf{x}) = 0$

を得る。これは2つの正のベクトルの内積が零であることを意味する。よって

$\mathbf{x} \geqq 0$ に対して $A^T\mathbf{y} = \mathbf{c}$

でなければならない。(証明おわり)

図C8　双対な問題のフレームワーク

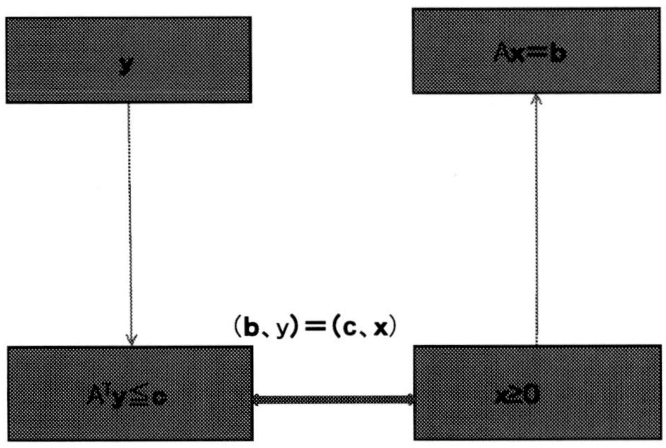

コメント　線形双対問題

(Primal)　$A\mathbf{x} \geqq \mathbf{b}$、$\mathbf{x} \geqq \mathbf{0}$の条件のもとで$\min(\mathbf{c},\mathbf{x})$を求める。

(Dual)　$A^T\mathbf{y} \leqq \mathbf{c}$　$\mathbf{y} \geqq \mathbf{0}$の条件のもとで$\max(\mathbf{b},\mathbf{y})$を求める。

Legendre変換と非線形双対問題

(Primal)　凸関数$F(x)$に対して$F^*(y) = \max_x(yx - F(x))$を求める。

(Dual)　凸関数$F^*(y)$に対して$F(x) = \max_y(yx - F^*(y))$を求める。

エネルギーと補エネルギー

物理法則：エネルギー$P(x)$と補エネルギー$Q(y)$を考える。自然界の静的釣り合い状態においてこれらの和 $P+Q$ の最小値は零となる。すなわち、

$$P(x)+Q(y) \geq 0$$

が成立する。等号は静的釣り合い状態である（証明１参照)。ここで、$x = (x_1、x_2、\cdots x_n)^T$は接点の独立な電位ベクトルであり、$y = (y_1、y_2、\cdots y_m)^T$は辺を流れる電流ベクトルである。

エネルギーP(x)

エネルギーP(x)は２次式

$$P(x)=\frac{1}{2}(Ax-b)^{T}C(Ax-b)-x^{T}f$$

である。ここでＡはｍｘｎ行列で$m\rangle n$とする。Ｃはｍｘｍ行列で対称正定値である。

ｂ＝ｂ（b_1、b_2、・・・b_m）^{T}は起電力ベクトル、ｆ＝（f_1、f_2、・・・f_n）^{T}は電流ソースベクトルである。エネルギーP(x) に拘束条件はなく極値条件δ P＝０ よりｘに関する連立1次方程式

$$A^{T}C(Ax-b)=f$$

が導かれる。

補エネルギーQ(y)

補エネルギーQ(y)は２次式

$$Q(y)=\frac{1}{2}y^{T}Cy-b^{T}y$$

で与えられる。Q(y)はｎ個の拘束条件

$$A^{T}y=f$$

のもとで最小化される。この問題は拘束条件つき変分問題でその Lagrange 関数は

$$L(x,y)=Q(y)+x^{T}(A^{T}y-f)$$

となる。ここでｘは Lagrange 乗数である。極値条件より

$$\frac{\partial L}{\partial y}=0 \qquad C^{-1}y+Ax=b$$

$$\frac{\partial L}{\partial x}=0 \qquad A^{T}y=f$$

を得る。これはｘとｙの連立方程式

$$\begin{bmatrix} C^{-1} & A \\ A^T & 0 \end{bmatrix}\begin{bmatrix} y \\ x \end{bmatrix} = \begin{bmatrix} b \\ f \end{bmatrix}$$

である。e=b-Ax とおけば上式はｙ＝Ce　なる構成則（Ohm の法則）を表している。またｙを消去すると

$$A^T C(Ax - b) = f$$

が導ける。これは P(x) の最小化方程式に等しい。

証明 1（静的釣り合い状態は構成則を満足する。）

拘束条件 $A^T y = f$ により、P+Q はつぎの不等式を満足する。

$$P + Q = \frac{1}{2}(Ax - b)^T C(Ax - b) + x^T(Ay) + \frac{1}{2}y^T C^{-1} y$$
$$= \frac{1}{2}(C^{-1}y + Ax - b)^T C(C^{-1}y + Ax - b) \geq 0$$

よって、最小値 P+Q=0 が成立するのは $C^{-1}y = e = b - Ax$ のときである。すなわち構成則 $y = Ce$ が成立するときである(証明終わり)。

Min Max 問題

証明2(平衡点は鞍点である。)

Lagrange 関数は許容された任意のxと拘束条件 $A^T y = f$ を満足するｙに対して不等式

$$-P(x) \leq L(x, y) \leq Q(y)$$

を満足する。平衡状態において等式 －P=Q が成立し、この等式は構成則 $y = Ce$ を意味する。

すなわち

$$\max_x(-P(x)) = \max_x \min_y L(x, y) = \min_y \max_x L(x, y) = \min_y Q(y)$$

が成立する。よって平衡点は鞍点(saddle point)である

補足:証明2を補足する

$$\max_x L(x,y) = \max_x \left[Q(y) + x^T\left(A^T y - f\right)\right]$$

である。拘束条件 $A^T y = f$ により

$$\max_x L(x,y) = \max_x \left[Q(y)\right] = Q(y)$$

ゆえに、

$$\min_y \max_x L(x,y) = \min_y Q(y)$$

となる。一方

$$\min_y L(x,y) = \min_y \left[Q(y) + x^T\left(A^T y - f\right)\right]$$

である。よって Q を代入して

$$\min_y L(x,y) = \min_y \left[\frac{1}{2} y^T C^{-1} y - (b - Ax)^T y - x^T f\right]$$

を得る。この式は $\dfrac{\partial L}{\partial y} = 0$ のとき、すなわち構成則

$$y = C(b - Ax)$$

が成り立つとき L は最小値をとる。このyを代入すると

$$\min_y L(x,y) = -\frac{1}{2}(b - Ax)^T C(b - Ax) - x^T f = -P(x)$$

ゆえに、

$$\max_x \min_y L(x,y) = \max_x \left[-P(x)\right]$$

を得る。よって L(x,y)の平衡点はxから見ると極大、yから見ると極小となる鞍点である。

[問] C=I, f=0 のとき、平衡状態(P+Q=0)でつぎの等式が成立する。これを示しなさい。

$$\|Ax\|^2 + \|y\|^2 = \|b\|^2$$

D ベクトル場の直交分解と Helmholtz の表示定理

直交分解にはベクトルの直交分解とベクトル場の直交分解の２種類がある。ベクトルの直交性は内積 $\mathbf{v}_{\parallel}\cdot\mathbf{v}_{\perp}=0$ であり、ベクトル場の直交性は積分 $\int \mathbf{v}_{\parallel}\cdot\mathbf{v}_{\perp}dV=0$ である。

無限領域 : 無限領域の Helmholtz の表示定理の場合、境界項が零になるためには r が無限大で分布関数が r^{-2} 以上のオーダで減衰することが要求される。その結果として $\nabla\cdot\mathbf{A}=0$ となる。

有限領域 : 有限領域の Helmholtz-Hodge の定理の場合、境界項が零になるためにはベクトルの法線成分が境界上で零になることが要求される。その結果として $\nabla\nabla\cdot\mathbf{A}=0$ となる。よって、Helmholtz の表示表示定理と Helmholtz-Hodge の定理の相違を正しく理解することが大切である。

D1. ベクトル場の直交分解

まず、ベクトルの直交分解から始める。

ベクトルの直交分解 : **n** を単位ベクトルとする。任意のベクトル **v** の **n** に平行な成分は

$$\mathbf{v}_{\parallel}=\mathbf{n}\left(\mathbf{n}\cdot\mathbf{v}\right)$$

と書ける。**v** から $\mathbf{v}_{\parallel}$ を引くと **n** に直交する成分は

$$\mathbf{v}_{\perp}=\mathbf{v}-\mathbf{v}_{\parallel}=-\mathbf{n}\times(\mathbf{n}\times\mathbf{v})$$

となる。よってベクトル **v** の直交分解は

$$\mathbf{v}=\mathbf{v}_{\parallel}+\mathbf{v}_{\perp}=\mathbf{n}\left(\mathbf{n}\cdot\mathbf{v}\right)-\mathbf{n}\times(\mathbf{n}\times\mathbf{v})$$

と表せる（図Ｄ１参照）。物体表面で **n** は面の単位法線ベクトルとなる。

図D1 ベクトルの直交分解

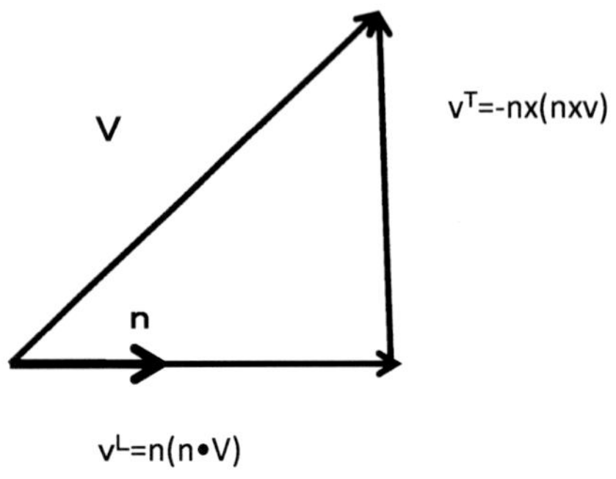

Fourie 変換

ベクトルの展開公式

$$\nabla^2 \mathbf{v} = \nabla\nabla\cdot\mathbf{v} - \nabla\times\nabla\times\mathbf{v}$$

を Fourie 変換する。この式に $\mathbf{v}(\mathbf{x}) \approx \mathbf{v}(\mathbf{k})e^{i\mathbf{k}\cdot\mathbf{x}}$ を代入すると、波数空間で

$$(\mathbf{k}\cdot\mathbf{k})\mathbf{v}(\mathbf{k}) = \mathbf{k}\mathbf{k}\cdot\mathbf{v}(\mathbf{k}) - \mathbf{k}\times\mathbf{k}\times\mathbf{v}(\mathbf{k})$$

となる。両辺を$(\mathbf{k}\cdot\mathbf{k})$で割ると

$$\mathbf{v}(\mathbf{k}) = \hat{\mathbf{k}}\hat{\mathbf{k}}\cdot\mathbf{v}(\mathbf{k}) - \hat{\mathbf{k}}\times\hat{\mathbf{k}}\times\mathbf{v}(\mathbf{k}) = \mathbf{v}(\mathbf{k})_{\parallel} + \mathbf{v}(\mathbf{k})_{\perp}$$

を得る。ここで$\hat{\mathbf{k}}$は$\mathbf{k}$方向の単位ベクトルである。この式は波数空間のベクトル$\mathbf{v}(\mathbf{k})$を波動の進行方向$\mathbf{k}$に平行な成分と直交する成分に直行分解したことを表している。すなわちベクトルの展開公式はベクトル場の直行分解を表しているにすぎない。そして、平行成分は粗密

波で縦波（lateral）を，垂直成分はせん断波で横波（transverse）を表してる。すなわち波数空間のベクトルは

$$\mathbf{v}(\mathbf{k})=\mathbf{v}(\mathbf{k})_{\parallel}+\mathbf{v}(\mathbf{k})_{\perp}=\mathbf{v}(\mathbf{k})^{L}+\mathbf{v}(\mathbf{k})^{T}$$

と直交分解できる。

直交射影演算子

ＰとＱをベクトル場を直交分解する直交射影演算子とする。このとき

$$P+Q=I$$

が成立する。ここでＩは恒等演算子である。一般に射影演算子は

$$P^2=P \qquad Q^2=Q$$

を満足する。ゆえに射影演算子の固有値は１または０である。さらにＰとＱの直交性は

$$PQ=0 \qquad QP=0$$

で表せる。

ベクトル場の直交分解：Ｐを発散が零となるベクトル場（divP=0）への射影演算子、Ｑを回転が零となるベクトル場（rotQ=0）への射影演算子とする。このときＰとＱは

$$P=I-Q=I-\mathrm{grad}\nabla^{-2}\mathrm{div}$$

$$Q=\mathrm{grad}\nabla^{-2}\mathrm{div}$$

で与えられる。ここで∇^{-2}は逆 Laplace 演算子である。場の直交分解定理として、無限領域に対する Helmholtz の表示定理と有限領域に対する Helmholtz-Hodge の定理がある。境界項が零になるためには、無限領域の場合ｒが無限大で関数がr^{-2}以上のオーダで減衰することが必要であり、有限領域の場合ベクトルの法線成分が境界上で零になることが要求される。

逆 Laplace 演算子

積分演算子 Pot(potential)を

$$\mathrm{Potf}(\mathbf{x})=\frac{1}{4\pi}\int\frac{f(x')}{|x-x'|}dV(x')$$

で定義する。このとき公式（D３参照）

$$\frac{1}{4\pi}\nabla^2\frac{1}{|x-x'|}=-\delta(x-x')$$

を用いると

$$\nabla^2\mathrm{Potf}(\mathbf{x})=-f(\mathbf{x})$$

となる。よって逆 Laplace 演算子は Pot で

$$\nabla^{-2}=-\mathrm{Pot}$$

と表すことができる。

積分演算子と微分演算子の可換性

関数 f(x)が無限遠方で r^{-2} 以上で０になるとき、積分演算子 Pot と微分演算子∇は可換である。すなわち

$$\nabla\mathrm{Potf}(x)=\mathrm{Pot}\nabla f(x)$$

が成立する。

[証明] 積分演算子 Pot の定義式

$$\mathrm{Potf}(x)=\frac{1}{4\pi}\int dV(x')\frac{f(x')}{r}$$

よりただちに

$$\nabla \mathrm{Potf}(x) = \frac{1}{4\pi}\int dV(x')\nabla\frac{f(x')}{r}$$

$$\mathrm{Pot}\nabla f(x) = \frac{1}{4\pi}\int dV(x')\frac{\nabla' f(x')}{r}$$

が導かれる。ただし $r=|\mathbf{x}-\mathbf{x}'|$ である。よって $\nabla=-\nabla'$ に注意して、これらの式の差を作ると

$$\nabla \mathrm{Potf}(x) - \mathrm{Pot}\nabla f(x) = -\frac{1}{4\pi}\int dV(x')\nabla'\frac{f(x')}{r}$$

がもとまる。この式の右辺は、Gauss の定理を用いて半径が十分大きい球面上で積分すると

$$\frac{1}{4\pi}\int dV(x')\nabla'\frac{f(x')}{r} = \frac{1}{4\pi}\int dS(x')\mathbf{n}'\frac{f(x')}{r} = r'^2\frac{f}{r'} \approx 0$$

となる。よって関数 f(x) が無限遠方で r^{-2} 以上で 0 になるとき与式を得る（証明終わり）。

図D2　観測点とソース点

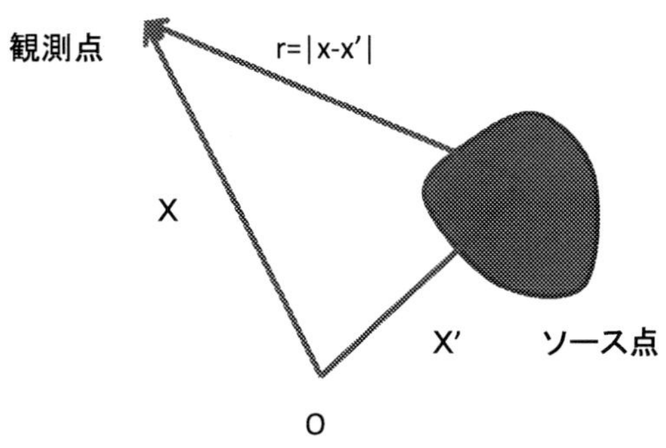

D2. Helmholtz の表示定理

無限遠方で零になる任意のベクトル場 $\mathbf{v}$ は

$$\mathbf{v} = \mathbf{v}_{\parallel} + \mathbf{v}_{\perp} = -\nabla\varphi + \nabla \times \mathbf{A}$$

書ける。これをベクトル場の Helmholtz 表示定理とよぶ。ここで、

$$\nabla \times \mathbf{v}_{\parallel} = \boldsymbol{\nabla} \times (-\nabla\varphi) = \mathbf{0}$$

$$\nabla \cdot \mathbf{v}_{\perp} = \boldsymbol{\nabla} \cdot (\nabla \times \mathbf{A}) = \mathbf{0}$$

である。よって、この式は任意のベクトル場が回転が零の場と発散が零の場に直交分解できることを表している。ここで、スカラーポテンシャルとベクトルポテンシャルは

$$\varphi(\mathbf{x}) = \frac{1}{4\pi}\int \frac{\theta'}{r} dV'$$

$$\mathbf{A}(x) = \frac{1}{4\pi}\int \frac{\boldsymbol{\omega}'}{r} dV'$$

である。ただし、$r = |\mathbf{x} - \mathbf{x}'|, \theta' = \theta(\mathbf{x}'), \boldsymbol{\omega}' = \boldsymbol{\omega}(\mathbf{x}'), V' = V(\mathbf{x}')$ である。また湧き出し密度（発散密度）は $\theta = \nabla \cdot \mathbf{v}$, 循環密度（回転密度）は $\boldsymbol{\omega} = \nabla \times \mathbf{v}$ で $\mathbf{x}$ が観測点 $\mathbf{x}'$ がソース点である。

[証明] Helmholtz の表示定理は逆 Laplace 演算子とベクトルの展開公式

$$\nabla^2 \mathbf{v} = \nabla\nabla \cdot \mathbf{v} - \nabla \times \nabla \times \mathbf{v}$$

を用いると容易に証明できる。両辺に逆 Laplace 演算子 ∇^{-2} を作用すると $\mathbf{v} = \nabla^{-2}\nabla^2 \mathbf{v}$ であるから

$$\mathbf{v} = \nabla\nabla^{-2}\theta - \nabla \times \nabla^{-2}\boldsymbol{\omega}$$

を得る。ただし発散密度と回転密度の定義式を用いた。ここで Pot の定義式を利用すると

$$\nabla^{-2}\theta = -\mathrm{Pot}\theta = -\varphi$$

$$\nabla^{-2}\boldsymbol{\omega} = -\mathrm{Pot}\boldsymbol{\omega} = -\mathbf{A}$$

となる。よって Helmholtz の表示

$$\mathbf{v} = -\nabla\varphi + \nabla\times\mathbf{A}$$

を得る（証明終わり）。

[問]無限領域の場合ベクトルポテンシャル $\mathbf{A}$ は $\mathrm{div}\mathbf{A}=0$ を満足することを示しなさい。

[答]　無限領域のベクトルポテンシャル

$$\mathbf{A}(\mathrm{x}) = \frac{1}{4\pi}\int\frac{\boldsymbol{\omega}'}{\mathrm{r}}\mathrm{dV}'$$

の両辺に div を作用させ、変数変換$\nabla = -\nabla'$すると

$$\boldsymbol{\nabla}\cdot\mathbf{A}(\mathrm{x}) = -\frac{1}{4\pi}\int(\boldsymbol{\omega}'\cdot\nabla')\frac{1}{\mathrm{r}}\mathrm{dV}' \to 0(\mathrm{r}\to\infty)$$

を得る。なぜならば、$\boldsymbol{\omega}$が$\mathrm{r}\to\infty$のとき r^{-2}以上のオーダで零になるからである。

[問] スカラーポテンシャルとベクトルポテンシャルは Poisson 方程式

$$\nabla^2\varphi = -\theta$$

$$\nabla^2\mathrm{A} = -\boldsymbol{\omega}$$

の解である。これを示しなさい。

Helmholtz-Hodge の直交分解定理

領域内で$\nabla\cdot\mathbf{u} = 0$,境界上で $\mathbf{n}\cdot\mathbf{u} = 0$ を満足するとき有限領域内の任意のベクトル場は

$$\mathbf{v} = -\nabla\varphi + \nabla\times\mathbf{A} = \mathbf{v}_{\parallel} + \mathbf{u}$$

と一意的に直交分解 できる。これを Helmholtz-Hodge の直交分解定理という。

[証明] $\nabla\cdot\mathbf{u} = 0$より $\mathbf{u} = \nabla\times\mathbf{A}$と書ける。このとき

$$\nabla\cdot(\varphi\mathbf{u}) = \mathbf{u}\cdot\nabla\varphi = \mathbf{u}\cdot\mathbf{v}_{\parallel}$$

となる。両辺を体積分しGaussの定理を適用すると境界上で$\mathbf{n}\cdot\mathbf{u}=0$であるから左辺の積分は零となる。よって右辺の積分より直交性の条件

$$\int_V \mathbf{u}\cdot\mathbf{v}_{\parallel}dV=0$$

をえる。よって$\mathbf{u}=\mathbf{v}_{\perp}$と書ける。一意性の証明はD４参照（証明終わり）。

Helmholtzの表示の両辺にcurlを作用させると

$$\nabla\times\mathbf{v}=\nabla\times\nabla\times\mathbf{A}=\nabla\nabla\cdot\mathbf{A}-\nabla^2\mathbf{A}$$

となる。$\nabla\nabla\cdot\mathbf{A}=0$のとき、$\boldsymbol{\omega}=\nabla\times\mathbf{v}$　としてPoisson方程式

$$\nabla^2\mathbf{A}=-\boldsymbol{\omega}$$

が導ける。

[問]　有限領域の場合ベクトルポテンシャル$\mathbf{A}$はgrad div$\mathbf{A}$=0 を満足することを示しなさい。

[答] 有限領域のベクトルポテンシャル

$$\mathbf{A}(x)=\frac{1}{4\pi}\int\frac{\boldsymbol{\omega}'}{r}dV'$$

の両辺にgrad divを作用させ、変数変換$\nabla=-\nabla'$すると

$$\nabla\nabla\cdot\mathbf{A}(x)=\frac{1}{4\pi}\int(\boldsymbol{\omega}'\cdot\nabla')\nabla'\frac{1}{r}dV'$$

を得る。後半部分は部分積分を実行して証明する。部分積分すると

$$\int(\boldsymbol{\omega}'\cdot\nabla')\nabla'\frac{1}{r}dV'=\int\nabla'\cdot\left(\boldsymbol{\omega}'\nabla'\frac{1}{r}\right)dV'-\int(\nabla'\cdot\boldsymbol{\omega}')\nabla'\frac{1}{r}$$

となる。右辺第１項は発散項でGaussの定理を用い体積分を面積分に変換した後体積Vを十分大きくすると$\boldsymbol{\omega}$の分布は有限領域であるから零となる。また第２項も

$$\nabla\cdot\boldsymbol{\omega}=\nabla\cdot(\nabla\times\mathbf{v})=0$$

となる。よってベクトルポテンシャル$\mathbf{A}$は$\nabla\nabla\cdot\mathbf{A}(x)=0$を満足する。

[問]有限領域の場合 $-\nabla\varphi$と$\nabla\times\mathrm{A}$の直交性を示しなさい。

[答] ベクトル解析の展開公式より$\nabla\cdot\nabla\times\mathbf{A}=0$であるから

$$\nabla\cdot(\varphi\nabla\times\mathbf{A})=\nabla\varphi\cdot\nabla\times\mathbf{A}$$

を得る。両辺を体積分して左辺に Gauss の定理を適用する。境界上で

$$\oint_S \varphi\mathbf{n}\cdot\nabla\times\mathbf{A}\,dS=\oint_S \varphi\mathbf{n}\cdot\mathbf{v}_\perp\,dS=0$$

となる。よって右辺の積分も０となり直交性の条件式

$$\int_V \nabla\varphi\cdot\nabla\times\mathbf{A}\,\mathbf{d}\,\mathbf{V}=\mathbf{0}$$

が導かれる。

直交射影演算子

直交射影演算子を

$$P=I-\nabla^{-2}\nabla\nabla$$

$$Q=\nabla^{-2}\nabla\nabla$$

で定義する。このときＰ＋Ｑ＝Ｉ，ＰＱ＝０、ＱＰ＝０となる。ベクトル $\mathbf{v}$ にこの直交射影演算子を作用すると

$$\mathbf{v}=(P+Q)\mathbf{v}=P\mathbf{v}+Q\mathbf{v}=\mathbf{v}_\perp+\mathbf{v}_\parallel$$

となる。また、δ関数に直交射影演算子を作用すると

$$\delta=\delta_\perp+\delta_\parallel=P\delta+Q\delta$$

となる。すなわちδ関数が直交分解できる。ここで

$$\delta_\perp=P\delta=\frac{\delta_{ij}\delta}{3}-\frac{1}{4\pi}\left(\frac{3x_ix_j}{r^5}-\frac{\delta_{ij}}{r^3}\right)$$

$$\delta_\parallel=P\delta=\frac{2\delta_{ij}\delta}{3}+\frac{1}{4\pi}\left(\frac{3x_ix_j}{r^5}-\frac{\delta_{ij}}{r^3}\right)$$

である。そして

$$\nabla\nabla\left(\frac{1}{r}\right)=\partial_i\,\partial_j\left(\frac{1}{r}\right)=\left(\frac{3x_ix_j}{r^5}-\frac{\delta_{ij}}{r^3}\right)$$

である。よって δ 関数の直交分解式を用いるとベクトル $\mathbf{v}$ の分解は

$$\mathbf{v}_{\|} = \int \delta_{\|}(x - x')\, v(x') dV(x')$$

$$\mathbf{v}_{\perp} = \int \delta_{\perp}(x - x')\, v(x') dV(x')$$

と記述できる。

積分演算子

積分演算子 Pot を発散密度（スカラー）と回転密度（ベクトル）に作用する。すなわち

$$\varphi = \mathrm{Pot}\theta$$

$$\mathbf{A} = \mathrm{Pot}\boldsymbol{\omega}$$

となる。スカラーには演算子 grad が、またベクトルには演算子 curl と div が作用する。その結果３個の新しい積分演算子 New,Lap,Max が定義できる。すなわち

$$\mathrm{grad}\varphi = \mathrm{gradPot}\theta = \mathrm{New}\theta = -\frac{1}{4\pi}\int \frac{\mathbf{n}\theta'}{r^2} dV'$$

$$\mathrm{curl}\mathbf{A} = \mathrm{curlPot}\boldsymbol{\omega} = \mathrm{Lap}\boldsymbol{\omega} = -\frac{1}{4\pi}\int \frac{\mathbf{n} \times \boldsymbol{\omega}'}{r^2} dV'$$

$$\mathrm{div}\mathbf{A} = \mathrm{divPot}\boldsymbol{\omega} = \mathrm{Max}\boldsymbol{\omega} = -\frac{1}{4\pi}\int \frac{\mathbf{n} \cdot \boldsymbol{\omega}'}{r^2} dV'$$

である。ここで$\mathbf{n}$は r 方向の単位ベクトル、積分領域は無限領域である。積分演算子 Pot と微分演算子∇の可換性により新しい積分演算子は

$$\mathrm{New} = \mathrm{gradPot} = \mathrm{Potgrad} \qquad \text{Newtonian}$$

$$\mathrm{Lap} = \mathrm{curlPot} = \mathrm{Potcurl} \qquad \text{Laplacian}$$

$$\mathrm{Max} = \mathrm{divPot} = \mathrm{Potdiv} \qquad \text{Maxwellian}$$

となる。たとへばμを透磁率とし磁場$\mathbf{B}$は方程式

$$\mathbf{B} = \nabla \times \mathbf{A}$$

$$\nabla \times \mathbf{B} = \mu \mathbf{J}$$

を満足するから磁気ベクトルポテンシャル **A** は方程式

$$\nabla \times \nabla \times \mathbf{A} = \mu \mathbf{J}$$

により決定される。$\nabla \cdot \mathbf{A} = 0$であるからベクトル演算の展開公式を用いると Poisson 方程式

$$\nabla^2 \mathbf{A} = -\mu \mathbf{J}$$

が導かれる。この解は$\mathbf{A} = \mathrm{Pot}\mu\mathbf{J}$である。よって両辺のcurlをとると磁場は$\mathrm{B} = \mathrm{Lap}\mu\mathbf{J}$となる。

この式は Biot-Savart の法則

$$\mathrm{B} = \frac{\mu}{4\pi}\int \frac{\mathbf{J} \times \left(\mathbf{x} - \mathbf{x}'\right)}{|\mathbf{x} - \mathbf{x}'|} dV(x')$$

を表している。

[問] Laplacian∇^2と逆 Laplacian∇^{-2}はスカラーで可換である。よって

$$\nabla^2 \mathrm{Pot}(\varphi, \mathbf{A}) = \mathrm{Pot}\nabla^2(\varphi, \mathbf{A})$$

が成立する。これを示しなさい。

[問] 積分演算子 Pot と微分演算子∇　の可換性により

$$\mathrm{grad\ div\ Pot}\,\mathbf{A} = \mathrm{Pot\ grad\ div}\,\mathbf{A}$$

$$\mathrm{curl\ curl\ Pot}\,\mathbf{A} = \mathrm{Pot\ curl\ curl}\,\mathbf{A}$$

$$\mathrm{curl\ Lap}\,\mathbf{A} = \mathrm{Lap\ curl}\,\mathbf{A}$$

が成立する。これを確かめなさい。

[問] 積分演算子 New Max の定義式を用いて

$$\mathrm{div\ New}\,\varphi = \mathrm{Max\ grad}\,\varphi$$

$$\mathrm{grad\ Max}\,\mathbf{A} = \mathrm{New\ div}\,\mathbf{A}$$

を確かめなさい。

D3.有限領域の Poisson 方程式の一般解

スカラーGreen 関数

スカラーPoisson 方程式

$$\nabla^2 G = -\delta$$

を満足する基本解をスカラーGreen 関数と呼ぶ。ただし右辺は単位ソースを表すδ関数である。３次元の場合スカラーGreen 関数は

$$G(\mathbf{x}-\mathbf{x}') = \frac{1}{4\pi|\mathbf{x}-\mathbf{x}'|}$$

である。つぎに、スカラーGreen 関数がスカラーPoisson 方程式を満足することを証明する。

[証明]証明　は $r=|\mathbf{x}-\mathbf{x}'|$ としてつぎの式

$$\nabla^2 \frac{1}{r} = -4\pi\delta$$

の両辺を特異点を中心とする球体積で積分して左辺と右辺が等しくなることを示せばよい。

左辺の積分は Gauss の定理を用いると

$$左辺 = \int_V \nabla^2 \frac{1}{r}\, dV = \oint_S \mathbf{n}\cdot\nabla\frac{1}{r} dS = -\oint_S \frac{dS}{r^2} = -4\pi$$

となる。４πは球の立体角である。

右辺の積分は球内に特異点がある場合の δ関数の性質

$$\int_V \delta\, dV = 1$$

を用いると右辺＝－４π となる。よって右辺は左辺に等しい（証明終わり）。

有限領域の Poisson 方程式の一般解

スカラーGreen 関数を用いると Poisson 方程式

$$\nabla^2 \varphi = -\theta$$

の有限領域の一般解は容易に求まる。それには Green の第２公式

$$\int_V \left(\psi\nabla^2\varphi - \varphi\nabla^2\psi\right) dV = \oint_S \left(\psi\frac{\partial}{\partial n}\varphi - \varphi\frac{\partial}{\partial n}\psi\right) dS$$

においてψをスカラーGreen 関数Gに選ぶ。そして、Poisson 方程式とδ関数の性質を用いると一般解は

$$\varphi = \frac{1}{4\pi}\int_V \frac{\theta'}{r}dV' + \frac{1}{4\pi}\oint_S \left\{\frac{1}{r}\frac{\partial\varphi}{\partial n'} - \varphi\frac{\partial}{\partial n'}\frac{1}{r}\right\}dS'$$

と求まる。ただし、$\nabla = -\nabla', \mathbf{n} = -\mathbf{n}', \therefore \mathbf{n}\cdot\boldsymbol{\nabla} = \mathbf{n}'\cdot\boldsymbol{\nabla}', \frac{\partial}{\partial \mathbf{n}} = \frac{\partial}{\partial \mathbf{n}'}$ である。ここで右辺第２項は境界項で無限領域の場合（ｒが無限大のとき）零となる。有限領域の場合でも境界上で$\varphi = \frac{\partial\varphi}{\partial n} = 0$ならば境界項は零となる。この場合スカラーGreen 関数を用いるとスカラーポテンシャルは

$$\varphi(x) = \int G(x - x')\theta' dV'$$

と表示できる。ベクトルポテンシャルも同様に

$$\mathbf{A}(x) = \int G(x - x')\boldsymbol{\omega}' dV'$$

と表示できる。

テンソル Green 関数

テンソル Poisson 方程式

$$\nabla^2\mathbf{G} = -\delta\mathbf{I}$$

を満足する基本解

$$\mathbf{G}(\mathbf{x}, \mathbf{x}') = \frac{\mathbf{I}}{4\pi r} = \frac{\mathbf{I}}{4\pi|\mathbf{x} - \mathbf{x}'|}$$

をテンソル Green 関数とよぶ。ここで$\mathbf{I}$は恒等テンソルである。そしてテンソル Green 関数

はスカラーGreen 関数で$\mathbf{G} = G\mathbf{I}$と書ける。テンソルGreen 関数は対称テンソルで$\mathbf{G}(\mathbf{x}, \mathbf{x}') = \mathbf{G}(\mathbf{x}', \mathbf{x})$ で任意ベクトル$\mathbf{y}$ に対して $\mathbf{y} \cdot \mathbf{G} = \mathbf{G} \cdot \mathbf{y}$を満足する。そしてつぎの関係式

$$\mathrm{grad\ div}\mathbf{G} = \frac{1}{4\pi}\left(\frac{3\mathbf{rr}}{r^5} - \frac{\mathbf{I}}{r^3}\right)$$

$$\mathrm{curl\ curl}\mathbf{G} = \delta\mathbf{I} + \frac{1}{4\pi}\left(\frac{3\mathbf{rr}}{r^5} - \frac{\mathbf{I}}{r^3}\right)$$

満たす。

有限領域のベクトル Poisson 方程式の一般解

テンソル Green 関数を用いるとベクトル Poisson 方程式

$$\nabla^2 \mathbf{A} = -\boldsymbol{\omega}$$

の有限領域の一般解は容易に求まる。それにはベクトル Green の第２公式

$$\int_V (\boldsymbol{\alpha} \cdot \nabla^2 \boldsymbol{\beta} - \boldsymbol{\beta} \cdot \nabla^2 \boldsymbol{\alpha})\, dV$$

$$= \oint_S \{(\mathbf{n} \cdot \boldsymbol{\alpha})\nabla \cdot \boldsymbol{\beta} - (\mathbf{n} \cdot \boldsymbol{\beta})\nabla \cdot \boldsymbol{\alpha}\}\, dS + \oint_S \{(\mathbf{n} \times \boldsymbol{\alpha}) \cdot \nabla \times \boldsymbol{\beta} - (\mathbf{n} \times \boldsymbol{\beta}) \cdot \nabla \times \boldsymbol{\alpha}\}\, dS$$

を利用する。ここで$\boldsymbol{\alpha} = \mathbf{G}, \boldsymbol{\beta} = \mathbf{A}$とおく。ベクトル Poisson 方程式とδ関数の性質用いると一般解は

$$\mathbf{A}(\mathbf{x}) = \int_V \mathbf{G}(\mathbf{x}, \mathbf{x}') \cdot \boldsymbol{\omega}' dV' + \oint_S \{(\mathbf{n}' \cdot \mathbf{G})\nabla' \cdot \mathbf{A} - (\mathbf{n}' \cdot \mathbf{A})\nabla' \cdot \mathbf{G}\}\, dS'$$
$$+ \oint_S \{(\mathbf{n}' \times \mathbf{G}) \cdot \nabla' \times \mathbf{A} - (\mathbf{n}' \times \mathbf{A}) \cdot \nabla' \times \mathbf{G}\}\, dS'$$

と求まる。ここで関係式$\nabla = -\nabla'$、$\mathbf{n} = -\mathbf{n}'$ を用いた。$\mathbf{G} = G\mathbf{I}$を代入して、つぎのスカラーGreen 関数表示を得る。

$$\mathbf{A}(\mathbf{x}) = \int_V G(\mathbf{x}, \mathbf{x}')\, \boldsymbol{\omega}' dV' + \oint_S \{(\mathbf{n}' G)\nabla' \cdot \mathbf{A} - (\mathbf{n}' \cdot \mathbf{A})\nabla' G\}\, dS'$$
$$+ \oint_S G\mathbf{n}' \times (\nabla' \times \mathbf{A}) - (\mathbf{n}' \times \mathbf{A}) \times \nabla' G dS'$$

D4. 有限領域における Helmholtz の定理

Laplace の方程式の性質

有限の領域内でφは Laplace の方程式$\nabla^2\varphi=0$を満足するする。このとき境界上で

（1）$\varphi=0$ ならば、領域内部でも$\varphi=0$となる。

（2）$\frac{\partial\varphi}{\partial n}=0$ならば、領域内部で　$\varphi=$一定　となる。

[証明]領域内部 で$\nabla^2\varphi=0$のとき、$\nabla\cdot(\varphi\nabla\varphi)=(\nabla\varphi)\cdot(\nabla\varphi)$が成立する。この式を体積分し Gauss の定理を用いると

$$\oint_S \varphi\mathbf{n}\cdot\boldsymbol{\nabla}\varphi dS=\int_V(\boldsymbol{\nabla}\varphi)^2\ dV$$

が導ける。左辺は境界条件により零である。よって右辺より$\boldsymbol{\nabla}\varphi=0$となる。よって$\varphi=$一定となる。特に境界上で$\varphi=0$ならば、領域内部でも定数は 0 となる（証明終わり）。

Helmholtz の解の一意性の定理

有限領域内で、ベクトル $\mathbf{v}$ の発散($\nabla\cdot\mathbf{v}=\theta$)と回転($\nabla\times\mathbf{v}=\boldsymbol{\omega}$)が与えられている。このとき領域の境界上でベクトルの法線方向成分$\mathbf{v}\cdot\mathbf{n}=v_n$が与えられると、領域内のベクトルは一意的に定まる。つぎにこの一意性の定理を証明する。

[証明] 境界条件を満足する 2 つの解を$\mathbf{v}_1$，$\mathbf{v}_2$としこれらの解の差を$\mathbf{v}=\mathbf{v}_1-\mathbf{v}_2$とする。この式の両辺の発散と回転をとる共に零となる。すなわち

$$\boldsymbol{\nabla}\cdot\mathbf{v}=\boldsymbol{\nabla}\cdot\mathbf{v}_1-\boldsymbol{\nabla}\cdot\mathbf{v}_2=\theta-\theta=\mathbf{0}$$

$$\nabla\times\mathbf{v}=\nabla\times\mathbf{v}_1-\nabla\times\mathbf{v}_2=\boldsymbol{\omega}-\boldsymbol{\omega}=\mathbf{0}$$

を満足する。一方 $\mathbf{v}$ の境界条件は$\mathbf{n}$を内積して

$$\mathbf{v}\cdot\mathbf{n}=\mathbf{v}_1\cdot\mathbf{n}-\mathbf{v}_2\cdot\mathbf{n}=\mathbf{0}$$

となる。よってベクトル場 $\mathbf{v}$ は発散と回転が零で境界上で法線成分が零である。よって $\mathbf{v}$ は恒等的に零である（補足証明参照）。すなわち $\mathbf{v}_1=\mathbf{v}_2$ で解は一意的に定まる。

（補足証明）$\nabla\times\mathbf{v}=\mathbf{0}$ より $\mathbf{v}=\nabla\varphi$ と書ける。一方、$\nabla\cdot\mathbf{v}=\mathbf{0}$ であるから $\nabla^2\varphi=0$ となる。

よって、$\nabla\cdot(\varphi\nabla\varphi)=(\nabla\varphi)\cdot(\nabla\varphi)$ が成立する。この式を体積分し Gauss の定理と $\mathbf{v}=\nabla\varphi$ を用いれば

$$\oint_S \varphi\mathbf{n}\cdot\mathbf{v}dS=\int_V \mathbf{v}^2\,dV$$

が導ける。左辺は境界条件により零である。よって右辺より $\mathbf{v}=0$ となる。

$\nabla\cdot\mathbf{v}=\boldsymbol{\theta},\nabla\times\mathbf{v}=\boldsymbol{\omega}$ の有限領域の解

Helmholtz の表示定理によれば任意のベクトルは直交分解でき

$$\mathbf{v}=-\nabla\varphi+\nabla\times\mathbf{A}$$

と表せる。よってベクトル場の発散と回転を $\nabla\cdot\mathbf{v}=\theta,\nabla\times\mathbf{v}=\boldsymbol{\omega}$ とすればスカラーポテンシャルとベクトルポテンシャルはそれぞれ Poisson 方程式

$$\nabla^2\varphi=-\theta、\nabla^2\mathbf{A}=-\boldsymbol{\omega}$$

を満足する。ただし $\nabla\nabla\cdot\mathbf{A}=0$ の条件を満足することを仮定した。このときポテンシャルは

$$\varphi=\int_V G\theta' dV'+\oint_S \mathbf{n}'\cdot\mathbf{v}GdS'$$

$$\mathbf{A}=\int_V G\boldsymbol{\omega}'dV'+\oint_S \mathbf{n}'\times\mathbf{v}GdS'$$

である。ここでスカラーGreen 関数は

$$G=\frac{1}{4\pi r}$$

である。上式より $\nabla\varphi$ と $\nabla\times\mathbf{A}$ を計算する。非圧縮渦無し流れの有限領域内部に発散分布 $\nabla\cdot\mathbf{v}=\boldsymbol{\theta}$ と回転分布 $\nabla\times\mathbf{v}=\boldsymbol{\omega}$, 境界上で法線成分 $\mathbf{v}\cdot\mathbf{n}$ と接線成分 $\mathbf{n}\times\mathbf{v}$ が与えられたときの解は

$$\mathbf{v} = \int_V (\theta' + \boldsymbol{\omega}' \times) \nabla' G dV' + \oint_S (\mathbf{n}' \cdot \mathbf{v} + (\mathbf{n}' \times \mathbf{v}) \times) \nabla' G dS'$$

と 求まる。

弾性体の運動方程式と Helmholtz 分解

弾性体の運動方程式は

$$\rho \frac{\partial^2 \mathbf{u}}{\partial t^2} = (\lambda + 2\mu)\nabla\nabla \cdot \mathbf{u} - \mu\nabla \times \nabla \times \mathbf{u}$$

である。ここでρは密度、**u**変位ベクトル、λとμは弾性定数である。変位場を

$$\mathbf{u} = -\nabla\varphi + \nabla \times \mathbf{A}$$

と Helmholtz 分解すればφは縦波の波動方程式

$$\frac{\partial^2 \varphi}{\partial t^2} = c_\parallel^2 \nabla^2 \varphi$$

を満足する。ここで縦波の波動速度は

$$c_\parallel^2 = \frac{\lambda + 2\mu}{\rho}$$

である。一方、**A** は$\nabla\nabla \cdot \mathbf{A} = 0$を満足するとき横波の波動方程式

$$\frac{\partial^2 \mathbf{A}}{\partial t^2} = c_\perp^2 \nabla^2 \mathbf{A}$$

を満足する。ここで横波の波動速度は

$$c_\perp^2 = \frac{\mu}{\rho}$$

である。弾性体の運動方程式は線形であるからφと**A**は完全に分離できる。弾性体の運動方程式の発散と回転をとれば、膨張θはφと同じ縦波の波動方程式、回転

$\boldsymbol{\omega}$ は$\mathbf{A}$と同じ横波の波動方程式を満足する。ただし $\theta = \nabla \cdot \mathbf{u}, \boldsymbol{\omega} = \nabla \times \mathbf{u}$ である。

流体の運動方程式と Helmholtz 分解

流体の運動方程式は

$$\rho \frac{d\mathbf{v}}{dt} = -\nabla p + (\lambda + 2\mu)\nabla\nabla \cdot \mathbf{v} - \mu\nabla \times \nabla \times \mathbf{v}$$

である。ここでρは密度、$\mathbf{v}$変位ベクトル、p は圧力、λ と μ は粘性係数である。また加速度は

$$\frac{d\mathbf{v}}{dt} = \frac{\partial \mathbf{v}}{\partial t} + \mathbf{v} \cdot \nabla \mathbf{v} = \frac{\partial \mathbf{v}}{\partial t} + \nabla\left(\frac{1}{2}v^2\right) - \mathbf{v} \times \boldsymbol{\omega}$$

と変形できる。ただし渦度は$\boldsymbol{\omega} = \boldsymbol{\nabla} \times \mathbf{v}$である。流体が非圧縮の場合速度場を

$$\mathbf{v} = -\nabla\varphi + \nabla \times \mathbf{A}$$

と Helmholtz 分解すれば$\nabla \cdot \mathbf{v} = 0$ であるから φは Laplace の方程式

$$\nabla^2 \varphi = 0$$

を満足する。一方、流体の運動方程式の回転をとると渦度の移流拡散方程式

$$\frac{d\boldsymbol{\omega}}{dt} = \mathbf{v} \cdot \nabla\boldsymbol{\omega} + \nu\nabla^2 \boldsymbol{\omega}$$

が導かれる。ここで$\boldsymbol{\omega} = \nabla \times \nabla \times \mathbf{A}$, νは動粘度である。他方、運動方程式の発散をとると圧力の Poisson 方程式

$$\nabla^2\left(p + \frac{1}{2}v^2\right) = \nabla \cdot (\mathbf{v} \times \boldsymbol{\omega})$$

が導かれる。流体の場合対流加速度が非線形であるため$\boldsymbol{\varphi}$ と$\mathbf{A}$を完全に分離することができない。

APPENDIX　D

≪著者紹介≫

棚橋 隆彦（たなはし・たかひこ）

1964 年	慶應義塾大学工学部機械工学科卒業
1969 年	工学博士（慶應義塾大学）
1970 年	カリフォルニア工科大学（C.I.T.）客員研究員
1985 年	慶應義塾大学理工学部教授
1986 年	サザンプトン大学客員教授
1987 年	マサチューセッツ工科大学（M.I.T.）客員教授
現　在	慶應義塾大学名誉教授、日本機械学会名誉員

主な著書

(1)	1976 年	基礎流体工学入門、コロナ社
(2)	1985 年	連続体の力学（1）物質の変動と流動、理工図書
(3)	1986 年	連続体の力学（2）一般原理とその応用、理工図書
(4)	1986 年	連続体の力学（3）物質の構成方程式、理工図書
(5)	1988 年	連続体の力学（5）ベクトル演算と物理成分、理工図書
(6)	1988 年	連続体の力学（6）ベクトル場の微分と積分、理工図書
(7)	1989 年	連続体の力学（4）物質と電磁場の相互作用、理工図書
(8)	1991 年	連続体の力学（7）うず運動とうず定理、理工図書
(9)	1991 年	連続体の力学（8）うず運動の力学とその応用、理工図書
(10)	1991 年	GSMAC-FEM 数値流体力学の基礎とその応用、アイピーシー
(11)	1993 年	CFD 数値流体力学、アイピーシー
(12)	1994 年	計算流体力学、アイピーシー
(13)	1995 年	電磁熱流体の数値解析 －基礎と応用－、森北出版
(14)	1996 年	はじめての CFD －移流拡散方程式－、コロナ社
(15)	1997 年	流れの有限要素法解析 I、朝倉書店
(16)	1997 年	流れの有限要素法解析 II、朝倉書店
(17)	1999 年	CFD の基礎理論、アイピーシー
(18)	2006 年	計算流体力学 -GSMAC 有限要素法– 共立出版

One Point テキストシリーズ⑧

微分形式と有限要素法 増補改訂版　　　　　　　© 棚橋 隆彦　2005

2005 年 3 月 1 日　第 1 版第 1 刷発行　　　　　【本書の無断転載を禁ず】
2023 年 9 月 1 日　第 14 版（増補改訂版）発行

著　者　棚橋 隆彦　　　　　　　　　　　Copyright © 2005 by T. TANAHASHI
発行者　木全 哲也　　　　　　　　　　　All rights reserved.
発行所　株式会社　三恵社
　　　　名古屋市北区中丸町2-24（〒462-0056）
　　　　電話 052-915-5211／FAX 052-915-5019
　　　　URL　http://www.sankeisha.com

落丁・乱丁本はお取替えいたします。
Printed in Japan./ ISBN978-4-88361-647-3 C3042 ¥4100E